科学种植致富 100 例

（第 2 版）

主 编

胡茂刚　　胡英华　　刘洪庆

编著者
（以姓氏笔画为序）

王新民	尹承昌	尹士芳	许洪彪	刘传珍
刘洪庆	刘 鹏	吕 华	毕秀莹	李明兰
李 庆	李安勇	何兰平	何 海	吴新涛
陈明利	陈明新	张来义	张同梅	张来广
周长安	周广鹏	欧阳美	范慧霞	胡茂刚
胡英华	施建国	段陈波	郝庆水	高思玉

陶务瑞　　裴海燕

金盾出版社

内 容 提 要

本书内容汇集了具有代表性的典型案例 100 个,介绍了 400 多种典型种植模式,重点介绍了大田作物、蔬菜作物、果树作物、药材作物、饮料作物、水生作物、芽菜作物、食用菌类、花卉作物、食用玫瑰、园林苗木及观光休闲生态庭院(生态园)、农业合作社蔬菜种植、有机蔬菜、无公害蔬菜、多种名稀特作物的高产高效栽培模式及其配套技术和运作方式等。第一版的特点是以保护地种植为主,以蔬菜生产为主。本次修订是为发展多元化的种植,以全新的面貌出现,来适应农业、农村、农民增收致富大产业的需求、适应城乡大市场及国内外消费者的需求。本书选择的栽培模式多样化,栽培品种多样化,内容丰富,技术先进,可操作性强,可供广大农民、种植业专业户、农业合作社和农业科技工作者及领导决策者阅读参考,也可供农林院校、农业职业教育师生阅读参考。

图书在版编目(CIP)数据

科学种植致富 100 例/胡茂刚,胡英华,刘洪庆主编.— 2 版 .— 北京:金盾出版社,2016.5
ISBN 978-7-5186-0814-0

Ⅰ.①科⋯ Ⅱ.①胡⋯②胡⋯③刘⋯ Ⅲ.①作物—栽培技术 Ⅳ.①S31

中国版本图书馆 CIP 数据核字(2016)第 053186 号

金盾出版社出版、总发行
北京太平路 5 号(地铁万寿路站往南)
邮政编码:100036 电话:68214039 83219215
传真:68276683 网址:www.jdcbs.cn
北京天宇星印刷厂印刷、装订
各地新华书店经销
开本:850×1168 1/32 印张:18.5 字数:385 千字
2016 年 5 月第 2 版第 14 次印刷
印数:135 961~139 960 册 定价:52.00 元

(凡购买金盾出版社的图书,如有缺页、
倒页、脱页者,本社发行部负责调换)

目　录

一、发挥政府职能作用，科学种植奔富路

1."一村一品"：千余特色产业村亮出绝活

泰安市以"一村一品、百村示范、千村推进工程"为总抓手，加快发展大规模、大群体的块状产业，涌现出了一批特色明显、类型多样、竞争力强的专业村、专业乡镇，带动了农村经济发展，促进了农民收入的稳定持续增长。

据市农业部门调查统计，截至目前全市已有 1 200 多个村初步形成了"一村一品"生产格局，这些村主导产业（产品）生产的农产品已占 50% 以上，来自主导产业（产品）的收入已占当年农民人均纯收入的 50% 以上。

"一村一品"，即根据一个村的资源和区位特点，面向市场选择和培育村里的主导产业和产品，有利于实现要素投入集约化、资源配置市场化、生产手段科学化和产业经营一体化，提高农业劳动生产率、资源产出率和农产品商品率，推动传统农业向现代化农业转变。

按照"一村一品"的发展思路，许多乡镇和村立足当地资源优势，传统优势，科学规划，大力发展特色产业，一批典型脱颖而出，知名品牌不断涌现。如泰山区苗木花卉、女儿茶；岱岳区设施大棚、桑蚕生产、中草药；肥城市有机蔬菜、"两菜一粮"；宁阳县有机蔬菜、双孢菇；东平县大蒜、鸡腿菇等。在山东省开展的首届名优农产品评选活动中，泰安市有 8 个产品获得首届山东名牌农产品称号。全市共有有效注册商标 3 200 余件，其中农副产品商标 741

件,占注册商标总数的 23.1%,并有"泰山女儿茶"、"赵斌糟鱼"、"亚奥特牛奶"、"开口笑水饺"等 7 件农产品商标获得山东省著名商标称号。

经过几年的努力,泰安市已基本形成了以夏张、边院、汶阳、王庄、伏山等为中心的有机蔬菜基地,以良庄、房村、华丰、楼德等为中心的大棚菜基地,以王庄、桃园、宫里等为重点的早春马铃薯基地;以伏山、东疏为中心的黄瓜制种基地等。这些基地年年有新发展,规模年年有新扩张,比较效益不断提高,有力地促进了农民增收。据统计,全市设施蔬菜每 667 米^2(667 米^2 约为 1 亩,下同)年均效益在 5 000 元以上,其中冬暖式大棚番茄收入 2.3 万元左右,投入产出比达到 1:7。

围绕特色产业发展,各地走出了各具特色的"龙头企业+基地+农户"、"龙头企业+合作经济组织+基地"、"合作经济组织+农户"、"市场+基地+农户"等发展模式,特色产业的开发加工、包装贮藏、运输销售等后续产业不断延伸,销售网络逐步完善和扩大,显示出旺盛的生命力和广阔的市场前景。目前全市销售收入达百万元的农产品加工企业已达到 310 家,新型农民专业经济合作组织达 2 500 多个。

2. 沂源有机韭菜每千克售价 25 元

沂源县悦庄镇的韭菜生产有着悠久的历史和极高的美誉度,被誉为"中国韭菜第一镇",而在无公害韭菜生产上,悦庄镇也走在全国前列。早在 2001 年,悦庄镇就被山东省农业厅批准为"无公害农产品生产基地",并注册了"苗山牌"商标,成为鲁中首家无公害农产品基地,并获得了北京蔬菜市场准入证。目前,全镇无公害韭菜种植面积达到 1 666 公顷(1 公顷为 15 亩,下同),总产量达 5 万吨,畅销全国 22 个省、市。

2008 年以来,沂源县把生产有机韭菜作为发展现代农业、建设有机农产品基地的新举措。在农业研究机构的支持和指导下,以物理方式攻克了"韭蛆"这一世界性难题,实现了无农药无化肥种植,并围绕土、肥、水、种、网、管、隔、检八个方面,严格按照有机产品种植规范操作,生产出了国内第一家且是唯一一家有机韭菜,并一举通过了中国和欧盟的双重有机(转换)食品认证。2008年,每千克售价高达25元的有机韭菜已全部卖出,今年,沂源县预计将有33公顷韭菜达到有机标准,66公顷达到有机(转换)标准。

3. 泰山区特色农业成为富民"绿色银行"

泰山区特色农业成果丰硕:4 500公顷苗木花卉、600公顷泰山女儿茶、43.33公顷中药材、13.33公顷有机蔬菜……构成了一幅幅绚丽多彩的油画。如今,在泰山区,以苗木花卉、女儿茶、奶牛养殖、有机蔬菜等为代表的特色农产品已名声远扬,有的不仅走俏大江南北,而且还跨出国门。

"这个地方目前来看,离城区比较近,从生态观光、旅游这块来做……"当笔者来到泰山区苗木种植大户訾庆顺的33公顷农业园时,他正与旅游部门的同志讨论发展农业生态观光旅游的计划。他的泰安市圣田农林科技开发有限公司成立已有5年,今年又投资1.2亿元,建设面积666公顷的高标准大樱桃、蓝莓种植园,被山东省农业科学院列为第一个果树科技示范基地,辐射带动了周边种植业结构调整。

泰山区按照"区域化种植、规模化发展、产业化经营"的要求,不断调优产业结构,科学合理地确定了抓好花卉苗木、奶牛养殖两大优势产业和培植女儿茶、中草药两种特色产品的结构调整重心。他们着力实施"124"工程,即打响每年一届国际苗木花卉交易会,发挥泰山苗木花卉科技示范园和苗木花卉展销中心两个"龙头"作用,建成4个667公顷(万亩)以上的苗木花卉种植基地。泰山区积极组织女儿茶大户建起了"泰山女儿茶厂",并注册了"津口"商标,短短几年,"津口"牌女儿茶通过了国家绿色食品及放心质量认证。茶农也一改过去粗放式种植方式,采取集约化生产,省庄、泰前的茶农纷纷把鲜茶叶送到茶厂加工,再不愁销路了,鲜茶叶收购价格达到 160 元/千克,比没"身份"前平均增长了近三成。

农村合作社的发展,促进了泰山区集约化、规模化生产经营的发展。"比入社前多收入了 3 万元。"省庄镇羊娄村村民白继顺说起加入泰东梨树种植合作社后带来的好处,笑得合不拢嘴。由于合作社统一销售,他家的 11 万株梨苗很快就被抢购一空,并且每株苗贵 0.3 元。像泰东梨树种植合作社这样,短短一年多的时间里,泰山区农民专业合作社已发展到 23 家,遍布种、养、加、流通等多个领域,包括粮食、蔬菜、水果、中药材、农机、养殖、花卉苗木等多个产业,组织成员户年均增收 6 000~10 000 元。

靠科技创新转变农业发展方式、提高农产品附加值,是泰山区发展特色农业的又一着力点。这个区建设了占地 133 公顷的集生产、展示、旅游观光、科技创新于一体的大型农业高科技示范园区——泰山花卉中心。年产各类蝴蝶兰种苗 4 000 万~5 000 万株,安排劳动力 600 人,年创直接经济效益 1 亿元,辐射带动周边村发展苗木花卉达到 6 666 公顷。

4. 苗经纪带活苗经济

正值苗木购销旺季,在宁阳县东疏镇,前来采购苗木的客户络绎不绝,苗木大户刘道令的手机更是响个不停,让他应接不暇。东疏镇副镇长徐瑞萍告诉记者:"刘道令可是俺这儿有名的'苗经纪',经他手的秧苗能卖到沈阳、南京等地,年销售收入有 100 多万元。"在村里 30 个"苗经纪"的带动下,刘茂村村民在苗木上年增加收入 200 多万元。

在宁阳县像苗木种植大户刘道令一样的"苗经纪"发展到近千人,他们头脑活、门路广、信息灵,一头连生产、一头牵市场,为买卖双方牵线搭桥,一买一卖,极大地扩大了宁阳苗木在外的名声,使该县的苗木产品销往河北、北京等全国 12 个省、市。宁阳县又引导"苗经纪"与苗木花卉生产基地、种植大户建立紧密型和半紧密型的产销联通关系。在宁阳镇,"苗经纪"耿桂丽组建了宁阳桂丽苗木花卉有限公司,与周围 1 100 余户花农签订了 300 公顷种植协议,通过基地示范、技术指导等形式包产包销,实现每 667 米^{2}均增收 1 000 多元。

有了"苗经纪",苗农们种起苗木来放心又省心。"苗木种植周期较长,不看市场'闷头'种可不行。"朱茂村村民安详军就曾经吃过不少这样的亏:"2001 年,俺种的柳树 6 角钱一棵都没人买,只好刨了当柴烧"。现在好了,怎样种、如何销,以及品种、培训、订单全部由"苗经纪"管。2002 年他订种"苗经纪"刘焕坤的西府海棠,5 厘米粗的一棵竟卖到七八十元,苗木价格翻了三四番,当年每 667 米^{2}均实现增收 5 000 多元。现在安详军年纯收入 10 万元,而且开上了价值 10 多万元的小轿车。

在"苗经纪"的带动下,该县先后引入的高档苗木种类达到 20 个系列 180 多种,发展美国红枫、日本红枫等彩色苗木 533 公顷,年培育园铃枣苗、元丰、香铃薄壳核桃等果树苗木 100 万株。初步形成了以东疏镇、宁阳镇为主的 2 000 多公顷的苗木花卉基地,年出苗量 5 000 多万株,当地苗农年可增收 1.5 亿多元。

5. 岱岳区野菜山货成为新财源

岱岳区引导辖区各乡镇、村庄立足实际、发挥优势、突出特色、规模经营,各唱各的"拿手戏",各打各的"优势仗",因地制宜发展"一村一品"。

地处丘陵地带的角峪镇纸坊村岭多地薄,庄稼十年九不收,但山坡墅的野菜、中草药却长得分外旺盛。把野菜、野草经济作为农业增效、农民增收的新"财源",村里引进专业人才,成立了天然药物种植研究协会,指导村民规模种植野菜、中草药,同时购置了中草药加工设备,建起了泰山绿萃天然药物科技有限公司。他们采用"协会+农户+公司"的产业化运作模式,组织村民开发生产"绿萃"牌野生苦菜、丹参、蛤蟆草、薄荷叶等系列保健茶,辐射带动起本村及周边村庄野菜、中草药种植户3 000余家,基地面积达到267公顷,年产量1 400吨。

昔日视为草芥的野菜、野草,经过精深加工,在这里身价倍增,变成了天然养生保健品,畅销河北、北京、安徽、江苏、浙江、广东、新疆等10多个省、市、自治区。

"这'野菜'有了协会做靠山,就能挣大钱。"10月9日,在角峪镇纸坊村一片绿油油的野菜地里,村民赵治武捧着他刚摘的黄芪,开心地跟记者算起了账:原先种庄稼的时候,667米^2 600元都挣不到,现在一年四季种野菜,每667米^{2}纯收入可在2 100元以上,是普通农作物的3倍多。

在泰山东部山区的黄前镇、下港乡,原在深山老林"养尊处优"的韭花、松菇、茧蛾、啄木虫等,现在有了用武之地,被当地农民注册了"山旮旯"、"老山套"山货。通过有序开发,循环生产,成为山区农民经营致富的金牌项目。不知不觉中,他们装满山货的篮子空了,干瘪的腰包鼓了。

在城郊平原乡镇,这个区引导农民瞄准城市的"菜篮子",种好农家的"菜园子"。2015年,全区新增有机蔬菜400公顷,新增露地蔬菜267公顷,全区瓜菜总面积达到了27 733公顷,实现总产126.5万吨。特色产业规模不断膨胀,经济效益持续走高。范镇、祝阳镇的大蒜和早春土豆每667米^{2}收入达4 000元以上,良庄镇的有机绿芦笋每667米^{2}收入达5 000元以上。

围绕农民增收,发展"一村一品",培育区域优势产业,岱岳区逐步形成了角峪、化马湾野菜,黄前、下港、祖徕山货,良庄、房村绿色瓜菜,范镇、祝阳生姜、大蒜,夏张镇有机蔬菜、红心萝卜等20多个亮点纷呈的特色产业。目前,全区"一村一品"特色产业总面积已达 3 万公顷,初步形成了一户带多户、多户带全村、一村连多村、多村成基地的特色产业格局。农民发展特色产业的纯收入,达到了家庭年经营收入的 80％以上。2015 年,这个区实现农业增加值 7.66 亿元,同比增长 10.9％,农民人均现金收入 2 247.53 元,同比增长 9.6％。

6. 肥城市打响全国有机蔬菜第一县金字招牌

据农业部发布的《全国蔬菜重点区域发展规划(2009—2015 年)》,肥城市依靠全国有机蔬菜第一县的发展优势,被列入"东南沿海出口蔬菜重点区域",位居东南沿海 10 省、市 114 个基地县首位,同时还被列入"黄淮海与环渤海设施蔬菜重点区域"基地县。

"有机蔬菜第一县是肥城的金字招牌,而擦亮这一招牌的最关键一招就是严格的标准化生产。"肥城市农业局局长王建平说。

该市种植有机蔬菜,每一个生产基地都经过了 3 年的土地转换期,严格按照有机蔬菜要求的土壤、水源、生态等环境条件确定基地布局,建立起了从基地到餐桌的全过程质量检测监控体系,保障从田间到餐桌的质量安全。"公司＋合作组织＋基地"的运作模式进一步增加了有机蔬菜产销链的安全,国外要求的农残检测有 40 多项,肥城已经达到了检测 200 多项,目前,山东省有机农产品质量监督检测中心正在该市组建。

产销标准化带来效益最大化。目前,该市有机蔬菜发展到 1.2 万公顷,通过日本 JONA、欧盟 BCS、国际 OCIA 以及中国 OFDC 认证的有机蔬菜基地达 451 个,全市 95％的有机蔬菜畅销日本、美国、欧盟等国家和地区,先后被列为联合国工发组织和亚洲食品卫生安全控制协会有机蔬菜生产基地、国家有机食品生产示范基地、山东省有机蔬菜标准化生产基地。在倾力开拓国外市场的同时,国内销售也突飞猛进,有机蔬菜已获得了全国 27 个大中城市的"市场准入证"。

"这将有利于我们统一规划产业发展,优化生产布局,均衡市场供应",谈到被列为全国出口蔬菜和设施蔬菜重点区域基地县的影响,王建平高兴地说,"这为我们进一步开拓国内和国际两个市场都将提供最佳机遇。"按照规划,到 2015 年,重点区域基地县蔬菜播种面积占全国的 42%,蔬菜产量占全国的 48%,出口量和出口额占全国的 90%以上,蔬菜生产对农民人均纯收入的贡献额超过 1 200 元,产品安全质量达到无公害食品要求,产品商品化处理和精(深)加工率达到 65%以上。

7. 有机韭菜巧种植,667 米² 地收入 8 万元

"住"的是防虫"蚊帐","吃"的是富含有机质的豆粕,"喝"的是山间甘洌的泉水……笔者在莱西市孙受镇董家山后村有机韭菜基地采访时看到了这样的场景。据该村村主任董恒芝介绍,基地占地 6.67 公顷,用纱网密封防虫,施豆粕肥,浇山泉水,杜绝农药化肥,实现了绿色原生态生产。"青岛佳世客超市实地察看后,要以每千克 40 元的价格预订为 6.67 公顷韭菜,我们都没舍得卖,等到春节前后上市,我估摸着就不止每千克 40 元!"董恒芝说到。

笔者走进这个占地 6.67 公顷的大"蚊帐",发现架子是用不锈钢钢管做的,上面用一层塑料纱网罩住,网眼特别小,用手一摸,非常有韧性,里面看不见一只飞虫。地上的韭菜绿油油的,叶子长得很厚实。

谈到为何要建立有机韭菜基地,董恒芝表示,随着人们生活质量的不断提高,提升韭菜品质,解决农药残留就成了必须要迈过去的槛儿,大路菜迟早会被淘汰。最终,在镇政府的帮扶下,依托村里的韭菜合作社,董家山后村建起了 6.67 公顷的有机韭菜基地。

据董恒芝介绍,用纱网封住后,韭菜基本不生韭蛆,没有了虫子,就不用打农药,韭菜的品质也得到了提高。而为了避免使用化

肥,他们给韭菜喂豆粕,豆粕富含蛋白质和韭菜生长所需的多种元素,可以提高韭菜的营养含量。

村民董吉奎告诉笔者,以前种的韭菜,品质不好,卖不上价儿,"500 克韭菜好的时候能卖到 2 元多,而现在人家给的价格就是 500 克 20 元! 按照 667 米^2 一茬 2 000 千克的产量算,一茬韭菜 667 米^2 地就能收入 8 万元。"

"头茬韭菜在春节前后就能上市,主要卖给饭店和大型超市,等明年再发展 6.67 公顷,形成了规模,除了卖给饭店、超市,我们也试试开几处店、自产自销,使'山后韭菜'的名声更响亮。"董恒芝说到。

8. 东平县发展特色农业——村村有特点品牌促增收

东平县山区乡镇大羊乡,土地条件差,该乡立足实际发展核桃种植,十几年来,不断扩规模,提品质,面积达到 0.34 万公顷,成为"全国核桃之乡",所产元丰、香玲等"鲁东"牌核桃品种皮薄仁大,成为"全国名牌农产品",远销北京、天津、河南等地,核桃种植成为该乡的富民产业。

东平县在新农村建设中,围绕富民增收,坚持走"一乡一业"、"一村一品"的特色之路,推行农业标准化生产,规模化经营,提高农产品科技含量,增强市场竞争力。他们与山东农业大学、山东省农业科学院等建立长期业务关系。两年来,先后引进开发推广了蔬菜、畜牧等良种 112 个,建起"从土地到餐桌"的食品质量安全全程监控体系,制定了 35 项农产品具体技术操作规程,形成了一批独具地域特色的品牌产业。如今,该县有专业乡镇 7 个、专业村 156 个,建起了花生、大蒜、核桃等 8 个农业生产示范基地,其中国家级 2 个、省级 2 个、市级 2 个,"斑鸠店牌大蒜"、"清阳牌圆葱"、"国丹牌松花蛋"等 28 项农产品通过了省级以上绿色食品认证,认证面积达到 20 667 公顷。随着生产基地的壮大,该县积极引进和创办各类农业龙头企业,延长产业链,提高附加值。目前,该县投资 500 万元能上能下的农业龙头企业达到 105 家,涉及水产、油脂、林果、纺织等十几个领域、几十种行业,培育了光大油脂,国丹食品,国信棉蛋白等 16 个省级农业知名品牌,有 75% 的农户进入产业化经营体系,前三季度,农民人均现金收入达 2 657 元,同比增长 10.5%。

9. 南上高——苗木花卉富民强村

泰山区上高街道办事处上高村,地处城乡接合部,近几年,该村以种植业结构调整和苗木科技示范园为总抓手,不断做大做强苗木花卉主导产业,带动了全村的经济发展。全村发展苗木花卉面积 80 公顷,苗木花卉产业产值 1 200 万元,从业农户 350 户,苗木花卉真正成为南上高村的富民产业。全村人均纯收入已达到 5 158 元。

随着经济的发展,人民生活水平的提高,苗木花卉的市场需求不断增长,苗木花卉产业已成为朝阳产业,前景看好,苗木花卉每 667 米^2 产值少则 5 000 多元,多则上万元。地处城乡接合部的南上高村,积极发挥区位优势,引导农民发展苗木花卉产业。首先,该村为苗木花卉农产提供优惠条件,积极吸引苗木大户承包农户耕地,进村经营苗木花卉。其次,积极发动党员干部领头种植,带动苗木花卉产业发展。再次,通过算账对比,吸引广大村民发展苗木花卉产业。大家通过与传统农业相比,看到种植苗木花卉的经济效益可增长 5~10 倍,每户收入都在万元以上。短短几年时间,部分农户彻底转变了观念,成了名副其实的苗木花卉专业户。

为进一步提高苗木花卉产业科技含量,增强市场竞争力,该村率先在全市兴办起苗木科技示范园,2001 年被省科技厅、省财政厅确定为省级农业特色科技园和科技示范园,通过建设示范园,不断强化基础设施，加大科研单位引进力度，强化示范推广培训，采用企业化管理、社会化参与的运作模式，初步形成了资源配置市场化、园区开发公司化、投资主体多元化、经济成分多样化的发展格局。去年，为进一步加强园区基础设施建设，该村硬化了南北道路1千米，建设了1公顷的菊花园，牡丹园、松树园、水生植物园、院士林等高、精品种展示园。与此同时，建设了2.67公顷的盆景与生态饭店为一体的观赏游乐场，其中建塑料大棚18个、盆景园0.67公顷，目前已建大棚2个，把生态旅游与科技展示有机地结合在一体，走出了一条结合苗木花卉产业发展、开启生态农业旅游的新路子。

10. 桑庄村"双龙头"带动双产业

"种菜门口卖，养牛两头赚；循环收益快，要靠龙头带。"这几句老百姓自编的顺口溜，是宁阳县伏山镇桑庄村依托有机蔬菜、奶牛养殖两大产业，培植龙头企业，发展现代化农业的真实写照。该村依托紫阳食品公司，发展有机蔬菜66.67公顷，带动了全村200多农户致富；依托亚奥特乳业公司，发展奶牛500多头，仅此一项人均增收2 300多元。

桑庄村共有229户，851人，71.4公顷耕地。近年来，该村紧紧围绕发展现代农业，培植主导产业，加快特色产业发展。2001年4月，通过积极争取，中加合资企业泰安紫阳食品有限公司落户桑庄村。桑庄村依托这一龙头企业，发展有机蔬菜66.67公顷，主导产品有绿菜花、青刀豆、绿芦笋、甜玉米等十多个品种，村民每667 米^{2}收入5 000多元，带动了全村200多农户致富。2006年，公司出口创汇近680万美元，成为宁阳县出口创汇最大的农业龙头企业。桑庄村靠有机蔬菜一项，农民增收400多万元。同时，公司每回收1吨有机蔬菜，支付给村里100元服务费，村集体年增收入15万元，加上厂房租赁收入，村集体年增收入近30万元。

有机菜鼓起了桑庄村群众的腰包,村里又将目光投向了奶牛业。2004年6月,该村与亚奥特乳业公司合资100万元,建起桑庄奶站,解决了群众卖奶难的问题。2005年又与泰安亚奥特乳业合资3 000万元,在废弃的旧窑场上建起了千头奶牛养殖小区,配套建设了自动化挤奶大厅。目前,全村奶牛已达500多头,每头奶牛年纯收入4 000元以上,年增收200万元,人均增收2 300多元。同时,企业每收购1千克牛奶,返还村集体0.1元的服务费。仅此一项,村集体年收入10万多元。

"双龙头"带动起了双产业。目前,桑庄村种植有机蔬菜的农户达到200多户,户均拥有奶牛2头以上,就近转移剩余劳动力170人。群众到当地企业打工,年人均收入7 000元左右。2006年,全村集体经济收入达到63万元,农民人均纯收入4 998元。

11. 特色农业成农民"金饭碗"

走进上海、福州、广州等大中城市超市,你就能购买到新鲜地道的泰安农产品:泰山女儿茶、新泰黄花菜、宁阳大枣……

走进泰安的城郊乡村,跃入眼帘的是一幅幅立体生态图:一望无际的优质粮田,生机盎然的苗木花卉,鲜嫩嫩绿的有机蔬菜……

为了让农民的腰包尽快鼓起来,泰安市优化调整农业结构,做大做强优势产业,给农民带来了看得见摸得着的实惠。特色农业,成了广大农民的"金饭碗"。

(1)政府推动——结构调整富农民 几年前,宁阳县葛石镇东云村在镇里的帮助下,带领群众发展起了专业化、特色化农业——种枣树。目前,该村拥有枣林100公顷,仅大枣收入近千万元,人均纯收入5 000元。村民张金玉家共有枣树0.4公顷,栽植大枣180棵,年可收入6万多元,他开心地说:"这些枣树可是俺家的摇钱树。"

在发展现代化农业的过程中,泰安市坚持把结构调整作为促进农业增效、农民增收的战略措施，立足培植 6 大主导产业和 8 大特色产业，突出设施农业建设和高值田开发，强化有机蔬菜这一亮点，引导乡镇向"一乡一业、一村一品"发展，努力培植大规模、大群体块状产业，构建农民增收大平台。2008 年，全市新调整高效经济作物面积 1 万公顷，其中新发展设施农业面积 3 333 公顷；瓜菜播种面积 141 920 公顷，总产 729.28 万吨，增长 1%。同时，坚持粮食生产与经济作物两手抓、两不误，大力推广优良品种和高产配套技术，粮食生产实现全面丰收，优质专用品种比重进一步提高。2009 年，粮食总产 273.1 万吨，增长 8.1%，是历史上最高的年份之一。

（2）市场拉动——品牌让农民尝到甜头 暮春时节，走马肥城，空气里弥漫着有机蔬菜的清香。这里分布着 9 333 公顷碧绿的有机菜，集聚着台湾弘海、山东龙头企业，形成了年出口有机菜 26 万吨的优势支柱产业，农民以此增加收入 4.3 亿元。据介绍，肥城 90%以上有机蔬菜出口日本、美国等国家，一批品牌企业、品牌产品，获得了通向市场的身份证和准入证。目前，肥城通过国际 OCIA 等机构认证的绿色基地 100 多个，通过国家绿色食品发展中心和山东省农业厅认证的绿色、无公害产品达 111 个，注册了"三绿源"和"济河堂"牌有机菜商标。品牌蔬菜让肥城农民尝到了甜头。

再好的设施生产，再丰富的特种养殖，都离不开市场，最终都要通过市场实现效益。一个品牌带动一方经济发展，岱岳区夏张镇新河西村发展有机蔬菜强村富民，全村除了种植越冬菠菜、大葱、毛豆等常见蔬菜外，还引进并发展起山牛蒡、青刀豆、荷兰豆、蓝菜花等十几个优良品种，产品出口到日本、欧盟等国家和地区。

品牌使泰安市名优农产品有了进入超市的"身份证"。如今，良庄瓜菜、房村番茄、汶南黄花菜、楼德大棚蔬菜、肥城有机蔬菜、岳家庄池藕、斑鸠店大蒜、上高花卉、东疏苗木等均已创出特色品牌。

品牌农业在带来显著经济效益的同时,也改变了农民传统的生产观念,农民不再由着性子盲目种田,而把照"方"生产变成自觉行动。

(3)科技带动——"第一生产力"提升综合生产力 随着科技创新步伐的加快,以及一大批科技成果的推广应用,农业新品种、新技术推广步伐进一步加快,泰安市农业综合生产能力不断提升。

据介绍,近年来,泰安市把依靠科技提高单产、增加效益作为一项基础性和关键性措施来抓,集中抓好农业科技进村入户工程、沃土工程等16个重大推广项目的实施,推广优质专用小麦综合配套技术、玉米高产优质高效技术体系、有机蔬菜生产技术等重大农业新技术、新成果26项,推广玉米鲁丹981、辣椒中蔬4号等作物新品种88个,培育泰麦1号、泰9818、五岳18号等作物新品种10个,位居全省前列。同时,突出抓好农业科技入户工程、青年农民培训、新型农民科技教育培训、农村中高等实用人才培训和农业实用技术培训。2015年,全市参与农业科技下乡和农民技术培训的农技人员2 630人次,接受技术指导、咨询和培训的农民达38万余人次。

12. 接山乡——有机菜走四方

走进东平县接山乡,随处可看到碧绿的菜、鲜活的禽、潺潺流动的水,正编织着一幅幅生态农业的美丽画卷。

鄣城村80公顷的有机蔬菜,依托佳禾公司,按照订单,销往日本、韩国。近年来,这个乡按照"政府引导,市场运作,群众自愿,订单保证,规范发展"的原则,完善"龙头企业＋基地＋行政村＋合作社＋农户"的产业化运行模式,全乡发展订单有机蔬菜2 000公顷,靠挂大型龙头企业18家。按照企业订单要求,四作四收和(或)五作五收的有机蔬菜,全部销往国外或大城市超市。

走进花园村边的山腰下,发现一片水域,五颜六色的观赏鱼让人流连忘返。该村建成特色农业基地 12 公顷，其中引进南斯拉夫大池藕养殖 2 公顷，每 667 米² 产鲜藕 0.8 万千克，发展日本辣椒根 5.33 公顷，各种观赏鱼 1 万多尾。与此同时，肖庄村引进了日本短蔓南瓜 13.33 公顷，以其优良的品质打入北京、上海超市。

13. 伏山镇靠绿色食品致富

随着市场竞争加剧，农产品竞争愈来愈激烈，如不在质量、品牌上下功夫，就难以立足市场。为此，伏山镇把农产品的品牌培育放在更加突出位置，加大农业生产标准和技术规程的实施力度，强化龙头企业、生产基地的示范带动作用，在不断提高农产品品质的基础上，致力打造一批具有伏山特色的"精品"和"拳头"农产品。为加快农产品标准化生产步伐，该镇出台了优惠激励政策，对获得农产品名牌并通过无公害产品、绿色食品认证的单位给予重奖，先后制定了各类农副产品生产标准，覆盖了粮食、蔬菜、蔬菜制种、畜牧养殖等领域。通过实施标准化生产，全镇有 2 533 公顷经济作物通过了省无公害农产品生产基地认证，有 12 种蔬菜成为无公害农产品，有 10 种蔬菜获得了国家有机食品标识使用权。同时，伏山人发挥农业龙头企业的示范带动作用，加快农业品牌化建设。泰安紫阳食品有限公司作为省级农业产业化龙头企业，始终坚持品牌战略，基地先后获得日本有机食品协会、英国食品零售协会、美国有机食品协会的多项认证，生产的有机食品出口日本、美国、加拿大等国，年出口创汇 800 万美元，带动有机蔬菜基地 333 公顷。

14. 曹杭村有机菜强村富民

近几年，王瓜店镇曹杭村靠种植有机蔬菜发了财，村民们说："村里给我们找到了致富的好门路。"

曹杭村是个纯农业村，是典型的"四不靠"村。2005 年 7 月，他们与泰安亚细亚食品有限公司建立了合作关系,签订了 13.33 公顷的有机蔬菜种植合同,建起了全镇首个有机蔬菜种植基地。经过几年的滚动发展,现已发展到 41.33 公顷的规模,产品也增加到刀豆、菜花、毛豆、小香葱和胡萝卜等 10 个品种,且全部出口到欧盟、美国和日本,去年还获得 ECO 和 CERT 认证。2007 年实现村集体纯收入 28 万元,农民人均纯收入 6 281 元。

现在承包大户已发展到 10 户,承包最多的 6.53 公顷,最少的 2.13 公顷。大主民用工业只负责种植、日常管理和采收,具体的农资供应、技术服务、销售全部由集体管理。目前基地已辐射周边 4 个村,人均年增收 3 200 多元,村集体通过服务年增收 20 万元,承包大户纯收入人均达 4 万元以上,去年承包大户于茂春达到了 11.2 万元。

集体经济发展了,村民的收入增加了,该村把目标放在改善村民生产生活环境上。全村主要街道实现了硬化、亮化,建起了高标准卫生室,群众有病在家门口就医,药费报销不出村,还翻修了村幼儿园,农民的日子真是越过越红火。

15. 威海无花果的产业化之路

在威海市经济开发区,尤其是崮山、泊于两镇,农民有在庭院中栽种无花果的传统,但一直没有形成规模。过去,果子成熟季节,老百姓只能手拎提篮叫卖,或以极低的价格卖给小商贩,不能及时卖出去的果子只能烂掉。现在,威海无花果实现了规模化种植,全区种植株数达 280 万株,小小的无花果走进了青岛、沈阳的大超市,以无花果为原料的饮料、果脯、酒类产品更是让果农的每颗果子都实现了增值。

一个知名度不高的"小杂果"形成大产业,仅用了不到 2 年,这期间究竟发生了什么?

(1)"政府就应当做一家一户老百姓做不了的事" 无花果适

应性强、易栽易活、无虫害、易管理，利用房前屋后、荒山以夼、道路沿线就可以种植，是农民增收的好路子，同时，无花果还富有营养价值和保健药用功能，具备形成大产业的要素。

为发展无花果产业，开发区管委邀请农业专家编制《无花果产业发展规划》，并出台政策，对栽种成活的无花果树按棵补贴。

（2）"农民产多少，我们就有能力'吃'多少"　"农民产多少，我们就有能力'吃'多少。2014 年，我们以每千克 4 元的保护价收购了 300 吨本地无花果。"位于崮山镇的清华紫光科技园负责人李泥平说。

清华紫光科技园是区内龙头加工企业，他们的无花果果汁、果脯、果酱、果酒等一系列产品，年产量近 2 万吨。目前，公司已申请 9 项发明专利、2 项外观设计专利和绿色食品标志，并通过省级科技成果鉴定。

健人食品科技公司是区内另一家深加工企业，主要从事无花果活素、无花果茶的研发与生产，其自主研发的无花果活素，是全国第一个通过省级验证的无花果深加工产品。

深加工龙头企业的出现，使开发区无花果产业形成了完善的产业链条，给农民提供了一道强有力的保障线，搏击市场、抵御风险的能力大大增强。

16. 泰安市做大做强有机蔬菜产业

山东省泰安市有机蔬菜认证基地面积达到 1.47 万公顷，继续保持全国面积最大、产量最高、出口最多。绿色食品认证基地面积达到 12.6 万公顷，无公害农产品认证基地面积达到 13.4 万公顷。

近年来，我市农业产业化经营取得了长足发展，除有机蔬菜外，我市农业龙头企业群体规模不断膨胀，全市国家、省、市级农业重点龙头企业分别达到 2 家、23 家和 102 家；规模以上农产品加工企业 38 家。农业结构调整规模特色优势也得到进一步显现，全市符合农业部统计标准的专业村396个,符合农业部统计标准的专业乡镇达18个。农业与专业合作社已达到1498个,入户社员23万户,带动农民46万户,覆盖20多个特色产业。

发展农业产业化,是工业反哺农业的有效载体和培育新型农民的主要阵地,也是实现农村劳动力就地转移的重要途径,其在现代农业中的特殊地位决定了发展农业产业化成为解决农业最突出薄弱环节的"牛鼻子"。推动农业产业化经营,不仅能够带动农业结构调整,促进农民增收,而且能够把一产就地转化成二产,进而还能带动三产发展。

17. 泰安市泰山区省庄镇柳杭村有机蔬菜合作社

柳杭村位于省庄镇东部,总人口1199人,388户,耕地总面积82.47公顷。该村地处泰莱平原,土地肥沃,土层深厚,种植业在该村经济工作中占有较大比重。随着近几年来中央一系列惠农政策的实施,广大农户对农业生产的积极性高涨。村两委以种植业结构调整为主线,把引导农村农业向高效型、集约型、优质型发展作为全村的中心工作。经过多方考察,村两委决定把发展有机蔬菜作为农业持续发展的重点,一期工程调出耕地3.33公顷,用于有机蔬菜基地建设,计划建设冬暖式大棚23个,现已建成12个,结合秋季种植结构调整已调出二期工程所需耕地5.33公顷,也全部用于冬暖式大棚的建设。有机蔬菜基地的建设有效地带动了全村农业的健康、持续发展。为保证基地建设的顺利进行,村两委主要做好以下几个方面的工作。

(1)以合作社组织基地建设 为保证基地建设按照市场方式运作,最大限度地保护广大农户的利益,有效地促进农户种植有机蔬菜的积极性,该村成立了绿柳蔬菜合作社,该合作社现有23户成员,90多人,在基地建设中由合作社统一带动农民增加收入,使农户抵御市场风险的能力显著增强。

(2)以高起点加快基地建设 早在基地之初，该村就将高起点建设作为了基地建设的关键，确立了无土韭菜、有机番茄、有机太空椒作为主导品种，以适应广大人民群众对绿色食品的需求。

(3)以新技术促进基地建设 绿柳蔬菜合作社为促进有机蔬菜基地建设，专门聘请了山东农业大学的专家为技术顾问对有机蔬菜的生产进行技术指导，一系列新技术的应用有效地促进了基地建设。

通过以上措施的应用，基地生产的有机蔬菜还没有结果，就已经签订了购销合同，市场前景非常看好。

18. 邵小平和他的蔬菜专业合作社

邵小平是平邑县西张庄村人，1998年开始于"蔬菜经纪人"，2006年注册成立了平邑县海发蔬菜专业合作社。目前，合作社有社员1 200多人，建有2 000米^{2}的交易大棚两个，600吨的恒温库一座，自有实验基地2.67公顷，实验区13.33公顷。

为了让社员丰收增收，邵小平采取统一供种、统一施肥、统一灌溉、统一管理的模式，形成了"合作社＋基地＋农户"的发展格局，做到"供种、供肥、技术指导、回收、储存外销"一条龙服务。为了保证种子的质量，每年春节前后，合作社都集中购买畅销土豆品种；播种时，合作社派技术人员深入田间地头，具体指导农民采用覆膜、适度密植等科学种植方法；在供肥方面，合作社采集实验区土壤样品，委托山东农业大学测土配方，并直接与化肥厂联系，为菜农提供专用肥；在销售环节，合作社与南京、上海、杭州等客户签订了收购合同，优先收购社员土豆。

对于合作社未来的发展，邵小平已经有了自己的新规划：一是继续扩大土豆种植规模；二是科学种植，培育合作社自己的绿色土豆品牌；三是走深加工的路子，开发薯片、土豆淀粉等业务，实现农产品的升值增值,带动更多的农民走上富裕之路。

19. 新泰——绿色蔬菜飘万里

新泰市被授予"国家级无公害蔬菜生产示范基地",24 000 公顷蔬菜生产基地获得绿色"身份证",这里的蔬菜成为省内外客商眼馋的"大奶酪"。

走在青云街道蔬菜种植专业村南赵庄的田间放眼望去,一垄垄刚刚长出嫩芽的莴苣仿佛乐章上的五线谱,弹奏出农民的喜悦心情。"俺这三亩地,一年下来起码也能赚 4 万多元。仅一季莴苣就能挣 2 万多元。"南赵村菜农尹逊科高兴地说,南赵村民素来有种菜的习俗,在上级科技部门帮助下,巧打科学种菜绿色牌,施肥用豆饼,就连浇地都用深水井"矿泉水"。种出来的蔬菜不但口感好而且纯天然无污染,每年有 500 万千克莴苣从这里运往北京、大连、沈阳等北方的各大城市,成为江北最大的莴苣种植基地。北京来的蔬菜批发户徐善友介绍说,南赵的莴苣在首都市场上的价格要比别的地方的贵 1 倍,就连莴苣叶都成为北京市民餐桌上的最爱,因为经过检测没有一点农药残留,人们生着吃也放心。

近年来,新泰坚持实施"科普惠农示范工程"和"新型农民科技培训工程",不断提高群众科技意识,为新泰绿色蔬菜生产壮大插上翅膀。在 6 个科普惠农示范基地,配备了 VCD、电脑、多媒体等科普设施,结合蔬菜生产季节及种植品种,常年开展培训咨询等科普活动,先后推广引用新技术新品种 30 余种,聘请省内院校科研单位的教授、寿光的蔬菜专家到田间地头讲课,先后举办培训班100 多期,培训人数万余人次,为菜农现场解疑答难 500 余例;开展科技"一帮一"活动,组织有生产经验的能手与菜农结成对子,有3 400 人成为种植蔬菜的行家里手。

绿色品牌让新泰蔬菜飞四方,岳家庄的池藕种植户用心配制的营养泥,培育出有机藕,采摘的当天就能登上南京市民的餐桌。

"A级绿色食品"汶南的黄花菜和楼德的土豆早已漂洋过海，成为老外餐桌上的美味佳肴。目前，全市共认证无公害、绿色、有机农产品36种，培育形成了"金芭蕾黄花菜"、"六顺池藕"、"宫里土豆"等20余个特色品牌，蔬菜种植业呈现区域化、特色化、基地化、规模化的新格局。

20. 努力打造国内最大的兰花生产基地

泰山区与台湾三益集团就农业高科技项目合作举行签约仪式。该项目成功入驻泰山花园中心，标志着泰山区将打造国内乃至亚洲最大的兰花组织繁育、生产示范、科普教育、科研创新生产基地。

据了解，三益集团公司成立于1987年，主要从事兰花种苗的细胞组织培养、种苗驯化、种苗销售及智能温室的规划、设计、施工等业务，是目前国内最大的兰花培育及种植公司。该公司在内地有8个恒温自动控制的生产型温室基地，另外在上海、北京、兖州三地设有3个生物科技研发中心，致力于克隆（基因）研究、组织培育，研发各类品种的兰花品种上千种，国内市场兰花种苗供应的占有率约35%。这次在泰山区将建设具有国际先进水平的现代高科技设施农业示范园区，主要进行蝴蝶兰等花卉组织繁育、种植、销售及展示。

21. 金乡莲藕走上合作致富之路

金乡县高河乡党委、政府立足实际，适时转变农业产业结构，依托莲藕协会，走出了一条"协会＋基地＋合作社"的致富之路。

金乡县高河盛源白莲池藕协会成立于2006年初，协会负责人李志芳投资6万元在自己的责任田建成标准池2 335米²，并无偿为其他农户传授经验和技术。在他的带动下，白莲池藕协会于2008年3月成立了全县首家白莲池藕农民专业合作社。

这个乡为正确引导合作社发展,切实增强池藕产业化发展能力,减轻农民负担,采取了一系列优惠政策。首先,发展一个标准池每 667 米² 乡政府提供无息贷款 3 000 元并补贴 400 元。其次,合作社成立了由乡长任组长,有关部门任成员的领导小组和技术服务小组。合作社严格按照《农民专业合作章程》办事,统一引进品种,统一进货渠道,统一组织销售,统一联系贷信。莲藕协会也充分发挥自身优势,为合作社的发展提供统一的技术服务和指导。在协会、合作社的共同努力下,该乡莲藕由 2006 年的 1.2 公顷藕池发展为现在的 13.33 公顷;标准池由 11 个增加到 130 多个;会员每 667 米² 收入由 2006 年的 6 000 元增加到现在的 7 000 元,667 米² 增效益 1 000 元;会员人数由 9 人发展到 57 人,基地建设和经济效益取得了双丰收。

2008 年 4 月,金乡县高河盛源白莲池藕农民专业合作社在农技协的大力支持下,引进了南斯拉夫高产池藕新品种,先期投资 6 万元实验种植 2 公顷,并依托莲藕池放养黄板泥鳅,为社员提供示范。此项目在协会会员中已经得到推广,预计每 667 米² 藕池收入可达 2.8 万元。"协会＋基地＋合作社"的莲藕经济发展模式农业产业结构优化调整、培植后续主导产业、增加会员收入等方面,起到了良好的示范带头作用。

22. "中国番茄第一村"是这样炼成的

淄博市临淄区南卧石村,全村有 650 户 2 400 人,冬暖式大棚发展到了 2 500 多个,人均年收入近万元,形成了全国最大的番茄生产基地,1997 年 11 月被中国农学会特产经济专业委员会命名为"中国番茄第一村"。那么,这个"中国番茄第一村"是如何发展壮大起来的?

以前当地农民虽有种植番茄的习惯,但番茄种植均为传统品种,品质差、质量低、不利长途运输销售,农民难以发家致富。为此，临淄区皇城镇南卧石科普示范基地带头人李连寿不惜重金，花145 元/克从以色列引进品质好、产量高且便于长途运输、适合西方人口味、吃西餐特点的新品种 182 个，并在基地 200 个示范棚中进行了试种。在取得较为理想产品的情况下，推广到 2 700 个大棚，当年使基地所有大棚收入均高于其他品种的产量，收入在 3 倍以上。由于产品品质的提高，也成了外销蔬菜的当家品种。为确保新品种在种植期间的各项技术得到保证，基地加强了与大专院校、科研单位的联合，本着"引进一批，实验一批、推广一批、储备一批"的原则，每年都引进 10 多种国内外番茄新品种进行实验种植，实现品种朝着名、优、新、稀、特方面发展。

为确保新品种技术能被广大农户接受，基地采取了多方面的技术培训和示范：一是为解决传统日光温室投入成本大、农药化肥用量大、农残超标、大棚生态环境恶化问题，基地利用害虫趋光性原理，在棚内悬挂 20～25 块黄蓝色黏虫板，达到了不用农药即控制虫害，杜绝了农药污染，每个大棚节约农药费用 168 元，由于品质的提高，蔬菜多收益 240 元，一反一正为每户增收 400 余元。二是为减少化肥用量，基地引进推广"秸秆生物反应堆技术"，使种植大棚户每 667 米^2 降低成本 560 余元，户均增收 2 147 元。三是引进推广了具有国内一流水平的"有机生态型无土栽培技术"，彻底解决了大棚长期连作引起的生态环境条件恶化、品质下降、土传病虫害加重、农残超标的技术难题，实现了番茄绿色生产，产品达到国家级绿色食品标准。

通过新品种新技术的推广，促进了临淄区蔬菜产业的提升，全区蔬菜面积发展到 19 533 公顷，总产量 19.1 亿千克，蔬菜总收入 20.2 亿元，仅蔬菜一项人均收入 5 315 元，创国家级绿色食品 13 个、国家农产品名牌 1 个，蔬菜成为农民增收的支柱性产业。临淄蔬菜销往俄罗斯、日本、我国香港等十多个国家和地区及北京、上海等 60 多个大中城市，供不应求。南卧石村因此被命名为"中国番茄第一村",皇城镇被命名为"中国番茄第一镇",临淄区被命名为"中国番茄之乡"。

23. 庭院育菜苗增收又增效

当大多数蔬菜大棚处于空棚换茬时期,菜农朋友主要的任务就是闷棚处理土壤和育苗两大项工作。可是在寿光蔬菜棚区几乎看不到蔬菜幼苗,除了一部分在育苗工厂预定蔬菜苗子的农户外,其他人家的苗子都在哪育的呢?

经详细了解,原来多数自己育苗的菜农都把苗子育在庭院里了。那他们为什么放弃棚内那么宽敞的地方不用,偏偏将苗子育在了院子里,他们又是怎样发现在院子内育苗可行呢?

随着工厂化育苗的不断发展,工厂化育苗设施像黑色塑料育苗穴盘、育苗介质等也在菜农中逐渐得到广泛应用和普及。育苗穴盘和介质的使用,使得菜农朋友对育苗地点的选择增加了余地。有时菜农朋友可根据需要,将带苗子的穴盘从棚内转移到棚外,然后再移回棚内。近几年,穴盘育苗已被寿光市及其周边地区菜农所认可,在其使用过程中菜农朋友发现了它的突出特点之一就是灵活性。随之,部分头脑聪明的菜农干脆将穴盘和介质搬回家,在庭院里育起了苗子。

据当地菜农介绍,庭院里育苗的好处还真不少,主要表现在以下几方面:

不仅便于24小时监控,而且还可节省时间同时进行闷棚、土壤处理等工作。的确,将蔬菜苗子育在家里,不仅节省了从家里到棚里路程往返的时间,而且播种后苗子就在"眼皮"底下,进进出出总能见到苗子,这无形中就增加了菜农管理苗子的机会和次数。不仅如此,主要是还可空出棚内空间,趁高温、强光时期进行高温闷棚和土壤处理。

出苗时期的温度容易控制。夏季,村内庭院的温度相对田间温度要偏低。如果在庭院内育苗，除了人为创造的遮阴条件外，院内的树阴变成了一个有利的自然降温条件。尤其在出苗前，前几年在棚内用穴盘育苗出现烤苗、烙根现象屡见不鲜。现在就不同了，在家里可以采取各种遮荫、降温措施来确保蔬菜出苗所需条件。

浇水方便，不会出现因缺水而死苗的现象。因为在夏季，穴盘育苗不同于传统土畦育苗方式，一般土畦育苗大水漫灌 1 次，至少可保持 2～3 天；而穴盘育苗每天至少浇 1～2 次水才能确保幼苗生长和正常蒸发所需的水分。这便显示出了在庭院育苗的好处，在家里可随时观察苗子情况并及时补水。家里水源方便，既能节省大量的人工，又能保证蔬菜幼苗不至于因缺水而死苗。

可避开玉米田除草剂药害带来的不利影响。夏季蔬菜幼苗出苗后，正值夏玉米田内大量施用除草剂的时候，大多数蔬菜幼苗对大部分除草剂都非常敏感，在庭院内育苗就可避免苗子遭受其害。

遇到不良天气可及时采取措施。夏季多暴雨或雷阵雨天气，雷阵雨时并常伴有大风，这种情况下在庭院内育苗的菜农就可以及时采取防风、防雨措施，或直接将苗子及苗盘搬进屋内，以确保蔬菜幼苗万无一失。

24. 五莲"五动"并举加快蔬菜产业化发展步伐

宏大食品有限公司建设 100 公顷出口创汇大拱棚甜椒示范基地；裕利蔬菜有限公司建立 40 公顷有机蔬菜观光示范园；云强养殖场在大槐树村建立循环农业示范园，已建成 14 个高档温室大棚……

大田种植尚未开始，而在山东省五莲县各个蔬菜生产基地上，却早已是一派勃勃生机了。

2009 年以来，山东省五莲县把蔬菜产业作为战略性主导产业来培育，按照"建基地、扶龙头、活流通、创品牌"发展思路，以品牌化、绿色化、产业化、高效化为目标,"五动"并举,加快蔬菜产业发展步伐。全县发展瓜菜面积 5 800 公顷,其中设施蔬菜 780 公顷,冬暖式大棚 5 001 个,其中占地 0.2 公顷以上的 683 个。

科学规划谋动。按照因地制宜、连片发展的原则,重点围绕莲北平原、县城周边和东南部区域建设设施农业规模片区。高泽镇规划两个设施蔬菜集中布局点,分别种植 40 公顷和 12 公顷。汪湖镇重点规划两个示范片,各建设冬暖式大棚 160 个和 150 个。

政策激励驱动。该县出台激励政策,每建一个占地 0.2 公顷的冬暖式大棚贴息 1 000 元。各乡镇落实专门班子,明确工作责任,加强考核奖惩,全力抓好设施农业建设。汪湖镇专门成立大棚蔬菜办公室,规定每建 1 个大棚奖励现金 1 000 元,按 5:3:2 的比例奖励村集体、村两委干部和管区主任,有效提高了发展积极性。

龙头企业带动。通过优势主导产业带动、龙头企业带动、科技示范场(所)带动和农产品市场带动,坚持多种形式并举促调整。进一步规范"企业+合作社+基地+农户"农业产业化经营发展模式,支持龙头企业建立和发展自有瓜菜标准化生产基地,带动周边标准化生产基地建设。到目前,新发展农业龙头企业 1 家,总数达到 149 家,发展农民专业合作社 10 个,总数达到 174 个。

市场监管拉动。大力推行标准化生产、规模化建设,引导扶持企业、农民专业合作组织开展无公害农产品、绿色食品、有机食品认证,推行产地准出和市场准入及质量追溯制度。加强农产品质量安全检验检测体系建设,不断提高产品质量安全水平。新发展绿色食品及无公害认证 2 个,总数达到 53 个。

农技服务推动。组织农业技术人员深入生产第一线,从规划建设、良种推广、科学施肥等各个环节,开展技术培训,不断提高农民从事设施生产的技能和经营管理水平。先后邀请省农业厅专家、寿光蔬菜专家等举办"设施蔬菜培训班"、"秸秆生物堆技术培训班",对种植户进行技术指导和培训,解决了农户的后顾之忧。

25. 泰安市苗木花卉产业健康快速发展

苗木花卉产业被列为泰安市农业"三大亮点"之一,其苗木花卉产业步入快速发展的轨道。目前泰安市苗木花卉总面积达到15 420公顷,与21世纪初相比翻了两番多,总产苗量达9.36亿株,产值超过10亿元。按照《"十一五"苗木花卉产业发展规划》,到2010年全市苗木花卉生产总面积已达2万公顷。

据了解,目前泰安市苗木花卉形成了特色优势明显的产业结构,市场影响力、竞争力显著增强。泰安市苗木花卉产业起步晚,但起点高,具有明显的后发优势,市场优势明显的绿化苗木、彩叶苗木、大规格苗木等特色花木的种植规模急剧攀升,形成了一批优势明显的特色苗木花卉基地。泰山区泰山苗木花卉科技示范园被定为省级农业科技示范园区;宁阳县东疏镇彩叶树种示范基地、泰山林科院苗木基地、肥城市苗圃等五处基地;被省林业局命名为"山东省林木种苗示范基地";泰山区上高乡街道办事处、肥城市汶阳镇和宁阳县东疏镇被命名为"山东省花木强镇",同时东疏镇被国家标准委命名为"国家标准化苗木花卉示范区"。

为推动产业快速健康发展,泰安市坚持"两手抓",一手抓市场建设。2003年以来,泰市已连续成功举办了五届泰山国际苗木花卉交易会(简称"苗交会"),建设了9处苗木花卉专业市场,以苗交会和专业市场为宣传交易平台,泰山苗木品牌市场覆盖面、影响力迅速扩大。一手抓行业合作经济组织建设,培育花木经纪人队伍,走以合作经济组织为龙头、经纪人为链接、农户为基础、产销合作、互利共赢的产业发展路子,大幅提高了行业市场化程度。同时,鼓励成立以苗木基地为基础的绿化工程公司,通过承揽绿化工程来延伸产业链,提高市场竞争力和占有率,使全市苗木花卉市场化程序高,产业发展后劲足。目前,全市现有一定规模的苗木花卉合作经济组织48个,绿化工程公司23个,具有一定经营组织能力的经纪人215名,促进了全市苗木花卉产业健康快速发展。

26. 盆景草莓俏销的启示

据报道,浙江省奉化市尚川镇的草莓种植户面对激烈的市场竞争,独辟蹊径先后推出礼盒装精品草莓、盆景草莓、深加工草莓等,收到了较好的经济效益。

把原先种植在大田里、大棚里的草莓移栽到花盆里当作盆景出售,实际上就是对草莓市场的一种细分。草莓原先只是被人们当作鲜果享用,上市季节短、时间集中,果品容易变质,人们的消费量相对有限。盆栽后,部分草莓被当作花草产品,在花卉消费群中找到新的消费对象,拓展了草莓的销售市场。

然而,市场如何细分,产品用途如何改变,这里面大有学问。像草莓,是深加工制作干红酒、草莓果酱好,还是当作"绿色礼品"好,或是栽成盆景好;是专攻一头好,还是各项兼顾好,一切都只能让市场说了算。

总之,盆景草莓的开发又一次给了我们这样的启示:产业链的拉长,是农副产品避免过度竞争,消除类似"伤心果"、"痛心菊"现象的最好办法。细心的农民朋友,如果您有兴趣,不妨一试。

27. 盆栽香草——年赚八万元

河南省淇县未来农业示范园青年职工陈文学,别出心裁盆栽香草,发了一笔不小的意外财。

2014年春天,陈文学从一家窑厂订购了1万只花盆,准备用来栽培珍稀观赏植物七变花供应市场。没想到窑厂拖到初夏才发货,使他的栽植计划落了空,可如果把这些花盆放到翌年再用,等于8千多元的资金闲置一年。后来,他从报刊上了解到:香草作为天然香料,已俏销国内外市场。人们用香草来香化居室、衣料、身体，也可以用它填充香囊、睡枕以及鞋垫，某些香草品种还具有逐蚊蝇、驱虫蚁的神奇妙用，被称之为四季飘香无公害的"天然香水瓶"，书中还提到随着人们保健意识的不断增强，这个市场将会越来越大。陈文学灵机一动，何不将这些花盆用来栽植香草供应市场，兴许能卖个好价钱，于是，他购进了薰衣草、香水草、柠檬罗勒等多种香草的种子，播撒在花盆里，经过2个多月的精心管理，一盆盆香草出落得亭亭玉立，散发着诱人的香气，十分招人喜欢。他送到集市上出售，果然吸引了许多人前来购买，仅半个多月的时间，1万盆香草便销售一空，每盆卖到10～15元。最后一算账，净赚8万多元。

盆栽香草的确能赚钱，有心人不妨一试。方法是：提前准备好花盆，在夏季或初夏，选择一年生的香草品种，如香水草、香薄荷、柠檬罗勒等用种子撒播；或者在冬季，选择多年生的香草品种，如薰衣草、迷迭香、百里香等在温室大棚中育苗，等到翌年初夏时移栽。在这些香草长至20～30厘米高时，即可陆续运到集市上出售，使购买者在观赏闻香的同时，还可为居室驱蚊逐蝇，或者采叶填充香囊和睡枕。当然，建议把盆栽香草运到乡镇集市、县城和附近的中等城市等消费水平高的地方销售，这样做可以卖得快一些，价格高一些。

28. 田园型花卉异军突起

如今鲜花市场越来越火暴，特别是果蔬、粮食类的田园型花卉在节日市场鲜花销售中异军突起，成为花卉销售中的"朝阳"产业。

田园型花卉创意新颖，返璞归真，销售量不断攀升，特别是以苹果、梨、橘、海棠、山楂、柠檬、木瓜、石榴、枣、向日葵等瓜果类盆景，以盆栽朝天椒、圣女果、彩椒、乳茄、莲藕等蔬菜类盆景，以小米穗、高粱穗、玉米株等粮食类盆景为主的田园型花卉，以其自然清新的农家魅力赢得了消费者的青睐。

　　据专业人士对国内市场需求的调研显示:商务、会展、居家三大消费群体对田园型花卉的需求与日俱增。华东、华南等城市的果蔬花卉正日渐成为消费亮点。今年初上海花卉市场33厘米高的"胎里红"枣树盆景每株市场售价1 000元左右,而传统的"金橘"、"代代橘"盆景售价在100元左右。北京花卉市场上苹果盆景有130多个品种,其中1米高"探海苹果"盆景每盆市场售价35 000元,0.6米高"新红星苹果"盆景市场售价3 500元,0.3米高"平泉红富士苹果"盆景从几十元到几百元价格不等,这样高、中、低价位能满足不同层次消费者的需求,进而扩大田园型花卉的市场份额。

　　国际市场对田园型花卉的需求也不断增长。据统计:日本的田园型花卉仅对我国台湾省和泰国、新加坡的花卉输入量,在7～8年之间就增长了25～30倍。田园型花卉以其独特的艺术魅力正在融入主流花卉之中,将被国际市场所推崇,为我国的花卉出口夯实基础。

　　田园型花卉的美不仅体现在本身的色彩、形体、气味等方面,而且体现在它的抽象美,随着人们生活质量的提高,赏心悦目的花卉可以满足人们的审美需求;城市庭院建设更需要有寓意的果树来装点。"苹果树"有平平安安的寓意,"柿子树"有事事如意的寓意,五彩甜椒、乳茄摆上餐桌,让人心旷神怡。

　　业内人士认为,田园型花卉总体上市销售还属于起步阶段,但它是一项很有前景的产业,经济价值高,还能带动陶瓷、塑料、玻璃、化工工业及包装运输业的发展,有着巨大的社会生产潜力和广阔的市场前景。随着物质文明的高度发达,人们追求环境美,回归自然,为田园型花卉品种走进千家万户奠定了基础,足不出户就能领略田园风光,饱尝大自然给人们带来的欢乐。这为发展田园型花卉提供了庞大的消费群体。

29. 家中种缸藕，美了庭院又生钱

"不占地、不占田，美化庭院又生钱"。这句顺口溜是山东省平邑县卞桥镇农民种植缸藕的真实写照。该镇农民利用大缸在自家庭院里种上本地的笨藕，不仅美化了庭院，而且一缸藕还可收入几十元。

地处蒙山脚下的卞桥镇风光秀美、民风淳朴，近年来，随着人们生活水平的不断提高，追求高雅的生活情趣正成为该镇农民的新时尚。南安靖村农民高恒付是当地有名的种藕能手，前年春天，他买来6只大缸摆放在自家庭院里，又从藕池里挖来老土填在缸内，然后，种上本地的笨藕。初夏时节，荷花绽放，整个庭院香气四溢；到了秋天，由于他的笨藕绿色无公害，每千克卖到4～6元。6缸笨藕卖了400多元。这让前来串门的乡亲们羡慕不已，他们纷纷在自家庭院里种起缸藕，不仅美化了家园，而且还带来可观的经济收入，真是一举两得。

如今，在卞桥镇，家家种缸藕已成为当地一景。最重要的是，家中来了客人，随手从缸中挖出鲜藕来，农家餐桌上又多了一道鲜嫩可口的佳肴。

30. 发展林下经济效果好

林下经济，是充分利用林下土地资源和林荫优势从事林下种植、养殖等立体复合生产经营，从而使农林牧各业实现资源共享、优势互补、循环相生、协调发展的生态农业模式。

发展林下经济，是东平县设施农业建设的重点内容，也是拓宽农民增收的有效途径。目前，该县平原可开发利用林地面积约0.33万公顷（5万亩），接山镇是东平县最大的生态林基地，拥有涵养水源生态林地667公顷（1万亩），其中已郁闭林地200公顷（3 000亩）。

东平县接山镇自 2005 年发展林下经济以来,现已形成"林菌"、"林禽"两种林下经济模式。其中,"林菌"模式占地 16 公顷(240 亩),建有晾棚 120 个,涉及农户 20 户,发展品种有木耳、平菇和香菇等食用菌;"林禽"模式占地 0.67 公顷(10 亩),主要以养鸡为主,共养 6 000 只。"林菌"模式每 667 米^2 每年收益 1 万元左右,全年收入 240 万元;"林禽"模式每 667 米^2 每年收益 9 万元,全年收入 90 万元。

31. 昌乐无公害韭菜卖出天价

1 千克韭菜售价 116 元,这个价钱相当于普通韭菜的 15 倍左右。这种韭菜之所以能卖出天价,主要因为它是无公害产品,该韭菜种植选用的地块是俗称的"生茬地",用的肥料是有机肥的生物菌肥,不用任何化学肥料和农药,韭菜上市前由山东昌乐农产品质量检测中心检测合格,发放认证证书。

尽管"天价",但是对于这已获得无公害认证的韭菜,一些市民还是非常认可的。购买这种"天价"韭菜的市民王先生说:"现在老百姓生活好了,日子红火了,过去追求吃饱,现在追求的是吃健康、吃绿色,价钱贵点倒没啥,质量过硬就成。"

据了解,为突破规模小、效益低、质量不高、与市场对接难的农业发展瓶颈问题,昌乐县实施农业标准化战略,走无公害、品牌化生态农业之路。他们制定了"无公害无籽西瓜"、"无公害芋头"、"无公害韭菜"、"无公害花生"、"圆葱标准"等 60 个生产操作规程,全县主要农产品的生产、加工、包装、流通等环节都有标准可循。先后认定无公害农产品、绿色食品、有机农产品"三包"基地 1.43 万公顷,认证"三品"57 个。

32. 威海蓝金果业有限公司蓝莓产业前景广阔

蓝莓(Blueberry)又名越橘,属杜鹃花科越橘属(Vaccinium)

浆果类灌木，其果实内所特有的蓝莓花青素等物质具有提高视力、抗衰老和防癌等功能，可以有效地清除侵害人体的自由基，被誉为21世纪功能性保健浆果和水果中的皇后。

蓝莓鲜果中每百克含氨基酸4 790毫克、蛋白质400～700毫克、脂肪500～600毫克、碳水化合物12.3～15.3毫克，并含维生素 E_2、维生素 A、超氧化物歧化酶等多种营养成分。20世纪90年代，美国农业部人类营养研究中心的一项研究报告指出：蓝莓果在被测的41种水果和蔬菜中抗氧化活性高，其营养保健价值高于苹果、葡萄、橘子等水果，堪称"世界水果之王"。蓝莓果在解决人类现代疾病及改善亚健康状况方面具有独特的营养和保健功效，被联合国粮农组织列为人类五大健康食品之一，此后蓝莓在国际市场上身价倍增。

经常食用蓝莓及相关食品能有效降低胆固醇、防止动脉硬化，促进心血管健康。强化视力、减轻眼球疲劳。增强心脏功能、预防癌症和心脏病。防止脑神经衰老、增强记忆力。

进口蓝莓已成为北京、上海、深圳等国内一线大城市新富人群中高档水果的新宠。蓝金果业公司立足胶东，获得吉林农业大学小浆果研究所全方位技术支持，精心打造中国的蓝莓产业，经过3年艰苦努力将正甲夼基地建设成占地20公顷的中国品种最全的蓝莓基地。拥有蓝莓品种数十个，为蓝金果业公司在蓝莓产业上的发展奠定了坚实的基础。标有"蓝金"品牌的蓝莓产品将成为新富起来的国人餐桌上的高档水果和馈赠亲友、奉送健康的高档礼品。

蓝莓是未来胶东水果的新贵，蓝莓好吃树难栽，蓝莓果色蓝紫、神秘高贵、果味酸甜、清香爽口、无核无柄、老少咸宜。其表面霜粉更有利于人体健康。蓝莓具有很独特的生活习性，对土壤、气候、水质都有特殊要求。经过吉林农业大学小浆果研究所专家20余年多个地区的试种试栽和经验积累，确定胶东地区是最适合蓝莓生长的地区。由于蓝莓在全国绝大部分地区都无法存活,在部分地区能成活但产量很低,因此"胶东蓝莓"将是继烟台苹果、莱阳梨等全国知名水果之后下一个奉献给全国人民的水果新贵。蓝金果业有限公司将在胶东地区继续打造多个蓝莓产业基地,为胶东农业发展奉献绵薄之力。

33. 蔬菜专业合作社架起致富桥

近日,山东省夏津县雷集镇兴农蔬菜专业合作社成立。该合作社主要从事黄瓜育种产业,现有会员 302 户,带动农户 600 多户。黄瓜育种面积已达到 70 多公顷,范围扩展到周围 30 多个村庄,种植模式为"黄瓜育种+芸豆(白菜)+菠菜",每 667 米^2 纯收入可达到 9 000 元以上。该合作社的成立,为夏津县蔬菜产业化发展掀开了崭新的一页,将使黄瓜育种产业向规模化、集约化方向发展,使合作社群众真正发家致富。

近几年来,夏津县将提高农民组织化水平,积极推进蔬菜产业化发展作为工作重点来抓,为农民架起致富桥梁。截至目前,夏津县已组建完善了夏津县菌业发展协会、苏留庄生祥酱菜产业合作社、雷集大葱辣椒产业协会、新盛店食用菌产业合作社、香赵庄西瓜产业协会、白马湖梅庄大葱生产销售协会等瓜菜菌专业合作社和协会 28 个,共有会员 2 000 多人。蔬菜产业合作社和协会有效整合了蔬菜产业资源,在农业产业结构调整和农业现代化、产业化和市场化过程中发挥了巨大作用,为农村经济的发展和农民增收做出了突出贡献。

34. 一亩金银花,收入过万元

2011 年 5 月初,平邑县九间棚公司成功收购了山东大陆药业。目前,尽管九间棚公司已在北京、重庆、广东、云南等地区有十几个金银花示范园区、2000 多公顷示范基地,但是,在村党支部书记刘嘉坤看来，如此规模的金银花产量仅仅供应自己的制药项目都不能满足，更别说还要供应合作伙伴。金银花产业需要飞速发展。

面对巨大的市场空间，仅靠传统的自建基地进行种植的模式显然无法满足市场的需求。在刘嘉坤提议下，九间棚公司组织更多的种植户一起种植金银花，共同分享金银花带来的巨大财富。他们把花费了 10 多年心血培育出来、享有自主知识产权并达到金银花育种研究国际领先水平的金银花优良品种"九丰一号"，面向全国种植户和企业推广种植。

2009 年 2 月，九间棚金银花专业合作社社员张兆春夫妇，采用篱架吊蔓种植方式开始种植 0.2 公顷"九丰一号"金银花，当年 5 月第一茬收干花 210 千克，每 667 $米^2$ 产干花 70 千克，每 667 $米^2$ 收入达到 12 000 元；巩家村村民徐庆同面对记者的采访笑得合不拢嘴。过去，他种了 0.66 公顷花生和地瓜，感觉地里非但刨不出金娃娃，随着农资上涨，有时挣的钱连吃饭都成问题。当他得知村里要引种推广"九丰一号"金银花消息后，立马租下了 0.33 公顷地，全部种上了"九丰一号"。如今，他总结出了种植"九丰一号"金银花的三大优势：

一是管理简便，一劳永逸。只要土地不结冻，金银花在一年四季都可种植，尤以晚秋或早春定植最好。"俺种的金银花只需除草施肥、整形修剪等简单的管理即可。更重要的是，金银花是多年生植物，今年种了，以后不用年年种，只要做好基础管理，就能年年收获。"徐庆同高兴地说。

二是收入有保证，赚钱多。以前种 667 $米^2$ 花生，刨除种子、地膜、农药，一年纯收入只有 1 000 多元，而种金银花可多次收获。由于金银花的花期很长，从 5 月中旬至 10 月中旬都可以采花卖花挣钱。整形修剪下的枝叶还能卖给制药厂制药或供饲料厂制作饲料添加剂。

三是市场前景好,投资回报高。徐庆同种了0.33公顷"九丰一号"金银花后,第一年挣了2000多元,第二年每667米^{2}收入达到1万余元;现在每667米^{2}收入近2万元。据悉,平邑县巩家村有300多户加入了金银花专业合作社,最多的种了2公顷"九丰一号"金银花,按照每667米^{2}1万元收入计算,巩家村金银花种植户平均收入2万多元。

今年3月,总投资6亿元的山东九间棚药业有限公司金银花制药项目奠基,该项目对金银花进行深加工,制造颗粒剂、片剂、胶囊剂、针剂以及保健食品等产品。该项目建成后,将实现年销售收入10亿元,年利税2.3亿元,上缴税金6000万元,吸收就业劳动力1000多个。

35. 巧种蔬菜获利丰

山东省枣庄市山亭区于庄村菜农许涛利用时间差,算好价格账,在蔬菜大棚里种植秋延迟菜和越冬菜,勤作巧种,一年四季地不闲,每667米^{2}棚室纯收入高达2万余元,成为当地有名的种菜"状元"。

2006年6月,许涛建起了第一个占地330米^{2}的塑料大棚,8月中旬育上"京春2号"黄瓜苗,定植后50天鲜嫩可口的黄瓜就开始上市,一直采摘到11月底,这期间正值秋菜上市量小,每千克黄瓜可卖到2~3元,330米^{2}黄瓜收入5000余元。10月份在黄瓜地一角育上青椒苗,翌年1月下旬定植,3月上旬时鲜绿的青椒就开始采摘上市,每千克卖到10元钱,一直采摘到5月份,每千克价格仍达2.5元钱,330米^{2}青椒收入9000元。这个大棚,许涛一年两种两收,共收入1.4万元。

许涛在实践中摸索出了什么时间育苗,种什么品种的菜能比别人提前或延后上市,巧占市场空当,因而大大增加了种菜的收入。2007年,尝到甜头的许涛利用区农村信用社发放的惠农小额贷款，又建起了 1 个占地 667 米² 的冬暖式无滴膜菜棚。他选用了耐低温、耐弱光性能强、专门用了越冬日光温室中栽培的黄瓜新品种——"津优 31 号"，于 10 月初育苗，6 天后育黑籽南瓜苗，15 天后将黄瓜苗嫁接到南瓜苗上，随后移栽，翌年 1 月中下旬黄瓜就可供应市场。采摘期正值春节，每千克卖到 2.2 元钱，每 667 米² 产量达 8 000 千克，收入 16 000 余元。6～10 月栽植大葱、白菜等，收入 4 000 余元。这样每 667 米² 棚菜收入高达 2 万余元。

36. 仲村镇农民念活"萝卜经"

山东省平邑县仲村镇驿头村是远近闻名的"绿色蔬菜之乡"。随着菜农市场意识的不断增强，他们对蔬菜的增值打起了如意算盘。这不，仲村菜农面对萝卜品种全，如何使萝卜增值经营又有了新点子。

(1)萝卜品种全，巧打算　前几天，刚刚卖完"日本美樱桃萝卜"的驿头村菜农王祥玉掐指一算，自己 134 米² 小萝卜产值竟高达 4 000 多元。在仲村镇像王祥玉这样的萝卜种植户不下 400 户。他们既种夏秋萝卜又种冬春萝卜，既种"美樱桃"等小萝卜又种"秋丰 2 号"等大萝卜，在品种上，则选择白玉夏萝卜、鲁春萝卜 1 号等优良品种。据了解，该镇每年萝卜种植面积都在 133 公顷以上，仅春萝卜就种了 20 多公顷。

(2)穿"花衣"进超市　为了使丰收的萝卜找到更多市场并卖上好价钱，精明的仲村菜农又有了新点子——把无公害优级萝卜筛选出来，洗净，晾干后，每只萝卜都套上一个印有"纯天然红心萝卜"、"纯天然绿色萝卜"等字样的透明保鲜袋，既易保鲜，又迎合消费者心理，很快打入了南京、无锡等许多城市的超市。价格从每千克 1.2 元到 4 元不等，每 667 米² 增收 1 000 元以上。

(3)腌萝卜赛佳肴　精明的仲村菜农还发现，人们的口味不断变化，酸菜、咸菜成了广大城市市民饭桌上的调味菜。于是农家院里都摆满了大大小小的腌菜缸,菜农各自使用家传腌萝卜的拿手技艺,使不起眼的萝卜再次身价倍增。他们腌出来的酸萝卜、咸萝卜,色鲜味美,成为杭州、无锡、上海等城市市民的桌上佳肴,每千克酸萝卜可卖到2元多,每年全镇仅腌萝卜一项就可创收600多万元。

37. "水果萝卜"按个卖

"俺村的'弯刀青萝卜'以绿色、无公害、皮薄、汁多、清脆站住了临沂、江苏、上海等市场,而且进入大超市当作水果卖,每个能卖到1元多钱呢。"山东省郯城县郯城镇吴桥村支书吴清乐高兴地说。"无公害水果萝卜"收获时节,将这些"无公害水果萝卜"洗净身上的泥巴,摇身一变成了城里人餐桌上身价不菲的新"贵族"。

郯城镇积极围绕农业增效、农民增收这一目标,大力调整农业结构,着力发展无公害农业,大力发展萝卜种植,建成占地30多公顷的"无公害水果萝卜"种植基地。农技部门及时提供技术指导,推行"绿色生态"种植,在施肥上,完全施用饼肥、畜粪、沼液等有机肥,人工灭虫或灭虫灯灭虫,不用化肥和农药,确保萝卜皮薄、汁多、清脆良好的口感,他们还给"无公害水果萝卜"印制了身份证,取名叫"弯刀青",贴上了标签,注明了产地。

思路一变巧赚钱。有了"无公害水果萝卜"这一品牌,农民改变了过去按重量销售的习惯,采取了提篮叫卖的方式,在一些大中城市同橘子、苹果、香蕉放在一起按个出售,有的还堂而皇之地摆在大超市的货架上。在让城里人尝个新鲜的同时,农民也赚个盆满钵丰。每667米^2"无公害水果萝卜"可多收入1000多元。

38. 低成本高产出——青州草花别样红

"如今在青州市,一株月季成本一角多,售价七八角,纯利五角钱,这种高利润花卉生产已经保持了七八年。没有低成本,何来高利润，高利润就是青州市黄楼万亩花卉种植的'源动力'，而低成本源自当地的规模环境。"黄楼花卉旅游产业办公室主任闵强介绍。

如今的黄楼已建成国内最大花卉室内展区，面积超过 15 万米^2，市场内有 300 多个品系、1 000 多个品种，其中青州本地花有 200 多个品系，占了 2/3。在这 200 多个品系中，优势最明显的集中在仙客来、杜鹃、蝴蝶兰、凤梨、大花蕙兰等几个品种，现在凤梨种得最火，利润高得令人咂舌。凭借杜鹃、凤梨等几个大品种，20世纪 90 年代花卉公司就拥有了自主进出口权。

2009 年是青州花卉发展的转折之年。这一年，第七届中国花卉博览会落户青州。借助这一盛会，"东方花都"冠以青州这座历史文化名城，草花产业成了青州市支柱产业。

2009 年 10 月，青州市抓机遇，成立了青州市花卉局，这在山东乃至全国尚属首例。青州花木不仅走出山东，青州也成了国内"南花北运，北花南移"的中转站。在青州黄楼，每天成百上千的车辆从这里将青州花卉运送到全国各地，同时又有成百上千的车辆把全国各地的花卉运到这里进行交易。

青州市花卉高科技博览园管委会副主任李青春介绍，与广州、昆明相比，青州花市最大的优势就是"草花"，如今的青州草花已占领了国内市场的半壁江山。一串红、万寿菊、彩叶草、牵牛花、月季等草花 1万公顷左右的种植面积奠定了青州花卉在全国的地位。而逐渐发展起来的规模优势，也助青州花农保持了较低的种花成本。

依托花卉主产业，青州市建起了物流、辅助器械等相关产业和平台。"运花比种花还赚钱。"博览园管委会负责人介绍。在青州花卉物流每年收益在亿元以上，仅与车辆配套衍生的汽车维修、加油站就有 50 余处，带动就业上千人。目前，依靠原有的机械工业基础，青州花卉器械生产企业多达 90 家，年产花卉器械 20 万件。鑫源公司是青州市一家花盆生产企业，其生产的立体花盆不仅获得了国家专利，还成功进入上海世博会，在济南全运会、广州亚运会、深圳大运会等各种重要会展场馆,在路灯柱上、护栏边、墙体上等许多传统方式难以绿化的地方营造出独特的风景。青州市拟建设全国最大的花卉物流公司,建立与花卉相关的花盆、花架、花药、花械等物流配送平台。

2011 年 6 月 15 日,首届国际草花种植大会在青州开幕,此次大会又会成为青州市再次发展经济的机遇。

39. 金银花成为农民的"富民花"

每年的 5～6 月,山东省平邑县魏庄、流峪、郑城、白彦、林涧五乡镇的金银花进入采摘旺季。平邑县地处沂蒙山区腹地,有 600 多年的金银花种植历史。近年来,平邑县积极引导当地群众扩大"九丰一号"、"四季花"等高产金银花新品种的种植面积,使金银花真正变成了农民赖以发家致富的"富民花"。

40. 葡萄园里套种西芹,每棚增收 7 000 元

2011 年 4 月 26 日,新疆生产建设兵团农五师八十九团温室大棚基地种植户李军在大棚里采收应市的美国西芹。该团农技部门积极引导大棚种植户种植极具市场前景的"夏黑"早熟鲜食葡萄 100 余棚。为了更好地利用土地和大棚设施,李军在 3 个葡萄大棚里套种市场销路好的美国西芹,在淡季上市。每棚美国西芹产量 2 000 余千克,收入 7 000 余元,种植的 3 棚美国西芹共增收 2 万余元。

41. 一亩苦瓜收益 2 万元

2011 年 5 月 22 日,寿光市孙集镇尚家村农户尚培民种植的苦瓜大棚里热闹非常。济南兆龙科技发展有限公司在这里召开了垄鑫棉隆使用观摩会。来自寿光及周边县、市的 100 多名大棚种植户、经销商参会。尚培民的苦瓜长势喜人,没有线虫、死棵、杂草,来参观的种植户无不赞叹,一位来自沂南的农户说:"我们那里

大棚也很多，大部分种的是黄瓜，病虫害非常严重，来了才知道原来是土壤没有处理。"尚培民向大家介绍说："我是去年用垄鑫棉隆处理的土壤，一切都是按照操作规程来做的，目前来看，苦瓜可以增收 50%。"兆龙科技技术人员分析，这一亩半地的大棚苦瓜年收入可增加 1 万～2 万元。

来自中国农业科学院的植保专家郭美霞介绍，连年种植一种作物，有利于土传病害病原菌的生长繁殖。一般作物在连作 3～5 年后，产量损失通常会达到 20%～40%，严重地块可能减产 60% 以上，甚至绝收。土壤消毒是控制土传病害的重要措施之一。

42. 合作社直通超市，菜农利益有保障

山东省滨州市阳信县翟王镇大力推广绿色无公害蔬菜和有机蔬菜，引导菜农成立了专业蔬菜合作社，实行"统一购种、统一技术指导、统一购买生产资料、统一销售、统一管理、统一核算"，并大力发展"农超对接"，蔬菜直销滨洲、淄博等地的大型超市，价格比市场高出 15%～20%，有效解决了卖菜难、卖菜贱等难题，保障了菜农利益。

43. 种植核桃树，脱贫又致富

东北三省、河北、内蒙古、山西、陕西、甘肃、湖南、四川、贵州等 11 个省、自治区的农村经济调查队的一项核桃种植和销售情况调查显示，我国核桃树种植面积居世界第一位，从 20 世纪 90 年代至今，我国核桃、核桃仁、核桃油、核桃木等系列产品畅销国内外市场，已成为抢手俏货，价格连年走高。从 1999 年起，核桃的收购价与零售价呈逐年上涨之势，1999 年市场收购价和零售价分别为 2 元（千克价，下同）和 4 元，2006 年分别上涨至 15 元和 20 元。与此同时，核桃仁和核桃油的价格也在连年上涨，1999 年市场售价分别为 9 元和 56 元，2006 年分别涨至 22～70 元。此外，核桃树

板材的价格也在连年上涨,涨幅高达50％以上。

我国核桃系列产品价格缘何上涨？市场调查显示:一是营养价值高,应用范围广。核桃树全身是宝,核桃是我国四大干果之一,富含多种维生素和营养成分,对减少胆固醇、动脉硬化、心脑血管等疾病很有帮助,不但健脑,还有乌发、润肤作用,颇受广大消费者尤其是脑力工作者青睐,需求量呈逐年上升之势,每年以10％的速度递增,导致价格连年上涨。二是国际市场需求扩大,逐年升温。核桃系列产品是我国传统的出口商品,热销日本、韩国、东南亚及德国、瑞士、英国、叙利亚、科威特等国家和地区,我国的港澳台市场也频频向内地要货,而且数量很大,一些品种因短缺已呈脱销之势。三是我国核桃加工业异军突起,发展迅猛,以核桃为主要原料加工制作的桃仁、油料、食品添加剂及生产的木材、家具、工具等系列产品已达千种以上,其用量每年以15％的速度递增。

有关专家称,发展核桃树生产,扩大种植规模,不但绿化荒山、荒坡,防止水土流失,还是农村农业种植结构调整和农民脱贫致富奔小康的一个好项目。各地应以市场为导向,深入市场,看准行情,因地制宜地发展核桃生产,增加核桃、核桃木材的产量,满足市场需求,提高经济效益。同时,产区应在品种选择、品种更新换代、优良品种普及、科学种管等诸多方面做文章,培植优良品种,增加农民收入。

44. 易拉罐花卉:花卉市场中的新宠

在花卉市场上,易拉罐花卉以其独特的创意、新奇的方式、丰富的寓意脱颖而出,得到了越来越多消费者的青睐,成为“花花世界”中一道亮丽的风景线。花卉植物从发芽到成株过程中的变化和新奇,通过易拉罐花卉淋漓尽致地展示出来,对于远离农村的城市青少年,充满诱惑和悬念。您把易拉罐打开,浇上足够的水,把易拉罐放在温暖的房子里,等上10天左右,新芽破土而出,充满活力和朝气。欣赏之余，也许会给您带来积极向上的力量与勇气。带着悬念，您可以看到充满魔力的生长点不断长出新叶新枝，直到它开花，露出娇美的身段，犹如十七八岁的妙龄少女，亭亭玉立，给您以美的享受和无尽的想象。欣赏此情此景，您工作之余或学习之余，还有烦恼和疲劳吗？

易拉罐花卉的魔力还在于它的多样性和多变的系列。比方说"十二星座"系列：根据不同的星座，会长出不同的植物，把变幻着的世界以比拟的手法浓缩在易拉罐花卉中，带给你不同的感受。如豆瓣上带字的魔豆系列，随着"魔豆"破土而出，对您的祝福、问候油然而生，充满着亲切和关爱。还有香薰系列，不用打开易拉罐，阵阵清香扑鼻而来，沁人心脾，带给您美妙的享受。几乎自然界中一切美好的东西都可以通过易拉罐花卉得到再现和升华。

花卉成为礼品是易拉罐花卉的一大显著特点。用易拉罐花卉送礼开始形成风气。易拉罐花卉娇小、多样化的造型，各种祝福的寓意，便于携带和放置，成本低廉，使它在礼品市场中得到广泛的认同。越来越多的学生之间送上易拉罐花卉，表达美好的祝愿；不少企业或业主送给客户易拉罐花卉作为对客户的回报和答谢；朋友生日送上易拉罐花卉，表达深情厚意；情侣送上易拉罐花卉，蕴含着如蜜一般的情意，如易拉罐花卉上长出"我爱你"等字体，尤其使情侣感到新奇和甜蜜。人们的美好祝愿都可以通过易拉罐花卉以无声的语言和看得见、摸得着的形态和字样巧妙地表达出来。

易拉罐花卉凭着它新奇、灵巧的形式和方便的特点，已在花卉市场中"显山露水"，争奇斗艳。

随着人们生活水平的提高和花卉市场需求的多样化，开发易拉罐花卉的市场前景越来越广阔。

45. 果树盆景——盆栽"摇钱树"

近年来随着园林绿化及花木产业的迅速兴起，水果盆景作为新兴产业,开始呈现出迅速发展的态势。果树盆景在花卉市场上开始受到消费者的青睐,在城市居民房顶和阳台上开始出现了形态各异、造型精巧、情趣盎然的果树盆景。在市场上一般的果树盆景卖价为每盆 50～100 元,巨型果树盆景成百上千元价格。山东省平邑县、青州市、临沂市的一些农村,大力开发果树盆景生产,获得了可观的经济效益,果树盆景已成为当地一大产业和当地农村经济发展的一个新亮点。但各地发展不平衡,全国大多数地区果树盆景开发还在起步阶段。专家们预测,在花卉市场,果树盆景还有较大的发展空间。

果树盆景观赏价值高于一般花卉。以盆景艺术的方式栽培水果,即为果树盆景。果树盆景不同于果树盆栽,前者不仅是把果树进行盆栽,而且要对果树进行严格的艺术加工和造型,使其成为具有较高观赏价值的艺术品,供人们观赏。果树盆景制作是一门综合技术,是美学、工艺学、植物学、果树栽培学及文学诸多学科知识的综合应用,能使果树在盆景有限的空间里,以奇特的树形开花结果,作为一种生命艺术供人们进行欣赏。果树盆景既具有一般观叶花卉的观赏价值,即通过青枝绿叶供人们欣赏,还具有观花和观果花卉的观赏价值,以花和果再现大自然生命的美丽与芬芳。果树盆景的观赏价值还在于她独具匠心的造型,赋予盆景以人性化的生命和灵魂。因此果树盆景是艺术作品,是具有生命力的艺术。好的盆景展示着人与大自然的亲密情缘,饱含着大自然的神韵及情趣,是有形的诗,是立体的画。

果树盆景具有较高的文化价值。如石榴盆景枝干古拙苍老,枝虬叶细,分布自然。石榴根系龙盘虎踞,极富田园野趣。石榴象征富贵吉祥,团团圆圆,吉庆幸福,在我国民间备受人们宠爱。佛手果实形如拳手,金黄色,芳香悦人。"佛手"的谐音为"福寿",象征着福如东海,寿比南山,尤其受到老年人的喜爱,也寄托着青年人对老年人长寿的良好祝愿。红艳亮丽的红枣盆景,将为新婚燕尔的新人带来早生贵子的祝贺。桃树春花灿烂,夏秋硕果满枝,象征着福寿吉祥。银杏在人们观念中总是与长寿联系在一起。同时银杏气势雄伟,枝干虬曲,葱郁庄重。银杏盆景将福寿文化与大自然中银杏的雄姿有机地浓缩在盆景之中,古特幽雅、野趣横生,令人怡情怡目。果树盆景的鲜花是美好、幸福、友谊的象征,是庆贺、纪念、交往的礼物。果树盆景的果实也是人们抒发心情、寄寓感情的象征。果树盆景作为礼品赠送,在局部地区开始蔚然成风,这充分显示出果树盆景所蕴含的文化价值。果树盆景文化价值的开发,将是果树盆景开发的不竭动力。

果树盆景有较好的经济价值和观赏价值。果树盆景不仅富有观赏价值,而且其果实可供食用,或者入药,具有一定的经济价值。

46. 保健花卉盆景店

(1) **市场前景** 随着生活水平的不断提高,人们越来越重视健康养生。保健用花卉盆景不仅具有一般花卉盆景的观赏价值,而且具有特殊的保健药用价值。将其置于室内、阳台,能起到防病治病、强身健体、延年益寿的作用,对健康大有裨益。保健用花卉盆景可分为3类:第一类是防病治病类,消费对象为病人及广大的中老年朋友。主要品种有矮化枸杞、矮化银杏、绞股蓝、矮化刺梨、百合、佛手、灵芝、墨西哥食用仙人掌等,这些品种均有各自不同的保健药用功效,有的可防癌,有的可防治糖尿病、高血压等。第二类是美容类,如芦荟、樱桃番茄等。第三类是益智类,如何首乌等。保健花卉盆景是探望长辈、病人的极好礼品,市场购买潜力大,因此,开家保健用花卉盆景店,前景十分看好,效益也会不错。

(2) **投资分析** 在医院、居民密集区选面积20米² 的门面房1间,年租金约6 000元(各地会因店铺市场的行情差异而有差价);购置保健用花卉盆景种子、花盆和成品等,首批进货约2 000元;办理营业执照、税务登记等约1 000元;员工工资及其他开支约

2 000 元,总计 1.1 万元即可正常营业。

(3)效益分析 一年生中低档品种花卉成本每盆 1～5 元,零售价每盆 6～15 元;多年生高档品种成本每盆 10～30 元,售价为每盆 20～80 元。每盆可获利 5～30 元,若加上销售配套的花盆、专用肥料、养花工具等,效益将很可观。

(4)营销建议

①将每个品种的功效、使用方法及栽培技术印成说明书,随货赠送,可以让使用者了解该花卉的一些特性、功能等信息,从而激发阅读者的购买欲。

②要针对本店特色,重点宣传所售花卉的保健功能,以建立自己的商品优势。

③可与社区服务中心、敬老院等单位联系,经常举行养生保健用花卉盆景的交流、比赛等,还可通过电视台、电台、报纸、传单及户外广告等形式,适当宣传。

④保健用花卉盆景店应该开在人们生活水平较高的大中城市,一般小城镇或乡村由于农民收入低,购买力弱及其他多方面的原因,不宜盲目投资。

47. 花盆种蔬菜,效益真不赖

同样是蔬菜,栽的地方不同、栽培方式不同,所产生的市场价值也就不同。目前,一些菜农把蔬菜栽种在花盆里,颇受市场欢迎。一盆西洋南瓜,贵的可卖近千元;一盆茎秆挺直、盘如金盆的向日葵,可卖上二三百元。这类具有观赏和营养价值的盆栽蔬菜市场发展前景诱人,有望成为农村致富好项目。

盆栽蔬菜主要有以下三大类:

(1)五彩缤纷叶菜类 这种蔬菜的菜叶颜色鲜艳多彩,审美享受与一些花卉相比毫不逊色,且营养价值高。例如七彩菠菜、紫叶生菜、金色和白色金针菇等品种。

(2)千姿百态果实类 这类蔬菜品种又多又引人注目,例如五色辣椒(青红黄紫白五色)、手指般粗的黄瓜、荷兰产的球茎茴香等,外形奇特、色彩斑斓,叫人爱不释手。

(3)菜果两用类 这类蔬菜观赏后可当菜吃,洗干净后可当水果吃。目前已经普遍开发上市的主要有多彩番茄,其品种有如葡萄大小的珍珠番茄、樱桃番茄、红箭番茄、红玛瑙以及长圆形番茄等近 10 种。

开发种植观赏蔬菜时,要注意如下 3 个方面:

第一,选好种。到有经营许可证的国有种子公司或国家科研实验机构购买,有条件的可先进行少量试种。

第二,选好培育种植基地。选择毗邻城市的郊区,可方便市民利用节假日、双休日前往自采自买,享受田园生态环境、休闲自在的乐趣。

第三,掌握好科学种植技术。种植前要通过参加有关栽培技术培训班或聘请科技人员进行技术指导,严格按照技术要领组织生产。盆栽蔬菜既能作为鲜花观赏,又有食用价值,只要管理技术进一步改进,方便操作、降低生产成本,就不愁没有市场。

48. 她将花土变成财富

重庆市綦江县人陈燕几年前来到重庆,在渝北区加州花市出售各种盆景和花盆,但生意很一般。有一次,一位前来买花盆的园林公司的客户问她能不能帮他弄些泥巴来,并愿意用高价买。原来对方买了树木花卉后,为了确保成活,需要富含营养的泥土,而在城市里,这样的泥土并不好找。她这才发现,原来在乡下遍地都是的泥巴,在城里却属于稀缺产品,居然也能卖出个好价钱。从此,她开始学着做这种泥巴生意。

其实这种泥巴就是腐殖土,即在普通泥土里添加营养成分,其主要作用是疏松土壤,给土壤增加营养,家里养花、种盆景或者道路绿化都能用得着。陈燕了解到,腐殖土的主要成分有 3 种,分别是鸡粪、松树末和泥土。在了解到配方后,她开始自己生产腐殖土。鸡粪主要来自各大养鸡场,松树末、泥土则是请农民从农村收集来的。

最初,泥巴没有现在这样好卖。陈燕告诉记者,最初除了偶尔有园林公司向她要货,她的泥巴大部分是卖给那些养花的零散市民。但是近几年随着房地产业的快速发展和城市绿化进程的加快,陈燕开始主动将自己的客户转向以房地产商和园林公司为主。经过几年的努力,她建立了良好的销售渠道。现在陈燕的商品也发展出不少的品种,年利润接近 20 万元。

49. 富硒蔬菜富农家

淄博市淄川区长金蔬菜专业合作社社长肖长金一大早就来到寨里镇莪庄村西边的蔬菜大棚查看,给黄瓜打打杈,在菜地里拔拔草,看着充满勃勃生机、天天有新变化的蔬菜,心里洋溢着幸福和喜悦。这已是他每天的必须课。从 2009 年 6 月建设首批蔬菜大棚开始,这里就成了他的最大牵挂。

"富硒蔬菜",这个市场上还比较陌生的名字,因有了肖长金的努力而变得渐渐熟悉。早在 2003 年 6 月至 2004 年 5 月,中国疾病预防控制中心与健康相关产品安全所、山东省地方病防治研究所、淄川区疾病预防控制中心,先后 5 次到寨里镇采集了土壤、饮用水、小麦、玉米及 65 岁以上老年人指甲等 79 份样品进行硒元素含量调查分析,检测结果寨里镇 15 个村的硒水平含量平均值较高,而莪庄村更加适宜硒水平要求,被中国疾病预防控制中心定位为中美国际合作项目"硒水平与中国农村老年人群认知能力研究"现场考察地区。

这一富有价值的报告,2009 年初被肖长金偶然获悉。对于干过煤井、跑过运输的肖长金来说,无疑是注射了一针兴奋剂。莪庄村地处淄川城郊，土地相对集中，发展蔬菜生产优势得天独厚。他到区疾病预防控制中心调出了全部资料，听着专家的分析，特别是硒对预防疾病、提高免疫力等好处，使他更加坚定了信心。当年6月，他在寨里镇党委、政府的支持下，通过入股、租赁、调地等方式，在袅庄村调剂出6.7公顷连片土地，投资80多万元，建大棚6个，种植番茄、黄瓜、青椒等，年产蔬菜1万千克，没想到市场销售出奇的好，尽管价格是普通蔬菜的20倍，是种植粮食收入的33倍，仍然一直供不应求。随后，他成立了淄川区长金蔬菜专业合作社，由合作社投资，农户管理。农户只需负责种植，育苗、技术、销售均由合作社负责。目前，已建成大棚21个，可年产蔬菜10万千克。2014年，他又投资230多万元，建成了富硒蔬菜加工厂、包装车间、产品展示厅，对蔬菜进行深加工，进一步拉长产业链。

2015年，他们将投资新上一个3 000米^{2}的观光大棚，让市民体验采摘的乐趣。

50. 农民专业合作社获政策"大礼包"

农民专业合作社可以有效提高农民生产组织化程度，增强抵御市场风险能力。财政部、农业部有关方面负责人日前表示，国家将利用财税金融等杠杆力促农民专业合作社发展。

一是税收优惠政策。对农民专业合作社销售本社成员生产的农业产品，视同农业生产者销售自产农业产品免征增值税；增值税一般纳税人从农民专业合作社购进的免税农产品，可按13％的扣除率计算抵扣增值税进项税额；对农民专业合作社向本社成员销售的农膜、种子、种苗、化肥、农药、农机，免征增值税。对农民专业合作社与本社成员签订的农业产品和农业生产资料购销合同，免征印花税。

二是金融支持政策。把农民专业合作社全部纳入农村信用评定范围；加大信贷支持力度，重点支持产业基础牢、经营规模大、品牌效应高、服务能力强、带动农户多、规范管理好、信用记录良的农民专业合作社;支持和鼓励农村合作金融机构创新金融产品,改进服务方式;鼓励有条件的农民专业合作社发展信用合作。

三是财政扶持政策。在中央财政安排专项资金扶持农民专业合作社增强服务功能和自我发展能力的基础上,农机购置补贴财政专项对农民专业合作社优先予以安排。

四是涉农项目支持政策。农业部等7部委决定,对适合农民专业合作社承担的涉农项目,将农民专业合作社纳入申报范围;尚未明确将农民专业合作社纳入申报范围的,应尽快纳入并明确申报条件;今后新增的涉农项目,只要适合农民专业合作社承担的,都应将农民专业合作社纳入申报范围,明确申报条件。

五是农产品流通政策。鼓励和引导合作社与城市大型连锁超市、高校食堂、农资生产企业等各类市场主体实现产(供)销衔接。

六是人才支持政策。从2011年起,国家组织实施现代农业人才支撑计划,每年培养1 500名合作社带头人。继续把农民专业合作社人才培训纳入"阳光工程",重点培训合作社带头人、财会人员和基层合作社辅导员。鼓励引导农村青年、大学生村官参与、领创办合作社。

为积极支持发展现代农业,着力推动农业发展方式转变,提升农业综合生产能力和竞争力,中央财政把支持农民专业合作组织发展作为支持科技进步和服务体系建设的重要内容。2003年到2010年,中央财政累计安排18亿多元的专项资金,用于扶持农民专业合作社增强服务功能和自我发展能力。目前,蔬菜园艺作物标准园创建、畜禽规模化养殖场(小区)及水产健康养殖示范场创建、新一轮菜篮子工程、粮食高产创建、标准化示范项目、国家农业综合开发项目等相关涉农项目,均已开始委托有条件的有关农民专业合作社承担。

二、莱芜市明利特色蔬菜种植专业合作社蔬菜生产技术

高端蔬菜珍品　特殊地理环境　独特栽培方式　有机标准生产

莱芜市莱城区明利特色蔬菜种植专业合作社是莱芜市第一家蔬菜种植专业合作组织,由山东省第二届十大杰出青年农民、莱芜市莱城区高庄街道办事处农业科技服务站站长陈明利于 2007 年12 月 15 日发起成立,2009 年国家级合作经济组织示范项目落户合作社,同期还被山东省工商行政管理局评为"山东省十佳技术服务型农民专业合作社"。2009 年,合作社被市农业局评为"市级农业产业化重点龙头企业"。2010 年,被山东省农业厅、山东省财政厅批准为"山东省省级农业标准化生产基地"。2010 年,被市农业局评为"2010 年度放心菜基地"、"莱芜市第八届消费者满意单位"。合作社现有社员 217 户,带动发展周边农户 2 600 余户。

在合作社运营中,我们以创建一流专业合作社为目标,牢固树立品牌意识,依靠培植品牌,塑造品牌,提升合作社的市场竞争力。成功注册"鲁莱明利"蔬菜商标,认证无公害基地 667 公顷,认定了山药、芹菜、马铃薯、韭菜、苤蓝、番茄、黄瓜、菜豆、生菜 9 种无公害蔬菜,现认证芹菜、韭菜、马铃薯、山药 4 种有机蔬菜。合作社还为社员引进新品种 12 个,推广技术 6 项。

近年来合作社不断更新种植模式和栽培技术,在自己生产产品的口感和味道上下功夫,取得了经济效益和社会效益的双丰收。芹菜芽销往了北京特色蔬菜营销中心、北京全国工商联农业产业商会培训中心、烟台特色酒店、青岛泊里、青岛海泰生态科技集团、

淄博华盛食品有限公司、沂源县沂蒙山果蔬专业合作社、山东茂田园艺有限公司、家家悦、家乐福等地和大中型超市,每千克卖到 56 元。既节省土地又适应市场潮流的盆栽蔬菜,一盆有机韭菜卖到 60~90 元。生产独特的有机韭菜每千克 80 元,生产的黄瓜以其独特的口味受到广大消费者青睐,每条黄瓜 3.5 元的价格销往各大宾馆。

以下介绍系列蔬菜栽培技术规程。

(一)有机山药生产技术规程

1. 选 种

目前很多地区大面积种植的品种是淮山药,俗称牛尾巴山药,此品种皮薄、肉白、粉足、品质好,是进入市场的主栽品种。在选种时一定选用当年用山药果育成的山药芦头或选用栽培过一年的芦头,忌用已栽 2 年以上的作种,因种性已退化。从外观看,所选山药芦头要颈皮光滑才可作种,否则不宜作种。购回种块可栽 2~3 年就要淘汰。要不断做好山药种的提纯更新工作。为保持山药种性可用山药果进行育苗作种或在种植前 20~25 天,选符合所栽品种特征、无病块根上端较硬的一段 10~15 厘米长的根头作种,将其下端断面在消石灰中蘸一下后,放太阳下晒几天,可杀菌和促进发芽。

2. 地块选择及整地

选择地势高燥,排水良好,土质疏松、肥沃、土层深厚达 1 米以上的沙壤土或壤土田块种植,土壤以微酸到中性为宜。整地时根据山药入土深度及田地形状,一般选择东西向开沟种植。种植沟宽 0.6 米、深 0.9 米,两沟间距 0.5 米。在挖种植沟时,耕层土壤放置一方,深层土壤放置另一方,待日晒一段时间后回填土,底层土壤仍然回放于下层,上层土壤在上层,待回填半沟土时,可每667 米^2 施农家肥(腐熟)3 000～5 000 千克与上层肥土拌成营养层土壤做成高畦,畦宽与沟宽一致。

3. 栽 种

栽种时间适宜在春季断霜前后,播种规格为每沟栽 2 行,行距50 厘米,株距 20 厘米,每 667 米^2 栽苗 6 000 株左右。播种时采用开小沟种植,沟深 10 厘米,将山药种横放于沟中,然后盖好山药种。

4. 栽后管理

山药栽后,若水利条件较好的地点可放水泡 1 次,在缺水的地方可以浇透水后加盖薄膜以利保水保温使山药提早出苗。待苗出齐后遇干旱时可再放一二次水泡山药,以后若干旱可适当浇水,进入雨季要注意排水,旺盛生长期如遇旱也应灌水并注意中耕松土工作。苗出齐后须及时插杆,杆长 2～3 米,每 4～6 棵山药插一杆,并注意引蔓上架。田间杂草用人工方法进行拔除。

5. 追 肥

在茎蔓已上半架时,根据植株长势,每 667 米^2 施有机肥 15～20千克,以后在茎蔓满架时,如有黄瘦脱肥现象,再追肥 1 次。追肥时最好在行间进行,开一小沟施入,若追肥离茎秆太近会发生肥害。

6. 病虫害的防治

山药主要病害有叶斑病、炭疽病等。叶斑病症状为叶面出现黄色或黄白色病斑,边缘不十分明显,蔓延扩大后则呈不规则形,上无轮纹,有些病斑能形成穿孔,严重时致使叶片枯死,病原物为真菌。炭疽病症状为叶片上产生褐色下陷的不规则小斑,然后形成黑褐色、边缘清晰的圆形或不规则形病斑,上面有不规则同心轮纹,病斑周围的健叶发黄。叶柄、主秆也可受害。茎部染病后形成黑褐色病斑、病部略下陷或干缩;天气潮湿时可产生粉红色黏状物,病原物是真菌。要防治好以上两种病,第一,要做好轮作,山药在同一田块宜种一茬,最多连种两茬。否则病害将严重发生,品质产量将下降。第二,要合理密植,规范化栽培,增加山药株间的通风透光性,提高光合效率,增强抗病性。第三,要注意及时排出田间积水,减少田间湿度,及时消除田间病叶。山药虫害主要是蛴螬、小地老虎,一般在整地时注意消灭。山药线虫病多在初秋高温季节发生,在地下块根上出现不规则黑褐色病斑,地上部茎蔓上出现椭圆形病斑。防治方法是选择健康块根作种,如仍有感染嫌疑,可在种薯未萌芽和分段前进行温汤浸种,即放置于52℃~54℃的温水中浸泡10分钟,并上下搅动2次,使其受热均匀。

7. 适时采收上市

霜降前后茎叶枯萎时即可陆续采收上市。长形薯入土深,应从侧面深挖轻刨才不致折断成为整薯,提高商品率。

(二)有机马铃薯生产技术规程

1. 范 围

本标准规定了马铃薯有机栽培的名词术语、选地选茬、整地、施肥、选用品种、种薯处理、播种、田间管理和病虫害防治。本标准适用于本合作社马铃薯有机栽培。

2. 规范性引用文件

下列文件中的条款通过本标准的引用而成为本标准的条款。凡是注日期的引用文件,其随后所有的修改单或修订版均不适用于本标准。凡是不注明日期的引用文件,其最新版本适用于本标准。GB 5084　农田灌溉水质标准、GB 18133—2000　马铃薯脱毒种薯。

3. 名词术语

(1)有机农业　以遵循自然规律和生态学为原理;以保护生态环境和人类健康,保持农业生产可持续发展为核心;以生产无污染、无公害、纯天然、对人类安全、健康的食品为目的;以不使用人工合成的化学农药、化学肥料、植物生长调节剂、生长激素和畜禽饲料添加剂等化学合成物质为手段的一种有机生态农业体系。

(2)传统农业　指沿用长期积累的农业生产经验,主要以人、畜力进行耕作,采用农业、人工措施或传统农药进行农作物病虫草害防治为主要技术特征的农业生产模式。

(3)有机食品　来自于有机农业生产体系,根据有机农业生产的规范生产加工,并经独立的认证机构检查、认证的农产品及其加工产品。

(4)转换期　从开始有机管理至获得有机认证之间的时间为转换期。

(5)缓冲带　有机生产体系与非有机生产体系之间的过渡地带(隔离带)称缓冲带。

(6)基因工程　指分子生物学的一系列技术(譬如重组 DNA、细胞融合等)。通过基因工程,植物、动物、微生物、细胞和其他生物单位可发生按特定方式或得到特定结果的改变,而且该方式或结果无法来自然繁殖或自然重组。

(7)允许使用　可以在有机生产过程中使用的某些物质或方法。

(8)限制使用　指在无法获得任何允许使用的物质情况下,可以在有机生产过程中有条件的使用某些物质或方法。

(9)禁止使用　禁止在有机生产过程中使用的某些物质或方法。

(10)脱毒种薯 脱毒种薯是应用茎尖组织培养技术繁育马铃薯脱毒苗,经逐代繁育增加种薯数量的种薯生产体系生产出来的用于商品薯的种薯。

4. 选地、选茬

(1)地块 选择生态环境良好,周围无污染,符合有机农业生产条件的地块。首选通过有机认证或有机认证转换期的地块;其次选择经3年休闲的地块或新开荒的地块开始从事有机生产。

(2)缓冲带 有机农业生产田与未实施有机管理的土地(包括传统农业生产田)之间必须设宽度至少8米以上的缓冲带。

(3)土壤类型 栗钙土、草甸土、沙壤土等。以壤土为好,土壤要求达到通透性良好、排灌方便、疏松,pH值5.6~7.0。

(4)选茬 小麦等茬口,不重茬,立土晒垄。

5. 整 地

秋季深耕或春季深耕,深耕20~30厘米;整平耙细;及时进行耙糖镇压保墒。

6. 施 肥

马铃薯是喜肥作物。要施足基肥,多施钾肥。

(1)施肥种类 以发酵腐熟好的农家粪肥为好。也可以施用绿肥、秸秆堆肥等有机肥料。这些肥料必须经过高温发酵。一般堆制农家粪肥时要求C∶N=25~40∶1。堆积的农家粪肥在发酵腐熟过程中,至少连续15天以上保持堆内温度达到55℃~70℃。在发酵过程中,翻动3~5次。最好能在堆肥中多加入一些含钾较多的作物秸秆,如草木灰等,以满足马铃薯对钾肥的需求。上述粪肥原则上来源于本生态种植圈内。

(2)施肥数量 施上述发酵好的农家肥60 000千克/公顷。

(3)施肥方法 用作基肥,多采用条施。整地时施入。

(4)禁止使用

①严格禁止使用任何人工、化学合成的肥料、植物生长调节剂、生长激素等。

②禁止使用城乡垃圾肥料。

7. 选用品种

①种子来源。有机农业生产所使用的农作物种子原则上来源于有机农业体系。有机农业初始阶段,在有足够的证据证明当地没有所需的有机农作物种子时,可以使用未经有机农业生产禁用物质处理的传统农业生产的种子。

②禁用转基因品种。

③种薯必须依据不同用途和当地栽培条件选用脱毒种薯。

④种薯质量应符合 GB 18133—2000 的有关规定。

⑤本合作社种植马铃薯品种为"津薯 8 号"。

8. 种薯处理

(1)催芽晒种 播种前 20 天,将种薯置于 18℃～20℃的条件下催芽 12 天,晒种 8 天。薯堆不高于 0.5 米,及时翻堆。

(2)选种薯 剔除病薯及畸形薯。

(3)切种 播前,种薯切块,纵切,切块重 30～35 克。

(4)薯块处理 种薯切块后,用草木灰拌种,使切口黏附均匀,禁止使用化学物质和有机农业中禁用物质处理种薯、薯块。

9. 播 种

(1)播种时间 当土壤 10 厘米的地温稳定达到 7℃～8℃时为马铃薯的适当播期。本地的适宜播期为 4 月上旬。

(2)播种方法 机播或穴播,覆土、镇压连续作业。

(3)**播种数量** 种量约为1875千克/公顷。

(4)**播种密度** 一般保苗株数为每公顷57 000～66 000株。栽培密度应根据品种的植株繁茂及结薯习性予以适当调整。行距一般为60～70厘米,株距25厘米。

(5)**覆土** 厚度10厘米左右。

(6)**镇压** 播后及时镇压保墒。

10. 田间管理

(1)**抑芽** 在马铃薯的芽拱土、出苗时耙糖。

(2)**中耕** 马铃薯苗高5～10厘米时第一次中耕,培土厚5厘米。封垄前完成第二次中耕,培土厚8厘米。

(3)**拔草** 现蕾期拔草1次。

(4)**灌溉** 如持续干旱,应及时浇水。灌溉水应符合GB 5084的要求。

(5)**禁止使用**

①全部生产过程中严格禁止使用化学除草剂除草。

②全部生产过程中严格禁止使用化学杀菌剂、化学杀虫剂防治病虫害。

③禁止使用基因工程产品防治病虫草害。

11. 病虫害防治

(1)**晚疫病防治选用抗病品种** 必要时从开花期开始限量喷洒波尔多液。

(2)**蚜虫及病毒病防治** 取适量鲜垂柳叶,捣烂加3倍水,浸1天或煮0.5小时,过滤后喷施滤出的汁液。

①取新鲜韭菜1千克,加少量水后捣烂,榨取菜汁液,用每千克原汁液对水6～8升喷雾。

②取洋葱皮与水按1∶2比例浸泡24小时,过滤后取汁液稍

加水稀释喷施。

12. 收　获

收获时,先用镰刀把薯秧割下,然后用犁隔垄趟。捡头遍马铃薯后用耙子搂一遍,随捡随搂。然后隔垄趟,再捡马铃薯。

(三)有机韭菜生产技术规程

1. 品种选择

选用抗病、抗寒、耐热、分蘖力强、休眠期短、品质好的品种。如:寒赛雪松韭菜、791雪韭等品种。

2. 播　种

(1)浸种催芽　将种子放入40℃温水中浸泡12小时,除去秕粒和杂质,再用清水冲洗2~3遍,漂去腐烂种子后捞出,然后用干净湿布包好,放在18℃条件下催芽,催芽期间每天用温水冲洗1次。

(2)整地做畦　结合整地每667米²撒施腐熟羊圈粪5000千克,深翻入土,使土肥混合均匀,耕后细耙,整平做畦,畦宽1.2~1.5米,畦距30厘米,每畦5~6行,行宽10厘米,行距15厘米。

(3)播种　4月上中旬播种,每667米²用种4~5千克,开宽10~15厘米、深6~8厘米的浅沟,将沟底糖平,种子播后覆土2~3厘米厚。

(4)苗期管理　地膜覆盖。播后苗前不浇水,出苗后立即撤地膜。3叶期后,土壤含水量控制在80%左右,进入快速生长期结合浇水每667米²施用商品有机肥50千克,或随水浇入部分沼液,5叶后,9月上旬匀苗补栽,结合浇水追肥1~2次。

3. 田间管理

深秋扣棚时割掉老韭菜,及时打去嫩薹。从回根休眠至小雪扣棚前,浇足水分,扣棚后不再浇水。

(1)扣棚 于小雪至大雪之间扣棚膜,扣膜时,地上部必须清洗干净,视墒情好坏,可随时浇水。

(2)扣棚后管理 拱棚密闭后棚温保持在白天 20℃～24℃,夜间 12℃～14℃;株高 10 厘米以上时,白天温度 16℃～20℃,超过 24℃放风,相对湿度 60%～70%,夜温 8℃～12℃。

4. 收 割

冬季管理得当可收割 2 茬,扣棚后 40 天左右收第一刀,第一刀收割后在畦上扣小拱棚并加盖草苫,第二刀在春节前后收获,2 次收割时间间隔 60 天左右,于晴天清晨收割。

5. 收割后管理

每次收割后,把韭菜挠一遍,把周边土锄松,待 2～3 天后韭菜伤口愈合,新叶快出时浇水、追肥,每 667 米^2 施生物有机肥 500 千克,从第二年开始,每年需进行 1 次培土,防止韭菜跳根。

6. 病虫草害防治

选用抗病品种,棚室高温消毒,覆盖防虫网,及时清除田间病株、落叶和杂草,冬天注意增温保温。温汤浸种,棚室放置黏虫板,覆盖防虫网,田间安装杀虫灯,合理保护利用天敌,使用生物农药。

主要病害有灰霉病、疫病、锈病。灰霉病用木霉 300～600 倍液,疫病和锈病用波尔多液防治;主要虫害是韭蛆和潜叶蝇,韭蛆可用 1%苦参碱醇 2 000 倍液灌根防治。

7. 韭菜商品化处理

收割后去除韭菜夹带的杂草,剔除病叶、烂叶,按统一标准进行分级,将去杂的统一质量等级的扎捆后,用扎孔的塑料袋包装后装箱销售。

(四)有机芹菜生产技术规程

1. 土壤选择

选择富含有机质、保水、保肥力强、排灌条件较好的土壤。

2. 栽培技术

(1)育　苗

①品种选择　选用高产、优质、耐贮运的抗病品种。本合作社所用种子为自己选育的当地芹菜品种,部分西芹。

②播期播量　根据茬口和上市季节要求安排播期。在本地,一般秋芹 6～7 月份播种,越冬芹菜 8 月播种,播种量每 667 米^{2}0.5～0.8 千克,西芹 0.3～0.5 千克。

③种子处理

消毒处理　温汤浸种:把种子放入 55℃热水中,保持水温均匀浸泡 15 分钟。

浸种催芽　将消毒处理过的种子用凉水浸泡 12～24 小时,使种子充分吸水,然后将种子揉搓洗数遍至水清为止,随后放在 15℃～18℃冷凉环境下保湿催芽。如将处理好的种子装在湿棉布袋内用绳子系好,吊在水井内离水面 10～20 厘米的位置或将浸过的种子放在冰箱冷藏室内,每天淘洗 1～2 遍,约 80%以上的种子露白时即可播种。

④播　种

苗床准备　可选用肥沃的园田土6份,加腐熟羊圈粪3份,细沙1份,分别过筛后混匀作为营养土进行撒施。然后在施足有机肥的基础上精细整地,深翻耙平,做成宽1～1.5米、高10～15厘米的畦面。

播种　采用湿播法,播前先浇足苗床水,水渗下后用营养土薄撒一层,使床面平整,普撒2/3药土,然后将催芽的种子掺少量细沙或过筛炉灰均匀撒播。播种后覆盖细潮土(0.5～0.8厘米厚),之后立即覆盖遮阳网或草苫,待70%幼苗顶土时撤除床面覆盖物。

⑤**苗期管理**　出苗后,如果地干,可早晚浇小水,保持床面潮湿。在1～2叶期,可进行间苗,苗距1～1.5厘米;3～4叶期进行分苗,苗距6～8厘米,以利培育壮苗;当苗高5～6厘米时,浇水1次。在整个育苗期都要及时人工除治杂草,经常中耕松土,以促进根系发育。

(2)定植前准备

①**施肥**　肥料使用应符合有机食品生产的规定。基肥要施足,每667米²施腐熟有机肥5 000～5 500千克。为了预防叶柄劈裂,每667米²还应加施硼肥(硼砂)0.5千克。

②**整地做畦**　在肥料均匀普撒后,耕翻菜地20～25厘米深后耙平,做成平畦或高畦,畦宽1～1.2米即可。

(3)定　植

①**定植适期**　在幼苗5～6片真叶,苗高15～20厘米时,及时进行定植。

②**定植方法、密度**　在畦内穴栽,行距16厘米,穴距16～20厘米,西芹行距50厘米,穴距40厘米,每穴栽苗1株,叶柄超过10厘米的剪掉,定植时主根太长时,可在距根基部4厘米处剪断,促发侧根。栽的深度以土能埋上根茎为准,边栽边封沟平畦,随后

浇水,并覆盖小拱棚保温保湿。栽植密度控制在每 667 米^2 7 500～9 000 株,西芹密度在 3 300～3 400 株。

(4)田间管理

①肥水管理 定植后立即浇水,2～3 天再浇 1 次,保持土壤湿润,缓苗后要及时摘除发黄、枯萎的外叶、老叶,贴在地面上的外叶要通过中耕将其扶起,同时适当控水蹲苗 7～10 天,然后随水追肥,每 667 米^2 追施氮肥 4～6 千克、钾肥 2～3 千克。以后保持土壤湿润,4～7 天浇一次水;定植后 1 个月左右,芹菜进入生长旺盛期,要肥水齐攻,每 667 米^2 追施氮肥 5～7.5 千克、钾肥 4～5 千克。半个月后每 667 米^2 再追施氮肥 4～5 千克。本合作社所用肥料为通过国家标准生产有机食品的肥料,如貂粪豆粕有机肥、惠满丰有机肥料、部分沼液等。

②温度管理 11 月中下旬视天气冷暖情况,在强寒流到来之前覆膜,棚膜宜选用无滴膜或防雾膜,覆膜后浇水宜选择在晴天,且浇水不可过多,保持土壤湿润即可,每次浇水后要及时放风排湿;在午间温度高时要及时通风换气,温度过低时,加盖草苫和防雨膜。

(5)病虫害防治

①主要病虫害 芹菜主要病虫害有斑枯病、叶斑病、猝倒病、蚜虫等。

②防治原则 坚持"预防为主,综合防治"的原则,以农业防治、物理防治、生物防治为主。

③农业防治 选用抗病品种,培育适龄壮苗,调控好棚室内温湿度及水、肥、光照等条件,促进植株健壮生长,提高抗病抗虫能力,加强轮作,并推广使用防虫网、杀虫灯、黏虫板、性诱剂等防治害虫。挂银灰色地膜条避蚜虫,温室通风口处用尼龙网纱防虫。

黄板诱杀白粉虱、蚜虫,用 60～40 厘米长方形纸板,涂上黄色油漆,再涂一层机油,挂在高出植株顶部的行间,每 667 米^2 30～40

块，当黄板粘满白粉虱、蚜虫时，再涂1次机油。

④药剂防治 大力推广应用植物源性农药和生物农药，不使用化学农药。

3. 收 获

本合作社生产的芹菜以收获芹菜芽为主，从12月上旬开始收获，收获时保持芹菜干净整洁，剔除老叶、烂叶，割掉根部，然后分级分割，分割好后同一级别的按标准进行包装入箱销售。

（五）无公害菜豆生产技术规程

根据《无公害食品 菜豆生产技术规程》制定本生产技术规程，适用于本合作社无公害菜豆的生产。

1. 范 围

本标准规定了无公害菜豆每公顷单茬产量22 500～45 000千克（1 500～3 000千克/667米^2）产地环境技术条件，肥料农药使用的原则和要求，生产管理等系列措施。本标准适用本合作社露地和保护地无公害菜豆生产。

2. 引用标准

下列文件中的条款通过本标准的引用而成为本标准的条款。凡是注日期的引用文件，其随后所有的修改单（不包括勘误的内容）或修订版均不适用于本部分，然而，鼓励根据本部分达成协议的各方研究是否可使用这些文件的最新版本。凡是不注日期的引用文件，其最新版本适用于本部分。GB 8079—1987蔬菜种子、DB 13/310—1997无公害农产品产地环境技术条件、DB 13/311—1997无公害农产品、DB 13/T 453—2001无公害蔬菜生产农药使用准则、DB 13/T 454—2001无公害蔬菜生产肥料施用准则。

3. 产地环境技术条件

无公害菜豆生产的产地环境质量应符合 DB 13/310 的规定。

4. 肥料、农药使用的原则和要求

无公害菜豆生产中使用的肥料的原则和要求、允许使用和禁止使用肥料的种类等按 DB 13/T 454 执行;控制病虫危害安全使用农药的原则和要求、允许使用和禁止使用农药的种类等按 DB 13/T 453 执行。菜豆常见病虫害有 11 种,其有利发生条件见附录 A(提示的附录)。

5. 生产管理措施

(1)品种选择 选用优质、抗病性强、适应性广、商品性好的品种,如:矮生种的地豆王 1 号、83-3 等;蔓生种的绿龙、架豆王、保丰、白不老、紫架豆、泰丰架豆、八月忙等。

(2)种子质量 符合 GB 8079 的要求。

(3)用种量 直播每 667 米^2 用种 6～8 千克。

(4)种子处理

①干燥处理 将经过筛选的种子晾晒 12～24 小时,严禁暴晒。

②浸种 棚室栽培播种前用 30℃温水浸种 2 小时,捞出播种,促其早出苗。露地菜豆要干籽直播,防止春季低温或夏季高温条件下烂种。

(5)播种前准备

①前茬 为非豆科作物,有 3～4 年的轮作期。

②整地施肥 露地种植做平畦或高畦,保护地种植均采用高畦,畦高 10～15 厘米。

③基肥 基肥品种以优质有机肥为主,复合化肥为辅,在中等

肥力条件下,结合整地每 667 米² 施惠满丰有机肥 2 000 千克、豆饼 50 千克、硫酸钾 20 千克。

④苗床消毒 用 50%多菌灵可湿性粉剂 500 倍液均匀浇灌。

(6)播 种

①播种期 春茬 4 月下旬至 5 月中旬,秋茬 6 月下旬至 7 月上旬,越夏错季栽培 6 月上中旬;日光温室春茬 2 月上旬至 2 月中旬。育苗移栽提前 15~20 天播种,用塑料营养钵或纸袋育苗。

②方法 按行穴距要求挖穴点播,每穴 3~4 粒种子,覆土 3~4 厘米厚,稍加踩压。播种时如土壤墒情不好,应提前 2~3 天浇水造墒后播种。

③密度 矮生种每 667 米² 为 5 000~5 500 穴,行穴距 40~45 厘米×30 厘米;蔓生种每 667 米² 为 2 300~3 000 穴,行穴距 70~80 厘米×30~35 厘米。

④棚室消毒 以下两种棚室消毒方法,可任选一种。

用福尔马林 50~100 倍液,每平方米用药液 1~1.5 千克,密闭一昼夜之后放风,7~10 天后定植。

用 50%多菌灵可湿性粉剂 500 倍液,或 50%福美双可湿性粉剂 300 倍液对棚室的土壤、屋顶及四周表面进行喷雾消毒。

(7)田间管理

①苗期管理 出苗后至开花前的一段时间,一般不浇水,中耕除草 2~3 次,中耕要结合培土。发现缺苗要及时坐水移栽补苗。蔓生种甩蔓搭架前,结合浇水追肥 1 次,每 667 米² 追施硫酸钾复合肥 20 千克。日光温室苗期的适宜温度白天为 20℃~25℃,夜间 12℃~18℃。苗龄 25~30 天,2 片复叶时,及时定植。

②开花结荚期 浇水的原则是前期浇荚不浇花,以后保持土壤见干见湿。当第一花序嫩荚坐住 3~4 厘米长时,结合浇水每 667 米² 追施硫酸钾复合肥 20 千克。此期可用 0.2%磷酸二氢钾溶液,或 2%过磷酸钙浸出液加 0.3%硫酸钾等其他叶面肥,进行

2~3 次叶面追肥。日光温室菜豆此期的适宜温度白天 22℃～26℃,夜间 13℃～18℃。空气相对湿度 65％～75％为宜。

③植株调整 蔓生种甩蔓时要插架(可吊绳),并及时引蔓上架。日光温室菜豆爬满架时,可摘除主蔓顶芽,促使侧枝生长开花结荚。及时摘除下部老叶、病叶,以利通风透光。

④采收 根据品种特点,嫩荚长到一定大小时,及时采摘,防止老化。

(8)防病虫害 各农药品种的使用要严格执行安全间隔期。

①物理防病虫害 每 667 米² 铺银灰色地膜 5 千克,或将银灰膜剪成 10～15 厘米宽的膜条,膜条间距 10 厘米,纵横拉成网眼状。

②黄板诱杀蚜虫 在棚室内设置 100 厘米×10 厘米规格的黄板,在板上涂 10 号机油(加少量黄油),每 20 米² 设 1 块,设置于行间,与植株高度相平,隔 7～10 天重涂 1 次机油,诱杀温室白粉虱、蚜虫和美洲斑潜蝇。

③药剂防治虫害 当秧苗有蚜株率达 15％时,定植后蚜株率达 30％时,用 10％吡虫啉可湿性粉剂 2500 倍液喷雾防治。

(9)药剂防治病害

①炭疽病 用 50％甲基硫菌灵可湿性粉剂 1 000 倍液喷雾防治。

②枯萎病 零星发病时,用 50％甲基硫菌灵可湿性粉剂 500～600 倍液灌根,用药液 0.25 升/株。

(六)无公害生菜生产技术规程

1. 范 围

本规程规定了无公害生菜生产的环境质量要求,栽培技术措施,肥料施用原则及方法,病虫害防治原则及采收。

本规程适用于保护地和露地无公害生菜生产。

2. 规范性引用文件

下列文件中的条款通过本规程的引用而成为本规程的条款。凡是注日期的引用文件,其随后所有的修改单(不包括勘误的内容)或修订版均不适用于本规程。然而,鼓励根据本规程达成协议的各方研究是否可使用这些文件的最新版本,凡是不注日期的引用文件,其最新版本适用于本规程。

GB 3095—1992　环境空气质量标准

GB 5084—1992　农田灌溉水质标准

GB/T 18406.1—2001　农产品安全无公害蔬菜安全要求

GB/T 8321.1—2000　农药合理使用准则

GB 4285—1989　农药安全使用标准

NY/T 391—2000　产品环境技术条件

NY/T 393—2000　农药使用准则

3. 环境质量要求

(1)生产基地环境执行 NY 5010 标准。

(2)基地地势平坦,水肥条件好,提倡节水灌溉。

(3)收获后及时清洁田园,销毁残枝枯叶,及时回收残留农膜。

4. 栽培技术措施

(1)品种选择　选用优质高产、抗病虫、抗逆性强、适应性广、商品性好的生菜品种。

(2)种子处理　高温季节播种,种子应进行低温催芽。

①浸种　先用冷水浸泡 6 小时左右。

②催芽　将种子搓洗捞出后用湿纱布包好置于 15℃～18℃温度下催芽,或置于冰箱(5℃左右)中存放 24 小时,再将种子置阴

凉处保湿催芽。

(3)培养无病虫壮苗

①育苗场地　育苗场地应和生产隔离,实行集中育苗或专业育苗。

②育苗土配制　用3年内未种过生菜的园土与优质腐熟有机肥混合。

③苗床土消毒　用50%多菌灵可湿性粉剂与50%福美双可湿性粉剂按1∶1混合,或用25%甲霜灵可湿性粉剂与70%代森锰锌可湿性粉剂按9∶1混合。每平方米床土用药8～10克与15～30千克细土混合,取1/3药土撒在畦面上,播种后再把其余2/3药土盖在种子上。

(4)播种　播种时采取先浇底水,后撒籽再覆土的方法。生菜育苗方法有子母苗(苗期不进行分苗主要适用于散叶型)和移植苗(结球型苗期进行分苗)两种,前者籽可撒稀些,苗畦籽不超过1克/米^2。后者每667米^{2}用种量为25～30克。

(5)苗期管理　春秋季育苗,夏季采用遮阴、降温等措施,加强管理,保持土壤湿润,适期分苗,适当放风、炼苗,控制幼苗徒长,苗床温度保持在15℃～20℃,发现病虫苗随时拔除。

5. 定 植

(1)施肥整地　施肥应符合NY/T 394的规定,施用优质腐熟有机肥4 000千克/667米^2,加上复合肥20～30千克/667米^{2}即可,保护地栽培的基肥应增施有机肥料1 000千克/667米^2,施肥后及时整地、翻地。

(2)定植后管理　定植后的缓苗期要保持土壤湿润,一般浇两次缓苗水,定植后5～6天追少量速效氮肥,中后期不可用人粪尿作追肥。

6. 病虫害防治

(1)主要病虫害

①**主要病害** 生菜斑枯病、生菜软腐病。

②**主要虫害** 蚜虫、白粉虱、小菜蛾、菜青虫等。

(2)防治原则 贯彻"预防为主,综合防治"的植保方针,根据有害生物综合治理的基本原则。采用以抗(耐)病虫品种为主,以栽培防治为重点,生物防治、生态防治、物理防治与化学防治相结合的综合防治措施,将病虫危害损失程度控制在经济阈值以下,农药残留量符合国家规定。

(3)防治方法

①**农业防治** 选用抗(耐)病虫品种,优化栽培管理措施,减少病虫源基数和侵染机会。

②**生物防治** 保护和利用瓢虫、草蛉、食蚜蝇等捕食性天敌。

③**物理防治** 蚜虫、白粉虱、斑潜蝇类害虫采用银灰膜避蚜黄板(柱)防治,温室大棚叶菜生产利用防虫网、遮阳网、杀虫灯等防虫。

④**化学防治** 在加强病虫测报和田间调查的基础上,掌握病虫害发生动态,适时进行药剂防治。所选药剂注意混用或交替使用减少病虫抗药性,施用农药要严格按照 GB 4285、GB 8321.1—6 准则执行。

常见病害防治推荐使用药剂:生菜斑枯病推荐使用 60%唑醚·代森联 1 000(X)倍液喷雾。

7. 收获及后续管理

①适时收获,采收前 5 天,要停止浇水。散叶生菜的单株重 250~500 克,结球生菜的单株重 400~750 克。

②收获的生菜禁止用污水洗涤,采收、包装、运输过程中所用

的工具要清洁、卫生、无污染。包装上市的生菜,包装物应标明产品名称、产地、采收日期,净重及无公害产品标识,标签应符合 GB 7718 的规定。

(七)无公害马铃薯露地生产技术规程

根据《无公害食品 马铃薯生产技术规程》(NY/T 5222—2004)制定本生产操作规程,适用于本合作社无公害露地马铃薯的生产。

1. 范　围

本规程规定了无公害马铃薯露地生产技术操作规程。

本规程适合本合作社露地马铃薯无公害生产。

2. 规范性引用文件

下列文件中的条款通过本规程的引用而成为本规程的条款。本规程实施时,所示版本均为有效,所有标准都会被修订,使用本规程的各方应探讨使用下列标准最新版本的可能性。

CB 4285　农药安全使用标准

CB/T 8321　(所有部分)农药合理使用标准

GB 4406　种薯

NY 5010—2001　蔬菜产地环境条件

NY/T 496　肥料合理使用准则、通则

3. 产地环境

要选择地势高燥,排灌方便,地下水位较低,土层深厚、疏松、肥沃的壤土或沙质壤土地块,土壤、大气、灌溉水等环境条件要符合 NY 5010—2001 的要求。

4. 生产技术管理

(1)露地土壤肥力等级的划分 根据露地土壤中的有机质、全氮、碱解氮、有效磷、有效钾等含量高低而划分的土壤肥力等级。具体等级指标见下表。

菜田露地土壤肥力分级表

肥力等级	菜田露地土壤养分测试值				
	全氮(%)	有机质(%)	碱解氮(毫克/千克)	磷(P$_2$O$_5$)(毫克/千克)	钾(K$_2$O)(毫克/千克)
低肥力	0.07~0.10	1.0~2.0	60~80	40~70	70~100
中肥力	0.10~0.13	2.0~3.0	80~100	70~100	100~130
高肥力	0.13~0.16	3.0~4.0	100~120	130~160	130~160

(2)栽培季节与品种选择

①**栽培季节** 根据收获供应期的不同可分为夏马铃薯栽培和秋马铃薯栽培,夏马铃薯栽培即春季播种,7月初收获供应;秋马铃薯栽培即春季播种,9~10月收获供应。

②**品种选择** 夏马铃薯栽培可选东农303、马铃薯1号、马铃薯2号、中薯2号、费乌瑞它等早熟品种;秋马铃薯栽培可选东北白、紫花白、超白等中晚熟品种。

(3)播种前的准备

①**整地施基肥** 禁止使用未经国家和省级农业部门登记的化学或生物肥料。禁止使用硝态氮肥。禁止使用城市垃圾、污泥、工业废渣。有机肥料需达到规定的卫生标准,见附录A(规范性附录)。中等肥力土壤每667米²施入优质有机肥5000千克,或腐熟鸡粪5000千克,结合耕地将基肥的2/3撒施,1/3沟施。结合沟施有机肥,每667米²施尿素5~10千克、15-15-15氮磷钾复混肥25千克、草木灰20~30千克。播种时同时拌以农药,防治地下

害虫,每 667 米² 可用 5％辛硫磷颗粒剂 1.5 千克或 50％辛硫磷乳油 500 毫升,拌土 10～15 千克撒入播种沟,其上覆一层土,或用农具与沟土混合,然后播种。

②种薯处理

种子质量　薯种要达到 GB 4406 的规定。

暖种晒种　于播种前 30～40 天,选择健壮种薯置于 15℃～18℃的散射光条件下暖种催芽,直到大多数种薯顶芽萌动为止。同时,此期附以晒种,不仅能限制顶芽生长而且能促进侧芽的发育,使薯块各部位的芽都能大体发育一致。

浸种　将种薯切块,切块呈立体三角形,每块 25 克左右,带 1～2 个芽眼。切块时应淘汰病薯,如切到病薯,应立即用 75％酒精消毒切刀,然后再切。为保证播种后出苗整齐一致,切块完毕后,可用赤霉素浸种 10 分钟,赤霉素溶液浓度为 0.5 毫克/千克,若用整薯播种,则赤霉素浓度为 10 毫克/千克,浸种后捞出晾干催芽或立即播种。

催芽　催芽采用阳畦进行。于播种前 20～30 天建阳畦,在畦内覆沙土 10 厘米厚,薯密排于苗床上,播后盖沙 3～4 厘米厚,地温保持 15℃～20℃,10～15 天后,芽长达 2～3 厘米时栽植。

5. 播　种

(1)播种期　春季播种应掌握 10 厘米地温达到 7℃～8℃时进行。以当地断霜之日为准,向前推 35～45 天作为适宜的播种期,即 3 月下旬至 4 月上旬播种,在此范围内宁早勿晚。地膜覆盖栽培播种时间比露地适当提早,在 3 月中旬,不宜过早,以免出苗后遇霜冻。

(2)播种方法　播种时按 60 厘米左右的行距开 10 厘米深的小沟,然后沟施种肥及药土,并用齿钩等工具搂一遍,以免肥料过于集中而烧苗,之后浇小水。夏马铃薯将薯块按 25 厘米的株距、秋马铃薯薯块按 35 厘米的株距排于沟中,覆土起垄,垄底宽 40 厘米左右,高 20 厘米。

(3)**播种密度** 夏马铃薯每 667 米^2 4 500 株左右,秋马铃薯每 667 米^2 3 000 株左右。

(4)**播种量** 马铃薯的播种量与品种、栽植密度、切块大小及播种方式等有关,一般切块播种每 667 米^2 用种量 125~150 千克。

6. 田间管理

(1)**查苗补苗** 出苗后,应逐块逐垄查苗补苗,选用已萌发的大薯块或小整薯,在赤霉素药液中浸泡后补种,使芽眼或芽苗向上。

(2)**中耕培土** 播种后出苗前,中耕松土;齐苗后浅中耕;现蕾期进行第三次中耕兼浅培土;植株封垄前进行第四次中耕深锄高培土。

(3)**追肥** 现蕾期结合中耕,每 667 米^2 穴施碳酸氢铵 50 千克或尿素 15~20 千克。以后每隔 7~10 天用 0.3%~0.5%磷酸二氢钾溶液根外追肥,每 667 米^2 用肥液 50~100 千克,连续喷 2~4 次。

(4)**摘除花蕾** 花蕾形成,花序抽出时,及时摘除。

(5)**适时浇水** 块茎形成和膨大期适量浇水。忌大水漫灌,以沟灌为好,收获前 15 天不可灌水。

7. 收　获

适期收获,收获标准为:茎叶由绿色变黄色,薯块易从茎上脱落。用手指擦薯块,表皮脱落,用刀削薯块,伤口易干燥。收获时要避免损伤薯块,收获的马铃薯要避免暴晒,经暴晒的薯块容易腐烂,不耐贮藏。

8. 病虫害防治

(1)病虫害防治原则 按照"预防为主,综合防治"的植保方针,坚持以"农业防治、物理防治、生物防治为主,化学防治为辅"的无害化控制原则。

(2)农业防治 针对主要病虫控制对象,选用高抗多抗的脱毒种薯;实行严格轮作制度,与非茄科作物轮作 3 年以上;在地块周围适当种植高秆作物作防护带;测土平衡施肥,增施充分腐熟的有机肥,少施化肥;清洁田园。

(3)物理防治 覆盖银灰色地膜驱避蚜虫,利用高压汞灯、黑光灯、性诱剂诱杀成虫。

(4)生物防治

①**天敌** 积极保护利用天敌,防治病虫害。

②**生物药剂** 采用病毒、线虫等防治害虫及植物源农药如藜芦碱、苦参碱、印楝素等和生物源农药如齐墩螨素、硫酸链霉素、新植霉素等生物农药防治病虫害。

(5)主要病虫害药剂防治 以生物药剂为主。使用药剂防治时严格按照 GB 4285 农药安全使用标准、GB/T 8321(所有部分)农药合理使用准则规定执行。

①**晚疫病** 在有利发病的低温高湿的天气情况时,及时发现中心病株并清除、远离深埋。其次是用等量式波尔多液(500 克硫酸铜,500 克生石灰,50 升水)或甲霜·锰锌 800 倍稀释液喷施预防,每 7 天左右喷 1 次,连续 2～3 次。25％甲霜灵可湿性粉剂 800 倍稀释液或 72％克露 800 倍液释液,每 7 天左右喷 1 次,连续 2～3 次,最好交替使用。

②**青枯病** 发病初期用72％硫酸链霉素可溶性粉剂 4 000 倍液,或 25％络氨铜水剂 500 倍液,或 77％氢氧化铜可湿性微粒粉剂 400～500 倍液,或 12％绿乳铜乳油 500 倍液,或 50％百菌清可湿性粉剂 400

倍液灌根,每株灌 0.3～0.5 升,隔 10 天 1 次,连续灌 2～3 次。

③**环腐病** 用 50 毫克/千克硫酸铜浸泡薯种 10 分钟有较好效果。

④**黑颈病** 用硫酸链霉素 100 倍稀释液浸种 30 分钟,或用高锰酸钾 500 倍稀释液浸种 20～30 分钟晾干播种。

⑤**病毒病** 利用脱毒种薯,防止蚜虫传毒和各种条件下的机械传毒。

⑥**马铃薯块茎蛾** 在成虫盛发期可喷洒 10％菊·马乳油 1 500 倍液。

⑦**二十八星瓢虫** 50％敌敌畏乳油 500 倍稀释液、80％敌百虫 500～800 倍稀释液或用 40％乐果乳油 1 000 倍稀释液喷杀,效果都较好。发现成虫即开始喷药,每 10 天喷药 1 次,在植株生长期连续喷药 3 次,注意喷药时喷嘴向上喷雾,从下部叶背到上部都要喷药,以便把孵化的幼虫全部杀死。

⑧**蚜虫** 用 50％抗蚜威可湿性粉剂 2 000 倍液、80％敌敌畏乳油 800 倍液、10％氯氰菊酯乳油 5 000 倍液、2.5％溴氰菊酯乳油 5 000 倍液、40％菊·马乳油 2 000～3 000 倍液、灭杀毙 6 000 倍液,上述药剂交替喷洒。

⑨**茶黄螨** 用 20％炔螨特 1 000 倍稀释液或用 40％乐果 1 000 倍稀释液喷施,防治效果都很好。5～10 天喷药 1 次,连喷 3 次才能控制危害。喷药重点在植株幼嫩的叶背和茎的顶尖,并应喷嘴向上,直喷叶子背面效果才好。

⑩**地老虎** 用毒饵诱杀。以 80％的敌百虫可湿性粉剂 500 克加水溶化后和炒熟的棉籽饼或菜籽饼 20 千克拌匀,或用灰灰菜、刺地菜等鲜草约 80 千克,切碎和药拌匀作毒饵,于傍晚撒在幼苗根的附近地面上诱杀。

⑪**蝼蛄** 病虫害防治同地老虎。

生产上禁止使用高毒、高残留农药,见附录 B。

附录 A
（规范性附录）
有机肥卫生标准

项　目		卫生标准及要求
高温堆肥	堆肥温度	最高堆温达 50℃～55℃,持续 5～7 天
	蛔虫卵死亡率	95%～100%
	粪大肠菌值	10^{-1}～10^{-2}
	苍蝇	有效地控制苍蝇孳生,肥堆周围没有活的蛆、蛹或新羽化的成蝇
沼气发酵肥	密封储存期	30 天以上
	高温沼气发酵温度	(53±2)℃持续 2 天
	寄生虫卵沉降率	95%以上
	血吸虫卵和钩虫卵	在使用粪液中不得检出活的血吸虫卵和钩虫卵
	粪大肠菌值	普通沼气发酵 10^{-4},高温沼气发酵 10^{-1}～10^{-2}
	蚊子、苍蝇	有效地控制蚊蝇孳生,粪液中无孑孓。池的周围无活的蛆、蛹或新羽化的成蝇
	沼气池残渣	经无害化处理后方可用作农肥

附录 B
（规范性附录）
无公害食品蔬菜生产上禁止使用的农药品种

生产上不应使用杀虫脒、氰化物、磷化铝、六六六、滴滴涕、氯丹、甲胺磷、甲拌磷（3911）、对硫磷（1605）、甲基对硫磷（甲基1605）、内吸磷（1059）、苏化 203、杀螟磷、磷胺、异丙磷、三硫磷、氧化乐果、磷化锌、克百威、水胺硫磷、久效磷、三氯杀螨醇、涕灭威、灭多威、氟乙酰胺、有机汞制剂、砷制剂、西力生、赛力散、溃疡净、五氯酚钠、401、二溴氯丙烷等和其他高毒、高残留农药。

（八）无公害韭菜生产技术规程

根据《无公害食品 韭菜生产技术规程》（NY/T 5002—2001)制定本生产操作规程，适用于本合作社无公害韭菜的生产。

1. 范 围

本标准规定了无公害蔬菜韭菜的生产基地建设、栽培技术、肥水管理技术、有害生物防治技术以及采收要求。本标准适用于本合作社韭菜的生产。

2. 引用标准

下列文件中的条款通过本标准的引用而成为本标准的条款。凡是注日期的引用文件，其随后所有的修改单（不包括勘误的内容）或修订版均不适用于本部分，然而，鼓励根据本标准达成协议的各方研究是否可使用这些文件的最新版本。凡是不注日期的引用文件，其最新版本适用于本标准。

GB 4286 农药安全使用标准

GB 8079 蔬菜种子

GB/T 8321（所有部分） 农药合理使用准则

NY 5010 无公害食品 蔬菜产地环境条件

3. 术语和定义

下列术语和定义适用于本标准。

(1)安全间隔期 最后一次施药至作物收获时允许的间隔天数。

(2)结构组成 棚室由采光和保温维护结构组成以塑料薄膜为透明覆盖材料，东西向延长，在寒冷季节主要依靠获取和蓄积太阳辐射能进行蔬菜生产的单栋温室和采用塑料薄膜覆盖的拱圆形棚,其骨架常用竹、木、钢材或复合材料建造而成。

(3)春播苗 清明前播种的韭菜苗。

(4)夏播苗 立夏前播种的韭菜苗。

(5)秋播苗 立秋后播种的韭菜苗。

(6)中等肥力土壤 含碱解氮(N)80～100毫克/千克,有效磷(P_2O_5)60～80毫克/千克,速效钾(K_2O)100～150毫克/千克的土壤。

(7)高肥力土壤 碱解氮(N)在100毫克/千克以上,有效磷在80毫克/千克以上,速效钾在180毫克/千克以上的土壤。

4. 产地环境

无公害韭菜生产的产地环境质量应符合 NY 5010 的规定。

5. 生产管理措施

(1)前茬 非葱韭类蔬菜。

(2)播种时间 从土壤解冻到秋分可随时播种,但夏至到立秋之间,因天气炎热,雨水多,对幼苗生长不利,故播种可分为春播、夏播和秋播。

①**品种选择** 选用抗病虫、抗寒、耐热、分株力强,外观和内在品质好的品种。日光温室秋冬连续生产应选用休眠期短的品种。

②**种子质量** 外观和内在品质好的品种。日光温室秋冬连续高温堆肥沼气发酵肥符合 GB 8079 中的二级以上要求。

③**用种量** 每 667 米^2 用种 4～6 千克。

④**种子处理** 可用干籽直播(春播为主),也可用 40℃温水浸种 12 小时,除去秕籽和杂质,将种子上的黏液洗净后催芽(夏、秋播为主)。

⑤**催芽** 将浸好的种子用湿布包好放在 16℃～20℃ 的条件下催芽,每天用清水冲洗 1～2 次,60%种子露白尖即可播种。

⑥**整地施肥** 苗床应该选择旱能浇、涝能排的高燥地块,宜选用沙质土壤,土壤 pH 值在 7.5 以下,播前需耕翻土地,结合施肥,耕后细耙,整平做畦。

基肥品种以优质有机肥、常用化肥、复混肥等为主;在中等肥力条件下,结合整地每 667 米² 撒施优质有机肥(以优质腐熟猪厩肥为例)6 000 千克、氮肥(N)2 千克(例如尿素 6.6 千克)、磷肥(P_2O_5)6 千克(例如过磷酸钙 60 千克)、钾肥(K_2O)6 千克(例如硫酸钾 12 千克),或使用按此折算的复混肥料,深翻入土。

⑦**播种** 将沟(畦)普踩一遍,顺沟(畦)浇水,水渗下后,将催芽种子混 2～3 倍沙子(或过筛炉灰)撒在沟、畦内,每 667 米² 播种子 4～5 千克,上覆过筛细土 1.6～2 厘米厚。播种后立即覆盖地膜或稻草,80％幼苗顶土时撤除床面覆盖物。

⑧**播后水肥管理** 出苗前需 2～3 天浇一水,保持土表湿润。从齐苗到苗高 16 厘米,7 天左右浇一小水,结合浇水每 667 米² 追施氮肥(N)3 千克(例如尿素 6.6 千克)。高湿雨季排水防涝。立秋后,结合浇水追肥 2 次,每次每 667 米² 追施氮肥(N)4 千克(例如尿素 8.6 千克)。定植前一般不收割,以促进壮苗养根。天气转凉,应停止浇水,封冻前浇一次冻水。

⑨**除草** 出齐苗后及时拔草 2～3 次,或采用精喹禾灵、盖草能等在播种后出苗前用 30％除草通乳油(100～150 克)/667 米²,对水 50 升喷洒地表。

(3)定　植

①**土壤施肥要求** 施用的肥料品种应符合国家有关标准规定,达到无害化卫生要求。施肥原则是有机肥料和无机肥料配合施用。有机肥与无机肥之比不低于 1∶1。施肥量的取舍以土壤养分测定分析结果、蔬菜作物需肥规律和肥料效应为基础确定,最高无机氮素养分施用限量为 16 千克/667 米²,中等肥力以上土壤,磷、钾肥施用量以维持土壤平衡为准;在高肥力土壤,当季不施

无机磷、钾肥。收获前 20 天内不得追施无机氮肥。

②定植时间 春播苗,应在夏至后定植;夏播苗,应在大暑前后定植,以躲过高温多雨的七八月份;秋播苗,应在翌年清明前后定植。定植时期要错开高温高湿季节,因此时不利于定植后韭菜缓苗生长。

③定植方法 将韭苗起出,剪去须根末端,留 2～3 厘米,以促进新根发育。再将叶子先端剪去一段,以减少叶面蒸发,维持根系吸收与叶面蒸发的平衡。在畦内按行距 18～20 厘米、穴距 10 厘米,每穴栽苗 8～10 株,适于生产青韭;或按行距 30～36 厘米开沟,沟深 16～20 厘米,穴距 16 厘米,每穴栽苗 20～30 株,适于生产软化韭菜,栽培深度以不埋住分蘖节为宜。

④定植后管理

露地生长阶段管理

水分管理:定植后连浇两水,及时锄地 2～3 次蹲苗,此后土壤应保持见干见湿状态,进入雨季应及时排涝,当日最高气温下降到 12℃ 以下时,减少浇水,保持土壤表面不干即可,土壤封冻前应浇足冻水。

施肥管理:施肥应根据长势、天气、土壤干湿度的情况,采取轻施、勤施的原则。苗高 35 厘米以下,每 667 米^2 施 10%～20% 腐熟粪肥 500 千克;苗高 35 厘米以上,每 667 米^2 施 30% 腐熟粪肥 800 千克,同时加施尿素 5～10 千克,或加施复合肥 5 千克,天气干旱应加大稀释倍数。

棚室生产阶段管理 北方地区栽培的韭菜,如以收获叶片为主,可在秋冬季扣膜,转入棚室生产;如要翌年收获韭薹,则不应扣膜,因韭菜需经过低温阶段才能抽薹。

扣膜:扣膜前,将枯叶搂净,顺垄耙一遍,把表土划松。

休眠期长的品种,为了促进韭菜早完成休眠,保证新年上市,可以在温室南侧架起一道风障,造成温室地面寒冷的小气候,当地表封冻 10 厘米时,撤掉风障扣上薄膜,加盖草苫。

休眠期短的品种,适宜在霜前覆盖塑料薄膜,加盖草苫。

温湿度管理:棚室密闭后,保持白天 20℃～24℃,夜里 12℃～14℃;株高 10 厘米以上时,保持白天 16℃～20℃,超过 24℃放风降温排湿,相对湿度 60%～70%,夜间 8℃～12℃。

冬季中小拱棚栽培应加强保温,夜温保持在 6℃以上,以缩短生长时间。

水肥管理:土壤封冻前浇一次水,扣膜后不浇水,以免降低地温,或湿度过大引起病害,当苗高 8～10 厘米时浇一水,结合浇水每 667 米^{2}追施氮肥(N)4 千克(例如尿素 8.7 千克)。

棚室后期管理:三刀收后,当韭菜长到 10 厘米时,逐步加大放风量,撤掉棚膜。施腐熟圈肥 46 000～60 000 千克/公顷(3 000～4 000千克/667 米^2)、腐熟鸡粪 7 500～15 000 千克/公顷(500～1 000千克/667 米^2)。并顺韭菜沟培土 2～3 厘米高。苗壮的可在露地时收 1～2 刀。苗弱的,为养根不再收割。

⑤**收割** 定植当年着重"养根壮秧",不收割,如有韭菜花及时摘除。

收割的季节 收割季节主要在春、秋两季,夏季一般不收割,因品质差。韭菜适于晴天清晨收割,收割时刀口距地面 2～4 厘米,以割口呈黄色为宜,割口应整齐一致。两次收割时间间隔应在 30 天左右。春播苗,可于扣膜后 40～60 天收割第一刀。夏播苗,可于翌年春天收割第一刀。在当地韭菜凋萎前 50～60 天停止收割。

收割后的管理 每次收割后,把韭茬搂一遍,周边土锄松,待2～3 天后韭菜伤口愈合、新叶快出时进行浇水、追肥,每 667 米^{2}施腐熟粪肥 400 千克,同时加施尿素 10 千克、复合肥 10 千克。从第二年开始,每年需进行一次培土,以解决韭菜跳根问题。

(4)病虫害防治 主要病虫害,虫害以韭蛆、潜叶蝇、蓟马为主;病害以灰霉病、疫病、霜霉病等为主。

①**物理防治**

糖醋液诱杀　按糖、醋、酒、水和90％敌百虫晶体3∶3∶1∶10∶0.6比例配成溶液,每667米^{2}放置1～3盆,随时添加,保持不干,诱杀种蝇类害虫。

②**药剂防治**

药剂使用的原则和要求

不应使用的农药品种,见附录A。

使用化学农药时,应执行GB 4286和GB/T 8321,农药的混剂执行其中残留性最有效成分的安全间隔期(附录B)。

合理混用、轮换交替使用不同作用机制或具有负交互抗性的药剂,克服和推迟病虫害抗药性的产生和发展。

病害的防治

灰霉病:每667米^{2}用10％腐霉利烟剂260～300克,分散点燃,关闭棚室熏蒸一夜。

用6.5％多菌霉威粉尘剂,每667米^{2}用药1千克,7天喷1次。晴天用40％二甲嘧啶胺悬浮剂1 200倍液,或65％硫菌·霉威可湿性粉剂1 000倍液,或50％异菌脲可湿性粉剂1 000～1 600倍液喷雾,7天1次,连喷2次。

疫病:用5％百菌清粉尘剂,每667米^{2}用药1千克,7天喷1次。发病初期用60％甲霜·锰锌可湿性粉剂600倍液,或72％霜霉威水剂800倍液,或60％烯酰吗啉可湿性粉剂2 000倍液,或72％霜脲·锰锌可湿性粉剂,或60％琥·乙膦铝可湿性粉剂600倍液灌根或喷雾,10天喷(灌)1次,交替使用2～3次。

锈病:发病初期,用16％三唑酮可湿性粉剂1 600倍液,隔10天喷1次,连喷2次。也可选用烯唑醇、三唑醇等。

害虫的防治

防治韭蛆:地面施药。成虫发生期,顺垄撒施2.5％敌百虫粉剂,每 667 米² 撒施 2～2.6 千克,或在上午 9～11 时喷洒 40%辛硫磷乳油 1 000 倍液,或 2.5%溴氰菊酯乳油 2 000 倍液,及其他菊酯类农药如氯氰菊酯、氰戊菊酯、功夫、百树菊酯等。也可在浇足水促使害虫上行后喷 75%灰蝇胺(6～10 克)/667 米²。

选用 40.8%毒死蜱乳油 600 毫升,或 1.1%苦参碱粉剂 2～4 千克,或 40%辛硫磷乳油 1 000 毫升,或 20%吡·辛乳油 1 000 毫升,或辛硫磷-毒死蜱合剂(1+1)800 毫升,稀释成 100 倍液,去掉喷雾器喷头,对准韭菜根部灌药,然后浇水。

任选以上药剂其中之一,药剂用量加倍,随浇水滴药灌溉或喷施。

防治潜叶蝇:在产卵盛期至幼虫孵化初期,喷 75%灭蝇胺 5 000～7 000 倍液,或 2.5%溴氰菊酯、20%氰戊菊酯或其他菊酯类农药 1 500～2 000 倍液。

防治蓟马:在幼虫发生盛期,喷 40%辛硫磷乳油 1 000 倍液,或 10%吡虫啉 4 000 倍液,或 3%啶虫脒 3 000 倍液,或 20%丁硫克百威 2 000 倍液,或 2.5%溴氰菊酯等菊酯类农药 1 5000～2 5000 倍液。

附录 A
(规范性附录)
蔬菜上的禁用农药品种

甲拌磷(3911)、治螟磷(苏化 203)、对硫磷(1606)、甲基对硫磷(甲基 1606)、内吸磷(1069)、杀螟威、久效磷、磷胺、甲胺磷、异丙磷、三硫磷、氧化乐果、磷化锌、磷化铝、甲基硫环磷、甲基异柳磷、氰化物、克百威、氟乙酰胺、砒霜、杀虫脒、西力生、赛力散、溃疡净、氯化苦、五氯酚、二溴氯丙烷、401、六六六、滴滴涕、氯丹及其他高毒、高残留农药。

附录 B

（规范性附录）

农药合理使用准则（韭菜常用药剂部分）

表 B.1

农药名称	剂 型	常用药量 克（毫升） （次· 667 米²）	最高用药量 克（毫升） （次· 667 米²）	施药方法	最多施药 次数（每 季作物）	安全间隔 期（天）
辛硫磷	50%乳油	600 毫升	76 毫升	浇施灌根	2	≥10
敌百虫	90%固体	60 克	100 克	喷雾	6	≥7
氯氰菊酯	10%乳油	20 毫升	30 毫升	喷雾	3	≥6
溴氰菊酯	2.6%乳油	20 毫升	40 毫升	喷雾	3	≥2
甲氰菊酯 （灭扫利）	20%乳油	26 毫升	60 毫升	喷雾	3	≥3
三氟氯氰菊 酯（功夫）	2.6 乳油	26 毫升	60 毫升	喷雾	3	≥7
顺式氰戊菊 酯（来福灵）	6%乳油	10 毫升	20 毫升	喷雾	3	≥3
顺式氯氰 菊酯	10%乳油	6 毫升	10 毫升	喷雾	2	≥3
		6 毫升	10 毫升		2	≥3
毒死蜱 （乐斯本）	40.7%固体	60 毫升	76 毫升	喷雾	3	≥7
甲霜·锰锌	68%可湿性 粉剂	76 克	120 克	喷雾	3	≥1
腐霉利 （速克灵）	60%可湿性 粉剂	40 克	60 克	喷雾	1	≥1
三唑酮 （粉锈宁）	20%可湿性 粉剂	30 克	60 克	喷雾	2	≥3
	16%可湿性 粉剂	60 克	100 克	喷雾	2	≥3

注：摘自 GB 4286 和 GB/T8321

附录 C
（资料性附录）
有机肥卫生标准
表 C.1

项 目		卫生标准及要求
高温堆肥	堆肥温度	最高堆温达 60℃～66℃，持续 6～7 天
	蛔虫卵死亡率	96%～100%
	粪大肠菌值	10^{-1}～10^{-2}
	苍蝇	有效地控制苍蝇孳生，肥堆周围没有活的蛆、蛹或新羽化的成蝇
沼气发酵肥	密封储存期	30 天以上
	高温沼气发酵温度	(63±2)℃持续 2 天
	寄生虫卵沉降率	96%以上
	血吸虫卵和钩虫卵	在使用粪液中不得检出活的血吸虫卵和钩虫卵
	粪大肠杆菌值	普通沼气发酵 10^{-4}，高温沼气发酵 10^{-1}～10^{-2}
	蚊子、苍蝇	有效地控制蚊蝇孳生，粪液中无孑孓。池的周围无活的蛆、蛹或新羽化的成蝇
	沼气池残渣	经无害化处理后方可用作农肥

附录 C
（资料性附录）
韭菜常见病虫害及有利发生条件
表 D.1

病虫害名称	病原或害虫类别	传播途径	有利发生条件
灰霉病	真菌:葱鳞葡萄孢菌	灌溉、农事操作	气温 16℃～30℃，相对湿度 86%以上
疫病	真菌:韭菜疫霉菌	土壤病残体、风雨	高温，气温 26℃～32℃

续表 D.1

病虫害名称	病原或害虫类别	传播途径	有利发生条件
锈病	真菌:葱柄锈病	气流	天气温暖湿度高、露多露大或栽植过密、氮肥过多、钾肥不足
韭蛆	双翅目,覃蚊科	成虫短距离迁飞	温暖潮湿

(九)无公害番茄生产技术规程

1. 范 围

本规程规定了无公害番茄生产的栽培季节、品种选择管理、定植、田间管理、采收及病虫害防治等技术。

2. 规范性引用文件

GB 4285　农药安全使用标准

GB/T 8321　农药合理使用准则

GB 16715.3—1999　瓜菜作物种子　茄果类

GB 18406.1　农产品安全质量　无公害蔬菜生产安全要求

GB/T 18407.1　农产品安全质量　无公害蔬菜产地环境要求

NY5005　无公害食品　茄果类蔬菜

3. 生产技术措施

(1)番茄栽培季节

①春夏栽培　春季定植小拱棚或晚霜结束后定植露地,春夏上市。

②夏秋栽培　7月下旬育苗,8月上中旬定植,秋季上市。

③越冬栽培　8 月中旬育苗,9 月中下旬定植,冬春上市。

(2)品种选择　选择高产、优质、抗病、耐贮存、商品性好、适合市场需要的品种。

(3)生产设施规格要求

①配套设施　农膜、草苫、防虫网、遮阳网、竹披等。

②小棚　高 0.6~1.0 米,跨度 1~3 米,长度不限。

③冬暖大棚　高 3.3~3.5 米,跨度 8.5~9.5 米,长度 50~90 米。

④改良阳畦　跨度 2.8~3 米,高度 1.3 米。

⑤温床　跨度 1.5~3 米,高度 1.3 米。

(4)育　苗

①育苗前的准备工作

育苗设施　秋冬栽培、夏秋栽培以塑料小拱棚加防虫网、遮阳网、农膜育苗。春夏栽培以风障阳畦、小高畦育苗,并对育苗设施进行消毒处理,创造适合秧苗生长发育的环境条件。

营养土配制　选用无病虫源的田土 6 份,腐熟农家肥 4 份,每立方米加入腐熟的鸡粪 20 千克、过磷酸钙 0.8 千克、草木灰 6 千克,翻匀整细,喷 50% 多菌灵 600 倍液,均匀铺于播种床上。

播种床处理　每平方米播种床用福尔马林 40 毫升,加水 3 升,喷洒床土,用塑料薄膜闷盖 3 天后揭膜,待气味散尽后播种。

②种子处理

种子消毒

温汤浸种:先用清水浸种 3~4 小时,再放入 10% 磷酸三钠溶液中浸泡 20 分钟,捞出洗净,主要防治病毒病。

浸种催芽　消毒后的种子浸泡 6~8 小时后捞出洗净,置于 25℃处保温,保湿催芽。

③播　种

播种期

越冬茬:一般在 8 月中下旬至 9 月上旬播种。

春夏茬:定植于小拱棚的一般在 12 月上中旬播种,定植于露地的一般在翌年 1 月中下旬播种。

夏秋茬:一般在 5 月上中旬播种。

播种量　一般每 667 米² 大田栽培用种量 20～30 克。

播种方法　每平方米播种苗床播种 4～5 克,当催芽种子70％以上露白即可播种,夏秋育苗直接用消毒后种子播种。播种前浇足底水,湿润至床土深 10 厘米,水渗下后用营养土薄撒一层,找平床面。掺土均匀撒播种子。播后覆营养土 0.8～1 厘米厚。冬春床面上覆盖地膜,夏秋育苗床面覆盖遮阳网,70％以上幼苗顶土时去掉地膜。

(5)苗期管理
①环境调控

温　度

播种至齐苗:白天 25℃～30℃,夜温 15℃。

齐苗至分苗:白天 20℃～25℃,夜温 10℃。

分苗至缓苗:白天 25℃～30℃,夜温 15℃～20℃。

缓苗后至定植前:白天 20℃～25℃,夜温 10℃～15℃。

定植前 5 天:白天 15℃～20℃,夜温 8℃～10℃。

光照　夏秋育苗适当遮光降温。春夏育苗、秋冬育苗,选用透光性好的无滴膜,增光保温。

水分　分苗水浇足,以后视育苗季节和墒情适当浇水。

分苗　幼苗 2 叶 1 心时分苗,株行距均为 10 厘米。

分苗后肥水管理　苗期以控水控温为主,在秧苗 3～4 叶时,可结合苗情追提苗肥。

炼苗　早春育苗白天 20℃～25℃,夜间 10℃～12℃,适当控制水分。

壮苗标准　春夏季壮苗标准,株高 25 厘米,茎粗 0.6 厘米,现大蕾。夏秋、秋冬栽培用苗,4 叶 1 心,株高 15 厘米,茎粗 0.4 厘米,25天以内育成,叶色浓绿,无病虫害。

(6)定　植

①定植前准备

整地施基肥　磷肥为总施肥量的80%以上,氮肥和钾肥为总施肥量的50%,每667米²施优质有机肥4 000千克,有机肥撒施深翻25～30厘米。

棚室消毒　棚室在定植前要进行消毒,每667米²设施用80%敌敌畏乳油250克拌上锯末,与2～3千克硫磺粉混合,分10处点燃,密闭一昼夜,放风后无味时定植。

定植时间　春夏小拱棚栽培可2月底3月上旬栽植,春夏露地栽培在晚霜后地温稳定在10℃以上(4月中旬)定植。秋冬栽培一般在10月下旬至11月上旬栽植,夏秋栽培一般在麦收前后定植。

定植方法及密度　秋冬栽培、春夏露地栽培采用水稳苗双垄栽培,春季小拱棚栽培采用水稳苗平畦栽培。秋冬栽培、春夏露地栽培、夏秋栽培每667米²2 500～2 800株,春夏小拱棚栽培每667米²3 500～4 000株。

(7)田间管理

①环境调控

温度管理　定植-缓苗:白天25℃～28℃,夜间15℃～17℃;开花坐果期:白天25℃～28℃,夜间10℃～12℃;结果期:白天25℃～28℃,夜间9℃～13℃。

②光照　采用透光性好的无滴棚膜,冬春季节保持棚膜清洁,2天清扫一次棚膜,日光温室后墙挂反光膜,增加光照强度。夏秋覆盖遮阳网,遮阳、降温,通风口罩防虫网。

空气湿度　根据番茄不同生育阶段对湿度的要求和控制病害的需要,最佳空气相对湿度的调控指标是缓苗期80%～90%,开花坐果期60%～70%,结果期50%～60%。生产上要通过地膜覆盖、通风排湿等措施,尽可能把棚室内的空气湿度控制在最佳指标范围内。

二氧化碳施肥　冬春季节增施二氧化碳气肥,使设施内的浓度达到 1 000～1 500 毫克/千克。

肥水管理　本技术规程适用于每 667 米² 产量 1 万千克左右的番茄栽培。每 667 米² 施磷酸二铵 150 千克、硫酸钾 150 千克,浇水施肥一般按土壤含水量及作物生长状况决定,缓苗后 3～5 天后浇一次透水,采用膜下浇水。花前如果土壤含水量低于 60% 可浇一次小水,花期一般不浇水。第一穗果 80% 以上坐住时,开始浇水施肥,且视土壤含水量决定是否浇水,浇两水追一次肥,追肥量每 667 米² 施磷酸二铵 15 千克。

③植株调整

支架、吊蔓、绑蔓　用细竹竿支架(露地)或用尼龙绳吊蔓(大棚温室),并及时绑蔓。

整枝方法　单干整枝。当最上部的目标果穗开花时,留两片叶摘心,保留其上侧枝,及时摘除下部黄叶和病叶。

激素处理保果　使用保果宁 2 号 1 袋,对水 1.5 升(视气温高低酌情增减水量),喷花或蘸花。

④疏果　每穗选留 3～4 果,多余摘除。

(8)采收　及时分批采收,减轻植株负担,以确保商品果品质,促进后期果膨大。产品质量必须达到 NY 5005 要求。

(9)病虫害防治

①主要病虫害

苗床主要病虫害　蚜虫等。

田间主要病虫害　叶霉病、蚜虫等。

②防治原则　按照预防为主,综合防治的植保方针,坚持以"农业防治、物理防治、生物防治为主,化学防治为辅"的无害化控制原则。

③**农业防治** 选用抗病品种,实行轮作,平衡施肥,增施充分腐熟有机肥。冬暖大棚、温室的通风口处罩防虫网,夏季覆盖塑料薄膜、防虫网和遮阳网,防雨、防虫、遮阳,减轻病虫害的发生。

④**物理防治** 用频振杀虫灯诱杀各类有翅成虫,银灰色地膜覆盖避蚜,黄板粘捕诱杀蚜虫、白粉虱。

⑤**化学防治**

主要病虫害防治

蚜虫、白粉虱:10%吡虫啉可湿性粉剂2 500倍液7天喷1次,共2次。

叶霉病:32.5%粉霉清可湿性粉剂1 000倍液8天喷1次,共2次。

（十）无公害黄瓜生产技术规程

1. 范 围

本标准规定了无公害黄瓜每公顷单产67 500～11 2500千克(4 500～7 500千克/667米²)的产地环境技术条件、肥料农药的使用原则和要求、生产管理等系列措施。

本标准适用于本合作社露地和保护地无公害黄瓜生产。

2. 引用标准

下列文件中的条款通过本标准的引用而成为本标准的条款。凡是注日期的引用文件,其随后所有的修改单(不包括勘误的内容)或修订版均不适用于本部分,然而,鼓励根据本部分达成协议的各方研究是否可使用这些文件的最新版本。凡是不注日期的引用文件,其最新版本适用于本部分。

GB 8079—1987 蔬菜种子

DB 13/310—1997 无公害农产品产地环境技术条件

DB 13/311—1997　无公害农产品

DB 13/T453—2001　无公害蔬菜生产　农药使用准则

DB 13/T454—2001　无公害蔬菜生产　肥料施用准则

3. 产地环境技术条件

无公害黄瓜生产的产地环境质量应符合 DB 13/310 的规定。

4. 生产管理措施

(1)育苗　根据栽培季节和方式选择露地、阳畦、拱棚、温室或加设酿热温床、电热温床、穴盘育苗。

①**品种选择**　露地可选用津优 1 号、津园 11 号,保护地可选用津春 3 号、津优 35 号等。

②**种子处理**　每 667 米^2 用种 140～160 克。将种子用 55℃的温水浸种 10～15 分钟,并不断搅拌直至水温降至 30℃～35℃,再浸泡 3～4 小时,将种子反复搓洗,用清水冲净黏液后晾干再催芽,防黑星病、炭疽病、菌核病。

将处理后的种子用湿布包好放在 25℃～30℃的条件下催芽 1～2 天,种子"露白尖"时,再把种子放在 0℃～2℃条件下 1～2 天。

床土用近几年没有种过葫芦科蔬菜的园土 60%、圈肥 30%、腐熟畜禽粪或饼肥 5%、炉灰或沙子 5%,混合均匀后过筛即可。床土的消毒按每平方米用福尔马林 30～50 毫升,加水 3 升,喷洒床土,用塑料膜密闭苗床 5 天,揭膜 15 天播种;或用 50%多菌灵可湿性粉剂与 50%福美双可湿性粉剂按 1∶1 混合(也可用 25%甲霜灵可湿性粉剂与 70%代森锰锌可湿性粉剂按 1∶1 混合),按每平方米用药 8～10 克与 15～30 千克细土混合,播种时 2/3 铺于苗床,1/3 盖在种子上。

(2)播种　日光温室秋冬茬 9 月上旬至下旬,冬春茬 1 月上中旬,冬茬 9 月下旬至 10 月上旬;大棚春茬 2 月上旬至下旬,秋延后

6月下旬至 7 月中旬;露地春茬 3 月中旬至 4 月上旬,秋茬 6 月下旬至 7 月上旬。

在育苗地挖 15 厘米深苗床,内铺配制好的床土 10 厘米厚,浇透水后上铺细土,按株行距 3 厘米点种,上覆药土堆高 2 厘米,然后床上盖膜。嫁接黄瓜,用靠接法的黄瓜比南瓜(南砧 1 号或云南黑籽南瓜)早播种 3 天;用插接法的南瓜比黄瓜早播种 3~4 天。

(3)苗期管理

①温度 播后至出土白天 28℃~32℃,夜间 18℃~20℃;出土至破心白天 25℃~30℃,夜间 16℃~18℃;破心至分苗白天 20℃~25℃,夜间 14℃~16℃;分苗至缓苗 28℃~30℃,夜间 16℃~18℃;缓苗至定植白天 20℃~25℃,夜间 12℃~16℃。

②及时去掉病虫苗、弱苗 当苗子叶展平有 1 心时,按株行距 10 厘米×10 厘米坐水分苗。缓苗后可挠划 1 次,不旱不浇水,显旱时喷水补墒。

③嫁接 靠接的,当黄瓜第一片真叶展开,南瓜子叶展平时嫁接;插接的,当南瓜和黄瓜均有一片真叶时嫁接,随后坐水分苗。并立即覆盖小拱棚,在接口愈合 7~10 天内,白天温度提高到 25℃~30℃,夜间降至 16℃~14℃,空气相对湿度由 90% 降至 65%~70%。接穗长出新叶时断接穗根,撤掉小拱棚。

(4)壮苗标准 株高 15 厘米左右,3~4 叶一心,子叶完好节间短粗,叶片浓绿肥厚,根系发达,健壮无病,苗龄 35 天左右。

(5)定植 选择非葫芦科蔬菜为前茬。基肥以优质有机肥、化肥为主。在中等肥力条件下,结合整地每 667 米^2 施腐熟优质有机肥 2 500 千克、惠满丰有机肥 200 千克、硫酸钾 20 千克。露地栽培在晚霜后定植,棚室栽培应在夜间最低温度达 12℃以上。起高为 10~15 厘米的垄,垄上盖膜,按等行距 60~70 厘米或大小行距 80~90 厘米×50~60 厘米、株距 25 厘米坐水栽苗,每 667 米^2 以 3 500~4 400 株为宜。

采用棚室栽培的,定植前每 667 米² 棚室用硫磺粉 2～3 千克,加 80％敌敌畏乳油 0.25 千克,拌上锯末,分堆点燃,然后密闭棚室一昼夜,放风无味后定植。或定植前利用太阳能高温闷棚。同时在棚室通风口处用 20～30 目尼龙网密封,阻止蚜虫迁入。

(6)定植后管理

①水肥管理 定植后浇一次水,不旱不浇水。摘根瓜后进入结瓜盛期和盛瓜期需水量增加,要因季节长势、天气等因素调整浇水间隔时间,每次也要浇小水,并在晴天上午进行;遇寒流或阴雪天不浇水;有条件的可在膜下滴灌;通过放风调节湿度。

追肥应在结瓜初期结合浇水隔两水追一次肥,结瓜盛期可隔一水追一次肥,开沟追施或穴施,每次每 667 米² 追施尿素 30 千克。

②温湿度管理 棚室冬春黄瓜生产在早晨 8 时温度应为 10℃～12℃,如相对湿度超过 90％可放小风排湿,然后盖严提温,到温度上升到 30℃时,应放风降温排湿,保持相对湿度在 80％以下。当棚室温度达 26℃时关通风口保温,到盖苫时逐步下降到 18℃。为了防止夜间湿度大结露,应在放苫后放风 1～2 小时,降低湿度,保证棚室最低温度不低于 10℃。达不到要求温度时,苗小时可加盖小拱棚,苗大时加盖天幕;日光温室加盖双苫或保温被,大棚四周可加盖裙苫。连阴天温度低时要控制放开门,短时揭花苫补充散光;天气骤晴时,要及时叶面喷水或加 0.5％的葡萄糖,以免因根吸收滞后造成植株萎蔫。

③植株调整 当植株高 25 厘米甩蔓时要拉绳绕蔓。根瓜要及时采摘以免赘秧;生长期短的秋冬茬或冬春茬蔓长到顶部时应打尖促生回头瓜;冬季一茬应不断落蔓延长生育期。

④黄瓜病虫害防治

虫害防治

蚜虫、白粉虱:用 10％吡虫啉 1 000～1 500 倍液喷雾。

美洲斑潜蝇:当每叶有幼虫 5 头时,幼虫 2 龄前用灭蝇胺 7.5 克/667 米² 进行防治。

物理方法防治白粉虱、美洲斑潜蝇:用 100 厘米×2 厘米的纸板,涂上黄色漆,上涂一层机油,每 667 米²30～40 块,挂在行间,当板粘满害虫时再涂一层机油。一般 7～10 天重涂 1 次。

生态防治 调节温湿度控制发病,日平均温度稳定在 10℃～13℃时早晨放风 1 小时,然后闭棚升温,上午温度掌握在 25℃～32℃,中午前后放风棚室温度 20℃～25℃,相对湿度降至 50%～60%。

⑤高温闷棚 当发生霜霉病时,可采用高温闷棚,在处理前一天浇一次水,闷棚时间 2 小时,棚温 45℃～46℃,然后及时放风,隔 4～5 天再闷 1 次。

5. 收 获

黄瓜质量应符合 GB 18406.1 规定,包装、运输、贮存要洁净,卫生,无污染。

(十一)无公害嫩芹生产技术规程

1. 育 苗

(1)苗床准备 选择排灌方便、土壤疏松肥沃、保肥保水性能好的田块做苗床。每平方米施入腐熟有机肥 25 千克、三元复合肥(15-15-15)100 克,加多菌灵 50 克,翻耕细耙,做成畦宽 1～1.2 米、沟宽 0.3～0.4 米、沟深 0.15～0.2 米的高畦。

(2)播种量及播种方式 每 667 米² 栽培田,夏秋育苗需要种子 150～180 克。先浇透底水,待水渗下后撒一薄层土,再播撒种子,覆盖细土 0.5～0.6 厘米。然后再盖薄层麦秆或稻草保湿。但要注意拱土后立即揭除地面覆盖物。

(3)苗期管理

①**肥水管理** 在整个育苗期,都要注意浇水,经常保持土壤湿润。浇水要小水勤浇,早晚进行。齐苗后浇施一次 0.2% 尿素,喷洒或浇施 60% 百泰 100～120 克/667 米^2 和 70% 甲基硫菌灵可湿性粉剂 150～200 克/667 米^2,以后每 10～15 天一次,促进幼苗生长。

②**除草间苗** 播后苗前,可选用二甲戊乐灵(或其他除草剂)150～200 毫升,对水 70～100 升均匀喷洒地表,以防止苗期草害。

当幼苗长有两片真叶时进行间苗,苗距 1 厘米,以后再进行 1～2 次间苗,使苗距达到 2 厘米左右,间苗后要及时浇水。

(4)整地施基肥 前茬作物收获后,及时翻耕,中等肥力土壤每 667 米^2 施入腐熟农家肥 3 000～5 000 千克或 5% 惠满丰精制有机肥 500 千克、富含硝态氮和硫酸钾型的三元复合肥 50～80 千克、纯硫酸钾 25～30 千克。深翻 20 厘米,使土壤和肥料充分混匀,整细耙平,按当地种植习惯做畦。

2. 定 植

(1)定植密度 每 667 米^2 栽培 30 000～40 000 株。

(2)定植方法 移栽前 3～4 天停止浇水,取苗,定植。定植深度应与幼苗在苗床上的入土深度相同,露出心叶。

(3)定植后的田间管理

①**肥水管理**

定植后及时浇水,3～5 天后浇缓苗水。定植后 10～15 天,每 667 米^2,追豆饼 150 千克或 30% 惠满丰＋富含硝态氮和硫酸钾型的三元复合肥 80～100 千克。

②**炼苗** 定植缓苗后,在 15～20 天内控制浇水,控制旺苗,促使根系发育,及时防治病虫害。

③**扣棚** 霜降前后浇一次冬水,搭起土墙,扣上薄膜。保持温

度在8℃～20℃为宜。立冬前后盖上草苫,以保温。保持温度在4℃～8℃为宜(此阶段还是以晒、炼为主,千万降低夜间温度,提高芹菜的抗寒能力)。增加叶面施肥,重点喷施满素可硼、满素可锌、满素可铁、硅丰环、绿色生机、富萃磷钙、富萃磷镁、富诺磷、富诺钾、阿卡迪安、嘉泰丰、惠满丰、氨基酸叶面肥等。为防止突然的气候变化,可喷一遍德国马克普兰生物技术股份有限公司生产的康凯。以后,重点以御寒和保温为主,温度不宜过高,也要防冻,禁止浇水。

3. 病虫害防治

(1)病虫害防治原则 贯彻"预防为主,综合防治"的植保方针,通过选用抗性品种,培育壮苗,加强栽培管理,科学施肥,改善和优化菜田生态系统,创造一个有利于芹菜生长发育环境条件;优先采用农业防治、物理防治、生物防治,配合科学合理地使用化学防治,将芹菜有害生物的危害控制在允许的经济阈值以下,达到生产安全、优质的无公害芹菜的目的。

(2)药剂防治 使用药剂防治时,要严格执行 GB 4285 和 GB/T 8321 标准。

推荐使用毒死蜱、澳喜、安打、氟啶脲、米满、雷通、吡虫啉、氯氟氰菊酯、虫螨腈、甲维盐、氰戊菊酯、溴氰菊酯、灭蝇胺、甲氨基阿维菌素苯甲酸盐、巴丹、阿维菌素类、百菌清、甲基硫菌灵、百泰、杜邦克露、异菌脲、氟硅唑、克露宝、甲霜霜霉、硫酸链霉素、多宁、大生 M-45、翠贝、烯酰吗啉、允发富、玛贺、品润、统福、菌思奇、柔水通、满素可硼、满素可锌、满素可铁、硅丰环、绿色生机、富萃磷钙、富萃磷镁、富诺磷、富诺钾、康凯、阿卡迪安、嘉泰丰、惠满丰、氨基酸叶面肥等。

(3)严格执行国家有关规定,禁止使用下列高毒、高残留农药 甲胺磷、甲基对硫磷、3911、氧化乐果、水胺硫磷、对硫磷、久效磷、磷胺、甲基异柳磷、特丁硫磷、甲基硫环磷、治螟磷、内吸磷、克百威、涕灭威、灭线磷、硫环磷、蝇毒磷、地虫硫磷、氯唑磷、苯线磷、六六六、滴滴涕、毒杀芬、二溴氯丙烷、杀虫脒、二溴乙烷、除草醚、艾氏剂、狄氏剂、汞制剂、砷、铅类、敌枯双、氟乙酰胺、甘氟、氟乙酸钠、毒鼠强。

（十二）无公害苤蓝生产技术规程

1. 范 围

本规程规定了无公害苤蓝生产技术的术语和定义、产地环境、生态条件、土壤肥力等级、产量及产量结构、栽培管理措施等。本规程适用于本合作社生产基地的无公害苤蓝栽培。

2. 规范性引用文件

下列文件中的条款通过本标准的引用而成为本标准的条款。凡是注日期的引用文件，其随后所有的修改单（不包括勘误的内容）或修订版均不适用于本标准，然而，鼓励根据本标准达成协议的各方研究是否可使用这些文件的最新版本；凡是不注日期的引用文件，其最新版本适用于本标准。

GB 4285 农药安全使用标准

GB/T 8321（所有部分） 农药合理使用准则

GB 16715.4—1999 瓜菜作物种子 甘蓝类

GB/T 18407.1—2001 农产品安全质量 无公害蔬菜产地环境要求

3. 术语和定义

下列术语和定义适用于本标准。

未熟抽薹指幼苗在长期的低温下，通过春化阶段，在春暖日长的时候，不形成球茎或球茎很小而抽薹开花。

4. 产地环境

应符合 CB/T 18407.1—2001 的规定。

5. 生态条件

5.1 温度

常年平均气温 14℃，≥100℃以上活动积温 4 548.1℃，全年总活动积温 5 142℃，极端最高气温 39.5℃，极端最低气温 −21.5℃，无霜期 154.8 天。

5.2 光照

交通方便、灌排便利的中上等肥力农田。

6. 土壤肥力等级划分

根据土壤中的有机质、全氮、碱解氮、有效磷、有效钾等含量高低而划分的土壤肥力等级，具体等级指标见下表。

土壤肥力等级划分指标

肥力等级	菜田土壤养分测试值				
	全氮（%）	有机质（%）	碱解氮（毫克/千克）	磷（P_2O_5）（毫克/千克）	钾（K_2O）（毫克/千克）
低肥力	0.07~0.10	1.0~2.0	60~80	40~70	70~100
中肥力	0.10~0.13	2.0~3.0	80~100	70~100	100~130
高肥力	0.13~0.16	3.0~4.0	100~120	100~160	130~160

7. 产量及产量结构

7.1 产量

春茎蓝每 667 米^2 产净菜 2 000~2 200 千克；
秋茎蓝每 667 米^2 产净菜 1 800~2 000 千克。

7.2 产量结构

春茇蓝每 667 米^2 株数 6 600～7 500 株,单株重 0.30 千克;

秋茇蓝每 667 米^2 株数 6 600～7 500 株,单株重 0.27 千克。

8. 管理措施

8.1 栽培季节

春茇蓝:2 月上中旬播种,5 月上旬开始上市,生长期为 80～100 天;

秋茇蓝:7 月中下旬播种,10 月下旬开始上市,生长期为 90～110 天。

8.2 品种选择

春茇蓝:选用抗逆性强、耐抽薹、商品性好的早中熟品种;

秋茇蓝:选用抗病性强、耐热、商品性好的中晚熟品种。

8.3 播种

8.3.1 种子质量

种子质量指标达到纯度≥93%,净度≥98%,发芽率≥90%,水分≤8%。

8.3.2 育苗床准备

床址选在背风向阳、地势高燥、灌排方便、土壤肥沃、未种过十字花科作物的地块,667 米^2 大田需 40 米^2 苗床,苗床宽 12 米,东西向,整平待用。

8.3.3 营养土准备

用 6 份熟园土和 4 份腐熟的优质有机肥,拌匀、过筛。

8.3.4 灌制营养钵

选用 8 厘米×8 厘米塑料筒膜或塑料钵,灌满营养土,排放整齐。

8.3.5 播种方法

浇足底水,一般墒情下,每平方米 20～25 升水。水渗后覆一层细土,每钵 2 粒种,上覆细营养土 0.5 厘米。每 667 米^2 大田需用种 100 克。

春茅蓝:采用塑料小棚冷床育苗;

秋茅蓝:使用小拱棚育苗,覆盖遮阳网或旧薄膜,遮阳防雨。

8.4 苗期管理

8.4.1 间苗

当幼苗 1~2 片叶时,去除弱、病、杂苗,每营养钵留 1 壮苗。

8.4.2 间苗后管理

松土 2~3 次,床土不干不浇水,浇水宜少或喷水,定植前 7 天浇透水,1~2 天后进行低温炼苗,适当蹲苗,以防未熟抽薹。露地夏秋育苗,用遮阳网防暴雨,在雨后及时排除苗床积水。

8.4.3 温度

见下表。

苗期适宜温度

时　期	白天适宜温度(℃)		夜间适宜温度(℃)	
	春茅蓝	秋茅蓝	春茅蓝	秋茅蓝
播种至齐苗	20~25	28~32	16~15	25~28
齐苗至间苗	18~23	25~30	15~13	22~25
间苗至定植前 10 天	18~23	25~28	15~12	20~22
定植前 10 天至定植	15~20	20~25	10~8	20~22

8.4.4 壮苗标准

6~8 片叶,叶片肥厚蜡粉多,根系发达,无病虫害。

8.5 定植前准备

8.5.1 田块选择

前茬为非十字花科作物。

8.5.2 整地施肥

中等肥力的地块,一般每 667 米^2 施用充分腐熟优质农家肥 2 000~3 000 千克、25% 有机生物复合肥 80~100 千克,将肥料与土拌匀,即可做畦。

8.6 定植

8.6.1 适时定植

春苤蓝:3 月下旬,苗龄 45～55 天;

秋苤蓝:8 月下旬,苗龄 28～30 天。

8.6.2 定植方法

采用大小行错位定植,大行 40 厘米、小行 30 厘米,株距 25～30 厘米。

8.6.3 定植密度

6 600～7 500 株/667 米²。

8.7 定植后田间管理

8.7.1 缓苗期

定植后及时浇缓苗水 1～2 次,随后结合中耕培土 1～2 次。秋苤蓝生长前期天气炎热干旱,适当多浇水,保持土壤湿润。

8.7.2 莲座期

通过控制浇水而蹲苗,早熟种 6～8 天,中晚熟种 10～15 天,蹲苗后结合浇水每 667 米² 追施尿素 15～20 千克,同时用 0.2%硼砂溶液叶面喷施 1～2 次。

8.7.3 球茎膨大期

保持土壤湿润。结合浇水追施尿素10～15 千克,硫酸钾 5 千克。同时用 0.2%磷酸二氢钾溶液叶面喷施 1～2 次。后期控制浇水次数和水量,收获前 5～7 天停止浇水。梅雨季节,注意及时排水。收获前 20 天内不追施氮肥。

8.8 病虫害防治

8.8.1 药剂选择

选择高效、低毒、低残留药剂和生物制剂,符合 GB 4285 的要求。

8.8.2 病害防治

根据测报防治猝倒病、黑腐病、霜霉病和软腐病。选用 69%

烯酰·锰锌1000倍液、72.2%霜霉威水剂400倍液、95%绿亨一号3000～4000倍液防治。

8.8.3 虫害防治

重点防治菜青虫、小菜蛾、蚜虫、甘蓝夜蛾、食心虫等害虫。选用10%虫螨腈、2.5%菜喜、90%灭多威等药剂防治。

8.8.4 草害防治

一般采用人工除草,在芽前或定植前使用化学方法除草,选用33%二甲戊乐灵或72%都尔喷雾防除。

8.9 适时采收

单株球膨大到0.27～0.3千克时,即可采收;采收时,留3～4片叶子,保持球茎外观完好无损。

(十三)无公害山药生产技术规程

1. 范 围

本规程规定了无公害山药生产技术管理措施。

本规程适合本合作社山药无公害生产。

2. 规范性引用文件

下列文件中的条款通过本规程的引用而成为本规程的条款。本规程实施时,所示版本均为有效,所有标准都会被修订,使用本规程的各方应探讨使用下列标准最新版本的可能性。

GB 4285　农药安全使用标准

GB/T 8321　(所有部分)农药合理使用标准

NY 5010—2001　蔬菜产地环境条件

NY/T 496　肥料合理使用准则　通则

3. 术语和定义

下列术语和定义适用于本标准：

3.1 山药栽子 地上茎与地下茎之间的茎。

3.2 山药零余子 叶腋间着生的气生块茎。

3.3 山药段子 把块茎切割成一定长度小段。

4. 产地环境

4.1 产地环境

要符合 NY 5010—2001 无公害农产品生产技术规范中产地环境技术条件的要求。

4.2 土壤条件

地势平坦，土壤耕层深厚，土壤肥力较高，结构适宜的沙质壤土为宜。

5. 生产管理措施

5.1 露地土壤肥力等级的划分

根据露地土壤中的有机质、全氮、碱解氮、有效磷、有效钾等含量高低而划分的土壤肥力等级。具体等级指标见表1。

表1 菜田露地土壤肥力分级表

肥力等级	菜田露地土壤养分测试值				
	全氮（%）	有机质（%）	碱解氮（毫克/千克）	磷（P$_2$O$_5$）（毫克/千克）	钾（K$_2$O）（毫克/千克）
低肥力	0.07~0.10	1.0~2.0	60~80	40~70	70~100
中肥力	0.10~0.13	2.0~3.0	80~100	70~100	100~130
高肥力	0.13~0.16	3.0~4.0	100~120	130~160	130~160

5.2 栽培季节与品种选择

5.2.1 栽培季节

山药生长期长,多进行一年一茬栽培。一般土壤解冻后即可定植,霜降后地上部枯死,即可收获。

5.2.2 品种选择

选用抗病、优质、丰产、商品性好、适应市场的品种,如平遥长山药。也可选择已引种 3 年以上的优良品种。

5.3 整地施基肥

封冻前耕地按 1 米距离做畦,畦内开沟,宽 25～40 厘米,深 0.6～1 米,随解冻填土,中等肥力土壤每 667 米^2 施有机肥 4 000～5 000 千克后耕耙做成平畦。

5.4 播种

5.4.1 选种

选用经过休眠的健壮山药栽子或山药段子(4～7 厘米)。

5.4.2 播种期选定 清明后 5 厘米处地温稳定达到 9℃～10℃时,开始播种。

5.4.3 播种量 一般每 667 米^2 用山药栽子或段子 3 000～3 400 株或经催芽后的山药段子。

5.4.4 播种方法

在畦内开沟,深 10～13 厘米,将栽子以芽为准,按株距 20 厘米芽朝一个方向平放沟中,覆土 6～10 厘米厚轻轻踩踏,使栽子与土壤紧密结合。需防腐烂病时,在栽子或段子放好后,喷硫酸链霉素和多菌灵溶液杀菌。

5.5 田间管理

5.5.1 适时支架

山药蔓长 30～50 厘米时,用竹竿或高粱秆每株插一根搭成人字形架,架高 150 厘米或每 3～4 根交叉从上部捆成一束,及时扶蔓上架,并及时剪掉侧枝。

5.5.2 合理浇水

播前浇足底墒水,促种块发芽,生长前期不浇水,茎叶进入旺盛生长期(出苗后 40～50 天以后)浇发棵水,现蕾前浇水促茎叶、块茎生长。现蕾后 30 天浇第三水促进块茎增长。

5.5.3 中耕

发芽期遇雨需立即松土,搭架后有杂草及时拔除。

5.5.4 施肥

5.5.4.1 施肥原则

根据长山药需肥规律,土壤养分状况和肥料效应,通过土壤测试,确定相应的施肥量,按照基肥与追肥相结合,有机肥与无机肥相结合的原则实行平衡施肥。

5.5.4.2 追肥

一般在苗出齐后施一次腐熟的稀粪尿(每 667 米^2 施 1 000 千克),发棵期进行 1～2 次追肥,每 667 米^2 施 15 千克尿素;现蕾开花期重施肥 1 次,每 667 米^2 施中浓度三元复合肥 40～50 千克或磷酸二氢钾 10～15 千克结合浇水进行。最后一次追肥应在收获前 30～40 天进行。

5.6 主要病虫害防治

5.6.1 主要病虫害

炭疽病、褐斑病、金针虫。

5.6.2 防治原则

按照"预防为主,综合防治"的植保方针,坚持以"农业防治、物理防治、生物防治为主,化学防治为辅"的无害化控制原则,科学合理防治,保证生产安全的山药产品。

5.6.3 农业防治

①实行一年以上的轮作;

②阴雨天注意排涝;

③增加通透性,避免株间郁闭高湿;

④采收后将留在地上的病残体集中烧毁,并深翻减少越冬菌虫源。

5.6.4 药剂防治

以生物药剂为主,使用药剂时严格按照 GB 4285 农药安全使用标准 T 8321(所有部分)规定执行。

5.6.4.1 炭疽病

用代森锰锌、炭疽福美、农大 120 等药剂防治。

5.6.4.2 褐斑病

用甲基硫菌灵+百菌清、异菌脲、波尔多液等药剂防治。

5.6.4.3 腐烂病

用农用链霉素、氢氧化铜、多菌灵等药剂防治。

5.6.4.4 金针虫

用敌百虫等药剂防治。

5.6.5 合理施药 严格控制农药用量和安全间隔期,主要病虫害防治的选药用药技术见表2。

表2 主要病虫害防治一览表

主要防治对象	农药名称	使用方法	安全间隔期(天)
炭疽病	80%代森锰锌可湿性粉剂	840 倍液喷雾	≥15
	80%炭疽福美可湿性粉剂	500 倍液喷雾	≥15
	2%抗霉菌素(农抗 120 水剂)	200 倍液喷雾	≥2
褐斑病	50%甲基硫菌灵可湿性粉剂+75%百菌清可湿性粉剂	600 倍液+600 倍液喷雾	≥10
	50%异菌脲	1000 倍液喷雾	≥7
	1∶1∶200 波尔多液		

续表2

主要防治对象	农药名称	使用方法	安全间隔期（天）
腐烂病	72%硫酸链霉素可湿性粉剂	4000 倍液喷雾	≥3
	77%氢氧化铜	400～600 倍液喷雾	≥7
	50%多菌灵可湿性粉剂	500 倍液喷雾	≥1
金针虫	90%敌百虫	30 倍液喷洒土表 1.5～2.5 千克/667 米^2	≥7
	90%敌百虫	800 倍液灌根，150～200 克/株	≥7

5.7 不允许使用的高毒高残留农药见附录 B。

5.8 收获

外观要求：块根表面不附有污染或其他外来物，无腐烂、病虫、机械伤，按一定长度分级包装，整齐度要达到 90%以上。

三、山东省宁阳县有机蔬菜生产技术规程

（一）有机菠菜栽培技术

1. 对环境条件的要求

（1）温度 菠菜种子在 30℃ 以下和 25℃ 以上不能发芽，在 15℃～20℃ 发芽较快，生长适温为 15℃～25℃，耐寒力较强，能耐 -10℃ 左右的低温，耐热力较弱，气温达 30℃ 以上时生长不良。

（2）土壤 对土壤要求不严，沙壤土到黏土均可生长，但菠菜需肥量大，要求土质深厚肥沃。

（3）水分 菠菜需水量较大，应经常保持土壤湿润，但高温期以见干见湿为好，以防诱发病害。

2. 越冬种植

（1）整地 每 667 米² 用充分腐熟的堆肥 5 000 千克左右，深耕 25～30 厘米，耙细耙平，然后做平畦，畦宽 120～140 厘米。

（2）播种 种植时间为 10 月上旬至 11 月下旬，每 667 米² 用种 750 克。按 20 厘米的行距条播，播后盖土 2 厘米厚，然后浇水。

（3）田间管理 5～7 天开始出苗，出苗后注意浇水划锄。小雪后大雪前浇冻水，保证苗子安全越冬。第二年 2 月底 3 月初，菠菜返青后间苗定苗，株距 8～10 厘米。然后追肥浇水，每 667 米² 用有机专用肥 100 千克。

(4)采收　一般从 3 月 20 日开始采收,按公司的收购标准收割,可延续到 4 月底。

3. 秋季种植

种植时间为 8 月底至 9 月下旬,出苗后划锄浇水,4～6 叶追肥经常保持土壤见湿见干,不旱不涝,采收期 10 月中旬至 10 月下旬,生长期 45～60 天。

(二)有机青刀豆栽培技术

1. 对环境条件的要求

(1)温度　青刀豆性喜温暖,不耐霜冻和炎热,发芽、生长和结荚适温为 20℃～25℃,低于 15℃或高于 30℃则生长和结荚不良。

(2)水分　植株根系入土较深,有一定的抗旱能力,但开花结荚期要保持充足的水分供应。但水分供应不能过多,干旱和涝渍都会落花、落荚,并诱发病虫害。

(3)土壤　青刀豆对土壤要求较严,需要土层深厚、排水良好的沙壤和黏壤土。

2. 整　　地

各农场结合自己实际情况可以每 667 米² 施用充分腐熟的堆肥 5 000 千克左右,深翻 25～30 厘米,耙平耙细,若种植墩刀豆要做高 10 厘米、底宽 60 厘米的高畦,两高畦之间留 50 厘米的距离。若种架刀豆,要做平畦,大行 100 厘米,小行 50 厘米。

3. 种　　植

种植时间约为 3 月 25～30 日,按 35～40 厘米的距离在高畦两侧 10 厘米处开沟,然后按照株距 30 厘米播种,盖土 1 厘米厚进行浇水,加盖地膜,最后扣上小拱棚,每棚覆盖两个小高畦。拱棚架杆长和薄膜宽均为 300 厘米。

4. 田间管理

(墩刀豆)覆盖小拱棚期间,注意通风降温,防止发生高脚苗。清明后,视气温情况,逐渐去除小拱棚,时间一般在 4 月 10～15 日。去棚后注意划锄,松土除草。开花前保持土壤肥沃,如需补充肥料可每 667 米² 追施有机专用肥 100 千克,然后浇水。第一次采收后各农场根据作物的长势如果需要可进行第二次追肥,每 667 米² 用有机专用肥 100 千克,随后浇水。注意盛花期不要浇水,结荚期保持土壤湿润。对于虫害各农场根据虫害的预测预报情况采取相应的措施,如使用黑光灯、黄色黏板等进行防治,必要时可以使用有机农药进行防治,公司基地管理部统一发放,各农场按照有机农场用农药使用规范进行使用。

(架刀豆)在小拱棚内,当温度超过 25℃ 时注意通风降温。清明后,当植株甩蔓时,根据气温状况及时撤棚,然后搭架,一般为"人"字形。架杆一墩一根,长 200 厘米,搭架后浇水。第一次采收后各农场根据作物的长势如果需要可追肥浇水,每 667 米² 追有机专用肥 100 千克。结荚期保持土壤湿润。对于虫害各农场根据虫害的预测预报情况采取相应的措施,如使用黑光灯、黄色黏板等进行防治,必要时可以使用有机农药进行防治,公司基地管理部统一发放,各农场按照有机农场用农药使用规范进行使用。

5. 采 收

一般从 5 月 20 日开始,按公司收购标准进行采收,采收期 40～45 天。

6. 秋季种植青刀豆

秋季种植青刀豆一般在 7 月 15～20 日。收获时间一般在 9 月 15 日至 10 月 15 日。种植方式和田间管理方式见以上"二至四"项。

(三)有机大蒜栽培技术

1. 对环境条件的要求

(1)温度 大蒜喜冷凉,较耐低温而不耐高温,鳞茎在 3℃～5℃下即可萌发,生长适温 12℃～26℃。

(2)水分 大蒜为浅根性植物,要求土壤湿润,既不耐干旱,也不耐涝渍。

(3)土壤 要求土壤疏松、排水良好、有机质丰富的地块,以沙壤土为好。

2. 整　地

每 667 米^2 施用充分腐熟的堆肥约 5 000 千克,深翻 25～30 厘米,耙细耙平,做宽 140 厘米的平畦。

3. 播　种

选择抗病品种,用瓣大、均匀的种蒜。每 667 米^2 需种蒜 100～125 千克。9 月底至 10 月上旬播种,行距为 15 厘米,株距为 10 厘米,盖土 2～3 厘米厚。播种后浇水,并覆盖地膜。

4. 破　膜

苗子 3～5 天出土,要及时破膜,帮助出苗。

5. 上 冻 水

在小雪后大雪前浇一次水,保证大蒜安全越冬。

6. 后 期 管 理

2月底,当5~10厘米处地温达到2℃~3℃时开始返青,应浇一次水。4月上旬去掉地膜,清除杂草,然后追肥浇水,每667米²用有机专用肥200千克。4月底至5月初,蒜薹开始弯头时及时提取,过晚蒜薹易老化抽不出,且蒜薹消耗营养过多,抑制了蒜头的生长,影响产量。

7. 采 收

当日平均温度24℃~25℃,提取蒜薹20天后,叶皮大部分褪绿变黄,要及时采收。采收时间一般在5月20日前后。采收过迟,叶皮黄萎,蒜头易炸开,蒜皮易变色。要选择晴天起蒜,削根后打辫晾干,注意不能暴晒。

(四)有机大根萝卜栽培技术

1. 对环境条件的要求

(1)温度 萝卜性喜冷凉,稍耐寒而不耐热,其发芽、生长和形成肉质根的适温为10℃~20℃,幼苗能耐25℃左右的高温。当温度降至6℃以下时植株停止生长,肉质根停止膨大。当温度降至 -1℃时,肉质根就会受冻。

(2)土壤 要求土层深厚,达40厘米以上,质地疏松,无瓦屑、石砾。含有机质较多,排水良好,以沙壤土或沙土或壤土为宜。

(3)水分 大根萝卜叶面积大,蒸腾作用强,生长期间需水较多。但肉质根不耐水涝。生长后期避免田间积水,以防烂根。

(4)土壤干旱、缺硼或萝卜受冻,均易引起空心。

2. 春季种植

(1)整地 每 667 米² 用 5 000 千克腐熟的堆肥 4 米² 左右,深翻 25～30 厘米,耙平耙细,然后做高畦,高 10 厘米,底宽 50 厘米,畦间距为 50 厘米。做畦时,先在底部施入有机专用肥每 667 米²100 千克。

(2)播种 播种时间为 3 月 15～20 日,每 667 米² 用种 50 克。在高畦两侧 10 厘米处开穴后浇水,使水渗下后点播,每穴 2 粒,盖土 2 厘米厚,然后覆盖地膜。

(3)田间管理 播种后 5 天左右出苗,出苗后及时破膜抠苗。4 叶 1 心时定苗。视田间墒情合理浇水,及时划锄、松土、除草、保墒。

(4)采收 一般在 5 月中旬采收,萝卜拔出后削掉叶和叶柄,然后清洗,等待收购。

3. 秋季种植

播种时间为 7 月中旬,采收时间为 9 月中旬。
其他管理方法参考春季种植。

(五)有机大葱栽培技术

1. 对环境条件的要求

(1)温度 葱性喜冷凉,生长适温为 13℃～20℃,能耐 0℃左右低温,在 25℃ 以上高温和强光下品质下降。

(2)土壤 对土壤要求不严,沙壤土到黏土均可生长,但大葱需肥量大,要求土质深厚肥沃。

(3)水分 葱根系分布较浅,吸收力较弱,不耐旱涝,必须小水勤浇,保持土壤湿润,多雨天气要及时排除积水。

2. 育　苗

育苗时间为4月上旬,每667米² 需育苗面积167米²,用种400～500克。育苗前,做好平畦,适当施用有机肥,然后撒播,盖土1.5～2厘米厚。播种后浇水。注意及时除草间苗,株间距离2～3厘米。

3. 整　地

每667米² 施用充分腐熟的堆肥5 000千克左右,深翻25～30厘米,耙平耙细。

4. 定　植

定植时间为6月中下旬,每667米² 用葱苗500～600千克。先按80厘米的行距开沟,深30厘米,然后将5 000千克充分腐熟的有机肥与适量土掺匀,施入沟内,并在沟内灌水。待水渗下后,按3～4厘米的株距栽苗,栽后盖土,留沟5～6厘米深。

5. 田间管理

视田间墒情,合理浇水,保持土壤湿润,但注意不能积水。并及时划锄松土、除草。8月中旬进行第一次培土,厚约15厘米;9月中旬进行第二次培土,厚约15厘米。

6. 采　收

一般在11月上旬采收,收后去除植株上的泥土。

(六)有机胡萝卜栽培技术

1. 对环境条件的要求

(1)温度　胡萝卜为半耐寒性蔬菜,耐寒力较强。种子在

4℃～5℃可发芽,发芽适温为 18℃～25℃,幼苗不仅耐低温,而且耐高温能力也较强。生长发育适温为日温 18℃～23℃、夜温 13℃～18℃,温度过高和过低对肉质根膨大不利,使其品质差、质地粗糙。

(2)土壤 选土层深厚、土质肥沃、土壤疏松透气的沙壤土,且灌排方便。

(3)水分 胡萝卜根系发达,吸水能力强,叶皮蒸腾弱,耐旱力较强。但在播种出苗期和肉质根膨大期需较高的土壤温度,在播种期如遇干旱往往出苗较差。肉质根膨大期缺水,发育不良,根型小,产量较低。

2. 春季种植

(1)整地 每 667 米² 施用充分腐熟的堆肥 5 000 千克,深翻25～30 厘米,耙细耙平,然后做高畦,高 15 厘米,底宽 40 厘米,畦间距为 30 厘米。

(2)播种 种植时间是 2 月底到 3 月初,每 667 米² 用种 250克,先在高畦两侧 10 厘米处挑沟深 2～3 厘米,浇小水后条播,然后盖上地膜。

(3)田间管理 播种后约 11 天出苗,出苗后及时破膜抠苗。出苗后 15 天进行第一次间苗,苗子高 10～15 厘米时定苗,株距8～10 厘米。平时保持土壤见干见湿,注意划锄。肉质根膨大时浇水,保持土壤湿润,但田间不能积水。浇水时间为清早或傍晚,中午不能浇水,以防裂根。收获前 7～10 天不能浇水,否则胡萝卜采收后不耐贮存。

(4)采收 一般在 5 月下旬采收,收后去除泥土。

3. 秋季种植

种植时间为 7 月中旬,用 120～140 厘米宽的平畦,行距 20 厘米,株距 8～10 厘米,条播。出苗约需 7 天。株高 10～15 厘米时追肥浇水。注意及时除草、间苗、划搂。一般 11 月上旬收获。

其他管理参考春季种植。

(七)有机绿菜花栽培技术

1. 对环境条件的要求

(1)温度 绿菜花性喜冷凉,属半耐寒性蔬菜,其生长的适宜温度范围比较狭窄,因此,栽培季节和品种选择比较严格。种子发芽的最低温度为 23℃,25℃时发芽最快。营养生长的适宜温度为 15℃～18℃,8℃以下时花球生长缓慢,0℃以下花球易受冻害,25℃以上则花球松散,降低产量和品质。

(2)水分 绿菜花性喜湿润,耐旱、耐涝能力较弱,对水分要求较严格,在叶簇生长旺盛期和花球形成期尤需供给充足的水分,否则,常因干旱使植株地上部生长受到过分抑制,导致提前形成小花球,降低品质和产量。此期土壤持水量在 70% 左右最好。

(3)土壤 绿菜花适宜在土壤疏松、耕作层深厚、富含有机质,以及保水、排水性能良好的肥沃土壤中栽培。

2. 春季栽培

(1)育苗 育苗时间一般在 1 月 10 日左右。每 667 米² 用种量为 13 克。育苗前,选背风向阳的地方建置苗床,每 667 米² 约需育苗床 15 米²。苗床为东西向,有利于采光,苗床后墙高 150 厘米,跨度为 260 厘米。苗床建成后,下挖 15～20 厘米,将土与沙按 1∶1(或土∶沙∶圈肥＝1∶1∶1)混合均匀,过筛,配成营养土,填入苗床内,耙平。播种前 2～3 天,灌水盖棚,并在每天日落前盖上草苫,日出后揭去,提高地温,准备播种。播种时,先在苗床面按 10 厘米×10 厘米或 8 厘米×8 厘米的营养面积划方格,然后每格点播一粒,盖土厚 1 厘米左右,覆上薄膜,盖草苫保温。7～10 天,开始出苗。当出苗达到 60% 苗床内温度超过 25℃时,开始通风,防止苗子徒长。以后根据天气状况、床内温度和苗子长势,逐渐加大通风量。如果苗床墒情不足,应适当补充水分。

(2)整地 每 667 米² 施用充分腐熟的堆肥 5 000 千克,深翻 25～30 厘米,耙细耙平,然后做畦。由于春天气温低,需用小拱棚覆盖定植每个棚宽 180 厘米,两棚之间留 60 厘米的操作行。每个棚内做两个宽 70 厘米、高 10 厘米的高畦,中间留 40 厘米的浇水沟,覆盖时用 300 厘米长的竹竿和 300 厘米宽的薄膜。

(3)定植 定植时间为 3 月上旬,苗龄 4 叶 1 心或 5 叶 1 心,苗期 60 天左右。定植前 5～7 天,逐渐揭去薄膜炼苗,提高苗子对大田气候的适应能力,增加苗子的成活率。定植时,每 667 米² 集中施用有机专用肥 100 千克,也可在做高畦时铺在畦底。然后在高畦两侧 10 厘米处按 50 厘米的株距栽植,浇小水后封穴,接着浇缓苗水,连浇 2 次。每 667 米² 可定植 2 200 株左右。

(4)田间管理 缓苗后注意划锄,松土透气除草。当棚内温度超过 25℃时,通风降温。清明后,视气温情况,逐渐去除小拱棚。从定植到现蕾约 40 天,一般在 4 月 15 日左右,现蕾前后,注意打杈,每株只留顶端的两个侧芽,其余全部去除。现蕾后,追肥一次,每 667 米² 用有机专用肥 200 千克,随后浇水,以后保持土壤湿润。

(5)采收 从现蕾到采收约 15 天,一般在 4 月底 5 月初,当花球边缘将要松散时,即可采收,及时送交收购场所。

3. 秋季栽培

育苗时间为 7 月 5 日到 8 月 25 日,苗期为 20～30 天,定植时大行距 70 厘米,小行距 50 厘米,株距 50 厘米。从定植到现蕾约 35 天,一般在 9 月 15～20 日,10 月 1 日前后开始采收。

其余的生育规律与栽培管理参考春季栽培。

（八）有机绿芦笋栽培技术

1. 对环境条件的要求

(1)温度 春季当温度达 10℃以上时,越冬休眠芽开始萌发,生长最适温度为 15℃～30℃。夏季能耐 35℃左右的高温。冬季休眠期能耐 -10℃的低温。

(2)土壤 要求土质深厚,土壤肥沃,含有机质较多,土质不黏重,排水良好,最好在沙壤土和壤土中种植。

(3)水分 芦笋根为肉质根,较耐旱而不耐涝。

2. 育　苗

育苗时间为 4 月中旬,每 667 米² 需育苗面积 70～80 米²,用种 50 克。用平畦育苗,先施用充分腐熟的堆肥 0.4～0.5 米³,深翻 25～30 厘米,耙平耙细,做畦宽 120～140 厘米。由于芦笋种皮坚硬,吸水发芽缓慢,播前用 40℃的温水浸种 72 小时,使种子露白时播种。播种时,按 20 厘米的行距开沟,深 2～3 厘米,然后在沟内每 8～10 厘米点播一粒,盖土 1.5～2 厘米厚。播后浇水。播种后 7～8 天出苗。出苗后注意划锄、松土、除草。根据墒情适当浇水,保持苗床见干见湿。6 月中旬追肥浇水,每 667 米² 用有机专用肥 100 千克。

3. 整　地

深翻 25～30 厘米,耙平耙细,然后按 130 厘米的行距开沟,宽 40 厘米,深 30 厘米。每 667 米² 用充分腐熟的堆肥 5 000 千克,与土混匀,施入沟内,留 5～6 厘米深,接着浇水。使水渗下后划搂破板,在沟内起小垄,底宽 10 厘米,高 5～6 厘米。

4. 定　植

秋栽定植时间为 9 月底 10 月初,春栽 3 月底 4 月初,要求选用 15 条根 7~8 个芽的壮苗。起苗前,将苗床浇透水。起苗时注意不能伤根,因芦笋根受伤后易枯萎腐烂。起苗后按苗子大小分开,定植于沟内小垄的顶部,让根系向小垄两边舒展。然后盖土,高于根盘 2~3 厘米。盖土后浇水,使水渗下土壤晒白时划锄破板,防止裂土伤根。

5. 田间管理

视田间墒情合理浇水,保持土壤见湿见干,注意不要积水,多雨天气要及时排除积水。及时划锄,松土除草透气,并培土埋根。一般一年追肥 2 次,3 月底和 7 月底各追肥 1 次,每次每 667 米² 用有机专用肥 200 千克。追肥后浇水。于每年 2 月底割除枯萎茎叶,清理田园,将残枝杂草焚烧或深埋,改善芦笋的生长环境,防止病害的发生和蔓延。

6. 采　收

于每年 4 月初开始采收。第一年的采收期不能超过 30 天,以免影响植株的生长,造成后来的产量减少。以后每年的采收期可达 90~120 天。

(九)有机毛豆栽培技术

1. 对环境条件的要求

(1)温度　毛豆为喜温作物,种子发芽的最低温度为 6℃~8℃,适宜温度为 15℃~25℃。生育期的适温为 20℃~25℃,14℃时生长发育缓慢。开花结荚的适温为 22℃~28℃,13℃以下不开花,超过 35℃ 则落花。

(2)土壤 毛豆对土壤条件要求不严,但以富含有机质和钙质、排水良好、微酸性的土壤为好。

(3)水分 毛豆是需水较多的作物。从始花到盛花期为植株生长旺盛期,需水最多,干旱或多雨均引起落蕾落花。结荚到膨大期,要求水分充足、其他时期需水较少。

2. 毛豆栽培

(1)春季栽培

①育苗 育苗的时间一般从 3 月 15 日到 3 月 20 日,方式为小拱棚育苗。育苗前,选背风向阳的地方建置苗床。每 667 米² 需育苗面积 8 米²。深翻 15～20 厘米,耙平耙细,然后将沙与土按 3∶1 的比例混合均匀,过筛,填入苗床内,耙平,厚约 10 厘米。播种前,灌透苗床,待水渗下后,划 3 厘米×3 厘米的方格,即可播种,每格点播一粒,盖细沙土 1.5～2 厘米厚,然后盖上薄膜。撑竿的长度和薄膜的宽度均为 300 厘米。每 667 米² 用种量为 3 千克。5～7 天出苗。当出苗达到 60%,苗床内温度超过 25℃ 时及时通风,防止苗子徒长。以后根据外界气温、棚内温度和苗子长势,适当调节通风量的大小。

②整地 每 667 米² 用充分腐熟的堆肥 5 000 千克,深翻 25～30 厘米,耙细耙平,然后按大行 100 厘米、小行 40 厘米做畦。高畦和平畦均可。

③定植 定植时间为 4 月 10 日,苗龄为 2 叶 1 心,苗期 20～25 天。定植前 2～3 天,将苗床上的薄膜去掉,进行炼苗,提高苗子对大田气候环境的适应能力,增加成活率。定植时,按 33 厘米的距离双株栽植。栽后浇水,连浇 2～3 次。

④田间管理 3～5 天,苗子缓过后,开始划锄蹲苗,直到植株出现分枝,约需 25 天。蹲苗结束后,每 667 米² 追施有机专用肥

100 千克,然后浇水。到现荚时一般不浇水。坐荚后注意浇水,保持土壤湿润。

⑤采收　从播种到采收约 110 天,一般在 7 月上旬,毛豆充分鼓起,灌浆充足即可采收。采收方式为拔棵摘荚,采收时间为每天清早。采收后及时送交收购场所。

(2)夏季栽培　播种时间为 6 月 1 日到 6 月 25 日,行距为 100 厘米,条播,每点 2～3 粒,两点相距 40 厘米。3～5 天出苗,出苗后注意查苗补苗。成熟期约 70 天。其他管理参考春季栽培。

(十)有机毛芋头栽培技术

1. 对环境条件的要求

(1)温度　毛芋头性喜温暖,较耐高温,不耐低温、霜冻,15℃以上发芽生长,20℃～35℃最适宜生长,15℃～25℃有利于球茎膨大。

(2)土壤　种植毛芋头的田块应土层深厚、土质肥沃、灌排方便。毛芋头不宜连作。

(3)水分　毛芋头需水量大,土壤常保持湿润,不耐干旱。

2. 选　种

选用抗病品种,一般为 8520。种芋应选 30 克以上的子芋,注意不要损伤顶芽。每 667 米² 需用种芋 125～150 千克。

3. 催　芽

3 月上旬开始催芽,方法是一层芋头一层沙,沙要湿润,用量只要埋没种芋即可,堆放高度不能超过 50 厘米。最后盖上薄膜和草苫保温。芽长达 3～5 厘米时即可种植。

4. 整　　地

每 667 米² 施用充分腐熟的堆肥 5 000 千克,深翻 25～30 厘米,耙细耙平。

5. 种　　植

3 月底,按 80 厘米的行距开沟,深 10～15 厘米,然后顺沟施入有机专用肥,每 667 米² 用 100 千克,施肥后浇水。待水渗下后,可在种植后施在两个种芋之间,将催好芽的种芋按大小分开放于种植沟内,株距 30 厘米,注意顶芽朝上。最后封沟起垄,垄高约 5 厘米。

6. 田间管理

种植后约 40 天开始出苗,出苗后根据田间墒情合理浇水,并注意划锄,7 月中旬,每 667 米² 穴施有机专用肥 100 千克,并进行第一次培土,厚约 10 厘米,然后浇水。8 月中旬进行第二次培土,厚约 100 厘米。第二次培土后,经常保持土壤湿润。在培土过程中,注意去除侧芽。

7. 采　　收

霜降后,芋头叶及叶柄枯萎倒伏,即可采收。

(十一)有机南瓜栽培技术

1. 对环境条件的要求

(1)温度　南瓜喜高温,种子发芽最低温度为 13℃,最适温度为 30℃。根伸长最低温度为 8℃,最适温度为 25℃～30℃。茎叶生长温度不能低于 12℃,生育适温为 18℃～30℃。果实在22℃～

23℃时产量高,品质好。

(2)土壤 选择排灌方便、土层深厚、微酸性的沙质壤土。

(3)水分 南瓜根系发达,吸收力大,抗旱力强。但由于叶片大,蒸腾作用旺盛,坐瓜后仍需保持土壤湿润。

2. 育 苗

育苗时间为 3 月 5~10 日,每 667 米^2 需育苗面积 7 米^2,方式为阳畦育苗。每 667 米^2 用种量为 200 克。选背风向阳的地方建置阳畦。阳畦后墙高 50 厘米,跨度为 150 厘米。下挖 15 厘米,将土与沙、圈肥按 2:1:1 混合均匀,填入苗床,耙平。播种前 2~3天,灌透水,撑杆盖膜,晚上加盖草苫,提高地温。播种时,按 8 厘米×8 厘米划方格,每格点播一粒,盖土 1.5~2 厘米厚,然后盖上薄膜,四周密封,并于每天日落前盖上草苫,每天日出后揭去。约 7 天出苗,出苗 60%、床内温度超过 30℃时通风降温蹲苗,防止苗子徒长。如果苗床墒情不足,应及时补充水分。定植前 3~5 天,逐渐去除薄膜炼苗,提高苗子对大田气候的适应能力。

3. 整 地

深翻 25~30 厘米,耙平耙细,然后挖沟,深 40 厘米,宽 50 厘米,沟间距为 250 厘米。每 667 米^2 用充分腐熟堆肥 5 000 千克,与适量土混合均匀,施入沟内,挖 5~6 厘米深。然后浇水,使水渗下后盖上地膜。

4. 定 植

定植时间为 4 月 5~10 日。方式为小拱棚覆盖。先将苗床浇透水,起苗时注意不要伤根,起苗后在地膜上按 50 厘米的株距在沟两侧打孔定植,深度与苗床起苗深度一致即可。然后覆盖小拱棚。

5. 田间管理

在小拱棚内,当温度超过 30℃、湿度过大时注意通风降温排湿,防止灼伤或诱发病害。清明后,视气温状况逐渐撤除小拱棚,一般在 4 月 20 日左右。去除小拱棚后,及时除草。采取单蔓整枝,及时摘除侧芽。一般在 7～8 叶处留第一个瓜,12～13 片叶时留第二个瓜,最好采取人工授粉,提高坐果率。及时摘除根瓜,减少营养消耗。南瓜成熟期,应垫瓜通风保证南瓜成熟均匀。采取压蔓措施,固定瓜蔓,促发不定根。方法是蔓上每长 4～5 片叶处压土 1 次。

6. 采 收

一般在 6 月底 7 月初采收。

(十二)有机青梗菜栽培技术

1. 对环境条件的要求

(1)温度 青梗菜喜冷凉气候,气温在 18℃～20℃时生长良好,25℃以上生长衰弱,易感染病毒病。能耐 -2℃～3℃的低温。

(2)土壤 青梗菜喜土质疏松、肥沃、保水保肥的壤土或沙壤土。

(3)水分 青梗菜叶片柔嫩,蒸腾作用强,根系主要分布在浅土层中,需要较高的土壤温度和空气湿度才能生长良好。

2. 春季种植

(1)整地 每 667 米^2 施用充分腐熟的堆肥 5 000 千克,深翻 25～30 厘米,耙平耙细,然后做畦,畦宽 120～140 厘米。

(2)播种 种植时间为 3 月底 4 月初,每 667 米^2 用种 150 克。

撒播,盖土 1 厘米厚。播种前浇水或播种后浇水。

(3)田间管理 约 3 天出苗。出苗后经常保持土壤湿润,及时拔草。出现第一片真叶时间苗定苗,密度为 5 厘米×5 厘米。3～4 片叶时追肥,每 667 米² 用有机专用肥 100 千克。

(4)采收 一般在 5 月初采收,生长期约 1 个月。

3. 秋季种植

种植时间为 9 月上旬,一般在 10 月上旬收获。其他管理方法参考春季种植。

(十三)有机牛蒡栽培技术

1. 对环境条件的要求

(1)温度 牛蒡喜温暖,发芽起始温度为 15℃,适宜温度为 20℃～25℃,超过 30℃ 或低于 15℃ 则发芽不良,生长期适宜温度为 20℃～25℃,但比较耐寒和耐热,夏季气温达到 35℃ 左右时仍能耐受,冬季气温降到 -20℃ 左右时,肉质根在土中仍可安全过冬。

(2)土壤 应选土层深厚、灌排两便、土质疏松、有机质丰富的沙壤土。轻沙土和黏土地块,均不宜种植。

(3)水分 牛蒡叶面积大,蒸腾作用强,生长期间需水量较多。但肉质根不耐水涝。生长后期避免田间积水烂根。

2. 秋季种植

(1)打壕 按 80 厘米的行距画线,顺线施肥,每 667 米² 用有机专用肥 300 千克,然后用机械打壕,壕深 100 厘米,并自然成垄高 25～30 厘米,最后将垄踩实。

(2)播种 播种时间为 10 月上旬,每 667 米² 用种 250 克。因牛蒡种皮较厚,为有利于出苗,播种前需浸种,方法是用 40℃的温水浸泡 24 小时。播种时在垄顶部开沟,沟深 7～8 厘米,但宽不能超过 10 厘米,以免遇雨存水,引起塌壤。然后顺沟浇小水,按 8～10 厘米的株距播种,每点 2～3 粒,盖土 2 厘米厚,最后盖上地膜。

3. 田间管理

5～7 天开始出苗,3 叶时破膜抠苗,封冻前盖小拱棚保护牛蒡茎叶,高 20～25 厘米。第二年 4 月初撤除小拱棚。视田间墒情,需要浇水时,应浇小水,但不能大水漫灌,造成田间积水,易引起塌壤。

4. 采 收

6 月中旬开始采收。采收前,割除多余茎叶,每株只留 20～30 厘米叶柄,以利于采收。然后破垄,并在植株两侧成埂,再向牛蒡根部灌水,随灌随拔取肉质根。

5. 春季种植

春播时间为 4 月上旬,播后覆盖地膜,10 月初左右收获。其他栽培管理方法参考秋季种植。

(十四)有机甜豌豆栽培技术

1. 对环境条件的要求

(1)温度 豌豆性喜冷凉,较耐寒而不耐热。种子在 3℃～5℃开始发芽,18℃～20℃下发芽最快。植株生长以 9℃～23℃较为适宜。苗期较耐寒,能耐－4℃低温 3 天,－10℃低温 1 天。开花结荚期不耐 10℃以下低温和 25℃以上高温。

(2)水分 播后如遇干旱,须及时浇水,促进出苗。出苗后应保持土壤偏干,防止过湿烂根,并可促进根系深扎。开花结荚期对水分敏感,干旱要适当浇水,多雨要及时排涝,保持土壤见干见湿,水分过多或过旱均易引起落花落荚。

(3)土壤 选地势平坦、灌排方便的田块种植,要求土壤含有机质较高,沙壤土或黏土均可。豌豆最忌连作,必须与非豆科作物轮作,至少间隔3～4年。

2. 整 地

每667米² 施用充分腐熟的堆肥5 000千克,深翻25～30厘米,耙平耙细,然后起垄,垄高10厘米,底宽60厘米,垄间距80厘米。

3. 播 种

播种时间为2月底3月初,每667米² 用种1.5千克。在垄两侧10厘米处开穴点播,穴间距30厘米,每穴2～3粒,盖土2～3厘米厚,然后覆盖地膜。播种后视田间墒情合理浇水,过旱水分不足,过湿影响地温,均不利于出苗。

4. 田间管理

播种后8～10天出苗,出苗后及时破膜抠苗。苗子2～3叶间苗,每墩留苗两株。如遇干旱,应适当浇水注意多次划锄。3月底,豌豆甩蔓时插立"人"字形架,架杆长150厘米,随时绑蔓上架,注意不能弯折茎蔓,否则植株受伤枯萎。一般在4月中旬开花,开花前追肥浇水,每667米² 用有机专用肥100千克。以后保持土壤见干见湿。

5. 采 收

一般在5月中旬采收,采收期20天左右。

（十五）有机马铃薯栽培技术

1. 对环境条件的要求

(1)温度 马铃薯喜温、怕寒、不耐热，高温下和低温下进入休眠。度过休眠期的块茎在 4℃～5℃时发根，5℃～7℃时发芽，茎叶生长适温为 21℃左右，块茎膨大适温 17℃～19℃，超过 25℃植株生长缓慢。马铃薯幼芽和茎叶可耐轻霜，但长期处于－1℃～2℃，植株也会被冻死。

(2)土壤 应选择土壤疏松肥沃、土层深厚、易于排水的地块。马铃薯适于微酸性至中性土壤，在碱性土壤中，生长发育不良，产量低，薯性不圆整，品质差。

(3)水分 马铃薯苗期需水量不大，块茎膨大期需水较多。

2. 春季种植

(1)选种 选择无病、虫、冻伤，表皮光滑，大小适中的薯块留种。每 667 米^2 用种 125～150 千克。

(2)催芽 播种前 15～20 天催芽，一般在 2 月 15～20 日。催芽前，先切块，打破休眠，节约用种量和提早出苗。马铃薯顶部芽眼密集，具有顶端优势，顶芽及其周围芽发育好，萌发早，出苗快而齐。切块应从顶部向基部纵切，使每一薯块都有顶部或顶部附近的芽眼。催芽时一层薯块一层沙，沙要细而湿润，用量以埋没薯块为宜。堆放高度不能超过 40 厘米，过高易伤芽，并且上下层出芽不整齐。最后盖上薄膜保温。芽长 1～2 厘米时即可播种。

(3)整地 每 667 米^2 用腐熟的优质圈肥 5 000 千克，深翻 25～30 厘米，耙平耙细，然后按 40 厘米的行距起垄，高 25～30 厘米。

(4)播种 一般在 3 月 1～5 日，在垄顶部按 25～30 厘米的株距播种，深 10 厘米，然后覆盖地膜。

(5)田间管理 马铃薯苗期需水不多,不旱不浇。块茎膨大期注意浇水,保持土壤见干见湿,但不能积水。及时划锄,松土除草。

(6)采收 一般在 5 月下旬采收,收后去除泥土。

3. 秋季种植

种植时间为 7 月中旬,不用地膜,霜降后及时采收。

其他管理方法参考春季种植。

(十六)有机小青葱栽培技术

1. 对环境条件的要求

(1)温度 葱性喜冷凉,生长适温为 13℃～20℃,能耐 0℃左右低温,在 25℃以上高温和强光下品质下降。

(2)土壤 对土壤要求不严,沙壤土到黏土均可生长,但葱需肥量大,要求土质深厚肥沃。

(3)水分 葱根系分布较浅,吸收力较弱,不耐旱涝,必须小水勤浇,保持土壤湿润,多雨天气要及时排除积水。

2. 整 地

每 667 米^2 施用充分腐熟的堆肥 5 000 千克,深翻 25～30 厘米,耙细耙平,做平畦,畦宽 120～140 厘米。

3. 播 种

种植时间为 10 月上旬,每 667 米^2 用种 1.5 千克。撒播,盖土 1.5～2 厘米厚,播后浇水。

4. 田间管理

约半个月后出苗,出苗后划搂。小雪后大雪前浇冻水,过几天在畦面撒一薄层草木灰或过筛的土杂肥,保证葱苗安全过冬。年后2月底3月初,小葱返青后追肥浇水,每667米²用有机专用肥100千克。以后视田间墒情合理灌溉。注意及时间苗除草,株间距离为2～3厘米。

5. 采 收

一般在4月下旬至5月上旬采收,收后洗去根部泥土,等待收购。

(十七)有机洋葱栽培技术

1. 对环境条件的要求

(1)温度 洋葱种子在3℃～5℃时即可发芽,幼苗的生长适温为12℃～18℃,叶片生长适温为18℃～20℃,鳞茎膨大适温为20℃～26℃,健壮的幼苗可耐-6℃～-7℃低温。

(2)土壤 洋葱喜肥,适于种植在肥沃疏松、保水保肥的中性土壤中。

(3)水分 洋葱为管状叶,且叶表有蜡质,叶面水分蒸腾较少,较耐干旱。但洋葱根系浅,吸水能力较弱,尤其在鳞茎膨大期需水量较多,必须保持土壤湿润。

2. 育 苗

于秋分前后利用平畦育苗,撒播,盖土0.5厘米厚,每667米²用种50克,播种前,适当使用有机肥,播种后注意盖棚防雨。

3. 整 地

定植前每667米²用充分腐熟的堆肥5 000千克,有机专用肥100千克,深翻25～30厘米,耙平耙细,做宽120～140厘米的平畦。

4. 定　植

定植时间为 10 月底,过早苗子过大,以后植株容易抽薹;过晚苗子过小,不抗冻,苗期为 55～60 天,苗龄为 3～4 叶。起苗后进行认真挑选,去除过大、过小和长势弱的苗子,只留茎粗 0.4～0.6 厘米的壮苗。然后在畦上覆盖地膜,按行距 20 厘米、株距 17 厘米打孔,将挑选好的苗子按大小分开移栽。定植深度以刚好埋没根部为宜,过深会抑制鳞茎生长。移栽时注意理顺根系,也可剪短根茎只留 2 厘米,防止跳根。栽后向根部覆土,密封地膜,定植结束后浇水,注意水不能过大,以免倒苗。

5. 上冻水

小雪后大雪前浇一次水,帮助洋葱安全越冬。

6. 后期田间管理

2 月底至 3 月初,苗子返青后浇水 1 次,返青后,注意揭膜拔草,但不能去掉地膜,以免减产。鳞茎膨大期注意浇水,保持土壤湿润。采收前 10 天不能浇水,否则鳞茎采收后不耐贮存。

7. 采　收

5 月底至 6 月初开始采收,收后打辫晾制,但不能暴晒。

(十八)有机白菜花栽培技术

1. 对环境条件的要求

(1)温度　白菜花生长发育喜冷凉温和的气候,属半耐寒性蔬菜,既不耐炎热干旱又不耐霜冻,其生育适温范围比较窄。种子发芽最低温度为 2℃～3℃,25℃发芽最快,营养生长的适温范围为

8℃~24℃,花球生长的适温为15℃~22℃,在−1℃~−2℃时花球易受冻害,气温在25℃以上时花球小,品质差,球易松散。所以掌握好品种和育苗时间非常重要。

(2)水分 白菜花喜湿润环境,不耐干旱,耐涝能力也较弱,所以在干旱时应及时浇水,特别是蹲苗以后到花球形成期需要大量的水分。

(3)土壤 白菜花适宜土壤疏松,耕作层深厚,富含有机质,保水、排水性好的土壤中栽培。

2. 春季栽培

(1)育苗 育苗时间一般在1月5~8日前,每667米² 用种量15克,建苗床,苗床为东西向,有利于采光。每667米² 需育苗床18米² 左右,平畦育苗,少量有机肥施入苗床内,进行深翻,耙平耙细,然后苗床内灌水,待水渗透后,在苗床内按10厘米×10厘米的营养面积划方格,并按每格点播一粒种子,点完种后,把过筛的细土均匀盖在上面,厚度为大约1厘米即可。最后用竹片和塑料薄膜撑起高约30厘米的小拱棚,并加盖草苫保温。在8~10天出苗,当出苗达到60%、苗床内温度超过25℃时开始放小风进行通风,防止苗子徒长,以后可以根据气温和苗子长势逐渐加大通风量,如苗床墒情不足,应适当补充水分。苗期为60天左右。

(2)整地 用充分腐熟的堆肥5 000千克,深翻土地,耙平耙细,然后做畦。栽植白菜花一般用大小行栽植,大行80厘米,小行50厘米。

(3)定植 定植时间为3月上旬,苗子长至4叶1心时进行定植。定植前5~7天,逐渐揭去塑料薄膜以便提高苗子对大田气候的适应能力。定植时每667米² 集中沟施有机专用肥100千克。然后按株距50厘米进行移栽,栽完后,用地膜覆盖并加小拱棚,然后进行浇水2~3次。每667米² 栽苗2 000株左右。

(4)田间管理　缓苗后注意及时划锄松土,当棚内温度超过25℃时,通风降温,清明后视气温情况逐渐去掉小拱棚。从定植到现蕾约 45 天。现蕾后追肥 1 次,每 667 米² 用有机专用肥 100 千克,并及时浇水。以后保持土壤湿润。

(5)采收　从现蕾到采收约为 20 天,收购时间在 5 月上旬。

3. 秋季栽培

育苗时间为 7 月 5~10 日,苗期 20~22 天。收获为 10 月下旬。其余栽培技术参照以上春白菜花栽培技术。

(十九)有机荷兰豆栽培技术

1. 对环境条件的要求

(1)温度　荷兰豆喜冷凉,较耐寒,不耐高温,种子在 3℃~5℃开始发芽,18℃~20℃发芽最快,植株生长以 10℃~25℃较为适宜,开花结荚期不耐 10℃以下低温和 28℃以上高温。

(2)水分　播种后要及时浇水,保持土壤湿润,以促进出苗。特别在开花结荚期间要有充足的水分,防止豆荚老化。

(3)土壤　选择土壤含有机质较高的沙壤土或黏土均可。荷兰豆连作会造成减产。

2. 整　地

每 667 米² 施用充分腐熟的堆肥 5 000 千克左右,深翻土地,然后起垄,垄高 10 厘米,底宽 60 厘米,垄间距 80 厘米。

3. 播　种

播种时间为 2 月下旬,每 667 米² 用种量 3.5 千克,在垄两侧10 厘米处开沟点播,点播株距 8~10 厘米,盖土 1 厘米厚,然后加盖地膜,并及时浇水。

4. 田间管理

播种后 8～10 天出苗,出苗后及时破膜抠苗,如遇干旱,应适当浇水,注意划锄松土。3 月下旬当苗子长至 40 厘米左右,荷兰豆甩蔓时串插架杆,随时绑蔓上架,防止荷兰豆出现倒伏。一般在 4 月中旬开花,开花结荚后要施肥浇水,施肥量为每 667 米^2 有机专用肥 100 千克,以后保持土壤见干见湿。

5. 采 收

荷兰豆大约在 5 月中旬开始采收,采收期 25～30 天。

(二十)有机甜玉米栽培技术

1. 对生活条件的要求

(1)温度 甜玉米为喜温作物,对温度的要求略高于普通玉米,种子发芽温度范围为 12℃～28℃,开花和果实发育期适温 20℃～25℃。

(2)水分 甜玉米耐旱、耐涝,对水分的要求严格,耗水量大,开花结果期水分不足会严重减产和降低品质。

(3)土壤 甜玉米对土壤要求不严格,沙壤土或黏土均可。

2. 整 地

每 667 米^2 施充分腐熟的堆肥 5 000 千克左右,深翻土地耙平耙细,按 1.3 米整畦起垄,垄高 8～10 厘米。

3. 播 种

甜玉米播种时间一般在 3 月上旬,在垄的两侧开沟点播,按照大小行播种,大行 80 厘米,小行 50 厘米,播完后加盖地膜,并及时浇水。每 667 米² 用种量 1.5 千克。

4. 田间管理

当苗子长至 30～40 厘米高时间苗和定苗。保持苗距 33 厘米左右,保留单棵苗。每 667 米² 地栽 3 000 株左右。甜玉米在拔节前要进行打药追肥。防治玉米螟等虫害的方法是用清源保 1：600 倍进行喷打。每 667 米² 施 100 千克有机肥进行追肥,追肥后及时浇水。

5. 采 收

采收时间大约在 7 月上旬,当甜玉米在七八成熟时进行采收,采收时一定要掌握好成熟度、过老或过嫩则达不到甜度。

(二十一)有机西葫芦栽培技术

1. 对环境条件的要求

(1)温度 西葫芦对温度有较强的适应性,较耐凉爽气候,种子发芽适温 25℃～30℃,开花结果要求在 15℃ 以上,果实发育最适宜温度 22℃～23℃。

(2)水分 西葫芦根系强大,吸水和抗旱能力较强,适宜在干燥条件下生长,也较耐湿润。

(3)土壤 西葫芦对土壤要求不十分严格,但在疏松、通气、排水良好的肥沃土壤中栽培更易获高产。

2. 育 苗

春季育苗可在 3 月中旬,阳畦育苗。每 667 米² 建 15 米² 的育苗床。育苗方法:深翻土地 25 厘米左右,耙平耙细,灌水洇畦,按10厘米×10厘米间距划方格,随后将种子点播方格内。用筛好的细土覆盖厚2厘米左右,并加盖小拱棚。然后在小拱棚上加盖草苫,以达到保温保湿的效果。7～8天内种子开始出土,此时要结合温度进行小通风,以后可根据苗子长势进行通风浇水。

3. 整地、移栽

大田内先进行深耕细耙,按照90厘米的行距开沟,沟宽25～30厘米,沟深在40～45厘米。在沟内施充分腐熟好的堆肥5 000千克左右,与土混合均匀,耙平耙细后,浇水洇沟,待土壤沉实。当苗龄在15天左右、苗子长至2叶1心时,开始炼苗,此时不宜浇水,炼苗4～5天后,浇水起苗。大田移栽时首先盖地膜,按照50厘米的株距破膜移栽。每667米² 栽大约1 900株,加盖小拱棚后浇水。

4. 田间管理

当西葫芦苗缓苗后,要结合棚内的温度进行小通风,进入4月中下旬,随温度升高逐渐将拱棚去掉,此时应加强划锄松土,增加土壤透气性。遇干旱时要及时浇水,开花后要追一次肥料,每667米² 施有机专用肥150千克,施肥方式为穴施。施后浇水。

5. 采 收

从定植到采收大约在45天左右。每667米² 产量一般在3 000千克左右,采收期间注意蚜虫的危害。

四、"有机菜、特菜"生产技术规程

（一）有机蔬菜生产技术

有机蔬菜是按照有机农业生产方式进行蔬菜生产，不采用基因工程获得的生物及其产品，不施用化学合成的农药、化肥、生长调节剂、除草剂等物质。

1. 适合有机栽培的蔬菜种类

目前有机栽培的蔬菜主要有圆葱、生姜、大蒜、胡萝卜、菠菜、毛豆、南瓜等。

2. 环境要求与生产基地选择

有机蔬菜生产需要在土壤环境质量、农田灌溉水质、环境空气质量等适宜的环境条件下进行。生产基地应远离城区、工矿区、交通主干线、工业污染源、生活垃圾场等。基地的土地应是完整的地块，其间不能夹有进行常规生产的地块，但允许存在有机转换地块；有机蔬菜生产基地与常规地块交界处必须有明显标记，如河流、山丘、人为设置的隔离带、缓冲带等。由常规蔬菜生产向有机蔬菜生产转换一般需要 2 年时间，在转换期间必须完全按有机生产要求操作。

3. 品种选择

应选择适应当地的土壤和气候特点、对病虫害具有抗性的作物种类及品种。应使用有机蔬菜种子和种苗或使用未经禁用物质处理过的常规种子或种苗。

4. 轮作换茬和清洁田园

有机栽培应采用包括豆科作物或绿肥在内的至少 3 种作物进行轮作。前茬蔬菜收获后，彻底清洁田园，将病残体全部运出基地外销毁或深埋，以减少病虫害基数。

5. 生态栽培

推广防虫网、频振式杀虫灯、黄板或蓝板诱杀等新技术和培育壮苗、嫁接、起垄栽培、地膜覆盖、合理密植、植株调整等综合栽培技术，最大限度地创造适宜蔬菜作物生长发育的条件，抑制病虫害发生和蔓延，做到不发生或少发生病虫害。

6. 科学施用有机肥和生物肥料

有机栽培应施用有机肥料（包括动物的粪便及残体、植物沤制肥、绿肥、草木灰、饼肥等）、矿物质肥料（包括钾矿粉、磷矿粉、氯化钙等物质）及通过有机认证的有机专用肥和微生物肥料。有机肥在施前 2 个月需进行无害化处理。一般每 667 米² 施有机肥 3 000～4 000 千克。

7. 病虫草害的无害化防治

推广石灰、硫磺、波尔多液、高锰酸钾、软皂、植物制剂、醋、微生物及其发酵产品等防治蔬菜病害；推广赤眼蜂、瓢虫、捕食螨等天敌，植物制剂、性诱剂、微生物及其制剂（如杀螟杆菌、Bt 制剂等)等防治蔬菜虫害;提倡秸秆覆盖除草、机械除草、人工除草防治草害。

8. 建立生产档案

记录生产栽培过程及用药、施肥等情况,确保产品质量可追溯。

9. 适宜推广区域

临沂、泰安等全省生态环境条件优良的蔬菜产区。

(二)特菜生产技术

1. 避免盲目种植

特菜是一个动态概念,只是在特定的时期内的特定称谓。当栽培面积扩大到一定程度时就不能再称为特菜了。一些较新颖的种类和品种还远未被广大消费者所熟悉和接受,应首先进行适应性试种;同时在发展生产时要优先考虑开辟市场,打通销售渠道。还要避免商业炒作,过于抬高某些特菜价格。种特菜总是少数人先赚钱,如果认为种"特菜"是提高种菜效益的主渠道,那就会出现误导。

2. 小批量生产,均衡上市

特菜种类和品种繁多,生长期和形成期参差不齐,生长条件和栽培技术各有不同,在生产时应采取:"多品种栽培,小批量生产,多茬口安排,均衡上市供应"的策略,以免产品在被广大消费者接受之前过量生产,造成滞销。

3. 实现无公害化生产

特菜除着重其商品品质、营养品质外,更重要的是卫生安全品质。特菜在超市、饭店供应时,均应达到无公害蔬菜的标准,以至绿色食品标准。因此,特菜种植环境的土壤、水分要求必须符合无公害蔬菜生产环境标准。在作物发生病害时,严格按农药使用准则施用农药。

4. 重视采后处理,提高特菜档次

2008 年北京为了提高其附加值,重视采后处理。从产品整修、预冷、冷藏、运输及冷链销售等一系列环节入手,尽量缩短产品从采收到货架所需时间,减少损耗,提高和保证特菜产品的档次,建立起特菜作为新兴、优质、高档蔬菜的声誉,保证其高档的品牌地位。

5. 提高栽培技术水平

大多数特菜无论是种类、品种,还是栽培方法均处于发展阶段,不能满足当前大面积生产的需要,由我国自己选育并具有各种生态类型的优良品种。一些特菜种子仍需依靠进口,如结球生菜、西芹、菊苣等。所以,一方面要对现有的特菜品种注意进行提纯复壮,另一方面对部分具有大面积开发前景的特菜进行新品种选育。特菜的栽培技术和制种技术也有待改进和提高,使特菜的产品质量达到应有的水平。

五、芦笋高产高效栽培技术规程

芦笋又名石刁柏,被誉为世界十大名菜之一,具有极高的营养和保健价值。尤其是它的治癌防癌作用,早已被世界医学组织所公认,它还对治疗心血管疾病、降血压、降血脂、利尿效果明显。常食能提高人体免疫力,是一种药用价值极高的高效创汇保健蔬菜。

芦笋在国际市场上畅销不衰,近几年随着我国人民生活水平的不断提高,国内市场越来越大。它不仅经济效益高,而且是治理土壤沙化、改良生态环境的经济作物。因为其根系发达,较为抗旱,防风固沙能力强,种植芦笋是农业种植结构调整中经济效益和社会效益双高的好项目。由于它能耐-36℃低温,所以适应性极强,更由于北方地区降雨少,芦笋病害轻,在北方种植更易管理。

自19世纪70年代我国大量引种芦笋以来,到目前为止,全国已发展芦笋6.67万公顷,山东省已达2.67万公顷,取得了较好的经济效益。目前我国的芦笋产量已占到世界总量的60%。由于芦笋的种植属劳动密集型产业,采收加工只能靠人工进行,且不能适应于机械化生产,而食用芦笋的发达国家劳动力昂贵,所以种植面积越来越少,出现了种笋不如买笋便宜的现象。而我国的情况却是人多地少,正适合发展劳动密集型的芦笋生产。

随着我国人民生活水平的提高,人们食用芦笋的习惯正逐渐形成,尤其是鲜绿芦笋在北京、上海、济南、广州、南京、杭州等大中城市已经启动,年内销量已达2万吨以上,这是非常可喜的现象,国内市场开始食用芦笋,这将是极其惊人的一个大市场。

随着对芦笋深加工的研究,除现在的制作罐头、速冻笋及鲜笋三种加工方法外,芦笋糖浆、芦笋汁、芦笋粉、芦笋茶的开发已经进入生产阶段,这又是一个很大的需求市场。

但就目前的栽培面积看,仅加工出口的订单量每年仍缺原料30%左右,更谈不上深加工及内销的需求。

芦笋是多年生植物,一次种植可连续收获 10～15 年,经过我们对栽培技术的研究改进,第一年栽植,第二年即可每 667 米^2 产鲜笋 300～400 千克,第三年可达 700 千克以上,第四年以后稳定在 1 000 千克以上,正常年份芦笋价格每千克 5～7 元,每 667 米^{2}收入稳定在 5 000～7 000 元,高的每 667 米^2 收入达万元。

1. 品种选择

(1)鲁芦笋一号 F₁ 系山东省芦笋研究开发推广中心育成的国内第一个杂交种,适宜种植白笋,芦笋直径 1.2 厘米以上部分占90%,笋条直,一级笋率 95%以上,抗茎枯病、锈病能力极强,每667 米^2 产量可达 1 500～1 850 千克。无空心笋和畸形笋,是目前生产上最优秀的品种之一。

(2)改良帝王 F₁ 美国进口杂交一代品种,适宜我国种植白笋,高产、优质,直径 1.2 厘米以上占 90%,每 667 米^2 产量可达1 500 千克,抗茎枯病能力强。无空心笋和畸形笋。

(3)芦笋王子 F₁ 山东省芦笋研究开发推广中心育成杂交一代种,产量高,品质好,抗茎枯病能力极强,每 667 米^2 产量可达1 500 千克以上,一级笋占 95%,无空心、畸形笋。适合高肥水栽培。

(4)阿特拉斯 F₁ 美国进口杂交一代种,适宜种植白笋和绿笋,产量高,每 667 米^2 产量可达 1 400 千克。笋茎粗,直径 1.2 厘米以上占 90%,绿笋 33 厘米不散头,抗茎枯病能力中等。

(5)阿波罗 F₁ 美国进口杂交一代种,适宜种植绿芦笋,产量高,每 667 米^2 产量可达 1 300 千克。笋粗壮,直径 1.2 厘米部分可达 90%,绿笋 30 厘米不散头,但该品种抗茎枯病能力差。

另外,美国进口的二代种,如 UC800、UC157 等,这两个品种产量低,不整齐,抗病力差,笋条不直,畸形笋、空心笋多,应当逐渐淘汰。

2. 育苗技术

芦笋的栽培有两种方法:一种是生产白芦笋,要求行距 1.8 米,株距 0.3 米,将来芦笋采收时培成一个土垄,让芦笋在土中生长,嫩芽不见光,所以采收的笋为白色。另一种是生产绿芦笋,要求行距 1.4~1.5 米,株距 0.3 米,采收芦笋时不需培土,嫩芽见光变绿即为绿芦笋。白、绿芦笋是同一品种的两种不同栽培方法。但白、绿芦笋的种植有更适合自己的品种。

白芦笋每 667 米^2 用种量 50~100 克,绿芦笋每 667 米^2 用种量为 100~150 克,育苗时注意以下几点:

(1)整地施肥 选择土壤疏松,肥水条件好,透气性强的壤土或沙壤土。深翻 30 厘米左右,每 667 米^2 施基肥 2 500~4 000 千克。整平地面,东西向做畦,畦长 10~15 米,畦宽 1.2 米,畦垄高 20 厘米,然后荡平畦面准备播种育苗。

(2)育苗时间及方法 一般在 3 月上中旬采用阳畦育苗,若覆盖草苫等保温材料可提前到 2 月中下旬;可利用早春闲置的大棚提早育苗,苗龄 60~70 天即可移栽大田中,根据笋农选地茬口的不同,夏秋播种亦可。总之,每年的 9 月上旬之前均可播种。

(3)种子处理 芦笋种子皮厚坚硬、外有蜡质吸水困难,播前必须浸种催芽。方法是:先用凉水进行种子漂洗,漂去不成熟的瘪种和虫蛀种,然后用 30℃~40℃的温水浸泡 2~3 天,每天换水 1~2 次,待种子充分吸水后,将水滤去盛入盆中,在 20℃~25℃进行催芽。为防止闷种,每天用清水淘洗 2 次。当种子有 10% 左右出芽时即可播种。

(4)播种 播前将畦面灌足底墒水,待水渗下后,按株行距 10

厘米打好直线,将催好芽的种子单粒点播在交叉点上,然后用筛子将土均匀筛在畦面上,覆土厚2厘米左右。大面积育苗,可以撒播。

(5)覆膜 为了提高地温,保持湿度,早春育苗,播种后要立即覆盖塑料薄膜。保持5厘米以下地温白天25℃～30℃,夜间15℃～18℃。出齐苗后,畦内温度超过32℃要及时揭膜,进行炼苗,以增强对外界环境的适应性。

(6)防治害虫 危害芦笋幼苗的地下害虫主要是蝼蛄和蛴螬,每667米²地可用3％呋喃丹颗粒剂5千克或辛硫磷拌细干沙7.5千克撒在畦面上进行防治。若发现蚜虫危害,可喷洒15％快霜星1500倍液或菊酯类药物进行防治。

3. 定植方法

(1)定植地的选择 芦笋对于酸碱度的要求不甚严格。凡pH值在5.5～7.8之间的土壤均可进行栽植。为了获得高产稳产,最好选择有水浇条件、富含有机质的壤土或沙壤土。芦笋地怕积水,切忌选用地下水位过高和夏季易于积涝的地块。

(2)定植前的准备

①**挖定植沟** 在经过深翻整平的地面上,南北行向,按白笋1.8米、绿笋1.4～1.5米的行距要求打好直线,沿直线挖定植沟,沟宽40厘米,沟深40～50厘米。

②**施肥填沟** 将每667米²5000千克的土杂肥拌土填入沟内。使沟面略低于原地平面,搂平沟面,并将垄面整成中间高、两面低的小拱面,整细搂平。

(3)起苗定植 待芦笋幼苗地上茎长出3根以上时即可进行移栽定植。起苗时先沿笋苗株行中间,用铁铲割成方块,然后带土块将苗起出,按株距25～30厘米,植于定植沟间,笋苗鳞茎盘低于定植沟表面12～15厘米。然后浇水自然塌实,等水渗下后,适时松土保墒。

(4)定植后的管理 定植后要视墒情适时浇水,为加速笋苗生长,在 7 月中旬及 8 月中旬每 667 米² 追施复合肥 30～40 千克。两次追肥后要及时浇水。立冬前后普浇一次大水,然后适当培土,一般 10～15 厘米厚,保墒保温,保护幼笋安全越冬。

4. 绿芦笋管理要点

绿芦笋的育苗方式、方法与白笋相同。在定植方面因绿笋采收时不需培垄,所以密度比白笋大些;一般行距 1.4～1.5 米,株距25～30 厘米。绿芦笋采收期的长短要根据芦笋上年的生长情况而定。

一般情况,去年春天定植的芦笋可以采收 40～50 天春笋,然后每株笋留 3 支母茎生长,再生的笋芽继续采收 30～40 天夏笋。去年麦茬地种植的芦笋,春天每株芦笋先留足 3～4 根茎,然后开始采笋 50～60 天。成龄笋田,一般春天先采收 60 天春笋,于 6 月10 日前后每株笋留 2～3 支母茎进行生长,其余的笋芽继续采收,直到 8 月 10～20 日,然后停止采笋,让其进行地上部营养生长,制造养分供第二年采笋。

无论白笋、绿笋,在采笋结束后,进行营养生长期间即 6～10月份,都应加强肥水管理及病虫害防治工作,以确保制造充足养分供第二年采笋。

5. 病虫害防治

(1)病害 主要是防治芦笋茎枯病、立枯病、褐斑病、锈病等病害。经过使用和试验,筛选出了几种优质高效、低毒、无抗性、可长期使用的符合生产优质高档芦笋的药剂。配方如下:

①30％双吉悬浮剂 800 倍液＋50％双吉胜(原芦菌净)500 倍液;

②30％双吉悬浮剂 800 倍液＋50％芦丰 500 倍液；

③50％双吉胜 500 倍液＋80％必得利 800 倍液；

④50％双吉胜 500 倍液＋70％代森锰锌 300 倍液；

⑤50％双吉胜 500 倍液＋30％灭菌净 800 倍液；

⑥50％复方多菌灵 300 倍液＋70％代森锰锌 300 倍液。

绿芦笋 6～9 月份、白笋 7～9 月份，每隔 7 天左右喷 1 次，下雨后必须补喷一遍。喷药时要以地面以上 60 厘米的主茎为主，上部枝叶为辅，要喷透喷匀。

(2)虫害　根据调查，危害芦笋的主要害虫是十四点负泥虫、尺蠖和甜菜夜蛾等，可用击倒速度快、低毒、无残留的 15％快霸星 1 500 倍液防治，或用高效氯氰菊酯 1 500 倍液防治。

六、出口圆葱栽培新技术

我国圆葱的主要出口国是日本,圆葱又是山东省出口创汇蔬菜主要品种之一。但随着我国加入 WTO 后,农产品绿色壁垒日益凸显,这使我国出口蔬菜受到了严峻的挑战,针对这种情况,根据日本客商的要求并参照国际标准,我们推出了一套适合出口绿色无公害的标准化圆葱栽培新技术。

1. 品种选择

出口圆葱采用的品种一般由外商直接提供,现在在日本市场深受欢迎的品种有金红叶、红叶三号、富永三号、大宝等。

2. 培育壮苗

①播种时间应根据当地的气候条件和栽培经验而定,山东及周边地区以 9 月上旬播种为宜。过早或过晚均不利于培育壮苗。

②育苗畦宽 1.7 米,长 30 米(可栽植 667 米^2),播种前每畦施腐熟农家肥 200 千克,防治地下害虫用 30 毫升辛硫磷加 0.5 千克麸皮,拌匀后撒在农家肥上,再翻地,将畦整平,踏实,灌足底水,水渗后播种,每 667 米^2 用种量 120～150 克,播后覆土厚 1 厘米左右。覆土后加覆盖物遮阴保墒。苗齐后浇一次水,以后尽量少浇水,苗期可根据苗情适当追肥 1～2 次,并进行人工除草,定植前半个月适当控水,促进根系发展。

3. 适时定植

(1)整畦 圆葱地忌重茬,定植地块每 667 米^2 施腐熟的有机肥 4 000~5 000 千克、磷酸二铵 50 千克、硫酸钾 30 千克,将地整平耙细,并做成平畦。畦宽根据地膜的幅宽和地势而定。

(2)**覆膜** 可提高地温,增加产量。覆膜前将畦内灌水,渗下后每 667 米² 喷二甲戊乐灵除草剂 150 毫升。覆膜后定植前按 16 厘米×16 厘米或 17 厘米×17 厘米株行距打孔。

(3)**选苗** 选择苗龄 50~60 天、直径 5~8 毫米、株高 20 厘米、有 3~4 片真叶的壮苗定植,苗径小于 5 毫米,易受冻害,苗径大于 9 毫米时易通过春化引发先期抽薹。将苗子根剪短到 2 厘米长。

(4)**定植** 适宜定植期为"霜降"至"立冬",定植时应先分级,先定植标准大苗,后定植小苗,深浅度要适宜,过深鳞茎易形成纺锤形,且产量低,过浅又易倒伏,以埋住鳞茎盘约 1 厘米为宜,一般每 667 米² 定植 22 000~26 000 株,栽后再灌足水,水渗下后查苗补苗,保证苗全苗齐。

4. 田间管理

(1)**适时浇水** 冬前管理简单,可让其自然越冬,在土壤封冻前浇一次封冻水,翌年返青时及时浇返青水,促其早发,鳞茎膨大期浇水次数要增加,一般 4~6 天 1 次,使地面保持见湿见干,以便于鳞茎膨大,收获前 8~10 天停止浇水,有利于贮藏。

(2)**巧追关键肥** 返青期随浇水追施速效氮肥,促苗早发,返青后 50~60 天,鳞茎膨大期为追肥的关键时期,要求在 4 月下旬和 5 月中旬分别追肥 1 次,每 667 米² 一次追尿素 15 千克,硫酸钾 20 千克或追三元复合肥 30 千克。注意,最后一次的施肥时间应距收获 30 天以上。

5. 收 获

圆葱球充分长大,叶片逐渐枯黄,假茎由硬变软并倒伏,这是葱头发育成熟停止养分积累的标志,待 2/3 的植株倒伏时即可收获。收获应在晴天进行,拔出后整株原地晾晒 2～3 天,用叶片盖住葱头,待葱头表皮干燥,茎叶充分干好后堆放,防止雨淋。收获时尽量不要碰伤葱头,这样可减少贮藏期因伤口感染而腐烂。

6. 出口标准及加工方法

合格圆葱应具有本品种的形状和色泽。鳞茎紧实,没有分球、裂球,无腐烂变质或抽薹,无病虫危害,叶鞘及根切除适中,外皮薄而不脱落,适度干燥,没有沙土等异物附着,直径 8 厘米以上,或根据外商要求分级。

7. 病虫害防治

易感霜霉病、紫斑病及锈病,阴雨多湿天气,霜霉病、紫斑病尤为严重。霜霉病、紫斑病在返青后用 75% 百菌清 600 倍液,或 64% 噁霜·锰锌 500 倍液喷雾。

锈病用 15% 三唑酮 1 500～2 000 倍液喷雾防治,每隔 10～15 天喷 1 次,连喷 3～5 次。以上 3 种农药最后一次的施用时间距收获分别是 7 天、3～5 天、7～10 天。地蛆用 90% 敌百虫晶体 1 000 倍液灌根。葱蓟马用乐果 1 500～2 500 倍液喷雾。以上两种杀虫剂在生长期中只准施用 1 次,并且距收获应间隔 15 天以上。

七、反季节白萝卜高效栽培技术

反季节萝卜主要是相对于秋茬冬贮大萝卜而言，即在春季、夏季栽培的白萝卜。白萝卜外形美观、质脆味甜、新鲜多汁，是人们喜食的一种蔬菜，也是出口、深加工蔬菜的主要品种之一，由于是反季节栽培，市场发展空间大，价格高，经济效益好。现将夏白萝卜反季节栽培的技术要点介绍如下。

1. 品种选择

夏季栽培宜选用耐热、抗病、丰产的品种，如夏早生三号、夏秋美浓、白秋美浓、白玉正等。这几个品种外形美观，皮呈纯白色、光滑、须根少，根条顺直，长度达 35～40 厘米，肉质根直径 6～6.5 厘米，单株重可达 1 千克以上，抗软腐、黑腐病能力较强，口感好，产量高。此外，大富领根皮颜色半白半绿，肉质根直径约 8.5 厘米，单株重可达 0.9 千克以上，抗病性较好。

2. 主要栽培季节及播种期

夏季栽培 6 月底至 7 月初播种，8 月下旬至 9 月上旬采收。

3. 整地、施肥、播种

由于白萝卜肉质根长，需要较深的耕层（30 厘米以上），土壤宜选用疏松肥沃的沙壤土为宜。播种前要充分整地、疏松土壤、搂平，清除土壤中的石、瓦砾及硬物。每 667 米^2 地施优质腐熟有机肥 2 000 千克、磷酸二铵 20 千克、钾肥 3～4 千克。按 50 厘米的行距，起 15 厘米高的小垄，在小垄中间开沟，暗水穴播或暗水条播，播种量为 2～4 粒/穴。定苗株距为 25～30 厘米。

4. 田间管理

夏季栽培以抗热、抗旱、防涝、防病虫害为主。栽培地块一定要选择排灌方便、土壤疏松、肥沃的沙壤土地块。整地、施肥、播种方法及播种量,田间要设置排水沟,便于雨天及时排涝。

①播种时要避开雨天。

②高温干旱天气要保证有充足的水分,出苗后要早晚小水勤浇,浇井水降地温,以利于改善田间小气候,保持土壤湿润。

③雨天打开畦口,防积水、防沤根。大雨过后要浇清水,增加土壤的氧气含量,促进根正常生长。

④及时间苗中耕,防除杂草。

⑤肉质根开始膨大时要追适量氮肥和钾肥,保证充足均匀的水肥供应。

5. 病虫害防治

夏季栽培除了防治蚜虫、斑潜蝇外,还要防治菜青虫、夜蛾等虫害,可用百草虫净或 48%毒死蜱进行防治。

病害主要有软腐病、黑腐病、病毒病等,其防治方法为:①加强田间管理,合理浇水施肥,防除蚜虫与杂草。基肥要施足腐熟的优质有机肥,注意磷肥和钾肥的施用,追肥时氮肥要适量,不能过多。②发现病株要及时拔除,并用生石灰原地消毒,防止传染扩大。

药剂防治软腐病可用农抗 751,按种子重量的 1%～1.5%拌种,也可用丰灵 50 克/667 米² 拌种,还可用 500 克丰灵对水 50升,沿菜根侧挖沟灌入或喷淋。发病初期用 72%硫酸链霉素3 000～4 000 倍液。黑腐病可用福美双粉剂或 35%甲霜灵拌种,也可用福美双土壤处理,发病初期可喷 72%硫酸链霉素 3 000～4 000 倍液或丰灵 200 倍液,隔 7～10 天喷 1 次,连续喷 3～4 次。

八、温室无公害番茄高效栽培技术

随着日光温室大棚种植面积越来越大,如何提高生产水平、增加种植效益成为菜农最关心的问题。山东省昌乐县朱刘镇北庄村的种植户,在生产实践中摸索出了一套番茄与其他蔬菜轮作栽培的高效种植模式及一些关键种植技术。现介绍如下。

1. 种植模式

(1)早春茬番茄+越冬茬番茄

①早春茬番茄 12月中下旬至翌年1月上旬播种,苗龄60～70天,2月底至3月上旬定植,3月下旬开始上市,5～6月为收获高峰期,7～8月结束。

②越冬茬番茄 8月底至9月开始播种,10月定植,11月初开始收获,至翌年3月结束。

(2)早春厚皮甜瓜+秋延迟番茄

①早春厚皮甜瓜 1月中上旬开始播种,2月底至3月上旬定植,4～6月为收获期。菜农为了增产增收一般都留二茬瓜,收获期可延长至7月。

②秋延迟番茄 7月下旬至8月上旬播种,苗龄期30天左右,8～9月定植,9～10月开始收获,至元旦前后结束。

(3)早春厚皮甜瓜+茼蒿+秋延迟番茄 早春厚皮甜瓜与秋延迟番茄的种植同上。在厚皮甜瓜收获末期种上茼蒿,番茄开始上市以前把茼蒿收获完。

2. 栽培技术

(1)品种的选择 根据种植茬口,选择合适的品种非常重要,选择合适的种子是丰收的前提。

①**越冬茬番茄** 宜选择植株生长势强,坐果率高,抗病性强,耐低温和弱光,无畸形果,果形端正、着色好的无限生长型中晚熟品种。

②**早春茬番茄** 最好选择早熟,植株中等偏小,适合密植,果形周正,颜色好,坐果能力强,产量高,不易形成畸形果,不易裂果的有限生长型品种。

③**秋延迟番茄** 宜选择中熟,品质优良,果形整齐,耐贮运,植株生长稳定,既耐前期高温,又耐后期低温弱光,且高抗病毒病、叶霉病、灰霉病等病害的品种。

④**厚皮甜瓜** 要选择早熟性好,坐果能力强,产量高,品质好,抗病性优越的品种。伊丽莎白和哈密瓜等厚皮甜瓜均可与番茄倒茬,一般为伊丽莎白。

⑤**茼蒿** 最好选择已在当地大面积种植,且纯度高、丰产性好的光秆茼蒿品种。

(2)栽培技术 主要是肥水、温度管理及植株调整。

①**肥水及温度管理**

肥水管理 由于是连续耕作所以一定要施足基肥,应重施磷肥,每 667 米² 施腐熟农家肥 3 000～5 000 千克、过磷酸钙 50～100 千克。盛果期每次浇水时都要冲施氮、磷、钾等冲施肥。定植时浇透水,以后视植株生长情况,摘一次果浇一次水,浇水要选择晴天的上午进行。

温度管理 种植的季节不同,管理的侧重点也不同。早春茬最重要的是提高棚温,促进着色。秋延迟茬口,主要是前期注意通风,防止发生高温障碍,后期要注意保温排湿。越冬茬要加强保温措施,保证果实着色均匀。

②植株调整

及时吊蔓　定植缓苗后立即吊蔓。

整枝　采用单干或双干整枝。

保花保果　常用的有两种方法:一是用 2,4-D 喷花,二是用毛笔蘸药涂在番茄的花柄上。

及时摘除老叶　当番茄最底部的一穗果由绿变白时,打掉果实下部的叶片。打叶时最好在晴天的中午进行,以便于伤口愈合。注意打叶不能过多,否则会引起果实营养不良。

及时摘心　一株一般留 7～9 穗果,当最上面一穗果长至如核桃大小时,摘去主干的生长点,以促进下面的果实生长,提前上市。

3. 经济效益

(1)各种植茬口的收获高峰期分别在"五一"劳动节、"十一"国庆节、春节等重大节日期间,所以无论价格还是销量都比较理想。

(2)由于种植的都是优良品种,番茄主要用于外贸出口,每千克价格比国内销售平均高 2 元左右,大大提高了菜农的收入。

(3)无论番茄还是其他蔬菜都选择高产、抗病、果形好、适应市场要求的品种,为丰产增收提供了保障。番茄一般每 667 米^2 产量 6 000～7 000 千克,收入 2 万～3 万元,效益好时可达到 4 万元左右。厚皮甜瓜一般每 667 米^2 产量 3 000 千克,收入 1 万元左右。茼蒿一般每 667 米^2 产量 1 500 千克,收入 1 500～3 000 元。

(4)采用了吊蔓、整枝、摘心等一系列技术措施,使得产量提高了、上市提前了、果实的商品性增强了,生产效益也明显增加。

九、塑料大棚早春番茄栽培技术

1. 品种选择

番茄品种很多,目前适于当前标准化生产栽培的品种有以下几种,它们的共同特点是品质好,丰产性好,并具有较强的抗病性(抗烟草花叶病毒病、黄瓜花叶病毒、早疫病、晚疫病等)。

(1)鲜食品种

①**早熟品种** 早魁、早丰、西丰 3 号、兰优早红、津粉 65、苏抗 1 号、苏抗 9 号、皖红 1 号等。

②**中晚熟品种** 毛粉 802、中蔬 4 号、中杂 7 号、中杂 9 号、佳粉 2 号、春丰、鲁番茄 3 号、苏抗 7 号、双抗 2 号等。

(2)加工品种 910、奇果、扬州红、红玛瑙 100、红玛瑙 144、红杂 18、红杂 25、北京樱桃等。

2. 整地与施肥

结合翻地,每 667 米^2 施厩肥 5 000～7 500 千克、过磷酸钙 50 千克、复合肥 25 千克,耙细搂平、做畦,畦垄宽 70～80 厘米,沟宽 40 厘米,畦埂高 15 厘米。定植前 20 天左右扣棚,以使棚内地温提高,利于番茄定植后缓苗。

3. 定 植

当 10 厘米地温稳定在 10℃左右时定植。定植时间应选择在晴天上午。在山东各地单坡塑料大棚可于 2 月中下旬定植。定植深度以营养钵顶与地面平为宜。可采用灌大水的方法。棚内若温度较低,也可用挖穴点水的方法,但须用湿土封严。大棚内也可搭小棚或覆地膜,以利提温保墒。定植密度,早熟品种以每 667 米² 4 500 株为宜,中熟品种以每 667 米² 3 200 株为宜。定植后,立即密封大棚,以利尽快提高温度,促进缓苗。

4. 通风与温度调节

定植后当天晚上应用草苫将大棚四周围严,一般 5～7 天内不通风,闭棚增温。白天出太阳后,及时把草苫去掉,增加光照,提高棚温,促进缓苗。缓苗后,棚内气温白天保持在 25℃～30℃,夜间保持 15℃～20℃,防上夜温过高,造成徒长,番茄开花期对温度反应比较敏感,特别是开花前 5 天至开花后 3 天,低于 15℃或高于30℃都不利于开花和授粉、受精。结果期白天适温 26℃左右,夜间适温 16℃左右,昼夜温差在 10℃为宜。温度过低,果实生长缓慢;温度过高,则影响果形及果色。

5. 整枝、保果

第一穗果坐果后,须插架、绑秧。大棚栽培多用单干整枝法。中晚熟品种留 5～6 穗果,早熟品种留 2～3 穗果。番茄易发生侧枝,要及时抹去,不然会造成疯长,消耗大量养分,还会通风不畅,不仅会造成落花落果,还会造成病害。将植株底层衰老叶片摘除,能改善通风状况。

早春番茄,由于气温低,光照差,坐果不良,应尽量提高棚温,并需涂抹生长素 2,4-D 保果。在第一花序开花期用 10～20 微升/升的 2,4-D 或用 20～30 微升/升的番茄灵蘸花,可在药液中加入红墨水做标记,还可节省人力物力。

6. 追肥灌水

番茄根系比较发达,吸水能力强,既需要较多的水分,不必经常大量灌水。第一花序坐果前,土壤水分过多,易引起徒长,造成落花。因此,定植缓苗后,要控制浇水。第一花序坐果后浇水,以后每6～7天浇一水。浇水应选择晴天上午,浇时应浇透,覆盖地膜的更应浇透。浇水后闭棚提温,翌日上午和中午要及时通风排湿。

早熟品种一般追肥2次,第一次追肥于第一穗果坐果后,每667米² 追施尿素10～15千克。第二次追肥于第一穗果白熟时进行,可促进第二穗果的生长发育,每667米² 追施尿素7.5～10千克。盛果期番茄需水量大,因气温、棚温高,植株蒸腾量大。因此,应增加浇水次数和灌水量,可4～5天浇一水;浇水要匀,切勿忽干忽湿,以防裂果。

十、冬春西葫芦无公害栽培技术

1. 品种选择

无公害西葫芦生产要求选用综合性状优良的品种,冬春茬常选用早青一代、阿太一代、花叶西葫芦等品种。

2. 播种育苗

华北地区,冬春茬西葫芦一般在9月中旬至10月中旬播种育苗,多采用嫁接育苗,砧木为南瓜,采用靠接法进行。播前应进行种子消毒,浸种催芽,配制营养土,利用营养钵育苗。

3. 定 植

日光温室冬春茬西葫芦一般在11月上旬至12月初定植。定植前一般每667米^{2}施优质圈肥5000千克,并可加施过磷酸钙50千克,施肥后深翻整地,按行距60～80厘米、株距50厘米,做成高20～25厘米的南北向高垄。定植要选晴天上午进行,栽植深度以埋没原土坨1～2厘米为宜。栽后及时覆盖地膜。

4. 定植后管理

(1)温度管理 冬春茬西葫芦定植后,白天气温保持在25℃～30℃,缓苗后温度适当降低,白天20℃～26℃,植株坐瓜后再适当提高温度,白天25℃～30℃,夜间15℃～20℃,当温度超过30℃时要通风,降到20℃以下时闭棚,15℃左右时要放下草苫保温。入春后,天气回暖,中午应及时通风降温。

(2)肥水管理 定植后直至根瓜膨大时应控制肥水,避免多次浇水降温。当根瓜长至 10 厘米左右时开始浇水,并随水冲施复合肥 20～25 千克/667 米^2。结果期应逐渐增加浇水次数和浇水量,并每 667 米^2 追施腐熟的人粪尿、鸡粪等 500 千克。

(3)人工授粉 在温室中种植西葫芦需进行人工授粉,授粉需在上午 11 时以前,每朵雄花可授 3～4 朵雌花。当无雄花时也可用 20～30 微升/升 2,4-D 或 50 微升/升防落素涂抹雌花柱头。

(4)植株调整 在西葫芦定植缓苗后采用吊蔓措施,当瓜蔓高度接近棚顶时,摘除下部老叶、病叶进行落蔓。发生侧枝应及时摘除。

5. 采 收

棚室西葫芦以采收嫩瓜为主,在适宜条件下,谢花后 10～12 天、单瓜重达 250～500 克时即可采收。

6. 病虫害防治

西葫芦的虫害有蚜虫和白粉虱,可用 40％乐果 1 500 倍液或 80％敌敌畏 2 000 倍液喷雾防治,但用药时间距采收间隔期应 10～15 天,且每种农药在西葫芦生长期内只允许使用 1 次。

西葫芦的主要病害有白粉病和病毒病。

(1)白粉病 应用嘧啶核苷类抗生素或武夷菌素浓度为 50～100 单位,稀释 100～200 倍,1 000 米^2 喷药液 75 千克,在苗期初发病时防治,9 天喷 1 次,效果非常显著。

(2)病毒病 播种前用 55℃温水浸种 40 分钟或 10％磷酸三钠浸种 20 分钟,清水冲洗催芽播种。并施足基肥,及时追肥,增强植株生长势,发现蚜虫及时防治。

十一、寿光微型黄瓜
高产栽培技术

寿光市洛城镇王东村王兆亮种植的拉迪持微型黄瓜,6 月份下种到 9 月份采收完毕,40 米² 温室收入 1.8 万元。王胜友种植的戴多星,20 米² 温室收入 3.9 万元。其栽培技术如下:

1. 适期播种

秋冬日光温室一般在 7 月下旬至 8 月中旬播种,常采用营养钵育苗;越冬茬黄瓜的适宜播期为 9 月下旬至 10 月上中旬,采用嫁接育苗,苗龄为 35～45 天,早春日光温室和大棚通常在 11 月中旬至翌年 1 月中旬在日光温室内播种育苗,多在电热温床或酿热温床上进行。

2. 培育壮苗

秋冬茬黄瓜由于苗期夜温高,光照弱,幼苗易徒长,苗期应在苗床上搭小拱棚,并覆膜,以防雨和降温;越冬茬黄瓜需在苗期加强温度管理;增大昼夜温差,使温度白天在 30℃～35℃,夜间 8℃～10℃阴雨天白天 15℃～20℃,夜间不低于 12℃,昼夜温差达到 20℃～25℃,可增强根系的吸收能力;冬春茬黄瓜播种后,搭小棚,上覆薄膜、草苫等保温。出苗前,保持苗床内白天 25℃～30℃,夜间 16℃～18℃,出苗后白天 20℃～25℃,夜间 14℃～16℃。阴天时白天 20℃～23℃,夜间 10℃～12℃,定植前一周,低温锻炼。苗期一般少浇水,配合浇水施适量叶面肥。

为提高植株的抗病性、耐寒性、抗逆性,生产中也可采用嫁接育苗。常用砧木为黑籽南瓜。嫁接法:将南瓜与黄瓜都播于育苗盘内,黄瓜较南瓜早播 3～5 天,当南瓜子叶平展、初露真叶时,进行嫁接。插接法:将南瓜插在营养钵中,而黄瓜播在育苗盘内,南瓜较黄瓜早播 3～5 天,南瓜播种后 10～12 天,1 叶 1 心,黄瓜 2 片子叶刚展开时嫁接。

3. 定　植

定植前 15 天每 667 米^2 施腐熟有机肥 8～10 米^3、三元复合肥 50 千克,深翻土地,闷棚,消毒。定植前 2 天,将营养钵浇透。定植选在晴天上午进行,定植时挖穴浇水,待水渗下后,覆土封穴。

十二、拱圆大棚芹菜越冬茬栽培

拱圆大棚越冬茬栽培一般是在秋季播种,秋末定植,翌年 2～3 月收获。为达到春季提早上市的目的,一般冬季应在大棚内覆盖小拱棚保温。

1. 品种选择

由于早春绿色蔬菜偏少,要尽量选择青秆品种栽植。常用的品种有:潍坊青苗芹菜、玻璃脆芹菜等品种。各地可根据当地的生产和消费习惯灵活选择品种。

2. 育　苗

(1)育苗时期　育苗期的确定主要是考虑下茬作物的定植时间。在茬口安排上,后茬一般为茄果类、瓜类等,其适宜定植时间为 3 月中下旬。越冬茬芹菜可在 8 月下旬至 9 月上旬播种,10 月中下旬定植。越冬茬芹菜的适宜苗龄为 50～60 天,苗高 15～20 厘米,具有 4～5 片真叶。

(2)育苗畦准备　选择地势高燥的地块深翻,每 667 米² 施用腐熟的圈肥 3 000 千克。整平后做成宽 1.2～1.5 米、长 20 米的育苗畦。

(3)种子处理、播种、苗期管理　采用阳畦育苗,播种前 4～5 天用清水浸种 24 小时,再将种子揉搓淘洗至水清,捞出种子置于麻袋上稍晾一下,置于瓦盆中上盖湿布,于 15℃～20℃条件下催芽。催芽期间,每天将种子翻动一下,4～5 天多数种子露白即可播种。苗床浇透底水,将种子均匀撒播,覆土 0.5 厘米厚,盖严薄膜,保持畦温 20℃～25℃,夜间不低于 15℃,令幼苗尽快出土。出苗后,白天畦温控制在 20℃左右,夜间 10℃左右。幼苗 1～2 片真叶期间苗,苗距 2～3 厘米。幼苗 4～5 片真叶即可定植。

3. 定植与密度

一般可在 10 月中下旬定植。芹菜生长量大,产量高,故施肥量也大。应结合整地每 667 米² 施用腐熟的有机肥 3 000 千克左右、磷酸二铵 50 千克。肥土混合,整平,耙细,做成 1.2～1.5 米宽的平畦。起苗的前一天苗床浇一次水,以便于起苗,减少伤根。晴天定植,栽植的株行距为 12～13 厘米。畦内开沟或挖穴栽植,栽植深度以露出心叶为准。栽后浇一次透水。

4. 定植后的管理

缓苗期间可再浇 1～2 次水。缓苗后以控为主,加强中耕,蹲苗 10 天左右,促进新根和心叶的生长。苗高 20 厘米时,芹菜生长加快,可每 667 米² 施用尿素 8～10 千克。苗高 25～30 厘米时,再施用腐熟的饼肥 150 千克,并中耕划锄。

5. 扣棚及管理

华北地区一般在 11 月上旬的气温已不适合芹菜的生长,此时应扣棚增温。在拱圆大棚内还要覆盖小拱棚以确保芹菜在低温季节也能正常生长。管理中保持白天气温在 15℃～20℃,夜间10℃～15℃。刚扣棚后,可能温度偏高,注意通风降温。11 月中旬后,夜间可在小拱棚上加盖草苫。12 月下旬至翌年 2 月上旬,视天气情况及时揭盖草苫,使白天温度在 10℃以上,夜间温度不低于-3℃。

扣棚后,为促进芹菜的生长,可每 667 米² 施用硫酸铵 20 千克左右。以后可根据生长情况,每 20 天左右施肥 1 次,每次可施用硫酸铵 20 千克或尿素 10 千克。扣棚后,水分散失少,湿度较大,要尽量减少浇水次数。浇水后,加大通风量以散湿。芹菜营养生长阶段要做到不缺水,保持土壤湿润。

6. 收 获

根据市场需要,植株长至 70～80 厘米时即可采收。采收的方法有两种:一种是连根刨起,一次性收获;另一种是分次掰收,1 月下旬后,芹菜叶分化较快,多次掰收长而未老化的外围叶柄,可大幅度提高芹菜的总产量。每次掰收叶柄 1～2 个,每 15 天左右掰收 1 次。每次掰收后要及时追肥浇水,每 667 米^2 施用尿素 5～10 千克,或硫酸铵 10～20 千克,以促进植株的尽快生长。

十三、芹菜嫩化栽培效益高

常规栽培的芹菜纤维含量高,茎秆较硬,影响商品价值。根据寿光市菜农多年生产经验,采用芹菜嫩化栽培方法;不但降低了茎秆纤维含量,提高了食用与商品价值,而且增加了产量,延长了收获期,市场售价提高 40%以上,实现了优质高产高效。现将其主要技术介绍如下。

1. 堆土嫩化

芹菜行距 33～40 厘米,在 10～11 月苗高 35～50 厘米时,根据情况施足追肥,浇足水。5～7 天后,用稻草或尼龙绳将每蔸芹菜植株的基部捆扎起来,再松土,使土壤稍干燥,然后在植株的两旁培土约 3.3 厘米厚,并稍拍紧培土,使土面光滑。隔 2～3 天再培土 1 次,如此连续 5～6 次,直到培土总高度达 20～25 厘米。在培土中注意将植株的心叶露出来,不要损伤嫩芽。培土最好在晴天土壤不潮湿的午后进行,约经 40 天可收获。

2. 围板嫩化

行距、苗高同上。先把植株扶起来,使它直立向上,露出行间土壤,然后用长 2～3 米、宽 12～15 厘米、厚 2～3 厘米的木板,顺行间放在芹菜植株的两边,板的两端用木桩固定,在两板中间培土 15～17 厘米厚。注意不要让土落进菜心,以免植株腐烂。经 30 天左右可收获。

3. 夹竹嫩化

行距、苗高同上。用细长的竹竿或竹块把植株茎秆顺栽植行间夹起来，现出行间，竹竿两端和中间用草绳或尼龙绳绑扎，然后按上法分次培土。30天后可收获上市。

4. 自然嫩化

此法属密植半遮阴嫩化。秋播芹菜按7厘米×7厘米的株行距丛植，每丛3～4苗，畦地四周培土20～28厘米，用稻草或芦苇、茅草等编成草帘围在四周，在植株封行前中耕2～3次，促使植株分蘖。叶片生长繁茂，尽早覆盖顶部封行，使茎秆在阴暗环境中生长，达到嫩化目的。

十四、紫甘蓝春季露地栽培

紫甘蓝又名紫洋白菜、赤球甘蓝、红甘蓝。食用部分为叶球，色泽艳丽，营养丰富。含有较多的维生素 E、维生素 C 和多种微量元素。进食紫甘蓝有一定药膳功能。其春季露地栽培技术如下：

1. 品种选择

紫甘蓝春季露地栽培，可选用从荷兰引进的早熟品种特红 1 号、早红，也可选用从美国引进的中熟品种紫甘 1 号、巨石红。

2. 栽培季节及方式

2 月下旬在冬暖大棚内播种，4 月中下旬定植，6 月下旬至 7 月上中旬收获。

3. 大棚育苗

2 月下旬前在冬暖大棚内建造好育苗床，每平方米施腐熟有机肥 3 千克、三元复合肥 100 克、5％辛硫磷颗粒剂 10 克，然后深翻整平，使肥、药、土充分混匀，整平床面。每定植 667 米² 紫甘蓝需育苗床 5～6 米²，播种量 50 克。播种前，床面要浇足底水。先用 50℃～55℃热水烫种，再在 30℃的水中浸种 2～3 小时，捞出稍晾，用纱布包好，置于 25℃条件下催芽。有 70％种子出芽后即可播种，多采用撒播。播种后覆盖细土 0.5 厘米厚，然后用 75％百菌清 1000 倍液喷雾防苗床病害。再在苗床上覆盖地膜保温保墒。幼苗出土前，白天保持 20℃～25℃，夜间 15℃。出齐苗后，揭去地膜，适当降温，防止徒长。白天 20℃，夜间 12℃～13℃。分苗前 5～6 天低温锻炼。分苗前苗床宜浇足底水。

4. 大棚分苗

紫甘蓝播种后 20～30 天,2 片真叶长出后即可分苗。分苗床仍建在大棚内。每定植 667 米² 紫甘蓝,需准备分苗床 24～27 米²。先在分苗床铺施腐熟有机肥 250 千克、三元复合肥 2.5 千克、5%辛硫磷颗粒剂 0.5 千克,然后深翻整平,按 10 厘米见方分苗移栽。分苗后立即浇水。为提高分苗床的温度,可盖小拱棚增温,白天保持 25℃,夜间 15℃。分苗 3～4 天后浇缓苗水,缓苗后可撤除小拱棚降温,白天 18℃～20℃,夜间 10℃。定植前进行低温锻炼。缓苗后还要进行中耕松土,保持土壤上干下湿。

5. 施肥施药整地

紫甘蓝应避免与同科作物连作。定植紫甘蓝地块每 667 米² 施腐熟有机肥 5 000 千克、三元复合肥 50 千克、硫酸锌 2 千克、5%辛硫磷颗粒剂 10 千克,然后深耕细耙,做成小高畦,畦高 10 厘米,畦宽 100～120 厘米。

6. 定　植

4 月中下旬即可定植,早熟品种的行株距为 50 厘米×50 厘米,中熟品种的行株距为 60 厘米×50 厘米,定植后立即浇水。

7. 田间管理

紫甘蓝缓苗后浇一次缓苗水然后中耕松土,控水蹲苗 15～20 天,使莲座期壮而不旺。进入结球期,为促进叶球迅速增长应经常浇水,保持地面湿润。但在收获前,浇水量不宜过大,以免裂球。从定植到莲座期 30～40 天,当心叶开始包合时,要结合浇水追肥 2～3 次。结球初期每 667 米² 施三元复合肥 20 千克,结球中期每

667 米² 施三元复合肥 15 千克,结球后期酌情追施少量化肥。

8. 病虫害防治

防治小菜蛾、菜青虫用苏云金杆菌 600 倍液喷雾,防治蚜虫可用 50％抗蚜威可湿性粉剂 1 500 倍液喷雾;防治霜霉病可用 58％甲霜·锰锌可湿性粉剂 500 倍液或 72％克露可湿性粉剂 600 倍液喷雾;防治黑腐病可用 50％加瑞农可湿性粉剂 800 倍液或硫酸链霉素 5 000 倍液喷雾。

9. 收 获

叶球包合紧实时即可收获。收获时切去根,不带泥土。去掉外叶、损伤叶、病叶,即可出售。

十五、马铃薯高产栽培技术

（一）马铃薯种薯贮藏、催芽技术

1. 贮藏方法

种薯的适宜贮存温度为 2℃～10℃，空气相对湿度 70%～85% 和易于通风的环境条件。

贮藏前先清除病烂薯块，并置室外晾晒 1～2 天。在屋角处用砖砌成长方形池子。砌池墙时应使砖与砖之间交叉并留有孔隙，以利通风。池底铺 5～10 厘米厚的细沙，然后在沙子上摆放薯块。每隔 2～3 层薯块铺一层麦穰。池内薯块堆放厚度以 60～70 厘米为宜。也可将块茎装于筐内或麻袋内（不要装于塑料袋内或编织袋内），然后置于屋角，也可直接将块茎堆放于屋角内。

2. 催芽方法

东北基地繁殖的种薯，应于种植前 20～25 天催芽，在山东省秋繁种薯要提前 30～45 天催芽。先切块，经晾晒后催芽。

3. 切 块

每块 20～25 克，至少带一个芽。50 克种薯纵切为二块，60 克种薯纵切三块。当切到带病薯块时，应将其销毁，并用 75% 酒精对刀具消毒。

4. 催芽

已切薯块,先置于17℃～18℃、相对湿度80％～85％条件下晾晒,使伤口愈合,然后在室内、大棚或阳畦内催芽。用砖围成15厘米高方池,池底铺一层潮湿沙子,然后一层沙、一层种薯排放2～3层,上面盖草苫保温。催芽温度控制在18℃～20℃。在催芽过程若发现有薯块腐烂时,应及时晾晒通风散湿,然后再继续催芽,待芽长2厘米左右时,见光炼芽。

(二)马铃薯春、秋露地栽培技术

1. 春季栽培

山东春种马铃薯的适宜播种期为3月上旬。播前先露地施肥,每667米^{2}施优质有机肥5 000千克、尿素5～10千克、过磷酸钙40～50千克、硫酸钾30～40千克。有机肥普施与沟施相结合,2/3撒施翻入地内,1/3播种时开沟集中施于沟内。化肥于播种时全部集中沟施,同时将肥料与土壤充分混匀。播种后覆土成垄。沙质土壤培土厚度10～12厘米,黏土地培土8～10厘米。适宜密度4 500～5 000株/667米^2,垄(行)距70厘米,株距20厘米左右。播种覆土后若土壤干旱,应浇一次水,出苗后根据土壤墒情浇齐苗水,进入发棵期再浇发棵水。现蕾开花后,每隔5～7天浇一水,连浇3水,薯块膨大期要保持土壤湿润,收刨前5～7天停止浇水。

2. 秋季栽培

山东秋种马铃薯的适宜播种期为8月上中旬,山区冷凉气候可适当提前。秋种以春季阳畦保种生产的小薯(薯块大小20～50克)作种薯为佳。小薯整薯播种。先催芽后播种,播前提前15～20天催芽,芽长1.5～2厘米时,经炼芽后播种。播种后覆土成垄。培土厚度 5～6 厘米,宽垄双行种植,垄宽 80～90 厘米,每垄播种两行,行距 20～30 厘米,株距 25～30 厘米,每 667 米^2 5 000～5 500 株。施肥、浇水等管理参照春季马铃薯栽培技术进行。

(三)马铃薯保护地早熟栽培技术

1. 栽培技术要点

近年来,山东马铃薯保护地春早熟栽培面积逐渐增加,主要有塑料大棚、塑料小拱棚、阳畦等保护栽培方式。

(1)塑料大棚栽培技术 采用 1.8～2 米高、6～8 米跨度的拱圆形大棚。播种后覆盖地膜和小拱棚。采用宽垄双行播种方式,即在 90 厘米宽的垄上播种两行马铃薯。行距 20 厘米,株距 25～30 厘米。于 1 月上中旬播种。

(2)塑料小拱棚栽培技术 塑料小拱棚栽培采用的是双膜覆盖技术,即一层小拱棚和一层地膜,于 2 月中旬播种。

(3)阳畦保护栽培技术 建造宽 1.5 米、后墙高 0.6 米、池深 15 厘米、长根据需要而定的阳畦。南北行,行距 60 厘米,株距 20 厘米。于 1 月底至 2 月初播种。

三种栽培形式都要于播种前 5～7 天扣棚提高地温。播种后出苗前的管理要点是尽量提高棚内温度。要求棚内白天温度在 25℃～30℃、夜间 15℃,出苗后白天温度 22℃～25℃、夜间 12℃～15℃。

2. 间作套种与茬口安排

马铃薯适宜与其他作物间作套种,为了提高保护设施和土地利用率,马铃薯与其他作物间套作,是提高种植效益、增加农民收入的一条有效途径。

(1)主要间套种模式 主要间套种模式有:马铃薯与玉米套

种,马铃薯与棉花套种,马铃薯与速生性蔬菜间作,马铃薯与甘蓝或菜花间作,薯、粮、菜间作套种,薯、瓜间套作等。

(2)茬口安排 早熟马铃薯收刨后可及时定植春露地蔬菜,如番茄、茄子、甘蓝等。地膜覆盖栽培的收刨后可种植耐热白菜、萝卜等,收获后可种植秋马铃薯。

十六、新型芽菜无公害生产技术

新型芽菜指绿色的芽苗菜。这些绿色的芽苗菜由植物种子萌发形成的,有植物嫩梢、嫩尖、嫩芽,前者称为种芽,后者称为体芽。芽菜的营养价值较高,又是无公害的绿色食品,备受消费者青睐。

1. 芽菜种类

适合家庭生产的芽菜主要是种芽菜,如萝卜芽、白菜芽、芥菜芽、芥蓝芽、菜薹芽、花生芽、豌豆芽(苗)、落葵芽、蕹菜芽、香椿芽以及各种豆芽等。种芽菜生产对种子质量要求较高。一是种子纯净度必须达到 98％以上;二是种子饱满度要好,必须是充分成熟的新种子;三是种子的发芽率要达到 95％以上;四是种子的发芽势要强,在适宜温度下 2～4 天内发齐芽,并具有旺盛的生长势。

2. 生产设备和用具

芽菜生产对温度、湿度条件要求较严格,而对光照要求不太严格。常利用的地方有空闲的房屋、客厅、阳台等。

生产芽菜的用具有栽培容器、喷壶、温度计、水盆、塑料薄膜等。栽培容器可选用塑料苗盘,长 60 厘米,宽 24 厘米,高 5 厘米。也可用塑料筐或花盆,还可用一次性泡沫饭盒或者大个的可口可乐瓶,剪去上部,保留底部 10 厘米高,也能作为栽培容器。不论什么容器,都要使底部有漏水的孔眼,以免盘内积水泡烂种芽。

3. 种子处理和播种

(1)种子处理 播前进行浸种催芽可缩短生芽期和生长周期。

尤其在冷凉季节生产,浸种催芽很必要。浸种可用 30℃左右的水,也可用 55℃左右的水。一般掌握在温暖季节用较低水温浸种,在冷凉季节用温水浸种。萝卜、白菜类种子浸种 3～4 小时,其他吸水较慢的种子如蕹菜、落葵等浸泡 24 小时左右。当种子吸足水后,捞出,用清水冲洗干净,置 20℃～25℃环境下催芽,当种芽露白时播种。也可在浸种后将种子直接播在栽培容器内催芽。

(2)播种 播种前将栽培容器进行清洗消毒,可用漂白粉消毒,浓度为 0.1% 水溶液,将其澄清后,取上部清液洗刷苗盘;或者用小苏打水溶液清洗,浓度为 2%～5%,用药剂消过毒的容器要用清水充分洗刷干净后再使用。播种之前先在栽培容器底部铺上四层卫生纸作栽培基质,并将卫生纸用水喷湿(湿透),然后在其上撒播种子。一定要撒播均匀,使种子形成均匀的一层,不要有堆积现象。一般一个长 60 厘米、宽 24 厘米的苗盘,每盘播种量为:萝卜籽(干籽)50～60 克;白菜、芥菜、菜薹、芥蓝等 15～20 克;落葵、蕹菜 150～180 克;豌豆为 500 克左右。播后用喷壶淋一遍水,并盖一层塑料薄膜进行保湿。

4. 生长期管理

(1)水分管理 整个生长期都要保持芽体湿润。播后至直立生长之前,每天淋水 2～3 次;芽体直立生长后至收获,要增加浇水量,每日 3～4 次淋水。每次淋水量以使芽苗全部淋湿,同时基质也湿透为度,但不能使栽培盘底部有积水。

(2)温度管理 芽菜生长适温一般为 20℃～25℃,其中萝卜、白菜类芽菜要求温度稍低,落葵、蕹菜要求温度较高。掌握最高温度不超过 30℃,最低不低于 13℃,为此,夏季要加强通风,喷水降温,加上遮阴;冬季要加强室内保温,必要时把栽培盘置暖气附近,一年四季进行生产。

(3)光照调节 芽菜生产对光照要求不高,以较弱光照有利于产品鲜嫩,所以,在生长前期注意遮光,当芽苗达一定高度,接近采收期时,在采前2～3天适当增加光照,使芽体绿化。

5. 采 收

采收的标准是:芽苗高7～10厘米及以上,萝卜芽、白菜类芽苗,子叶展平,真叶刚显露,子叶翠绿、肥实,下胚轴洁白、柔嫩;豌豆芽上胚轴肥嫩,绿色,其上着生鳞片状小叶,初生叶未展开。在适宜的温度下(20℃～25℃)萝卜芽、白菜芽菜5～8天可达采收标准,豌豆芽8～10天可达采收标准。采收时可将芽苗连同基质(纸)一起拔起,再用剪刀把根部和基质剪去。作为商品出售时,可将产品装入小塑料袋或泡沫盘中,进行小包装上市销售,每袋或盘装250～300克即可。作为自食时,可待芽苗基本长成时开始陆续采食。

十七、棚室厚皮甜瓜高产高效栽培技术规程

（一）品种选择与培育壮苗

1. 品种选择

宜选择状元、蜜世界、伊丽莎白、鲁厚甜 1 号、鲁厚甜 3 号、银岭等品种。

2. 培育壮苗

(1)播种期 日光温室适播期为 12 月上旬至翌年 1 月下旬，定植期为 1 月中旬至 2 月下旬。拱圆大棚播种期为 2 月上旬至 2 月下旬，定植期为 3 月上旬至 3 月下旬。

(2)浸种催芽 将种子放入盛 55℃～60℃温水的容器中，在搅拌下使水温降至 30℃左右，浸种 3 小时；将种子取出后用 0.1% 高锰酸钾溶液浸泡消毒 20 分钟，清水洗净，用湿布包好，在 28℃ ～30℃条件下催芽．种子出芽后播种。

(3)育苗设施 必须用电热温床或火道温床、酿热温床等进行育苗。温床可在保温性较好的棚室内做成或以阳畦为基础改建而成。电热温床电热线功率要求达到 100～120 瓦/米²；火道温床注意苗床各部位温度均匀；酿热温床酿热物厚度要达到 30～40 厘米。

(4)营养土配制 用 6 份不带病原物的大田土，加 4 份充分腐熟的圈肥配成培养土。然后在每立方米培养土中加入过磷酸钙 1

千克、磷酸二铵 1.5～2 千克、多菌灵 80 克、甲基硫菌灵(或敌磺钠)80 克、敌百虫 60 克,充分混匀,盖膜闷制 10～15 天。然后装入育苗钵中,或直接铺到苗床上用营养土块育苗。

(5)播种 播种前 4～5 天,在苗床上排好营养钵,浇透水,然后覆盖地膜,在上面加盖小拱棚,并提前加温。当地温稳定在 15℃ 以上时方可播种。每个营养钵或营养土块上播一粒发芽的种子,覆土厚度 1～1.5 厘米。

(6)苗期管理 播后盖地膜保温,苗床盖小拱棚,出苗后撤掉地膜。苗期温度的管理,出苗前白天苗床气温保持 28℃～32℃,夜间 17℃～20℃,小拱棚及地膜要盖严。出苗后白天床温降到 22℃～25℃,夜间 17℃～20℃。其他时期白天床温为 25℃～28℃,夜温为 17℃～19℃。苗期使地温保持 23℃～25℃。出苗后小拱棚可只在夜间覆盖,并撒干土或草木灰以控制苗床湿度。发生猝倒病时,可选用 75% 百菌清可湿性粉剂 1 000 倍液或 64% 噁霜·锰锌、Ms、65% 代森铵粉剂、50% 甲基硫菌灵、50% 多菌灵粉剂 500 倍液进行喷洒或灌根。有蝼蛄、地老虎等危害时,及时撒施毒饵,可用 40% 辛硫磷 50 倍液拌炒香的麦麸,点撒于苗床四周。

(二)定植方法

1. 定 植 期

厚皮甜瓜温床育苗适宜苗龄为 30～35 天,3 叶 1 心。定植时设施内 10 厘米地温稳定在 15℃。

2. 整地施基肥、做垄

定植前 10～15 天,棚室内浇水造墒,深翻耙细,整平。草苫要昼揭夜盖,提高棚室内的温度。结合整地每 667 米² 施腐熟的圈肥 5～6 米³、腐熟鸡粪 2 000 千克、过磷酸钙 50 千克、三元复合肥

80 千克(或磷酸二铵 50 千克、硫酸钾 30 千克)。按小行距 60～70 厘米,大行距 80～90 厘米的不等行距做成马鞍形垄。宽垄沟要深,窄垄沟要浅。宽垄垄底至垄面高度为 25～30 厘米,窄垄垄底至垄面高 15 厘米。对前作为瓜类蔬菜的温室或大棚,可于垄底每 667 米^2 施敌磺钠 1.5 千克进行土壤消毒。

3. 定植

定植宜在晴天上午进行。在垄上开沟,先浇水,然后按 45～55 厘米的株距栽苗,覆土,栽植深度以不埋子叶为度,大果型品种每 667 米^2 栽植 1 500～1 800 株,小果型品种每 667 米^2 栽植 2 000 株左右。定植后盖严薄膜,以利于提高棚室内气温和地温。

4. 温度管理与整枝吊蔓

(1)温度管理 定植后通过草苫揭盖和盖严薄膜等管理,保持白天棚室内气温 30℃左右,夜间 17℃～20℃,以利于缓苗。开花坐瓜前,白天棚室内温度 25℃～28℃,夜间 15℃～18℃,棚室内温度超过 30℃时要进行通风。坐瓜后,白天棚室内温度要求 28℃～32℃,不超过 35℃,夜间 15℃～18℃,保持 13℃以上的昼夜温差,同时要求光照充足,以利于果实的膨大和糖分的积累。

(2)整枝、吊蔓 日光温室与大棚厚皮甜瓜栽培应严格进行整枝,实行吊蔓栽培。幼苗长至 4～5 片真叶时,进行摘心,选留 1 条健壮的子蔓生长,其余侧蔓要抹去;对子蔓较易坐瓜的品种也可不进行摘心。瓜蔓可用尼龙绳或麻绳牵引,将茎蔓缠在绳上,并及时除掉其余的侧蔓。厚皮甜瓜栽培多数品种采用单蔓整枝,小果型品种也可采用双蔓整枝。

5. 定瓜与吊瓜

当幼果长到核桃至鸡蛋大小时,应当选留瓜,即定瓜。一般小果型品种(指单瓜重小于 0.75 千克的品种)每株双蔓上各留 1 个瓜,而大果型品种(单瓜重超过 0.75 千克的品种),每株只留 1 个瓜。留瓜的原则和顺序是,从坐住的 2～3 个瓜中,选择:①瓜形周正,无畸形,符合品种的特征,生长发育速度快,瓜大小相近留后授粉的瓜;②节位适中。

在幼瓜长到 250 克左右时,应及时吊瓜。将细麻绳用活结系到瓜柄靠近果实的部位,绳挂在上面铁丝上,将瓜吊到与坐瓜节位相平的位置上。

6. 肥水管理

定植后至伸蔓前,应控制浇水。到伸蔓期,可追施一次速效氮肥,适当追施磷、钾肥,每 667 米² 施尿素 15 千克、磷酸二铵 10 千克、硫酸钾 5 千克,施肥后随即浇水。开花前、后 1 周要控制浇水,防止植株徒长而影响坐瓜。定瓜后,进入膨瓜期,可每 667 米² 追施硫酸钾 10 千克、磷酸二铵 20～30 千克,随水冲施。此肥水后,隔 7～10 天再浇一次大水,至采收前 10～15 天不再浇水。双层留瓜时,在上层瓜膨大期再追施第三次肥料,每 667 米² 施入硫酸钾 15～20 千克、磷酸二铵 15～20 千克。除施速效化肥外,也可在膨瓜期随水冲施腐熟的鸡粪,每 667 米² 300 千克或腐熟的豆饼 100 千克。生长期内可叶面喷施 2～3 次 0.20%磷酸二氢钾或光合微肥等。

7. 人工授粉

厚皮甜瓜在生产上有单层留瓜和双层留瓜等不同留瓜方式。单层留瓜是在茎蔓的第 12～15 节留瓜;双层留瓜是在茎蔓的第 12～15 节及第 22～25 节各留一瓜。在预留节位的雌花开放时,于上午 9～11 时,取当日开放的雄花,去掉花瓣,将雄花的花粉轻轻涂抹在雌蕊的柱头上。每株授粉 2～3 节位。

十八、山药优质高产栽培技术

（一）泰山"圆柱一号"
山药栽培新技术

1. 品种特性

泰山圆柱一号山药主体呈圆柱形，单个粗 5～7 厘米，长 50～60 厘米，单个重 1～1.75 千克。每 667 米^2 栽 5 500～6 000 棵，每 667 米^2 产量 3 500 千克以上。主干色泽微黄，毛少细软，外皮光滑无斑痕。肉雪白色，质脆硬，适合鲜炒食用。主茎长出后，叶腋分枝多，枝叶旺盛，叶腋间可结零余子用来繁育圆头栽。品种抗病能力强，生育期约 182 天，适合南北方种植。

2. 高产简易栽培

(1)土地选择 此品种喜地势高，排水良好，土层深厚，土质松软的沙壤土或壤土田块，土质要上下一致。

(2)开沟整地 秋末冬初时节应进行大田施肥 2 500～3 000 千克，即深耕 25 厘米左右，深耕过后也可挖山药壕沟，挖种植壕沟的标准一般宽 25～30 厘米，深 80 厘米。种植行两侧为操作行，宽 80～90 厘米。在挖壕操作时，一定注意上下层土要分放在沟两侧，沟底自翻的 20 厘米土层应打碎耙平，轻踩一下，然后分别填入下层土和上层土，每填一层最好用脚轻踩一下，同时还要注意沟内瓦片、杂物、碎石等随时拣出，以防粗块挤压山药主干，造成市场价格下降。

(3)种栽子选用 一是圆头栽,它是用圆柱一号山药母体长出茎叶腋间结出的零余子,经过一年繁育的种苗,第二年进入大田种植叫圆头栽子。二是山药乳头芽栽子,它是从圆柱一号山药母本主干上端根部截下 15～20 厘米的嘴子叫乳头芽栽子。三是茎块栽子,它是用较细圆柱山药的主干,每段 10 厘米长截成的山药块栽子。以上三类圆柱一号山药栽子,其高产性是第一年用圆柱一号山药圆头栽子种植出来的成品山药主干将根部截下来的乳头芽栽子为最高产的栽子。圆头栽子和乳头芽栽子种植后,地温适宜要比块茎栽子出芽早,因此山药产量也高,也抗病,块茎栽子和第三年的乳头芽栽子出芽率稍低也晚,但只要肥水管理适宜,产量上和上述两种栽子差别不大。

(4)种植方法 泰山圆柱一号山药喜温耐寒,一般要求地表地温稳定在 9℃～10℃,时间掌握在 4 月中旬种植较适宜,早种植只要用地膜覆盖比晚种植要高产。几年来基地种植实践证明,只要地表不冻,定植越早越好,早定植可使山药根系发达,后期生长健壮,地下茎产量提高。简易高产栽培技术最主要的操作过程应为,一是壕沟填土时要把土块打碎,壕土不要和有机肥拌在一块,填土先填下层土然后再填上层土。二是种植前 5 天应放大水灌壕,待壕沟土层沉下约 25 厘米以后,这时应将部分细土和有机肥拌匀放在已下沉的土层处,土填至高于地面 10 厘米以上即可,然后从种植行一头开始,用 4 厘米长的铁棍每隔 20～25 厘米的间隔进行逐一打洞,直至壕沟底部,为保证山药主干的生长质量,再用碎秸秆或稻糠、土将洞填上,把准备好的山药栽子头向阳光一侧按顺序逐一放在洞口上方,再覆土填平做好阳畦放小水灌浇,过 2 天后起垄保墒。上述操作全部结束后,应将山药种植壕沟的两侧操作行间的土壤,每 667 米^2 施腐熟好的有机肥 4 000 千克、100 千克豆饼、尿素 20 千克、过磷酸钙 20 千克、硫酸钾 25 千克及防病虫害农药撒到行间进行深耕1次,这样山药生长快、产量高。

(5)生长期管理 为节省用工,种完山药就应及时搭架。架高1.5米以上,搭架时一定将架材插牢,不要造成刮风时来回摆动或倒下。山药出苗几天后就应中耕除草、松土,可选择安全高效的除草剂,但一定要注意药害,否则会造成减产。中耕应掌握为20天1次,中耕不要太深以防伤根。根据沟畦情况应及时补土防积水,在补土时若发现缺肥应补肥。山药是耐旱怕涝植物,一般早期不用放大水浇灌,浇水具体时间应根据旱情来定,但中期施肥前后一定要浇水,夏秋交替季若少雨应浇一次透水,来促进山药再次膨大,积水后要及时排水。

(6)虫害防治 危害山药的害虫有蛴螬、蝼蛄、金针虫、地老虎、菜叶蜂、斜纹夜蛾等,防治地下害虫每667米^{2}用2～3千克3%辛硫磷颗粒剂撒施于播种沟内;防治菜叶蜂、斜纹夜蛾可用98%巴丹可溶性粉剂2 500倍液或90%的溴氰菊酯乳油100倍液交替施用喷雾。

3. 引导器高产栽培

该技术有3个优点,一是用引导器种植山药商品价值高,主干标准化,长短、外观、粗细一致;二是农民种植省工省时,收获时成品率高;三是投资少见效快,做一个引导器好的需2.5元能用8～9年,做一个一般的需1.2元能用5～6年。这种引导器种植法和大田简易种植法有些不同,但在土地选择、种栽处理、挖壕、施肥、中耕管理、防病等方面是一样的,不同就是加了引导器。引导器在使用时,应将引导器放在沟里低于地面20厘米处,并做好引导器中间位置标记。在制作引导器时,长、短排水孔和上口部都要合理,否则会造成减产和浪费。

4. 不挖壕沟高产栽培

不挖壕沟栽培技术比较简单,其整地、施肥、打药、深耕等操作与传统栽培一样,冬末初春要整平土地,按照种植行25厘米宽、操作行90厘米宽的要求分别画上线,用地钻(钻头直径15厘米)从种植行一头开始每25厘米间距逐一钻孔至80厘米深,钻孔后在孔中间做好标记,洞内缺少的土可就地充填,然后将山药栽子按标记放好覆土即可,栽子栽得不要太深,其做畦保墒应高于地面15厘米左右,然后再浇一次透水,操作行也和上述施肥、深耕、撒药等一样操作,所不同的地方应在种植行两侧25厘米处挖约25厘米深沟,把豆饼和小量优质有机肥施到小沟里。

5. 保水控根袋栽培

保水控根袋的制作,是为城市居民营造绿色庭院,增加休闲乐趣,体现生态环境,发展庭院经济而研究的。但农民热心种植山药又因土地质量不好而看重了这种种植模式,这种种植山药的方式优点:一是移动方便,适合院落较小、空间不大的家庭种植;二是适合土层浅、沙石多、水源条件差的农村种植;三是产品标准高、市场好、省工、省时,收获方便。保水控根袋栽培技术比较简单,首先制作成一个高70厘米、直径60厘米的保水控根袋,把由土5份、沙2份、腐叶土2份拌匀的土壤放进控根袋内,然后浇水沉实,2天后约沉15~20厘米深,这时将约50厘米长的引导器6个捆扎好上、下放进袋内,和沉实的袋内基质齐高,再将有机肥、豆饼、尿素等肥料及基质放进袋内至袋上边平口,种山药栽子时深挖10厘米把山药栽子栽好,然后轻浇一次水就可以了。至于管理搭架等方面技术要求、操作方法基本上和上述一样进行。

(二)大佛手山药栽培新技术

近几年,日本大佛手山药因其产量高、品质优、口感好、营养丰富而受到广大农民朋友和外地客商的青睐。该品种 667 米^2 产量 4 000 千克左右,667 米^2 收入可达 4 000 元以上。

1. 基肥要施足

日本大佛手山药是一种喜肥、耐肥作物,施足基肥是获得高产的基础条件。因此,春季整地时,667 米^2 要施腐熟的有机肥 5 000 千克、硫酸钾 20 千克、磷酸二铵 80 千克。同时,667 米^2 施 5 千克辛硫磷,杀灭地下害虫。

2. 沟深要超过 1 米

山药是宿根作物,地下块茎适宜在疏松的沙质壤土中生长,遇到硬质土则分权或弯曲变形,影响产品的商品性。因此,山药种植前必须打沟松土。日本大佛手山药块茎长 60~100 厘米,因此,打沟机旋土深度必须超过 1 米,才能保证块茎充分生长,夺取山药高产。

3. 种子要晒干

将上年的地下块茎切成小段,即为山药种。切段长度 15 厘米左右,切段后必须用石灰或草木灰蘸山药段对切口消毒,然后放到阳光下晒种 4~5 天,晒到切面上有干裂的小口为宜。清明前后栽种。

4. 密度要合理

把切好的山药段顺着山药沟顺摆、平放,埋土厚度 8 厘米。日本大佛手山药适宜的行距为 90 厘米,株距 20~25 厘米。土质肥沃者宜稀植,反之宜密植。

5. 出苗要搭架

山药出苗后,茎部生长迅速,为防止幼茎被风吹断,应立即搭成人字形支架,架高1~1.5米。

6. 管理要及时

出苗后要浅中耕1~2次,后期要进行人工拔草;一般追肥2~3次,抽蔓期在离植株30厘米处,667米^{2}沟施磷酸二铵50千克,块茎膨大期667米^{2}施三元复合肥20千克。山药耐旱怕涝,雨季忌积水,应及时排涝。山药虫害比较轻,病害要以防为主,用甲基硫菌灵800倍液或多菌灵溶液每15天喷1次即可。

7. 存放要防冻

山药收获期一般在立冬前后。收获山药要避免出现伤口和折断。山药适宜的贮藏温度为0℃~5℃,空气相对湿度90%左右。山药收获后应立即放入室内贮藏,贮藏时,可先在地面上铺一层细沙土,把挑选好的山药平放到沙土上,铺一层山药盖一层细沙,堆高1米左右为宜。严冬季节要覆盖草苫,防受冻。

十九、蒜苗、蒜黄栽培技术规程

1. 青蒜苗的种植技术

青蒜即蒜苗,是冬春季节的一种应时菜,为满足市场需要,可陆续播种,分批上市,还可进行保护地栽培(冬春季节),周年供应。

(1)品种及蒜头选择 元旦前生产蒜苗时,宜选用早熟品种,如山东苍山大蒜、河北永年白蒜、辽宁新民白皮蒜、陕西蔡家坡紫皮蒜等。春节后生产时,则宜选择中、晚熟品种,如吉林白马牙蒜等。

蒜苗生产主要依靠母蒜内的养分,因此要选择蒜头直径应达到4~5厘米,蒜头的大小要均匀一致,蒜瓣洁白而坚实,蒜味浓,心芽粗壮,生长迅速的品种。播前将蒜瓣分为大、中、小3级,分级播种,出苗整齐,便于管理,产量高。

(2)播种期 依栽培方式与上市时间而定,一般情况下,秋蒜苗在7月下旬至8月上旬播种,秋冬蒜苗在8月下旬至9月旬播种,春蒜苗在9月上旬至10月下旬播种,夏蒜苗在2月上旬至2月中旬播种。

(3)种子处理 早蒜苗播种时,鳞茎的生理休眠尚未结束,需进行种子处理后播种。处理方法如下。

①潮蒜法,即播前15~20天,将种蒜在清水中淘洗一下,捞出放于窖洞或地窖里,保持温度14℃~16℃,空气相对湿度85%左右,生根后即可播种。

②在0℃~4℃的低温下处理14~20天,也可打破休眠。

③冷水浸泡法,栽蒜前先用冷水浸泡蒜头12~24小时,浸泡

前先剥去部分外皮,露出蒜瓣,但勿使其散瓣。泡好蒜后,把蒜头从水中捞出来,放到帘子上控水。再用草苫盖起来闷 8～10 小时,用扁平锥子或细竹扦去掉老根盘及老蒜薹梗。

④干播法,即直接用蒜头栽植,栽前将蒜头掰成两半,抽去薹梗,掰去根盘,将两瓣再合二为一栽下去。

(4)播种及管理 按 10～16 厘米的行距开成小沟,3～5 厘米的瓣距顺沟点种,每 667 米² 需蒜种 150～250 千克。播种后,保墒促出苗。早蒜出苗后适当蹲苗,之后以促为主,追施速效性氮肥。晚蒜苗前期管理同大田生产。土壤解冻后,多追氮肥,促进蒜苗迅速生长。拱棚生产除及时追肥浇水外,还要注意通风排湿降温,防止高温烧苗。

在温室生产蒜苗时,多把蒜头直接栽到地面上。栽前按每 667 米² 施入腐熟细碎的农家肥 1 000 千克,撒于地面翻地 20～25 厘米深,使粪与土充分混匀,搂平耙细后按 1～1.2 米宽做畦。如地温低于 10℃,可铺电热线提高地温。栽植时将处理过的蒜头并排摆栽到畦上,蒜头之间的空隙再用散蒜瓣挤住,每平方米可栽 16～18 千克的干蒜头。栽完后还要用木板压平,使之生长点高低一致。压好后浇透水,上盖 4 厘米厚的细河沙,既可防止出根的蒜头被顶起来的"跳舞"现象,又方便收割。

(5)栽后管理

①**温度管理** 栽后出苗前温度宜高,日温 26℃～28℃,夜温 18℃～20℃。出苗后日温降至 20℃～25℃,夜温 14℃～18℃,地温保持 20℃左右。温度过高时生长快,但植株细弱,易倒伏;温度过低生长缓慢。

②**浇水追肥** 蒜苗密度大,根系发达,苗高 4～5 厘米时,正是需水量大时,浇一次透水。以后经常保持土壤湿润,收割前 3～5 天不浇水,以免引起腐烂。温室生产蒜苗一般不需要追肥。但若缺少氮肥而影响生长时,可用尿素溶于水中进行浇灌,每 667 米²

施入 15 千克即可,也可喷施丰产素、磷酸二氢钾等叶面肥。每次收割后都应结合浇水追 1 次肥。

(6)收割 生产蒜苗,一般要割 2 刀。温度、水分管理适当时,栽后 20 天左右即可收头刀。此时蒜苗株高 35～40 厘米,每平方米可收 15～20 千克。收割时最好在早晨,割完后不要立即浇水,第二刀长出后,叶色由黄转绿时,再浇水追肥。

生产青蒜苗,也可实行带根拔出收获。根据播种时期和市场需求,将青蒜苗连根一块拔除,去掉泥土及黄叶,捆成束状而后出售。

2. 畦栽蒜黄生产技术

蒜黄以其味道鲜美、营养丰富而为广大消费者所喜爱。其栽培要点如下:

(1)下种前的准备工作

①大蒜品种的选择 大蒜品种不同,蒜黄的产量和品质会有明显的差异。试验证明,蒜头大、蒜瓣大、休眠期短的品种很适合蒜黄栽培,生产上常选用苍山大蒜、嘉祥大蒜及其脱毒种,一般蒜种用量为 15 千克/米^2。准备蒜种的总数量可用栽培面积乘以单位面积蒜种数再乘以栽培茬次算出。

②栽培场地的准备 蒜黄的栽培场地可大可小,栽培方式也灵活多样,但要想获得丰产高效还是畦栽蒜黄最好。栽培畦宽一般为 1～1.2 米,两畦为一组,中间留 20～30 厘米的走道,长度可根据场地灵活掌握。栽培畦要下挖 40 厘米,整平,然后将准备好的营养沙均匀回填 10 厘米左右,余下的营养沙准备盖种用。

③营养沙土的配制 根据多年栽培经验,总结出蒜黄丰产营养沙土的配制方法为:肥沃的菜园土 3 份,腐熟过筛的有机肥 4 份,细黄沙 3 份,混匀后备用。

(2)蒜黄栽培的适宜条件

①温度 蒜黄属低温植物,耐寒力比较强,3℃即可发芽生长,

12℃～15℃时生长较好,20℃～25℃时生长较快,超过30℃生长缓慢。从实践来看,在0℃～30℃范围内,积温每增加10℃,蒜黄即可生长1厘米。

②水分　蒜黄要求土壤水分在田间持水量的90%以上,空气相对湿度在75%～80%,土壤水分过高过低都会影响其产量和品质。

③光照　蒜黄是大蒜的软化产品,整个生育期必须在黑暗的环境下才能黄化,否则就会变青影响蒜黄品质。

④养分　生产蒜黄主要靠蒜头自身养分的转化,但是若想获得高产还要施用一定量的有机肥作基肥。

(3)栽培管理要点

①生产季节的选择　只要有充足的蒜种,蒜黄可一年四季周年生产。但根据多年栽培经验得知,10月底至翌年的2月底是生产蒜黄的最佳季节。这个时期生产蒜黄不但品质好,产量高,而且效益也最佳。

②蒜种的浸泡　选用蒜瓣充实、无伤的蒜头,并将蒜根连同茎盘掰掉,但不要把蒜头弄散。然后将蒜头用尼龙编织袋装好放入大水缸或水池内,用2%磷酸二氢钾温水溶液浸泡36小时,用手摸蒜头觉得外皮有柔软感觉时,即可捞出晾干水分,再堆闷8～12小时,进行催芽备播。

③下种　将处理好的蒜种按等级分片播种,用营养沙将蒜头稳住,蒜头之间的大间隙可用散蒜瓣插满,蒜头上面要整齐,以便出苗整齐一致。下种完毕后将余下的营养沙覆盖在蒜种上6～8厘米厚,整平压实后进行洒水,洒水量一般掌握在20升/米² 左右,根据营养沙的墒情进行洒水,尽量让营养沙吸足水分。

④覆盖　蒜种下好后,要进行覆盖遮光。方法是:用4米长竹片,每根按间距1.5～2米扎好拱,然后覆盖黑色塑料薄膜,上面再覆盖2～3层砖场用草苫,然后再覆盖上一层白色塑料薄膜,用土

将四边压好。白塑料薄膜一是增加畦内温度,二是防止草苦被雨水淋湿将棚压塌。

(4)各生产阶段的温湿度管理

①**出苗期**　从播种到 5‰ 的苗高达 2 厘米为出苗期,这一时期要保持 20℃左右,要经常喷水保持营养沙不见干。出齐苗后要浇遍透水。

②**旺长期**　从出苗到苗高 30 厘米为蒜黄的生长旺期,大约用 15 天,这时的生长量占整个生长量的 80‰,是决定蒜黄产量和品质的关键时期,这时温度应保持在 20℃～25℃,保持营养沙见干见湿,每隔 4～5 天喷一遍水。喷水后要注意通风,防止烂根。

③**生长缓慢期**　从苗高 30 厘米到收获为缓慢生长期。这时生长量减少,植株基本形成,呼吸作用旺盛,消耗增加,不及时收获会影响产量,这时要降低温度,减少呼吸消耗,加强通风,防止烂苗。

(5)收获　当蒜黄长到 30～40 厘米高时即可收获,收获前 2～3 天可喷遍清水,以改善品质。收获时下刀要浅,以不伤蒜瓣为准。

收获后用磷酸二氢钾(15 克/米²)水溶液浇到苗床上。以后的管理按各个生长阶段温湿度进行管理,20 多天后即可收获第二茬。

3. 蒜黄无土栽培技术

蒜黄是蔬菜中的珍品。如能调控好温度用木箱进行蒜黄无土栽培生产,可不受季节限制,栽培技术简单,效益较好。

(1)品种选择　选择早、中熟的高产优质大蒜良种或地方良种。

(2)场地选择　选择空气流畅、遮光较好的房舍作生产场地。

(3)木箱准备　一般用轻质的木板制成育苗箱,苗箱长宽高为 60 厘米×25 厘米×30 厘米,要求箱底平整,有排水孔和通气孔。

（4）**浸种** 将蒜根发褐、肉色发黄的蒜瓣和病残蒜头剔除后，用清水浸泡蒜种 12 小时，使其吸收足够的水分后即可。

（5）**播种** 播种前将苗箱洗干净，箱底铺一层报纸后再撒上薄薄的一层洁净河沙作栽培基质。将浸好的蒜头紧密地排在箱沙面上，空隙处用蒜瓣填满，随后喷水，一般每平方米木箱播干蒜头 15 千克左右。播种完后箱面上铺盖草苫，保持栽培室内黑暗即可。

（6）**管理** 栽培室内温度保持在 25℃～27℃，每天喷水 2～3 次，经常通风。出苗后温度降至 18℃～22℃。采收前 4～5 天，室温保持在 10℃～15℃为宜。

（7）**收割** 正常栽培环境下，从播种至采收需 20～25 天，当蒜黄长到 30～40 厘米时即可收割上市销售。第一次收割后及时喷水保湿保温管理，一般 15～20 天后可再次收割。

4. 蒜黄地窖式栽培技术

（1）**窖址选择** 选背风向阳的空地或房前屋后无树木遮阳的地方。

（2）**建窖方法及规格** 地下窖以长方形为宜，窖宽 1.2～1.5 米，长 15 米，深 1.8～2 米。挖好后窖底填入掺有 20％土杂肥的湿润熟细土 10～15 厘米，保持窖深 1.7 米左右，整平待播。

（3）**品种选择** 以个大、瓣均匀、质地坚实的紫皮大六瓣蒜为佳。

（4）**播种季节** 秋末至翌年 2 月均可播种。一般上市前 25～30 天下种。

（5）**栽培方法**

①**蒜头栽植前的处理** 用温水浸泡蒜种 12～24 小时，搓掉外皮、捞出控干，然后挖去蒜头中间干枯的残留薹和底部茎盘，并保持蒜头完整，不散瓣，以便于栽植和吸水发根。

②**烤窖** 大蒜栽植前 10～15 天进行烤窖，即白天窖顶只覆盖

农膜,晚上在膜上再盖玉米秸。

③**栽蒜** 将蒜头一头挨一头摆在窖内,空隙处用散蒜瓣填满、填紧,蒜头顶部要平齐。每平方米用 15～17 千克蒜种为宜。摆好后盖上 3～5 厘米厚的细沙土,然后灌水。

④**遮光软化** 蒜种种植后,在窖顶每隔 80 厘米左右横放一木棍,上覆农膜,膜上覆盖 30 厘米左右厚的玉米秸,覆土遮光保温,使其在黑暗条件下生长软化。

⑤**生长期管理** 生长期间不需要追肥浇水,主要是控制温度。蒜黄生长适温为 15℃～25℃,掌握窖内温度最高不超过 30℃,最低不低于 10℃。前期窖温 25℃左右,后期 15℃左右即可。严寒季节温度偏低,达不到适温范围时,可通过窖顶覆土来增温。蒜黄生长后期,可在中午适当通风。

⑥**收获** 栽后 25 天左右,蒜黄 30～40 厘米高时即可收割。可收割两刀。头刀收割后浇一次透水,每平方米冲施尿素 25 克。收割二刀时,可将蒜黄连同蒜种拔起,换土栽种下茬蒜即可。

5. 家庭沙培蒜黄新技术

蒜黄利用蒜头自身积累的营养生长,在培育蒜黄的过程中无需施肥,也不用打农药,因而是真正的绿色蔬菜。栽培蒜黄,技术简单,且不受季节及场地的限制,在家庭中就可自行栽培。

(1)选用良种 除了要选用个大、饱满的良种外,还得选用叶片上无紫斑的品种作种。

(2)低温处理 蒜头收获后处于休眠状态,要经过低温阶段,才能打破休眠。因此,要进行低温处理。试验表明,蒜头于播种前分别在 5℃、10℃及 15℃的低温条件下处理 1 个月,第一周的发芽率达到了 72%～96%,而在 20℃条件下处理的发芽率只有 60%,未经处理的则无一发芽。蒜头经低温处理后要立即栽种。

(3)浸种掰瓣 经低温处理的蒜头栽种前应在清水中浸 6 小

时,浸种后及时栽种,否则会腐烂。若不浸种就直接栽种,沙盘要保持充分湿润。浸种后的蒜头,捞起后掰瓣,掰瓣时要注意,只能掰开蒜瓣,不能脱掉瓣膜,以防伤及蒜瓣导致腐烂。

(4)栽培管理　培育蒜黄可以不用土壤,但需要细沙。在种植盘(可用市场上销售的育苗盘,盘底有孔)上铺保水布,再铺细沙。将蒜瓣呈直立状态排放于细沙中。然后把湿润的种植盘置于通风的暗房中。当气温低于15℃时,蒜黄生长受阻,此时,应增加保温设施。培育蒜黄虽然不需要施肥,但要浇水,在培育过程中要经常浇水,保持细沙湿润,但沙盘不得积水,最好采用盘底加水法浇水,以便使过多的水分能自动排除。

(5)采收　蒜瓣播种后2～3周,蒜苗就能长到30～40厘米,这时就可采收了。第一次收割后经1～2周可再收割1次。大约1千克蒜头可收蒜黄8千克。收后需立即包装、冷藏,如置于有光线的地方贮藏,会绿化变质,影响品质与外观。

6. 夏季闲置菇床栽种蒜黄巧增收

夏季,如何将闲置的菇床利用起来?枣庄市农民探索出一种夏季利用闲置菇床栽种蒜黄巧增收的方法,如操作合理,一般不影响种双孢菇,并能生产出无公害蒜黄,实为增加菇农收入的好途径。其主要技术要点如下:

①锄松苗床,每平方米施入腐熟堆肥7.5千克,与土混匀并耙平。

②选用头大、瓣匀、发芽势强、出苗率高的杂交蒜,剔除有病和发霉的蒜头。将蒜头用20℃的温水浸泡24小时,使其吸足水分,然后捞出掰成两半,除去茎薹和底盘,取出蒜瓣。

③每平方米菇床栽种750克种蒜,按株行距7厘米栽植蒜瓣,覆土2厘米厚,随即浇足水。

④出苗后,棚温前期控制在20℃～22℃,后期18℃～20℃,收

获前 4～5 天降至 10℃～15℃,以防蒜黄徒长倒伏腐烂。保持土壤湿润,收获前 3～4 天停止浇水,促使蒜黄生长充实。

⑤蒜黄高 25～30 厘米时即可收获。收割时用割刀齐地割下,但不能伤蒜瓣。割后每平方米均匀洒水 1～1.5 升,再撒些细土,促伤口愈合。一般栽后 20～30 天割第一刀,再过 20 天割第二刀,再间隔 15～20 天割第三刀,并连同蒜瓣一起拔起。

⑥蒜黄遇 25℃以上高温会白梢老化,影响品质;遇 28℃以上高温会烂窖,可通过夜间开通风口降温的方法加以预防。

二十、无公害覆膜大蒜高产高效栽培技术

　　大蒜在山东省冠县已有多年的栽培历史了,蒜农积累了一定的栽培经验,也带来了一定的经济效益。近几年,大蒜种植面积不断增加,与其相适应的加工业也发展起来,其产品远销许多国家和地区,对大蒜的种植技术要求也越来越高,我们利用 2 年的时间总结了无公害覆膜大蒜高产高效的栽培新技术,现介绍如下。

1. 选种播种技术

　　(1)选种与种瓣处理　选用抗病、抗寒、高产,蒜头大,形状规整,皮色正,光泽度好,质地紧实,品质风味好的蒜头。大蒜幼苗生长所需养分主要来自种瓣,因此,选好种瓣是大蒜高产优质的一个重要环节。种瓣大,贮藏营养多,根系发达,植株生长健壮,其蒜头长得好,高产优质。播前选用蒜瓣肥大,色泽洁白,顶芽粗壮,基部见根的突起,无病害的蒜瓣作种。严格剔除发黄发软、虫蛀、顶芽受伤及茎盘变黄、变霉的蒜瓣。

　　(2)适期播种　大蒜以秋播为主,适宜的播期为 9 月 25 日至10 月 5 日。越冬前有较长的适宜生长时间,植株生长发育良好,有利于安全越冬。

　　①播种密度　合理的播种密度是大蒜优质高产的关键,确定密度,必须考虑品种特点、种瓣大小、播期早晚、土壤肥力、肥水条件及栽培目的等多种因素。采用行距 18～20 厘米,株距 14～16厘米,适宜的密度每 667 米^2 2 万～2.8 万株,每 667 米^2 用种量100～150 千克。

②**播种方法**　干播法：先在畦面按行距开深 3 厘米浅沟，然后根据确定的株距在沟里按蒜瓣，按完后覆土 1.5～2 厘米厚，用耙子搂平，再浇明水。湿播法：在畦内先浇透水，等渗下后，按株行距直接将蒜瓣按人湿土中，然后再盖一层 1.5～2 厘米厚的细土。

③**播种后盖膜**　播种喷除草剂后覆膜，膜要盖严、压紧。做到膜紧贴地，无空隙，膜无皱纹，有洞及时用土堵上。

2. 配方施肥技术

肥料是影响大蒜高产的关键因素，因此，对配方施肥技术进行了重点研究。通过一系列配方施肥实验研究，组装了一套配方施肥技术。不论是高产地块、中产地块还是低产地块，也不论是哪一个实验点，配方施肥的处理均比常规施肥增产，大蒜增产幅度为每 667 米^{2}105.5～289.5 千克，增产率每 667 米^{2}7.2%～16.8%，以高产田增产效果最明显。虽然是不同的地力水平，但氮、磷、钾需求比例基本相似，根据测土情况看，大部分地块缺磷少钾。因此，在配方施肥中，我们根据大蒜的需肥规律和土壤中的供肥能力，相对增加了磷、钾肥的用量，满足了大蒜正常生长发育对养分的需要。

由于地膜覆盖前期不便追肥，大蒜要求以基肥为主，磷、钾肥一次施足，最佳施肥方案一般每 667 米^2 施土杂肥 3 500 千克、标准氮肥 75 千克、过磷酸钙 75 千克、硫酸钾 30 千克，或直接按测土数据配制施大蒜专用肥 150 千克，在播种前 15 天结合深翻施入地下。大蒜在发棵初期（翌年 4 月上旬）进行第一次追肥，这一阶段温度适宜，营养生长旺盛，并进行产品的器官发育，需要有充足的肥水条件，一般 667 米^2 施尿素 15 千克。发棵期即将结束时进行第二次追肥，每 667 米^2 施用尿素 15 千克，再配合 30 千克过磷酸钙和 10 千克硫酸钾，充分满足发棵生长和以后的花薹生长及鳞茎的生长需要。在大蒜抽薹后结合浇水再追施一次蒜头膨大肥。

3. 田间管理技术

大蒜幼芽开始出土时,经常在田间观察,发现幼苗不能出膜,就及时进行人工破膜,扶苗露出膜外,并做到破膜洞要小,保证破膜质量。为了提高地温,充分发挥地膜保温保墒作用,在大蒜进入膨大盛期时破膜追肥浇水,防止植株早衰。

覆膜大蒜基肥已施足,以水促控大蒜生长至关重要,大蒜覆膜前浇一遍透水,2叶1心浇一次促苗水,小雪后浇一次越冬水,翌年春返青时,在烂母前浇一次返青水,后期保持田间湿润,促进大蒜生长。

覆膜大蒜,土壤湿润,膜下温度高极容易引起杂草丛生,为防止杂草丛生,采用除草剂灭草。为防止大蒜后期早衰,用磷酸二氢钾进行根外喷肥,可延长大蒜后期功能叶片的时间,增加光合产物的积累,对大蒜大面积的增产起到积极作用。

4. 病虫草害防治技术

根据大蒜有害生物发生情况,常发性病虫主要有:蓟马、种蝇、叶枯病。锈病、灰霉病、病毒病、细菌软腐病等为偶发性病害。

(1)大蒜虫害的防治

①蓟马 用2.5%吡虫啉可湿性粉剂2 000～3 000倍液,或杀虫王乳油1 000倍液喷雾防治。

②种 蝇

治成虫:每667米^{2}用80%敌敌畏乳油150克,对水5升,喷拌麦糠25千克,均匀撒施,诱杀成虫。

治幼虫:每667米^{2}用50%辛硫磷乳油0.75～1千克,随水冲施,或48%毒死蜱乳油每667米^{2}200～250毫升加水1 000升浇灌。

(2)大蒜病害的防治

①叶枯病、灰霉病 用64%普杀得可湿性粉剂800～1 000倍

液,或 75％百菌清可湿性粉剂 500 倍液,或 50％多菌灵可湿性粉剂 600～800 倍液,或 28％灰霉克可湿性粉剂 600～800 倍液喷雾防治,防治效果良好。

②**病毒病** 于发病初期用 20％病毒威 500～600 倍液,或 5％病毒 2 000 可湿性粉剂 1 000～1 500 倍液,或 20％病毒 A 可湿性粉剂 500 倍液喷雾。

③**锈病** 用 25％叶斑清乳油 4 000～5 000 倍液喷雾。

④**细菌性软腐病** 用 64％普杀得可湿性粉剂 800～1 000 倍液,或用 72％硫酸链霉素可湿性粉剂 4 000 倍液,隔 7～10 天喷 1 次。大蒜草害的防治:播后覆膜前用 40％姜蒜草克乳油每 667 米^2 200～250 毫升或 24％果尔乳油每 667 米^2 40～50 毫升对水 75～100 升地面均匀喷雾。

5. 适时收获,提高产量和品质

适时收获是提高产量和品质的重要措施,如果采薹过晚,不仅过多消耗植株养分,影响鳞茎膨大,蒜头收获时间延迟,品质下降,对大蒜出口极为不利,为了提高农民的创汇意识,增加出口数量,大力推广适时提薹、适时收刨,符合出口大蒜标准的栽培技术。收获蒜薹的标准:一是蒜薹弯钩成大秤钩形,苞下边的轴与苞上边的苞和尾,三者有 4～5 厘米的距离,呈水平状态;二是苞明显变大,颜色由绿到黄,由黄到发白;三是轴与倒一叶的接触以上有 4～5 厘米长的一段变成黄色,即为蒜薹成熟,可开始收薹。

当大蒜叶片大都干枯,上部叶片由褪色到叶尖干枯下垂,植株处于柔软状态时,为其成熟的标志,应及时收刨蒜头。收刨后要立即削须根晾晒,并注意防霉烂。

二十一、蒜薹栽培技术

1. 整地施肥

蒜薹适宜种植在疏松肥沃的土地上。整地时要深耕细耙,每667 米^2 施充分腐熟的圈肥 4 000～5 000 千克、磷酸二铵 50 千克、硫酸钾 30 千克、铁肥 3 千克、锌肥 2 千克、硼肥 2 千克。结合土地耕翻一并施入。

2. 品种选择

选择薹头兼用、长势旺盛、适应性强、耐寒、产量高、商品质量好的苍山大蒜为栽培品种;选瓣大色白、无菌无伤的作蒜种,将种瓣按大、中、小分级,然后分级播种。

3. 精细播种

山东省以 10 月上旬播种为宜。种植密度行距 18～20 厘米,株距 10 厘米,每 667 米^2 种植 34 000～38 000 株。一般开沟播种,沟深 6 厘米,种瓣播入土中,然后搂平垄沟,覆土 2～3 厘米厚,踏实压平。每 667 米^2 喷施 48% 氟乐灵乳油 100～150 克,立即覆膜,并将地膜四周用土封严,然后浇 1 次透水。

4. 加强管理

大蒜播种后 7～9 天出土,多数蒜芽能破膜而出,少数蒜苗须人工及时破膜,将蒜苗引出膜外。在"小雪"至"大雪"间浇 1 次越冬水。翌年春蒜苗返青时,浇 1 次返青水。进入 4 月份,蒜苗开始旺盛生长,应浇 1 次透水并追肥,每 667 米² 追施尿素 25 千克。5 月初至采薹前是蒜薹生长旺期,此时应注意浇水,保持地面湿润,5 月初应浇水 1 次,并结合浇水每 667 米² 冲施三元复合肥 25 千克。采薹后及时浇水,保持地面见干见湿,至收获蒜头前 7 天停止浇水。

5. 及时收获

进入 5 月中下旬,当蒜薹花苞变大,颜色变白,薹顶部弯曲成钩状,为收获最佳时期,应及时采薹。采薹后 20 天左右,当大蒜上部叶变为灰绿色,底部叶片枯黄脱落,蒜茎松软,蒜头充分膨大后及时收获。

6. 病害防治

大蒜病害主要是叶枯病,在发病严重区应提前喷药保护。

(1)掌握最佳防治时间　4～5 月份易发病,要以防为主,控制病害发生,在每次降雨过后要及时排水和及时喷药。

(2)选用适宜药剂交替使用　适宜的药剂主要有 75% 百菌清可湿性粉剂 1 000 倍液、40% 多菌灵胶悬剂 800 倍液、64% 噁霜·锰锌 500 倍液。

二十二、东平县斑鸠店镇大蒜产业化生产技术

东平县斑鸠店镇西靠黄河,东邻东平湖,辖 40 个行政村,6 万人。该镇围绕"一村一品"发展,不断膨胀规模,拉长产业链条,大蒜特色产业得到了迅速发展壮大,逐步形成了"龙头企业＋基地＋农户"、"产、加、销"一条龙,"科、工、贸"一体化的产业化格局。2007 年,全镇大蒜种植面积达到 4 000 公顷,蒜薹产量突破 4 万吨,大蒜产量达到 9 万吨,每 667 米^2 平均年收入 4 000 元,实现产值 2 亿元,一举成为具有地方特色的大蒜之乡。

1. 选准一个产业 确定发展思路

斑鸠店镇农民有着种植大蒜的传统,但一直是零零星星,不成规模,致使效益时好时坏,农民增收缓慢,随着农业结构的调整,该镇立足实际,在尊重群众自愿的基础上,运用市场的方法调整农业和农村经济结构,充分利用本地的产业和资源优势,做大做强大蒜产业,加快群众增收致富步伐。思路决定出路,2002 年,该镇党委、政府提出了"五个围绕"调结构的新思路。即围绕国家大的产业政策抓调整,把规模调大;围绕农民群众的经营习惯抓调整,把质量调高;围绕当地资源优势抓调整,把效益调好;围绕与农业龙头配套抓调整,把结构调优;围绕市场需求抓调整,把市场调活。在此基础上,提出了 3 年内大蒜种植面积突破 3 333 公顷,以保鲜,贮藏为主的冷库企业发展到 20 家,大蒜深加工企业发展到 5 家,使全镇农民人均纯收入达到 4 500 元的奋斗目标。"五个围绕"犹如一把"金钥匙",开启了制约农民增收的"瓶颈",党委、政府

制定的大蒜产业发展目标,激发了群众的热情,全面推动了全镇农业产业结构步入良性发展轨道。同时,在具体工作中,镇党委、政府还制定了一系列优惠激励政策,加大了引导示范和扶持力度。在种植规划区内实行"两通一平",即路通、水通、地平,为大蒜稳产增收创造良好条件。对发展大蒜种植面积占全村耕地面积 50%以上的村,镇政府予以 2 万元周转资金。对进行规划种植大蒜的农户,1 年内无偿使用土地。另外,对种蒜农户每新种 667 米² 大蒜,给予 100 元的扶持资金,帮助协调贷款 1 000 元。各项优惠措施的实行,极大地促进了大蒜种植规模的增加,形成了"一乡一品"的产业化格局。

2. 标准化生产　品牌化销售

在农产品激烈的市场竞争中,只有坚持标准化生产,品牌化销售,才能立于不败之地。为此,该镇成立了大蒜产业综合服务办公室,无偿为蒜农提供产前、产中、产后服务;积极引导农民打造信用品牌,实施无公害绿色大蒜生产规程,同时围绕无公害生产要求先后开发出先进种植技术,大蒜病虫害防治技术 10 余项,总结推广了"大蒜+大豆"高效立体间套种模式;研究推广了地膜二茬大蒜栽培,大蒜种冷藏春化、大蒜群体质量栽培,大蒜平衡配套施肥,无公害大蒜栽培,提纯复壮、脱毒快繁等技术,研制开发大蒜叶枯病联治、大蒜药物浸种、大蒜根蛆病防治等技术,使大蒜每 667 米²由过去的 1 200 千克猛增到 2 000 千克,每 667 米² 产值由过去的2 000 元左右增加到 3 000 余元。2003 年 4 月,镇政府为大蒜注册了"斑鸠店"牌商标,2004 年被山东省认证为无公害大蒜生产基地,2005 年 3 月被山东省批准为"农业生产标准化示范基地",大蒜产品 2005 年还通过了国家农业部质量安全中心的认证。2006年,该镇正在积极争取"斑鸠店"牌山东省著名商标。

大蒜有了品牌销路也好,全镇农民种植大蒜的热情迅速高涨,大蒜种植基地规模不断膨胀,目前,全镇人均种植大蒜达到 867 米^2。

3. 舞活三大龙头　拉长产业链条

为适应市场化的发展,斑鸠店镇在建立大蒜特色农产品基地的同时,加快推进农业产业化进程,一是抓好加工龙头促增收。他们通过外引、内联和扶持等多种方式,加快大蒜贮藏、保鲜和深加工企业的发展,拉长产业链条,增加农民收入。目前,全镇通过改造、扩建、新建,形成了 36 家冷藏加工企业,年储藏量达 4 万吨,销售收入 1.5 亿元,形成了"公司＋基地＋农户"、"产、加、销"一条龙、"科、工、贸"一体化的产业链条。二是培育市场龙头强带动。近年来,该镇积极参加国内举办的各类农产品展销会,扩大"斑鸠店"牌大蒜的知名度,签订购销合同,大蒜及相关产品销往美国、加拿大、日本、韩国、东南亚等二十几个国家和地区,国内市场也遍及到河南、河北、天津、黑龙江等二十几个省、市、自治区。同时,扩建了一个占地 14.33 公顷的功能齐全、管理规范、辐射力强的专业批发市场。目前,大蒜批发市场年交易额已达 2 亿多元,销售收入 8 000 万元,出口创汇 400 多万美元。三是强化销售龙头促流通。本着"为民、利民、便民"的原则,镇政府组织成立了 15 家大蒜产销协会,建立扩大了销售网络,既解除了群众卖蒜难的后顾之忧,村集体也有了适当的收入。同时,一大批大蒜经纪人脱颖而出,他们纷纷成立贸易公司,三五一群或七八人一组穿梭于全国各地,业务遍及二十几个省、市和地区,人均年收入在几万到几十万元不等。

二十三、菜豆高产高效栽培技术

(一)菜豆越冬栽培技术

菜豆越冬栽培是秋季或冬初在日光温室中播种,元旦或春节上市的一种栽培方式。

1. 栽培设施及时间

越冬栽培中,菜豆的生长期全部在寒冷的冬季,因此,所用的栽培设施必须具有很好的保温性能。目前,只有性能良好的日光温室才能达到以上标准。播种时间要根据设施的保温、采光条件、栽培管理水平、种植茬口以及要求上市的时间来确定。8月下旬至10月上旬均可播种。早播产量高,但效益一般。如果日光温室保温采光条件好,管理水平高,可适当晚播,于春节前上市,提高经济效益。

2. 品种选择

菜豆越冬栽培,宜选择分枝少、小叶型的中熟或早熟蔓生品种。常用的品种有一尺青、芸丰623、绿丰、丰收1号、老来少等。

3. 种子处理

播种前,要选择子粒饱满、纯正的新种子。为防止病虫害的发生,促进秧苗健壮,应进行药剂处理。常用的方法如下。

①用0.1%福尔马林药液或50%代森锌200倍液浸种20分钟,清水冲洗后播种。可防止炭疽病的发生。

②用50％多菌灵可湿性粉剂5克拌种1千克,可防止枯萎病的发生。

③用0.08％~0.1％钼酸铵液浸种,可使秧苗健壮,根瘤菌增多。用钼酸铵溶液浸种时,应先将钼酸铵用少量热水溶解,再用冷水稀释到所需浓度,然后将种子放入浸泡1小时,用清水冲洗后播种。

4. 整地施肥

前茬收获后要及时清除残株枯叶,浇1次透水,晒地2~3天。每公顷施腐熟有机肥45 000~60 000千克、过磷酸钙750千克,深翻25~30厘米,晒地5~7天,耙平做成平畦、高畦或中间稍洼的小高畦,畦宽1~1.2米。

5. 播 种

每畦内播2行,行距50~60厘米。按穴距25~30厘米开穴,穴深3~4厘米。穴内浇足水,水渗下后每穴播2~4粒种子,覆土厚度2厘米左右。切不可把种子播在水中或覆土过深,以防烂种。有条件时,播前可覆地膜。并按穴距用铲刀在地膜上切成十字,开穴播种。播种后将十字形地膜口恢复原位,并压上少许细土。幼苗出土后及时将出苗孔周围的地膜封严,防止膜下蒸气蒸伤幼苗。为不影响菜豆畦内通风透光,减少落花落荚,提高菜豆产量,可与其他矮生小叶菜间作,1~2畦菜豆可间作1畦矮生小叶菜。

6. 田间管理

(1)补苗 菜豆子叶展开后,要及时查苗补苗。保证菜豆苗齐是提高产量的关键措施之一。

(2)浇水 播种底墒充足时,从播种出苗到第一花序嫩荚坐住,要进行多次中耕松土,促进根系、叶片健壮生长,防止幼苗徒长。如遇干旱,可在抽蔓前浇水1次,浇水后及时中耕松土。第一花序嫩荚坐住后开始浇水,以后应保证有较充足的水分供应。浇水时应注意避开盛花期,防止造成大量落花落荚,引起减产;扣膜前外界气温高时,应在早、晚浇水;扣膜后外界气温较低,应选择晴天中午前浇水,浇水后及时通风,排出湿气,防止夜间室内结露,避免病害发生。寒冬为了防止浇水降低地温,应尽量少浇水。只要土壤湿润即不要浇水。一般在11月份浇1~2次水,12月份浇1次水,翌年1月份可不用浇水,2月份后气温开始升高时,可逐渐增加浇水次数。

(3)追肥 第一花序嫩荚坐住后,结合浇水每公顷追施硫酸铵225~300千克或尿素150千克,配施磷酸二氢钾15千克,或施入稀人粪尿15 000千克。以后根据植株生长情况结合浇水再追肥1次。生育期间可进行多次叶面追肥,亦可结合防治病虫用药时进行。叶面肥可选用0.2%尿素、0.3%磷酸二氢钾、0.08%钼酸铵、光合微肥、高效利植素等,均可起到提高坐荚率,增加产量,改善品质的作用。

(4)控制徒长 幼苗3~4片真叶期,叶面喷施15毫克/千克多效唑可湿性粉剂液,可有效地防止或控制植株徒长,提高单株结荚率20%左右。扣棚后如有徒长现象,可再喷一次同样浓度的多效唑。开花期叶面喷施10~25毫克/千克萘乙酸及0.08%硼酸液,可防止落花落荚。

(5)吊蔓 植株开始抽蔓时,要用尼龙绳吊蔓。植株长到近棚顶时,可进行落蔓、盘蔓,延长采收期,提高产量。落蔓前应将下部老叶摘除并带出棚外,然后将摘除老叶的茎蔓部分连同吊蔓绳一起盘于根部周围,使整个棚内的植株生长点均匀地分布在一个南低北高的倾斜面上。

(6)温度管理 日光温室一般在10月上旬扣塑料薄膜,扣膜后7~10天内昼夜大通风。随着外界温度的降低,应逐渐减少通风量和通风时间。但夜间仍应有一定的通风量,以降低棚内温度和湿度。在外界最低气温降到13℃时,夜间要关闭通风口,只放顶风。夜间最低气温低于10℃时关闭风口,只在白天温度高时通风。11月下旬以后,夜间膜上要盖草苫,防止受冻,延长采收期。扣膜后温度管理的原则是:出苗后白天温度控制在18℃～20℃,25℃以上要及时通风;夜间控制在13℃～15℃。开花结荚期,白天温度保持在18℃～25℃,夜间15℃左右。温度高于28℃,低于13℃时都会引起落花落荚。要特别注意避免夜间高温。

7. 采 收

越冬栽培中,以元旦前和春节前的价格最高。因此,应尽量集中在这两个时间采收。但也应注意适时采收,切忌收获过晚,豆荚老化,降低产品质量。

(二)温室菜豆无公害栽培技术规程

1. 定植方法

(1)施肥、整地、做畦 定植前施足基肥,一般每667米^{2}施用腐熟的有机肥3～5米^3、过磷酸钙30～50千克、硫酸钾5～10千克(菜豆不耐碱,对氯离子敏感,不能用盐碱土配床土,也不能用大粪配床土,因其含氯多);或在施用有机肥的基础上施用三元复合肥(15:15:15)20～30千克。将肥料撒匀,深翻30厘米,耙细整平后南北向做成1.2～1.3米宽的平畦。做畦后扣棚膜,高温闷棚3～4天。

(2)定植 选晴天栽植。每畦栽两行,穴距25～30厘米,每穴栽双株,每667米^{2}栽植6 800～7 500株。开沟水稳苗栽植,或采用开穴点浇水栽植。定植后整平畦面,覆盖地膜。

2. 培育壮苗

(1)品种 越冬茬栽培应选择耐低温、耐弱光、结荚节位低、产量高的品种,如绿龙、丰收1号、棚架豆2号、黄县八寸、老来少等菜豆品种。

(2)育　苗

①**播种期** 越冬茬栽培的适宜播种期为9月下旬至10月上旬。

②**精选种子** 选择有光泽、子粒饱满、无病斑、无虫伤、无霉变的种子。播种前晒种1～2天,以提高发芽势和发芽整齐度。

③**浸种与催芽** 将选好的种子放入25℃～30℃的温水中,浸泡2小时,然后捞出进行催芽。为避免烂种,须采取湿土催芽,即将育苗盒底先铺一层薄膜,后在其上撒5～6厘米厚的细土,用水淋湿,将种子均匀地播在细土上,再覆盖1～2厘米厚细土,然后盖一层薄膜保温保湿。在20℃～25℃条件下,约3天可出芽。

④**播种** 由于根系发育快又易木质化,受伤后发新根能力差,花芽分化又早,不耐移植,以干籽直播为好。若采用育苗移栽,育苗过程中必须注意护根保秧,而且育苗期必须短。采用营养钵育苗,芽长1厘米左右时播种。每钵播两粒发芽的种子,播后盖湿润细土2厘米厚,保持土温18℃～20℃。

⑤**苗期管理** 播种后苗床覆盖塑料薄膜。苗床白天温度控制在20℃～25℃,夜间15℃～18℃。若发现幼苗徒长时,应降低床温,并控制浇水。播种后25天左右,幼苗长出第二复叶时定植。

3. 定植后管理

(1)前期管理 适当控制浇水,促进根系和茎叶生长。为促进菜豆花芽分化,白天保持棚内气温20℃～25℃,夜间12℃～15℃。白天气温超过25℃时及时通风。

(2)抽蔓期管理 抽蔓期追施一次速效氮素化肥,每 667 米²追施尿素 10~15 千克,追肥后浇 1 次水。接近开花时要控制浇水,做到浇荚不浇花。为防止菜豆茎蔓互相缠绕和倒伏,要及时搭架。日光温室栽培宜用吊绳进行吊蔓栽培。

(3)开花结荚期管理 此期间要保持白天棚内气温 20℃~27℃,夜间 15℃~18℃,草苫早揭晚盖,尽量使植株多见光,延长见光时间。当嫩荚坐住后,结合浇攻荚水,每 667 米² 冲施尿素5~10千克、硫酸钾 10~20 千克,或三元复合肥(15∶15∶15)20~30 千克。第一批荚采收后再进行追肥,肥料用量尿素 5~10 千克,或三元复合肥 10~15 千克。之后每采收两次,追施一次速效肥,每 667 米² 追施磷酸二铵或三元复合肥 20 千克。或速效化肥与腐熟的人粪尿交替追施。每次追肥后随即浇水。一般 7 天左右采收 1次。早春阴雨天时,要注意争取使植株多见散射光,并坚持在中午通小风。久阴初晴时,为防止叶片灼伤,要适当遮阴,待植株适应后再大量见光。

4. 病虫害防治

(1)主要病虫害发生种类 菜豆的主要病害有锈病、细菌性疫病、炭疽病、灰霉病、枯萎病、根腐病、线虫病等;虫害主要有美洲斑潜蝇、白粉虱、蚜虫、叶螨等。

(2)无公害综合防治技术

①合理轮作 枯萎病、根腐病、炭疽病发病重的地块要与非豆科作物实行 3 年以上轮作换茬。

②选用抗病品种 抗菜豆锈病的有九粒白、新秀 1 号、芸丰 1号、紫秋豆(兼抗枯萎病)、秋抗 6 号(兼抗病毒病)、细花等;抗枯萎病的有丰收 1 号、锦州双季白、青岛架豆、春丰 2 号和 4 号、秋抗19 等;抗炭疽病的有早熟 14 号、芸丰 623、大白架、83-A 等。

③种子处理 防治炭疽病、枯萎病可用50%多菌灵可湿性粉

剂拌种,用量为种子重量的 0.5％,或用 40％多硫悬浮剂 50 倍液浸种 2～3 小时,或 40％福尔马林 300 倍液浸种 4 小时,再用清水冲洗干净后播种。

④**科学的田间管理**　实行起垄栽培,保护地注意控制温湿度,降温散湿,减少叶面结露时间,露地注意排水,防止积水。

及时摘除失去功能的病虫叶片,发现病株立即拔除,田外销毁。

⑤**生物措施防治**　阿维虫清 1 000 倍液喷雾,可防治美洲斑潜蝇、叶螨、蚜虫;72％硫酸链霉素 3 000～4 000 倍液,或 100 万单位新植霉素粉剂 3 000～4 000 倍液喷雾,防治细菌性疫病;1％武夷菌素水剂 150～200 倍液喷雾,防治菜豆灰霉病。

⑥**化学药剂防治**　防治地下害虫可用 80％敌百虫可湿性粉剂 1 000 倍液灌根。白粉虱发生时,可用 20％扑虱灵可湿性粉剂 1 000 倍液,或 73％炔螨特可湿性粉剂 1 000～1 500 倍液喷雾,可兼治蚜虫。

根腐病发病初期用 70％甲基硫菌灵可湿性粉剂,或 50％多菌灵可湿性粉剂 500 倍液灌根,每穴 500 毫升药液。

锈病发生初期,喷洒 40％氟硅唑乳油 2 000 倍液,或 25％三唑酮(粉锈宁)可湿性粉剂 1 000 倍液,或 50％多硫悬浮剂 300 倍液,或 50％苯锈灵乳油 300 倍液喷雾。

菜豆灰霉病发生初期,喷施 20％灰核威可湿性粉剂 600 倍液,或 50％腐霉利可湿性粉剂 1 000 倍液,或 65％甲霉灵可湿性粉剂 1 000 倍液,或 28％灰霉克可湿性粉剂 600 倍液,或 50％异菌脲可湿性粉剂 1 000 倍液防治。保护地内优先使用 6.5％万霉灵粉尘剂,每 667 米^{2}1 千克。

细菌性疫病发病初期,喷 30％DT 悬浮液 500 倍液,或 77％氢氧化铜可湿性粉剂 600 倍液喷雾。

炭疽病发病时可用 80％的炭疽福美可湿性粉剂 400～500 倍

液,或 75％百菌清可湿性粉剂 600 倍液,或 70％代森锰锌可湿性粉剂 500 倍液,或 70％甲基硫菌灵可湿性粉剂 800～1 000 倍液喷雾防治。保护地内优先采用 5％百菌清粉尘剂,每 667 米²1 千克,或 45％百菌清烟剂,每 667 米²200 克。化学防治安全用药标准在菜豆病虫害防治中,应首先采用农业措施、生物措施,其次使用化学农药,并做到以下几条:

严格按照农药安全间隔期、浓度、施药方法用药。

要避开采摘时间施药,应先采摘、后施药。

变替轮换用药,要尽量交替使用不同类型的农药防治病虫害。

产品应经农药残留检测合格。

(三)早熟架豆"超级九粒白"高产栽培技术

"超级九粒白"适应性很强,耐寒性、抗病性及耐热性等均表现很好,既可露地栽培,又可采用保护地栽培作反季节蔬菜品种。一般每 667 米² 产鲜荚 5 000 千克左右,收入万元以上。其特点是 2～3 片真叶时即可开花结荚,比其他品种可提早 20 天,采收期长达半年以上,结的芸豆颜色淡绿白色,纤维含量少,清脆可口,无异味。

1. 适时播种育苗

该品种适宜于春、夏、秋播种。露地栽培,播种时间在 3 月中旬,如采用保护地可提前到 1 月份播种育苗。

2. 施足基肥

栽植前,每 667 米² 施土杂粪 2 500～3 000 千克、优质复合肥 30～50 千克。土杂粪于耕地时施于地下,复合肥施入播种沟内,注意种肥隔开。一般种植规格是株行距 40 厘米×85 厘米,确保每 667 米²2 000 株左右为宜。

3. 田间管理

在苗高 20 厘米时追施高氮复合肥 25～30 千克,并进行中耕除草。在苗高 30 厘米时,搭人字形架,并及时采摘嫩荚上市,当蔓长 150 厘米时,要及时打顶整枝,以利通风透光,随后每 667 米^{2}追施高氮高钾复合肥 50 千克,以促进植株迅速生长,形成新的结荚枝,延长采荚期,如管理得当可一直采到霜降后,如果此时盖棚保温,采收期还会延长。

4. 防治病虫害

芸豆的病害主要是炭疽病,苗期最容易发生。防治此病可用 75％甲基硫菌灵 800 倍液或 75％百菌清 600～800 倍液防治。虫害主要是蚜虫,可用 10％吡虫啉 500～600 倍液进行防治,开花期、盛果期主要是豆荚螟、金龟子危害,可选用高效氯氰菊酯 1 000 倍液喷雾防治,在花蕾未开前,进行防治效果最佳。要做到开一批花,喷药防治 1 次。

二十四、浅水池藕混养 泥鳅生产新技术

栽培浅池藕并混养泥鳅,是近年水产生产中收入比较高的一种模式。以栽种雪莲藕为例,按年每 667 米² 产池藕 4 000 千克、泥鳅 200 千克计算,市场价藕在 0.5 元/千克、泥鳅 4 元/千克以上,每 667 米² 藕池年可收入 11 200 元以上。具体生产技术如下。

1. 藕池建造

藕池要选在阳光充足的位置。池深 60 厘米,池壁斜度 60°。将池底整平压实。在池底、池壁上铺平塑料薄膜,用 2～3 厘米厚的混凝土抹平。将水泥斜板立在池壁上,用水泥将缝抹好。

2. 整地施肥

池建好后回填好土,高 20 厘米左右。排藕前,将土杂肥 5 000 千克、硫酸钾 50 千克、尿素 20 千克,与盖土混合均匀后均匀撒开。在清明到谷雨时进行排藕。每 667 米² 用藕种 350 千克左右,行距为 150～200 厘米,株距为 60 厘米以上;排藕前向种藕喷 50% 多菌灵 400～500 倍液,闷一天后备用,以防腐烂病发生。排藕后,及时灌水,水深 4～5 厘米。

3. 田间管理

与其他莲藕种植方式相同。采藕时可用水枪将泥冲起,藕自然浮出水面,简单快捷。

4. 藕池混养泥鳅

(1)养殖场所　泥鳅的生长水温范围是 15℃～30℃,最适水温为 22℃～28℃。藕池混养,进排水口要用网护住,以防泥鳅逃逸。

(2)苗种放养　鳅苗放池前要用 2%食盐水浸洗 20 分钟,或青霉素 320 万单位/米³ 泡 15 分钟,可有效预防疾病。一般藕池放养密度按每 667 米² 产成鱼 200～250 千克计算,可放 2～3 千尾。

(3)科学喂养　泥鳅是杂食性鱼类,水中的小型动植物、微生物及有机碎屑等,都是其喜欢吃的食物。人工养殖也可直接投喂水生昆虫、蚯蚓、蛆虫、河蚌、螺蛳、鱼粉、野杂鱼肉、畜禽下脚料等。泥鳅对动物性饵料相当贪食,饲养时不宜投喂太多,以免摄食过量,阻碍肠道呼吸而导致死亡。如果上述动植物饵料不能满足其生长需要,也可投喂泥鳅专用膨化颗粒料。

人工养殖要每天巡塘一周,每天投喂 2 次:上午 8～9 时,下午 4～5 时。投饵量视水温而定。20℃ 以下为鱼体重的 3%,22℃～28℃ 为鱼体重的 6%,阴雨、闷热天气适当减少投饵量。

藕池混养泥鳅一般不需要投饵喂养,每 667 米² 产量可达 200 千克左右;如果投饵饲养,密度可适当增加,每 667 米² 产量可达 750 千克左右。

(4)病害防治　泥鳅抗病力很强,极少生病。一般疾病有寄生虫病、赤鳍病、打印病。

①**寄生虫病**　主要有车轮虫、杯体虫、三代虫,被虫侵袭的泥鳅常浮于水面,打转不安。

②**防治方法**　0.7 毫克/千克硫酸铜、硫酸亚铁(5:2)合剂泼洒。

③**赤鳍病**　由短杆菌感染所致,背鳍附近的部分表皮脱落,呈灰白色,严重时出现鳍条裸露,不摄食,直至死亡。

二十五、高产易采的浅水藕

目前，在池藕的生产中挖采用工占了藕生产的近一半成本。为了解决藕生产中用工多的问题，苍山县科协蔬菜研究所1998年引种了泰国浅水藕。与一些传统的藕品种相比，该品种的最大特点是采收简单，1人1天可采收500千克左右，大大提高了收获效率，降低了用工成本。该品种藕一枝六节左右，重5～7.5千克，品质清脆，一般管理条件下每667米² 产4 000千克左右。藕塘建造简单，一次投入多年使用。其种植方法介绍如下。

1. 藕塘建造方法

平地下挖30厘米。用挖上的土，在塘边打30厘米高的土埂。用塑料薄膜，把池塘和土埂铺盖起来，以防漏水。然后把麦草或是稻草在池内铺匀，厚度50厘米。也可用麦糠，铺20厘米厚就行。在铺匀的草上覆土10厘米，厚铺土厚度要匀。

2. 栽 培

在整好的池内，每667米² 施入腐熟的土杂肥1 500千克、磷酸二铵15千克，撒匀后栽种藕，行距2米，株距1米，每667米² 用种约250千克。种藕略用土覆盖，以使其灌水后不漂起即可。种藕栽完后灌水，灌至土上水面5～10厘米为止。

3. 追 肥

藕挺长至50厘米时追肥。每667米² 施三元复合肥50千克。以后发现叶片发黄时，可再追施一次尿素，每667米² 施15千克。

4. 采　收

这种藕因生长在腐草中,所以采收非常容易。采收时,只要握住藕枝的一头,顺生长方向向上提,就可将整枝藕从水里提出来,非常省工省力。

二十六、盐碱地节水抑盐池藕
高产栽培技术

2001 年,山东利津县科协推广盐碱地节水抑盐池藕栽培 6 万米^2,平均每平方米产藕 8.5 千克,收入 8 900 元以上,获得显著的社会、生态和经济效益。其栽培技术如下。

1. 选　址

针对莲藕的生育特性,藕池应选在靠近水源,排灌方便,交通便利的村、路边,或利用废旧坑塘或自然洼池,四周无高大遮挡物的地方建池。

2. 建　池

(1)规格　藕池深度 80～100 厘米,池四周打埂 20～30 厘米高。若池土 pH 值 7～7.5,可留作回填土,放于池边备用;若 pH 值更高,应更换微碱性土壤。池子的大小一般在 333～667 米^2,实际操作可根据地形、地貌灵活掌握。

(2)池底处理　为保证池水深浅一致,需铺平池底,然后把焚好的石灰过筛,按灰土 3∶7 的比例混合,均匀地撒在池底面上铺平,夯实或碾实。上面再用水泥、沙子按 1∶3 的比例搅拌成砂浆抹池底,厚度 2 厘米。抹实后用笤帚蘸水泥浆扫刷一遍,确保底面不渗水,不返卤,保持水肥不流失。

(3)池壁处理　先把池壁砸实,池壁坡度 30°,用 80 厘米×50 厘米的水泥板铺平,用水泥抹缝,以防冬天冻裂、盐土流入池,pH 值升高,破坏水质,影响莲藕生长。

(4)回填土　回填土最好选用中性或微碱性的耕作层土壤(麦田土最好),填土的标准厚度不得少于 30 厘米,最佳厚度 40 厘米。这样既有利于莲藕的多发、层发,亦防早期冻害。

(5)打格　按 2 米×2 米的标准打格。先用线打格,再用铁锨沿线挑开土层,把瓦片或砖贴紧池底放平摆直,用土塞紧,格内覆土。目的是控制藕鞭徒长,以提高产量。

3. 施足基肥

池藕需肥量较大,配制营养土进行回填是获得池藕高产的关键,肥料种类以有机肥为主,无机肥为辅。一般 0.2 公顷用优质圈肥 3 000~4 000 千克、磷酸二铵 50 千克、硫酸钾 50 千克、尿素 30 千克、腐熟鸡粪 200 千克,与回填土充分混合后回填到藕池中。

4. 栽培管理

(1)选种　鄂莲 2 号和当地小红苗等品种高产优质,可因地制宜选择。藕种要选用块大、芽旺、无病虫害,具有本品种特征的藕块,一般有三节较好。

(2)播种时间　播种过早,水温低,藕种易受冻害;播种过晚,因地温升高藕芽萌发快,容易损坏顶芽,生长期短而影响产量。一般当地温稳定通过 10℃~12℃,当地于谷雨前后播种为宜。

(3)播种密度　池藕的播种密度因品种而异,早熟品种宜密,晚熟品种宜稀。一般每 667 米^2 播 250~300 千克。行距 1.5~2 米,株距 1 米,每格栽大苗 1 株,小苗栽 2~3 株。

(4)播种方法　播种前将土、肥耕匀耙细,及时栽种,以保证藕苗的成活率。播种时采取先布点后栽藕。栽藕的方向要交互排列,一株向南,一株向北,有利于后期莲鞭的均匀分布。栽植深度以 15~20 厘米为宜,将种藕藕头朝下倾斜埋入泥中,种藕的后把微露水面。栽后种藕有漂起者要重新栽好。栽后要立即灌水,以浅水为好,起到增加地温和催芽萌发的作用。若池中土含盐量高的池子,栽后应灌满池,再抽出更换淡水,以降低含盐量,保证萌发和健壮生长。

(5)水位调节 栽种初期,水位应保持 8～10 厘米;立夏后气温升高,蒸发量大,水位可增到 20 厘米;盛夏是莲藕生长的最快时期,水位提高到 40～50 厘米;秋分后,随着气温的下降,地上叶逐渐变黄枯死,光合产物向地下茎积累,转入淀粉增长期,池水先放到浅水位,稍后抽干池水,提高地温,促进地下茎充实长圆,提高产量和品质。

(6)追肥 根据莲藕生长发育的规律,应重视追 2 次关键肥。第一次在播后 30～40 天,即第二、第三片叶出现时进行,每 667 米² 施尿素 30 千克;第二次在小暑前后,应追施尿素 25 千克,二元复合肥 5 千克,混合后撒入池中。

(7)及时清除黄丝藻 因池藕施入有机肥多,水位浅,容易发生黄丝藻,并大量繁殖,因此每隔 3～5 天用竹竿清除 1 次,保证莲藕的正常生长,促藕生长健壮。

二十七、硬化藕池栽培
莲藕新技术

近年来,菏泽地区水产局在单县、巨野、成武等县推广硬化藕池莲藕高产新技术,获得了很高的经济效益和社会效益。采用该技术,一般每 667 米² 产藕 2 500～5 000 千克。用硬化藕池种藕,可充分利用荒废的盐碱地或低值农田,具有投资少、用工少、技术易掌握、产量高和效益好等优点,是农民致富的有效途径。

1. 建设藕池

所谓硬化藕池即硬底、硬壁的藕池,这种池可确保藕茎在池内生长。藕池应在靠近水源,旱能灌,涝能排,通风透光,管理方便,地势稍高的地方建设。藕池以正方形或长方形为宜,面积不宜过大,每个藕池 200～300 米² 即可。池底用三合土夯实,或用石灰和炉渣按 1∶5 的比例混合碾压。为增强硬化效果,池底还可用砖和水泥铺设,也可铺设塑料布,塑料布搭茬处要叠好。池壁用砖砌成或用水泥板围建,也可贴塑料布。池壁高约 100 厘米,壁顶高出地面 20 厘米左右。池底铺设 30 厘米厚的肥沃壤土,即生活土层。为确保藕在池中均匀分布,减少走茎徒长和收获方便,池中还应设置硬格,即用盖房用的瓦或其他硬板(高 30～40 厘米)隔离成面积为 2～4 米² 的格,操作时使瓦相互衔接好,并插立于池底即可。硬格,一般是在藕池施入基肥并平整地面后设置。

2. 施基肥

藕喜大肥,要施足基肥,肥料以有机肥为主,一般计划每 667

米^{2}产藕2 500~5 000千克的藕田,每667米^{2}可施腐熟粪肥1 500~2 000千克、磷肥40~50千克、尿素40~50千克、复合肥70~80千克、饼肥100千克、碎麦秸250~300千克,将肥料均匀混合,深施入土,同时,还应单独施草木灰50千克。老藕田,每667米^{2}应施25~30千克生石灰,方法是,将块状生石灰化浆,泼洒全池,亦可压成粉末干撒。施入基肥后即可栽种。

3. 栽 种

种藕应选择有两节以上完整藕瓜,藕身粗、整齐,节细,顶芽无病伤的藕。一般应在当地断霜后,气温15℃时(清明至谷雨)栽种。栽种过早,水温低,种藕易烂,过迟则茎芽长,易损伤。每667米^{2}用种藕300~350千克。行距1.5~2米,株距1.5米左右。若采用硬格,每2米^{2}可栽1枝种藕。栽植深度15~20厘米,芽端稍低,后节翘起,与地面呈30°角,栽后覆土5~8厘米厚。栽种时,种藕最好随挖随栽,当天栽不完的应洒水覆盖保湿,防止藕芽萎蔫。栽种时,应及时重栽被大风掀起的种藕。

4. 管 理

栽种初期,藕处于萌芽阶段,为提高土温,应保持5~10厘米的浅水位。小满前后,藕进入旺长阶段,水位可逐渐加深至20~40厘米。立秋前后进入结藕阶段,水位可降至5~10厘米。生长期应根据这一要求,适时加水和排水。生长期间藕池不能断水和出现土层干裂现象。可在旺长阶段前期、即栽后20~30天(芒种前),第一、第二片立叶长出时及栽后40~50天(小暑前),第二、第三片叶出现并开始分枝时追2次肥,每次每667米^{2}施尿素10~15千克和等量的磷肥。追肥时,应先排干池水,均匀灌至原水位。如果施2次肥后,植株仍然长势不旺或立叶不多,叶色淡绿,可再酌量追肥1次。

二十八、节水高产池藕种植新技术

　　传统的植藕方法多是利用自然资源粗放栽培,由于管理粗放,产量低效益差。山东省单县科协,结合生产试验,探索出了节水高产池藕种植新技术,提高荒废地利用率,改善了生态环境,有较高的推广价值。

1. 植物学性状及高产原理

　　莲藕属于地下茎水生高等植物,具有喜大肥、高积温生长特性,据此,砌池捶底造格人为地给植物本身创造了限制性的低水位、高积温、舒适优越的生长环境。造格阻止了茎、叶徒长,营养的有机消耗,导致了莲鞭遇硬物回发,加速了侧鞭的多发或层发,最终实现了层藕叠状,稳产高产。

2. 建池方法

　　(1)选址　凡是村头荒、盐、碱、涝、洼、废旧窑坑均可利用,尽可能地选择有水源、排灌方便、四周无高大遮挡物的地方进行建造。

　　(2)建池　具体建池法如下:

　　①挖深 80～100 厘米的池,池四周可打埂 20～30 厘米,以防水土流失,起出的土可放在池子边沿,以便回填。此土方工程可于年前冬闲时间完成。

　　②池底处理。为防止池内水深不一致,需找平池底,然后把焚好的石灰过筛,按灰与土 3∶7 的比例混合,再均匀地撒在池底,然

后碾实,以增加池底的坚固性。

③池壁处理。要做成30°左右的斜坡,池壁用砖平放铺平,池壁表面抹1.5厘米的水泥砂浆层,以防冬天冻裂。

④池底硬化。用1∶3水泥砂浆抹池底,约厚2厘米。抹实后用笤帚蘸水泥浆刷扫一遍,保证不渗水,以防水肥的流失。

⑤回填土。回填土粪不少于30～40厘米,有利莲鞭的多发或层发及防冻。

⑥打格。按2米×2米的格式,每4米² 一个格,用铁锨挑开土层,把瓦或砖贴紧池底放好,覆上土,打格目的是控制藕鞭徒长。

3. 施足基肥

藕喜大肥,丰厚的回填土、粪是获得池藕高产的关键措施,肥料种类以有机肥为主,如各类饼粕,牲畜粪便,土杂肥、沤制绿肥和无机化肥等。一般计划每667米² 产3 000～4 000千克的池藕,可施粪肥1 500～2 000千克、碎麦秸250～300千克、饼肥10千克、尿素40～50千克、磷酸二铵70～80千克、磷肥40～50千克、钾肥25～40千克。重茬池还应每667米² 施生石灰30～50千克,一是起到改良土壤,增加钙肥量的作用;二是起到杀虫防病作用。其中所施饼肥沤制10～15天效果为好。

4. 池藕栽培

(1)选种 应选少花无蓬、性状优良的白莲藕作种苗,藕苗要顶芽完整,藕身粗大,无病无伤,两节以上或整株均可。藕苗越大越好,一般每株不低于1千克,运种时要轻拿轻放,防止碰伤藕苗。若使用前两节作藕种,后把节必须保留完整,以防进水腐烂。

(2)栽培时间 地温在10℃～12℃,清明至谷雨前后栽种为宜,过早水温低易霜冻,过迟易损坏顶芽。

(3)播种量 一般每667米² 下种量300～350千克,约合每平方米 0.5 千克藕,行距 1.5～2 米,株距 1 米。每格大苗放一株,小苗放 2～3 株。

(4)栽培方法　首先要将土、肥耕匀耙细,栽种时最好随刨随栽,以保证成活率,下种时应采取先布点后布藕,以交互法摆放,利于后期莲鞭的均匀分布。栽植深度 10～20 厘米,而且要两头芽尖翘起 30°,离地平面 5～8 厘米,恰好是第一次进水的深度。上浅水位的好处是,既不风干芽尖,又能起到提高地温、尽早催芽萌发的作用,下种后要立即放水。

5. 池藕管理

(1)水位调节　栽培初期藕处于萌芽阶段,为提高地温,应保持 8～10 厘米水位,立夏以后气温升高,蒸发量大,水位可增至 20 厘米。盛暑期是莲藕生长的最佳时段,这时水位应提高到 40～50 厘米。充足的水量,可促进莲鞭最大限度地延伸,还能起到防倒伏作用。秋分以后气温下降,地上叶逐渐变黄枯死,植株同化养分向地下茎积累,转入淀粉增殖期,这时应浅水位或抽干池水,以提高地温促进地下茎充实长圆,这也是提高产量的相关措施。

(2)适时追肥　第一次追肥可在下种后 30～40 天(农历小满前后),第二、第三片叶出现时。

二十九、池藕生产新技术

接天莲叶无穷碧,映日荷花别样红。如今,节水高产池藕种植新技术已在一些地区成为农民朋友发家致富的一条新路子,具有一定的推广价值。

只要是通光透光、排水良好,没有地质变化的地方,都可以发展池藕,因为莲藕在生长过程中终生是不能离开水的,但不意味着水深才能形成藕。藕是横着长的,根状颈也就是藕鞭一节一节地横着长在泥土中,随着生长,茎秆荷叶陆续伸出水面进行光合作用,一簇一簇的须根牢牢抓住泥土吸收养分,长到了一定时期根状颈的末端开始膨大形成藕,所以只要有水有泥就有了孕育藕的温床,无关水的深浅。建池子最关键的一项技术就是保证不漏水,不漏水就不漏肥,产量就能高上去。可以采用三层防护法,首先一层地基要压实整平,打好了地基要用一整块比较厚的塑料布铺在池底和四周池壁上,最后在塑料布上浇灌 3~5 厘米厚的混凝土,这样就把塑料布牢牢地封在池底,即使水泥池子有了裂缝水也不会透过塑料布往外流。除了牢固耐用,池子的规格也有讲究,一般池子深度在 50 厘米左右就够用了,长度不限,宽度却是有要求的,最好控制在 5~6 米,池子建得窄一点,方便管理。在水泥池子中,泥土和水都很浅,养分自然比较集中,更多地能与根亲密接触,肥料的有效利用率就更高,不但能够满足藕的生长需要,而且比大塘种的藕长得更快更好,这叫泥少肥沃种好藕。

种池藕用的土虽然不多,但是一定要优中选优,藕的品质才有保障。一般要选有机质丰富的浮土,施用有机肥,把土和农家肥充分搅拌,放在一起腐熟,腐熟好的土才能用到池子里种藕。腐熟不好施到池里去,不易熟化并且产生一定热量,藕种容易缺氧、腐烂,严重时造成绝产。

谷雨节气后的 3～5 天,就可以种藕了。腐熟好的泥土先铺在池子中,大约有 18 厘米的土层就足够了。选择藕的品种,重点是选择近几年来全国主推的品种,主要是鹅莲 4 号、鹅莲 5 号、鹅莲 6 号,还有雪莲。重点选藕节肥大、三节以上顶芽完整的藕作为藕种。经过精心挑选的藕种,要先在多菌灵稀释液中浸泡灭菌,然后在最短的时间栽入藕池。在池子里种藕,要根据每个藕种的大小来挖坑刨沟,找好角度,规规矩矩摆进去,藕尖和藕把的倾斜度应呈 15°角,目的是使藕根不跑到水面上来,往底下扎。挖沟的时候就得有倾斜度,藕尖朝沟槽里低的一端,藕把在高的一端,斜着放进沟里。藕和藕之间也要保持一定的间距,每行藕种间隔 1 米,两列藕的空当要在 1.6 米左右。池子边缘的藕,藕尖一定要朝池子内侧,藕把离池壁也要在 50 厘米左右,这样才能给藕鞭留出充足的生长空间。按照藕种的大小平均分布,藕种大分布要稀一些,藕种小就要密一些,分布均匀。一般每 667 米² 地平均分布 300 千克左右的藕种比较合适。

栽好了藕就要开始灌水了,第一次灌水深度不要超过 10 厘米,因为莲藕是高积温的作物,栽培初期气温低,浅水栽培水温容易提高,这样就能促进莲藕早发芽生长;莲藕生长中期,也就到了炎热的夏天,气温比较高,这时候就可以加高水位,达到 30 厘米左右,适宜藕根的生长;到了后期气温逐渐降低,水位也逐步降低,回到 10 厘米左右就可以了,这样便于根部吸收阳光,减少水温下降的幅度,延长莲藕的生长时间。利用水层来调节温度,就能满足水下藕对生长温度的需求,这可是浅池种藕的一大优势。春季蒸发失水多,开头灌上一两次水,叶子长起来以后,蒸发就很少了,只靠雨水,就能满足它的需要了,较为省水。用水要用干净的井水,以保障藕的品质。

种上藕之后到采藕之前这段时期,不用像其他作物一样进行复杂的技术管理和病虫害防治。谷雨前种上之后,上 5 厘米深的水,一般雨量充沛的时候,就不用加水了;雨量不充沛的时候,再适当的加水。到了七八月份,高温季节的时候,水的深度加到 15～20 厘米。在中期如果出现蚜虫,可以适当的喷打蚜虫净。这样,藕种上之后,一个人就能看管 2 公顷藕池,还不耽误其他农活,既省工又省力。

经过 6 个多月的生长,金秋 10 月就是收获的季节了。10 月份到第二年的 4 月份,可以根据市场的行情采藕。以往坑塘种藕,最头疼的事就是采收。而在池塘种植的藕,水和土都浅,看起来一目了然,收获时自然心中有数。收藕前应先用水冲,用泥浆泵、水枪等工具,把泥巴冲散了,藕自己就会往水面上浮,用手一提就都出来了。

三十、移动藕池种植新技术

　　山东省平邑县雪藕种植合作社,经过3年的方便式种植莲藕新技术材料的探讨和试验,成功地研制出移动式藕池,人们在房前、屋后、平房顶、院落内、空闲地、废弃地休闲种莲藕成为现实,既美化环境,又增加经济收入。这种移动藕池就是利用一种橡胶纤维布,铺到空闲地上,兜起四周做堰,围成一个池子,池内铺15厘米厚的土或细沙,配上该合作社培育的雪藕新品种,每667米^{2}可产鲜藕5 000千克以上。此项技术已经过专家的技术鉴定,使用年限10年左右。

三十一、庭院种藕生财富

"不占地、不占田,美化庭院又生钱",这是山东省平邑县卞桥镇农民种植缸藕的真实写照。该镇农民利用大缸在自家庭院里种上本地的"笨藕",不仅美化了庭院,还从中获得收益,很有市场潜力。

地处沂蒙山脚下的卞桥镇,风光秀美、民风淳朴。近年来,随着人们生活水平的不断提高,追求高雅的生活情趣成为该镇农民的新时尚。南安靖村农民高恒付是当地有名的种藕能手,2004 年春天,他买来 6 只大缸摆放在自家庭院里,又从藕池里挖来老土填在缸内,然后种上本地的"笨藕"。初夏时节,荷花绽放,整个庭院香气四溢;到了秋天,由于他的"笨藕"绿色无公害,每千克售价 4～6 元,这让前来串门的乡亲们羡慕不已,纷纷效仿在自家庭院里种起缸藕。庭院种藕不仅美化了家园,而且带来了可观的经济收入,真是一举两得。

三十二、湖南省沅江市白莲藕高产栽培技术要点

1. 莲田年年翻耕，藕种年年翻新

白莲是用地下茎——藕进行繁殖的。莲农说："一年莲，二年藕，三年荷叶要不了"，就是说，一年的莲田结莲多，二年的莲田长藕多，三年的莲田就尽是荷叶了。因此，当年种植的莲田产莲子多，用一年生的藕作种的产莲子多。据农技部门观察，一年生的藕种出第三片荷叶便开始结莲。莲田要高产，必须年年翻耕，藕种年年必须更新。

2. 提高灌水技术

白莲虽是水生作物，但在一般情况下灌水要平稳，不能时深时浅太频繁，防止刚出水面的花蕾受淹或外露不定，避免死蕾。因此，在生长过程中，从移栽至小暑阶段 3～4 厘米深的泥皮水，"小暑"至"立秋"阶段灌 4～5 厘米浅水，同时在花蕾盛期水位要平稳，以适于白莲生长提高产量。

3. 合理施肥

长期以来白莲产量不高的主要原因是，莲农习惯单施过磷酸钙拌加碳酸氢铵，缺乏必要的钾肥和微量元素。尤其是大多数莲田没有施绿肥或猪牛栏粪肥等有机肥料，造成土壤板结，生长不旺。因此，白莲高产施肥应抓住以下几点：一是优化配方施肥。白莲藕鞭布满田间，地上荷叶莲花布满空间，所以需肥量大。除下足

基肥、面肥外,还应追施苗肥、花肥、壮籽肥,增施秋莲蓬肥。白莲每 667 米^2 产 80 千克以上的追肥方法是:当第一片立地荷叶出现时,每 667 米^2 施尿素 4～5 千克拌菜饼肥 10～15 千克,塞在立荷叶两侧 15 厘米处土中。第二次追肥是在第三片立地荷叶出现并能看到花蕾时,每 667 米^2 施尿素 10 千克拌氯化钾 12.5 千克、菜饼肥 20～30 千克,或复合肥 30 千克,或白莲专用复合肥 50 千克。第三次追肥大约在 6 月下旬至 7 月初,白莲进入盛花期时,每 667 米^2 施尿素 15 千克,加施石灰 30～50 千克。施用石灰能中和土壤酸性,改善白莲生长的生态环境,还可以增加钾的有效性,提高钾素的利用率。第四次是在 7 月下旬进入采摘高峰时,每 667 米^2 施尿素 10 千克,这次追肥对提高秋莲产量作用大。二是增施微肥。白莲不但需要较多的氮、磷、钾肥,而且对硼、钼、锌等微肥也特别敏感。每 667 米^2 可用硫酸锌 2 千克、钼酸铵 15 克、硼砂 1 千克于开花前撒施于莲蔸附近。另外,在盛花期还可用磷酸二氢钾加 0.25％硼砂、1％硫酸锌溶液喷施,每 10 天施 1 次,这样能使莲的子粒饱满、洁白、质优。病害主要是莲腐败病,严重时可使白莲绝收。防治可选用 40％疫霜灵喷施,隔 15 天喷 1 次有特效。虫害主要是蚜虫、螨虫和斜纹夜蛾。蚜虫和斜纹夜蛾可用乐果每 667 米^{2}100 克加 2.5％溴氰菊酯 20 毫升喷施,喷时要均匀周到,不漏喷。螨虫可用 40％三氯杀螨醇 100 倍液喷施。

三十三、西葫芦塑料小拱棚
早熟栽培技术

　　西葫芦生长势较强,结果早,对环境条件要求不高,种植简单,便于运输和贮藏,在我国大部分地区可种植,已成为北方露地生产中上市最早的蔬菜之一。由于幼果炒食脆嫩,老瓜可做馅,深受消费者喜爱,经济效益可观,一般 667 米^2 产值在 2 000 元以上。其栽培方式有春地膜覆盖、塑料小拱棚、塑料大棚、日光温室、越冬栽培以及秋延后栽培,形成了周年供应。下面介绍西葫芦塑料小拱棚早熟栽培技术。

1. 品种选择

　　要选择早熟丰产且幼果商品性好、品质优的品种。如美国的碧玉,天津蔬菜所的津玉一号、津玉二号,这 3 个品种不但早熟,抗病性强,且嫩果浅绿色、光亮、均匀、直筒形、品质脆嫩清香,无南瓜异味、售价高出一般西葫芦 1/3,667 米^2 产 5 000 千克以上。

2. 育　苗

　　西葫芦小拱棚栽培定植期因近地面覆盖而定,如果膜外有草苫、纸被等覆盖,定植期可提早 8～10 天,根据定植期可向前推算播种期。为提早上市,要适当早育苗,育大苗,日历苗龄 35～40 天,定植时苗高 25 厘米,4～5 片真叶。

3. 整地做畦

　　北方地区年前土壤封冻前深耕土地,午后春天土壤化冻后,每

667 米² 撒施腐熟的农家肥 5 000 千克,深翻 30 厘米,耙平,然后做高畦:畦面宽 70 厘米,高 15～20 厘米,畦沟宽 30 厘米。北方地区如底墒不足,可在春天翻地前灌水造墒。做畦后,畦面覆盖地膜,上扣小拱棚。

4. 提前定植

夜间最低气温稳定在 0℃ 以上时即可定植,但应选择无风晴天上午进行。北方地区多采用水稳苗法栽苗。每畦双行交叉定植,行距 50 厘米,株距 100 厘米,每 667 米² 定植苗 1 300～1 500 株,定植后立即盖上小拱棚。

5. 定植后管理

定植后到开花前,管理要点是保湿防寒,在缓苗期的 5～7 天,一般不放风。如有条件,可在夜间加盖纸被、草苫防寒。小拱棚内空间小,温度升降速度快、幅度大,白天容易烤苗,夜间容易冻苗,所以中午可两端放风,下午及早覆盖,正常天气揭棚和盖棚的时间掌握在上午 10 时和下午 5 时。

当根瓜雌花开花时,开始在早上 7～10 时可以揭开拱棚两侧塑料薄膜进行人工授粉或用 2,4-D 蘸花(使用浓度 25～30 毫升/升),随着外界气温升高,撤去棚膜和拱架。揭膜前 5～7 天应进行秧苗低温锻炼。此时结合浇水每 667 米² 追尿素 10 千克、二铵 15 千克,以后根据生长情况结合浇水再追肥 1～2 次;采收 3 个瓜后,进入中后期采瓜,如果植株过于郁闭,可隔行或隔株间拔。前期应注意蚜虫、潜叶蝇的防治,后期注意白粉病和病毒病及黑斑病的防治。

三十四、生姜无公害栽培

1. 选晒姜种，及时催芽

清明前后选无病伤害的健壮姜块，单层晾晒，下午趁热入筐，盖好，放于室内，如此连续 3 天后用竹筐进行催芽。筐内垫 0.1 米厚的麦秸，将晒好的姜种排放在里面，顶部盖 0.1 米厚的麦秸，放入温室或暖炕，温度保持 20℃左右，15 天后姜芽萌动，至姜芽粗 5～10 毫米、长 10～15 毫米时，进行姜种分块，每个姜块留 1 个壮芽。

2. 适期栽种，用好种肥

华北地区一般谷雨前后 5 天栽种。若采用保护地栽培可提早 20 天栽种，在整好的地块上，开沟起垄，顺沟浇足底水，水渗后将姜块平摆在沟内，然后施豆饼、辛硫磷、复合肥、锌肥，再覆土。

3. 浇水追肥，加强管理

生姜栽种后一般不需浇水，以防降低地温。若遇天气久旱不雨，可在芽前浇 1 次水，栽后 15 天顺垄插遮阳网。姜苗基本出齐时，要勤浇小水，一般 7～10 天浇 1 次，苗高 0.3 米时，开沟施提苗肥。立秋后，撤除遮阳物，结合培土，进行大剂量施肥。

4. 病虫防治，科学用药

可采用嘧啶核苷类抗生素 150～200 倍液结合浇水灌根防治姜瘟病。20％噻枯唑 1 300 倍液喷雾防治姜瘟病、叶枯病，50％多菌灵 500 倍液防治枯萎病,5%菌毒清可湿性粉剂 500 倍液防治姜病毒病,4.5%高效氯氰菊酯或 2.5%联苯菊酯乳油 3 000 倍液防治甜菜夜蛾等。

5. 适期收获,及时贮藏

一般在霜降前 5 天开始收获,并入窖贮藏,大雪前半开窖口,大雪后封严,保持窖温 10℃~14℃,相对湿度 85%~95%。

三十五、玉米、瓜菜,四作四收

春玉米间作西瓜、夏萝卜复种越冬甘蓝的四作四收模式,全年产值每公顷可达 8 万元。适于黄河中下游冬季最低温度不低于 −15℃ 的地区及地力较高、肥水充足的地块应用。其种植技术要点如下。

1. 种植模式

春季 180 厘米为 1 种植带,每带种植春玉米 2 行,西瓜 1 行。玉米小行距 30 厘米;西瓜株距 40～45 厘米,粮瓜间距 35～40 厘米,西瓜采用地膜覆盖。西瓜收后在玉米大行间居中种植 2 行夏萝卜,小行距 40 厘米。玉米、萝卜收获后单种 1 季越冬甘蓝,行距为 50 厘米,越冬甘蓝收获后可再种植春玉米等作物。

2. 选用品种

西瓜选用高产优质的中早熟品种,如德龙宝、科优 21、早熟丰收 1 号等。玉米选用综合性状较好的高产品种,如农大 108、聊玉 18、沈单 7 号等。夏萝卜选用耐热、抗病性强的早熟品种,如夏长白 2 号、富源 1 号、夏速生、夏抗 40 等。越冬甘蓝应选用耐寒性强、适于早播早熟的品种类型,如天正冬冠 1 号、冬冠 2 号、天正 999、寒绿、寒宝等。

3. 播种定植

3 月底 4 月初播种西瓜;4 月 10 日前后播种玉米;6 月底 7 月初收西瓜播种夏萝卜;8 月底 9 月初玉米、萝卜收获完毕,适期栽植越冬甘蓝。越冬甘蓝适宜栽植时间一般在 9 月上中旬,育苗时间以 7 月底 8 月初为宜。

三十六、稀特蔬菜牛蒡 栽培技术规程

（一）生物学特性

牛蒡，菊科，二年生草本植物。别名大力子、东洋参、牛鞭菜等。

1. 根

为圆锥形肉质根，皮较厚，长度在 50～70 厘米及以上。属药食兼用的根茎类蔬菜，粗大的肉质根中含有蛋白质、淀粉和维生素 C 等，营养价值较高，特别是含有一种菊粉（菊糖），对糖尿病有辅助治疗作用。

2. 茎与叶

茎直立，高 1～2 米，带紫色，上部多分枝。茎生叶丛生，叶片呈卵形或心脏形，叶很大，叶背面密生茸毛，叶柄长 60 厘米左右，叶长 40～50 厘米，宽 30～40 厘米，边缘微波状或有细齿，基部心形。

3. 花及果实

花多数为头状花序，排成伞房状；总苞球形，总苞片披针形，先端具短钩；花淡红色，全为管状。果为瘦果，椭圆形，具棱，灰褐色，冠毛短刚毛状。花期 6～7 月，果期 7～8 月。其种子可作为中药，生产上采用种子繁殖。

4. 牛蒡的生育特点

牛蒡耐寒、耐热,性喜温暖、湿润气候,喜强光,生长适温为 20℃～25℃,适应的土壤 pH 值为 6～7,微酸性到中性的沙壤土、壤土和黏壤土均可种植。

牛蒡是药食兼用的保健型蔬菜,又是一种高档出口创汇蔬菜。

据分析,每 100 克可食用部分(主要是根部)含蛋白质 4.7 克,脂肪 0.8 克,碳水化合物 3 克,热量 159 千焦,纤维素 2.4 克,灰分 2.4 克,钙 242 毫克,磷 61 毫克,铁 7.16 毫克,胡萝卜素 3.9 毫克以及多种维生素。营养非常丰富,其蛋白质和钙的含量是根茎类蔬菜中最高的。

牛蒡入药,性味辛凉,可明耳目,利腰膝,消肿痛。

牛蒡是一种高档出口创汇蔬菜,可直接食用或加工,国外作为一种大众化的保健蔬菜备受青睐。牛蒡是日本的独特蔬菜,许多日本料理的制作,离不了牛蒡,如日本有名的"金平牛蒡"、"柳川锅"、"牛蒡酱"、"八幡卷",都是具有传统的民族礼仪佳肴。另外,牛蒡还可腌渍成各种加工食品。

牛蒡作为根菜类栽培,在我国只是近几年才发展起来的,其产品主要以保鲜整形牛蒡、脱水牛蒡丝及速冻牛蒡丝出口日本。牛蒡作为一种出口创汇蔬菜,具有广阔的发展前景。

5. 牛蒡的原产地及后续发展情况如何

牛蒡,英文名:Burdock。牛蒡原产于中国,以野生为主,公元 940 年前后传入日本,并被培育成优良品种,现日本人把牛蒡奉为营养和保健价值极佳的高档蔬菜。牛蒡凭借其独特的香气和纯正的口味,风靡日本和韩国,走俏东南亚,并引起西欧和美国有识之士的关注,可与人参媲美,有"东洋参"的美誉。

牛蒡为我国古老的药食两用食物蔬菜,明朝李时珍称其"剪苗淘为蔬,取根煮,曝为脯,云其益人",《本草纲目》中详载其"通十二经脉,除五脏恶气";《名医别录》称其"久服轻身耐老"。宋人苏颂曾这样描写牛蒡:"叶如芋而长,实似葡萄核而褐色,外壳如栗木小而多刺","根有极大者,作菜茹尤益人"。世界著名的营养保健专家艾尔·敏德尔博士在其所著的《抗衰老圣典》中这样描述:"牛蒡的根部受到全世界人的喜爱,它是一种可以帮助身体维持良好工作状态的温和营养药草。牛蒡可每日食用而无任何副作用,且对体内各系统的平衡具有复原功能。全世界最长寿的民族——日本人常年食用牛蒡根部。"

目前主栽的品种多为日本品种,有柳川理想、南部白肌、松内早生、山田早生、札幌大长白、野川、白肤等。在我国长期作为药用,近年来才开始对牛蒡的营养价值、食用价值和药理进行研究。

6. 牛蒡生产前景广阔

日本等东亚国家受中华传统医学影响,对牛蒡的药用价值情有独钟,开发出了许多食用品种。牛蒡作为食疗蔬菜被搬上了餐桌,受到消费者的极大欢迎,且享有"蔬菜之王"的美称。由于牛蒡具有药用与食用双重利用价值,资源丰富,综合开发简便易行,被国家卫生部认定为"新资源食品"。但是目前牛蒡的国内市场开发较少,国人极少有食用习惯,这可能与栽培时间短、上市供应量少、尚不了解其营养价值有关。随着出口事业的发展,在国内大力宣传牛蒡的药用保健价值、食用价值,让人们逐渐了解牛蒡的食用方法,培养科学的饮食习惯,使牛蒡产品既有出口市场的规模又有国内市场作后盾,并逐渐由稀特蔬菜发展为日常蔬菜。牛蒡的开发不但能产生良好的经济效益,还能产生良好的社会效益和生态效益。

（二）栽培技术规程

1. 栽培方式和栽培季节

牛蒡在我国多为露地栽培，栽培季节一般为春、秋两季。秋季栽培在 10 月 1 日至 11 月上旬。11 月 10 日左右盖上拱形地膜；春季在 3 月至 5 月中旬种植，盖地膜的可在 3 月份种植，露地栽培在霜冻结束之后才可种植。

2. 品种选择

秋播牛蒡一般用中晚熟品种，如柳川理想、野川或大长根白内肌牛蒡；春播多用早中熟品种，如柳川理想、渡边早生、松中早生、旱田早生或大长根白内肌牛蒡。几个新优品种特性如下。

(1)柳川理想

①**品种来源** 从日本引进。

②**品种特性** 抽薹少的春秋兼用品种。根长 75 厘米，茎粗 3 厘米左右，裂根少，富含香气，食味佳。

③**适应范围** 北方各地均可种植。

④**栽培要点** 春、秋栽培均可。多采用垄作直播。春播于 3 月上旬播种，6 月至翌年 4 月上旬采收。秋播于 8 月下旬播种，12 月上旬至翌年 4 月上旬收获。行距 30 厘米，株距 25 厘米。每 667 米² 26 000 株左右。适宜中性壤土和沙壤土种植，忌过酸土壤。冬季根部覆土防寒。一般每公顷产 22 500～30 000 千克（合 667 米² 1 500～2 000 千克）。

(2)渡边早生

①**品种来源** 从日本引进。

②**品种特性** 早熟品种。根长 70 厘米左右，根膨大速度快，肉质柔嫩，香气浓，食味佳。

③**适应范围**　全国大部分地区均可种植。

④**栽培要点**　3 月份播种,夏季收获。也可秋播,基本不抽薹。

(3)博根牛蒡

①**品种来源**　从日本引进。

②**品种特性**　植株生长强健,株型较直立,叶数较少,5～6片,适宜密植。根长 60 厘米左右,横径约 3 厘米,肉质根重约 950克,不易分杈,不易空心,不抽薹,品质优良,产量稳定。属早熟种,播种后 120 天左右采收。

③**适应范围**　北方各地均可栽培。

④**栽培要点**　同渡边早生。

3. 选择适宜的土壤种植

由于目前栽培的牛蒡大多出口日本,因而在栽培中提高产品的等级,增加成品率是关键。加之牛蒡是深根性蔬菜,因而对土壤要求较严,适宜地势向阳、土层深厚、排灌方便、疏松肥沃的沙质土壤栽培,或土质肥沃的沿河两岸的河潮土及潮棕土壤栽培。若在沙粒粗、沙性大的沙壤地上种植,肉质根不紧密,外皮粗糙,易空心。牛蒡抗旱不耐涝,在地下水位过高或有积水的地里种植,易烂根或歧根多。牛蒡忌连作,种植牛蒡应选择前茬为非菊科植物的地块栽培,最好 2～3 年没有种过牛蒡的地块。另外,也不应选前茬为豆类、花生、甘薯、玉米、茄子、辣椒、番茄的地块。

4. 整地、施肥、起垄技术

(1)整地、施肥　前茬作物收获后应及时深翻晒土,深翻 50～60 厘米,深翻前每 667 米² 施入饼肥 75 千克、优质腐熟的土杂肥5 000 千克以上、三元复合肥(氮磷钾配比应为 3∶4∶7～8)75 千克左右。将肥料均匀撒施,深翻入土,并耙细耙平,然后起垄,垄向以南北向为宜。

(2)起垄　垄作方式有：

①垄高 25～30 厘米，垄面宽 60 厘米，垄距 120～130 厘米。单垄双行播种(图 1)。

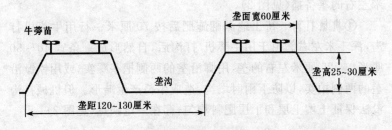

图 1　牛蒡大垄双行种植

②按单行距 70～75 厘米，挖宽 30～40 厘米、深 85 厘米左右的深沟，生熟土分开，然后按每 667 米² 施腐熟的有机肥 5 000 千克和磷酸二铵 50 千克、硫酸钾 30 千克作基肥。施肥时要一层肥一层土，熟土在上，肥、土均匀地填入沟内，回填肥、土入沟的同时，把土壤中的石块除去，土坷垃粉碎，保持有机肥土壤颗粒要细碎，防止出现畸形根。土回填后，顺沟浇一遍大水沉实土壤，待墒情适宜时，整平地面，在播种沟上做宽 20～30 厘米、高 10～15 厘米的高垄以备播种(图 2)。

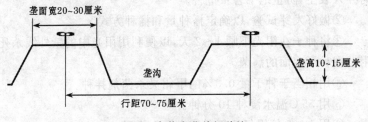

图 2　牛蒡窄垄单行种植

③按单行距 70 厘米或双行距 110 厘米,挖宽 40～50 厘米、深 80～100 厘米的沟,沟壁垂直,不打乱土层,然后按上述方法一层肥一层土,回填于原沟内。播种沟填平后,要顺沟浇一次大水,沉实土壤,待墒情适宜时,再在播种沟上扶宽 60～70 厘米、高 10 厘米左右的垄备播(见图 2)。

④**机械打沟** 待土地深翻施肥后按 70 厘米一行用牛蒡机打沟,深 1 米左右。由于用牛蒡机 打沟后,自然形成一条宽 40～50 厘米、高 25 厘米左右的垄,用脚沿垄的两侧把垄踩实,或用铁锨沿垄的两侧拍实,以防下雨时塌沟,造成牛蒡产生畸形。但机械打沟没法保证土壤上层和下层肥料均匀,存在一定缺点(见图 2)。

5. 适时播种,争取一次播种一次全苗

(1)牛蒡种子的选择 最好选用 3 年采种法采的种子,最好用新种子,以防陈种子生活力不高致使牛蒡根产生歧根。可供选择的有柳川理想、白肌牛蒡、地黄早生等品种。

(2)播种期 除严寒和炎热的季节外,全年均可播种,生产上多在春、秋两季播种,春播在 3 月下旬至 5 月下旬,秋播一般在 9 月下旬至 10 月下旬。

(3)播种前土壤及种子处理

①播前在垄面每 667 米² 施 5％呋喃丹颗粒剂 2～3 千克,均匀拌入表土,防止地下害虫危害。

②做好发芽试验,以确定播种量和播种方式。

③将种子在阳光下晒 1～2 天,以便利用阳光中的紫外线杀死附着在种子表面的病菌。

④用相当于种子量 0.3％的甲霜灵杀菌剂拌种。

⑤用 55℃温水浸种 10 分钟。

⑥用 1 000 倍甲氧乙氯汞液水浸 1 小时。

⑦催芽。将种子在清水中浸泡 6～8 小时,用湿布包裹,置于

25℃条件下催芽,待种子露白时拣芽播种。如果采用种子带,就用晒过的干种即可。

(4)播种技术 牛蒡分单垄单行和宽垄双行两种播种方式。播种方法分条播、穴播2种。播种时先在垄顶开一小沟,沟深2～3厘米,浇小水,待水渗下后顺沟撒种称为条播;或按穴距7～8厘米点播,根据种子发芽率来定,点播2～5粒种子不等。用种量每667米² 0.2～0.7千克。播后覆土3厘米,或顺播种沟盖上地膜,待出苗后将膜去除。一般播种后7～15天即可出齐苗。

6. 抓好田间管理

(1)适时间苗、定苗 出苗后应及时间苗定苗。第一次间苗在子叶展开时,第二次间苗在幼苗长出1～2片真叶时进行。当幼苗长出5～6片真叶时应及时定苗。定苗时除去小苗、过旺苗、畸形苗,株距约10厘米,三角定向留苗每667米² 2万株左右。留苗过密,小株率高,商品率低,效益下降。定苗后,长不起来的小苗要及时除去,以节省养分。定苗时如发现有缺苗断垄现象,应及时移栽补苗。但一般情况下不主张移栽补苗或补种。间苗、定苗一般都在下午进行。

(2)中耕除草和培土 从出苗至封行前,应中耕2～3次。前期中耕除了消灭杂草外,还要松土、提温保湿以促进根系发育和幼苗生长。封行前最后一次中耕应结合向根部培土,以利于直根的生长和膨大。

对杂草偏重的地块,也可采用化学除草剂杀草。每667米²可用10.8%高效氟吡甲禾灵25～30毫升,加水50～60升,在牛蒡出苗后,从杂草出苗至生长盛期均可喷药。

(3)肥水管理 牛蒡需肥较多,施肥应本着基肥与追肥并重的原则。在施足基肥的基础上生育期还要追肥3次,以满足牛蒡的生长需要。第一次追肥在定苗后,植株高30～40厘米时,在垄顶开沟追施尿素,每667米²用尿素10~15千克,促进根系和幼苗生长。第二次追肥在植株旺长期,结合浇水把肥撒在垄沟里,每667米²用人粪尿1 000~1 200千克或尿素15千克。第三次追肥在肉质根膨大后,每667米²用人粪尿1 500千克,或磷酸二铵20千克,硫酸钾5千克追施。最好用钢筋打孔,把肥施入10~20厘米深处,然后封严洞,以促进肉质根迅速生长,达到高产优质。应当注意每次追肥应在距植株10厘米处开沟施入,勿靠植株太近。

牛蒡叶面积大,需水量较多,天旱时应及时灌水,但每次灌水量不宜过多,以经常保持见干见湿为宜。雨天要及时排水,防止烂根。秋播牛蒡要在封冻前浇一次封冻水,时间大约在"小雪"与"大雪"之间。

(4)病虫害防治 由于牛蒡在本地栽培历史较短,病虫害相对来说较轻。

①牛蒡的主要病害有黑斑病、褐斑病、白粉病和菌核病等。发生黑斑病时,可用1∶3∶400倍波尔多液或50%福美双可湿性粉剂600倍液防治;对褐斑病可用倍量式波尔多200倍液喷雾防治;对白粉病、菌核病可用70%甲基硫菌灵1 000倍液或75%百菌清可湿性粉剂800倍液喷雾防治。

②牛蒡的主要害虫有根结线虫、蚜虫、蛴螬等。

防治根结线虫有以下几种方法:

可以实行2~3年轮作,轮作是最简便有效的方法。

在整地前每667米²用1.8%阿维菌素乳油500毫升拌细沙25千克均匀撒施地表,然后翻耕10~15厘米,防效可达90%以上。

每667米²可用氯唑磷颗粒剂3千克在播种时撒入播种沟内,随后播种。

在牛蒡生长期间,用1%海正灭虫灵乳油5 000倍液每株灌根250克,持效期可达60天,对蔬菜无残毒,对土壤无污染。或用敌敌畏乳油 1 000～2 000 倍液灌根防治。

蚜虫的防治方法有以下几种：牛蒡上的蚜虫，多为黑色，在点片发生时即应喷药防治，农药可选用 40％乐果 1 500 倍液，或 50％抗蚜威（辟蚜雾）2 000 倍液。

蛴螬的防治方法有以下几种：

合理安排茬口，前茬为豆类、花生、甘薯和玉米的地块常受蛴螬的严重危害，不宜使用。

秋末冬初，在危害严重的地块，可在秋末冬初深翻土地，使其被冻死、风干或被鸟类吃掉。

人工捕捉在 5～7 月成虫大发生的时期，可在傍晚 6～9 时金龟子取食交配时，直接人工捕捉成虫，可有效防治金龟子产卵。

使用化肥抑虫，在翻地时施用碳酸氢铵、氨水作基肥，其散发出的氨气，对蛴螬等地下害虫有一定的防治作用。

使用腐熟的厩肥，金龟子对未腐熟的厩肥有强烈趋性，常将卵产于其中，因此有机肥用前一定要腐熟，以杀死虫卵和幼虫。

利用黑光灯诱杀，以灯光、趋化剂、性诱剂引诱成虫。

用 50％辛硫磷乳油拌麦麸于傍晚撒在植株附近诱杀。

地老虎的防治方法有以下几种：

地老虎一般在 5 月上旬发生危害，二龄后幼虫食量剧增，白天躲在离土表 2～6 厘米深处，夜间爬到地面危害，三龄前的幼虫咬食植株的心叶。防治办法如下：

捕杀幼虫可在早晨扒开新被害植株周围的表层土捕捉幼虫。

毒饵诱杀幼虫，每 667 米² 用 90％敌百虫晶体 50 克，或 50％辛硫磷 100 毫升，对适量水配成药液，拌入 3～4 千克炒香的麦麸或粉碎的花生饼中，傍晚顺垄撒入田间，可有效地防治地老虎。

牛蒡田鼠害的发生与防治：

华北鼢鼠，别名地老鼠、地羊、瞎老鼠等，近年来在山东苍山发现危害牛蒡。田间打沟机开沟的地方土较疏松，地老鼠易沿牛蒡

沟的中部掘洞,受其危害的牛蒡产生杈根,商品率降低,防治的办法主要有以下几种:

可采用毒饵法防治。诱饵选用胡萝卜、马铃薯、甘薯等,药剂选用氯敌鼠钠盐、杀鼠醚等。在洞道上,挖一个上大下小的洞口,取尽落入洞内的土,再用长柄勺将毒饵投入到洞深处,后用草皮将洞口严密绷住。

水灌法。浇地时,挖开洞口,将水引入,可淹死地老鼠。

7. 适时采收

牛蒡播种后100~130天便可收获,但也可根据当地加工部门的需要及行情的好坏来决定提早或延迟收获。春播牛蒡于当年秋季或翌年春、夏采收;秋播牛蒡于翌年夏或秋季采收。

采收时,先用刀距地表10~15厘米处割去叶丛,然后沿牛蒡一侧挖宽20~30厘米、深60~70厘米的沟,散开土壤,握住基部,斜向上75°用力很容易将根拔起。注意防止折断和损伤,去掉泥土,在留叶柄1~1.5厘米处切齐,按收购标准分级捆好,每捆约5千克左右,高产田块每667米^{2}可产牛蒡根2000千克左右。

8. 防止歧根形成应注意哪些问题

一是选择土层深厚,土壤颗粒细小,黏度适中的土壤;

二是选用生活力强的新种子;

三是用充分腐熟、细碎的有机肥;

四是保持土壤湿润,但要防止过涝;

五是使用化肥浓度不要过大,以免烧根尖。

三十七、温室蔬菜静止法
平面无土栽培技术

蔬菜静止法平面无土栽培,具有降低劳动强度、省工、省时、清洁干净、节约用水、不易发生病虫害,而且投资少、操作简单等特点;生产出的蔬菜无污染、品质好,符合发展方向。可在土壤中有害微生物及病虫害严重或土质较差的温室大棚内进行,也可在条件较好的温室大棚内推广。

1. 建水池与开地槽

(1)建水池 水池是用来稀释营养液的必备设施,如用水泵供液,可建地下池;如用重力滴灌(靠落差自流)可用专用塑料桶,其架设时底部要高出地面 1 米以上。水池要建在温室入口端,尽量少占地面空间。水池(桶)的大小要根据需要而定,一般每 667 米^2 地建 2.5 米^3 就可以,每次滴灌前提前几天加好水,以便提高水温。池内壁划上精确刻度,计算出相应的水量,以便于观察和稀释营养液。

(2)开地槽 简单地讲,静止法平面无土栽培就是将蔬菜种植在不漏水的砂槽里,然后用特制的营养液浇灌;砂槽就是在平整的地面上开出深 25 厘米左右、宽 55 厘米左右的沟,铺上塑膜,填满基质就行了。

具体做法是在靠温室北墙留出 80 厘米宽、高出地面 20 厘米以上的过道;地槽呈南北走向,按槽宽和工作路的宽度划好线,工作路宽也就是两槽的间距,挖槽 15~20 厘米深,把土垫在工作路上,形成槽深 25~30 厘米;同一温室的槽深高程要一致,以免浇灌时出现湿度偏差。槽和工作路的宽度,要根据种植作物品种的要求而定,如番茄、黄瓜、甜瓜、茄子等无限生长型的栽培方式,槽加工作路共计宽 1.3 米,槽宽 50～60 厘米,工作路宽 70～80 厘米,每槽按两行种植。

2. 铺设塑膜布设滴灌温室消毒

(1)铺设塑膜 地槽挖好后要铺设塑膜防漏。铺地槽的塑膜要选用有韧性、不易破损的聚氯乙烯膜;如使用旧棚膜,不能有破损,以防营养液流失,塑膜的铺法一般是将栽培槽的底部、两侧及工作路全部覆盖,塑膜南北长度要长于槽长 60 厘米,两端折上来以防营养液流失。槽内铺塑膜前要用杀虫药处理,以免蝼蛄等地下害虫钻破塑膜。

(2)布设滴灌 在栽培槽北端,东西方向设一直径 32 厘米的滴灌专用主管道,主管道中间断开,用同样的塑管通过三通与水池出口的过滤器及阀门连接;在主管道上对准每个栽培槽的位置打孔,为每槽按滴灌管用,滴灌管每槽两根,顺定植点布设,滴灌管上的滴孔要朝上,以免被根系堵塞。

(3)温室消毒 如果时间允许,采取常用的高温闷棚法最好;如果用药剂消毒,可用下面几种方法:①每 667 米^2 棚用敌敌畏 0.5～1 千克、硫磺粉 1～2 千克、锯末 3～5 千克混匀后在温室内点燃,密闭 24 小时;②敌敌畏烟剂、百菌清烟剂按说明使用;③每 667 米^2 棚用威岛希菌剂 2.5 千克喷雾棚内所有部位,可有效杀灭病菌,掺上敌敌畏 1 000 倍液,也兼顾灭虫。

3. 基质处理

(1)培养基质 基质是掩埋根系的固体物质,主要作用一是固定和支持作物,二是保持营养水分,三是疏通根区空气。选用基质时主要考虑对人无害、利于植物生长、价格便宜、来源广泛、不易分解、重复利用率高等因素。常用的基质有沙、珍珠岩、炉渣、蛭石、炭化稻壳、锯末等。通常选用沙掺炉渣较为经济;沙的粒度以沙粒直径 1～3 毫米混合沙为宜;炉渣粒大的像花生粒大小,小的 1～3 毫米。按体积比,炉渣比砂＝1:2 的比例混匀,碱性较强或燃烧不充分的炉渣,用前要进行水洗。

基质要进行消毒处理,常用的消毒方法是将 40％甲醛原液稀释 50 倍,用喷雾器将基质均匀喷湿、拌匀,用塑膜封盖好,经 25 小时后揭膜风干,2 周后即可使用。注意必须提前处理好,以免延误植苗时间。

换茬消毒时不必将基质由槽内全部取出,将基质向两侧工作路翻开,喷洒 40％甲醛 50 倍稀释液,然后回填并覆盖塑膜,经 25 小时后揭膜风干,约 2 周后即可使用。如果时间不允许,可采用药剂消毒法,每 667 米^2 用 50％辛硫磷、80％敌敌畏、50％福美双、五氯硝基苯各 1 千克,在水池中稀释成 1 000 千克水溶液,用滴灌输入槽内基质,4 天左右即可使用。

(2)填充基质 将处理好的基质填平铺好塑膜的地槽。填充基质时要注意保护好塑膜,避免破损漏水。在每槽的两端各埋放一个"观察井",便于以后掌握浇水量。观察井可用去了底的矿泉水瓶代替,口朝下立在槽底(口处打几个小孔以利渗水),用基质埋住,可通过上面看槽底是否有水,是否需要浇灌。

4. 定植方法

定植前用 150 倍营养液稀释水浇灌地槽基质,湿度与土壤栽培墒情相似,这种经验也完全适用于以后日常管理时判断是否浇灌。

将经消毒处理好的种苗按一定株行距植入填满基质的槽中,然后用地膜将槽覆盖,以减少蒸发,在定植点开口将苗露出膜外;定植后如光照强烈要上遮阳网,将草苫间隔放下,减少光照以利缓苗。

基质与土壤不同，槽底积水时上面可能还较干，刚定植的苗子根系未伸展，可能吸收不到下面的水分，所以，植后初期要常用水壶给单苗补充200倍的营养液稀释水。

5. 日常管理

日常管理与土壤栽培基本相同，所不同的是浇灌营养液。何时浇，浇多少，是由槽内基质的墒情决定的，即缺水就浇，不能浇涝，判断旱与涝的方法与土壤栽培一样。由于槽内铺有塑膜，水分不会渗漏流失，因而用水量大大降低，是土栽大棚的1/6。所以，浇灌时应掌握不能浇涝，一般来说，通过观察井看到槽底约有2厘米深的水时，就停止浇灌。

正常情况下，植物对营养的吸收和对水分的吸收是有一定的比例关系的，营养液是根据这种关系配制的。在每次浇灌时给植物提供了适量的水分和营养，不必额外增加某种营养，尤其是不能轻易向营养液或基质内加其他肥料和农药，以免破坏营养液的平衡。但叶面肥可合理使用，也可将营养液按100倍稀释后喷在叶面上。在有些情况下，植物对营养和水分的吸收比例会发生大的变化，如高温多晒、阴天等。高温多晒时，会出现营养充足但水分缺乏，此时可浇灌清水，也可将营养液调稀，如120倍或更稀。一般来说，一天只需浇灌一次营养液，如出现旱象时，应浇灌清水。阴雨天时，植物会出现水分充足但营养缺乏，此时可将营养液浓度调为75倍浇灌，但要注意，营养液调到75倍时，浓度已经很高，再高会影响产量，甚至会伤害植物。至于是否改变营养液的浓度或是否需要浇灌清水，可由管理者根据土壤种植时的判断是缺肥还是肥力过剩来决定。

三十八、低碳、高效节能大棚蔬菜栽培八要点

近年来，山东省平阴县保护地蔬菜发展很快，模式多样化。他们在实践中总结出大棚蔬菜低碳、高产高效的一整套栽培技术，要点如下。

1. 建 棚

选择地势高，大雨过后不积水，地下水位 1 米以下，排灌条件好，土壤肥沃、疏松、透气性好、土层深厚、保肥保水、背风向阳，交通方便的地方。

(1)坐向 坐北朝南，并偏西南 3°～5°为好，接受阳光时间长，提高光能利用率。方法是在中午(11：40～12：30)立一直杆，选影最短距离作垂线，再偏西南 3°～5°划直线，做后墙基准线。

(2)高度和跨度 高度和跨度应根据当地纬度来定。高度和跨度决定大棚采光面的角度，光面的角度左右着阳光入射角的大小，太阳光的投射率与光线入射角关系密切。在平阴县(北纬 35°左右地区)一般采用脊高 3～3.5 米、宽 8.5～9 米为好，比高 4.8 米、宽 12 米半地下式增产 20%。

(3)形状 采用大拱圆形。结构坚固，抗压力强、膜面凸起，便于使用压膜线，增光 20%，防风性能好，保暖保温，便于扫雪。

(4)墙体 1 米即可，中间加保温层。墙体建成后，在墙外增设保温层可用普通农膜将后墙包裹严密，在墙与薄膜缝隙内添碎草 20 厘米，再用铁丝绑缚、泥土封严即可，提温 3℃～5℃。室内挖防寒沟(铺设杂草，防止土热量外传。同时能吸收蒸汽雾滴，吸

收水分,经土壤微生物分解发酵,放出热量和二氧化碳)。

2. 种植模式

采用宽窄行、南北行 M 形小高垄种植,垄高 20～25 厘米,垄顶上栽植蔬菜,再覆白色地膜,土壤表面积增大,接受的热量多,土温高 2℃～3℃。土层厚、利于发根。膜下灌小水、暗水,浇水沟浅窄,节省水。减少土壤板结,降低室内湿度,病害少。大行为操作行,管理方便。

3. 调节温、湿度和光照

大棚蔬菜长期处在低温高湿的环境下,病害加重,要通过高温管理,来提高土壤温度。采用 M 形高垄种植,覆盖地膜,膜下浇小水暗水,湿度降低,减少病害发生。调节温度比白天露地作物生长最适温度高 2℃～3℃。辣椒、番茄 30℃～33℃,瓜类(黄瓜、西瓜、甜瓜)32℃～35℃,茄子 33℃～36℃,叶菜类 25℃～28℃,夜间 10℃～18℃。不高于 33℃不放风,下午放风至 18℃～20℃。因为陆地菜多是春种、夏秋收获,开花结果期温度为 30℃～35℃,有时达 37℃ 10 小时,夜间气温 25℃以上,高温使作物根系发育好,根深,分布广,数量多,叶茂、果多。为此棚内温度调节比白天露地作物生长最适温度高 2℃～3℃为宜。

据我们观察测定,棚室进入寒冬后,白天 5 厘米地温比气温低 5℃,平畦种植低 8℃～10℃,深层土壤温度更低。根系生长发育最适温度为 28℃～34℃,相比之下低 8℃～12℃。光合速率是随温度的升高而加快的,光合适宜温度 28℃～33℃,此时吸收二氧化碳也多,光合产物就多,养分积累就多,产量高。我们只有提高棚内温度,促使地面温度升高,利于根系生长,根壮苗旺,获得高产。

黄瓜功能叶顶叶展开叶 4～6 片最强,以下逐渐减弱,12 片叶以后入不敷出,所以多的叶应去掉,最多保留 12～15 片叶。

覆盖地膜,土壤水分蒸发量减少,水分供应充足,加速了叶片的蒸腾作用,降低叶片温度。一般叶片温度比室内低 3℃～6℃,(开启风口低 5℃,不开风口低 3℃),即使室内空气温度明显高于光合适宜温度时,叶片仍处于光合作用的适宜温度范围。

适时揭盖草苫,延长光合时间。及时清洁擦洗棚膜。棚内后墙挂反光膜(1 米左右即可)提高产量 20% 以上。实行南北行向、宽窄行种植。合理稀植群体总高控制在室内高的 3/5,密度调整为黄瓜 3 300～3 800 株/667 米^2,番茄 2 500～3 000 株/667 米^2,辣椒 2 000～3 000 株/667 米^2。

4. 科学施肥浇水

配方平衡施肥,培肥地力。增施有机肥、生物菌肥、微肥,土壤疏松肥沃,经微生物发酵,释放二氧化碳气肥,供蔬菜生长。一般施肥选择在晴天上午进行,做到撒肥、浇水、覆膜同步进行,并适当开启通风口。严禁阴天、下午追肥浇水。否则肥料挥发氨气、水蒸气不能及时排除,会危害蔬菜生长,诱发病害。

据实验每生产 500 千克黄瓜需氮、五氧化二磷、氧化钾肥分别为 1.35 千克、0.65 千克、1.7 千克,番茄 500 千克需肥为 1.5 千克、0.3 千克、2 千克,辣椒 500 千克需肥为 1.75 千克、0.25 千克、2 千克,茄子 500 千克需肥为 1.6 千克、0.45 千克、2.25 千克,芹菜 500 千克需肥为 1 千克、0.45 千克、1.9 千克。

建议每 667 米^2 施腐熟的鸡粪 3 米^3 +8 米^3 牛粪(猪粪),鸡粪过多易徒长、出现盐渍化。复合肥 100 千克(15-15-15)+活性菌肥 200 千克+50 千克尿素+冲施肥 20 千克。基施粪肥+复合肥 60%+菌肥。追肥要结合生育周期进行,生育前期一般不追肥,待番茄第一穗果坐齐,长至核桃大小时(黄瓜根瓜坐住,茄子坐住门茄,辣椒坐住门椒)追施第一次肥料。一般 11～12 月份,3～4 周冲 1 次 7.5～10 千克;3～5 月份,2～3 周冲 1 次 10 千克左右。冬至前 10 天左右必须施 1 次有机肥,控制施肥面积 1/4(严禁撒施,以免放出过多的氨气)。间隔 7～8 天 1 次,一个月轮回 1 次。因为冬至后天气凉,温度低,特别是地温降低更为明显,根系活性受阻,加之通气量减少,棚内二氧化碳缺乏,光合产量降低。此时追施有机肥,可发酵提高地温,促进根系发育,又可放出二氧化碳,促进光合作用,提高产量。

浇水要做到看苗、看地、看天气确定是否浇水。需浇水时,要浇暗水,膜下浇水。晴天上午浇,下午不浇水。阴天不浇水,浇井水($15℃～16℃$),不浇河水和坑水,以免降温。浇水前要喷天达 2116＋噁霉灵杀菌剂,提高蔬菜的抗性,以防浇水后湿度高而诱发病害。同时注意阴天、下午不打药,以免增加棚内湿度。如此处理可节约用水,促进根系发育,株株健壮,少患病害,利于丰产、高效。

5. 培育壮苗

培育壮苗是大棚菜栽培极为重要的技术措施。要采用大钵育壮苗,育大苗(10 厘米见方),营养土用腐熟的有机肥 1 份＋3 份锯末＋6 份表土,膜下浇水,天达 2116＋噁霉灵浸种,适温育苗,培育壮苗。用嫁接苗抗病。苗床喷药、出苗后 7～8 天喷 1 次,移栽前喷一次药,天达 2116＋噁霉灵＋有机硅＋杀菌剂轮换喷。移栽前要炼好苗,减少缓苗时间,提高成活率。

6. 茬口安排

棚室栽培蔬菜最好不要多茬种植,平阴县黄瓜每 667 米^2 产 30 000 千克,番茄每 667 米^2 产 15 000 千克的高产典型也证明棚室栽培蔬菜最好一年一茬。番茄可采用三穗果一次摘心,顶穗果下留一小杈,再在三穗果一次摘心反复进行,主蔓长达 5～6 米。茄子留门茄、对茄、四门斗控制,只留一边杈,长到 1.5 米长时打顶,茄子采收后剪掉,让另一边生长,同样方法轮换生长,打顶权在中午进行,温度高不感病,伤口愈合得快。每 667 米^2 产 15 000 千克。

7. 吊蔓和落蔓

用细绳,番茄绳长 5 米、黄瓜绳长 6 米,系住茎蔓,多余的绳固定在上面钢丝上,待茎蔓长到一定长时逐渐落蔓。

当黄瓜第一穗果摘后,下部 3 片叶去掉,就地 30 厘米直径转圈即可。番茄落蔓时,采用两行同时相反方向转圈落蔓。选择在晴天中午进行,前 5 天不浇水,落秧前喷药杀菌。

8. 大棚蔬菜病虫害发生的原因及综合防治措施

近几年,我们针对全县的大棚蔬菜病虫害发生十分频繁,危害极为严重的现状进行了调查分析,找出了发病原因,筛选出了有效的防治措施,促进了蔬菜产业的发展,增加了菜农的收入。

(1)大棚蔬菜病虫害发生的原因

①**倒茬困难,不易轮作** 一般大棚温室每年要种植黄瓜、番茄、西葫芦等经济价值较高的蔬菜,致使一些病菌增多,蔓延加重土传病害发生。如苗期猝倒病、黄瓜枯萎病等病害。

②**低温高湿,管理粗放** 因低温、光照差造成的和低温有关的生理病害问题十分突出,再加上温室内高湿持续时间长,更有利于病菌再侵染。如日光温室中番茄、西葫芦的灰霉病以及黄瓜的霜霉病,在这种情况下发生非常严重。

③**昼夜温差大,易结露** 经观察,11月份、翌年2月下旬至3月份,温室内 30℃的温度可持续 5 小时左右,夜间 16℃以下的温度可持续 4～6 小时,夜间植株叶面结露达 4～5 小时,且高湿及叶面上的水滴或水膜满足了病害的发生,因此黄瓜霜霉病发生严重。

④**冬季地温低**　由于地温低,使蔬菜分苗定植期伤口愈合缓慢,拉长了病菌侵染期,加之植株生长弱,抗病能力低下,造成侵染病害明显加重。如茄子黄萎病在冬春茬温室中,发病率要比露地高。

⑤**生物防治技术滞后,综合防治不到位**　菜农们存有"农药万能"、单纯依靠化学农药的做法,造成综合防治技术不到位,且菜农缺乏病虫害综防知识,使用农药不科学,防治效果差。大棚温室蔬菜病虫害一旦发生,菜农为了尽快控制危害、减少损失,用加大施药量和增加施药次数、滥用农药,既起不到应有的效果,又易引起病虫产生抗药性,导致了病虫的再猖獗。忽视了农业防治、生物防治、物理防治等综合防治措施,造成大棚蔬菜病害发生程度比大田作物高 6～7 倍的严重后果。

影响大棚蔬菜病害发生蔓延的因素:一是足量的病源,如果周围环境中无病菌或有很少病菌,蔬菜就不会感病或很少感病;二是适宜的温湿度条件,蔬菜才能发病;三是病菌在植株衰弱、抗逆性能低下的条件下,才能得以感病、蔓延和迅速发展。

病菌是发病的首要因素,而这一问题恰恰被菜农忽视。我们在大棚外面路旁、沟边看到病叶、病秧和病果,且不断散发病菌,并随风、人进入棚内,危害蔬菜。低温、高湿、弱光和短日照等环境是发病的主要条件,强光能杀死病菌,弱光能利于病害的滋生、发展;气温 15℃～25℃ 适宜病害发生,高于 30℃ 不易发病,32℃ 以上不发病;空气相对湿度达到 90% 以上(最低 88%)时才发生病害,湿度降到 80% 以下则不易发病。植株是否健壮是发病的重要因素,植株健壮,抗病力强,不易感病,即使感病也易防治。为此应采取清除病源、高温低湿、培育壮苗的管理措施,预防病害的发生。

(2)大棚蔬菜病虫害防治措施　大棚温室蔬菜病虫繁殖快,危害重,必须贯彻"预防为主,综合防治"的原则。具体为:

①**选用抗病品种,增强植株的抗病能力**　在实际生产中应尽

量选用抗病品种,并要考虑品种的丰产、优质特性,种植时注意品种搭配,避免单一品种长期连片种植。如毛粉 802 抗番茄病毒病,长茄较圆茄抗茄子黄萎病,辣椒较甜椒抗疫病等。

②**合理施肥,加强田间管理** 疏松土地、增施有机肥,生物菌肥,配方平衡施肥,实行轮作,清洁大棚温室内病虫残株,减少病虫来源,压低病虫基数,加强水肥管理,提倡施用沼气肥,喷施沼液;应用沼气灯增加光合作用,补施叶肥二氧化碳等措施,可以大大增强植株抗性。忌大水漫灌、阴天不浇水等,可防止病害发生。

③**提温、降湿,生态防治病虫** 利用温室密闭的环境,形成有利于蔬菜生长,不利于病害生长条件,达到防病的目的。首先是控制湿度。大棚温室蔬菜栽培必须起垄覆膜、灌水要做到膜下暗灌,最好应用滴灌或渗灌、行间铺草等措施控制湿度。其次是增温排湿。早晨适当提早揭帘,打开通风口 3~5 厘米排风半小时,封闭棚膜提高温度升至 28℃~32℃,下午要适当通风,棚温控制在 20℃左右,掌握好揭帘和盖帘时间,注意保温。黄瓜霜霉病要做到"四温段"管理制,即上午 8~10 时棚温控制在 30℃~32℃,最高不能超过 35℃,相对湿度降至 75% 以下,下午 1~6 时,温度降至 20℃~25℃,相对湿度降到 70% 以下,前半夜温度控制在 15℃~20℃,相对湿度小于 80%,下半夜温度控制在 13℃以下,相对湿度小于 90%。

④**嫁接防病** 利用黑籽南瓜嫁接黄瓜深冬茬栽培,不仅解决了黄瓜枯萎病问题,增强了黄瓜耐低温能力,而且延长了结瓜期,提高了产量和效益。实践证明,嫁接是防治土传病害一条经济有效的途径。

⑤**物理防治** 采用温汤浸种,杀死种子表面和种子内部潜伏的病菌;深耕晒垡,高温闷棚(7 月 20 日至 8 月 10 日,棚温 70℃,土温 60℃,敌敌畏＋1.5 千克麦糠撒于地面,3~4 堆柴火上面放锯末硫磺粉,产生二氧化硫、三氧化硫杀死细菌、真菌、线虫)等防

治土传病害,利用温室白粉虱、蚜虫、美洲斑潜蝇等害虫的趋黄性,设黄板诱杀。

⑥**化学防治** 化学防治是防治病虫害的重要手段,它具有使用简便、效果明显的特点,菜农很容易掌握。但蔬菜病虫种类多,农药品种复杂,使用不当易促使病虫产生抗药性,污染蔬菜,有害于人体健康,因此,必须做到科学合理用药,适期早防。同时要积极开发和推广生物农药、高效低毒低残留农药,如粉尘剂、烟雾剂等,将土壤消毒、种子处理及药剂喷雾、喷粉、熏烟等方法有机结合起来,把病虫害的防治手段,提高到一个新的水平。常用防治白粉虱的化学农药有:以氯氟氰菊酯、溴氰菊酯、高效氯氰菊酯效果较理想。防治美洲斑潜蝇的化学农药有:以毒死蜱、辛硫磷、4%阿维啶虫脒、氯氟氰菊酯为宜。防治晚疫病、绵疫病、霜霉病等卵菌病害的化学农药有:以天达噁霉灵、锰锌乙铝、代森锰锌、噁霜·锰锌、三乙膦酸铝、银发利等。防治灰霉病、叶霉病的化学农药有:以异菌脲、腐霉利、达克宁等。防治番茄早疫病的化学农药有:可选用大生 M-45、苯醚甲环唑等。防治白粉病的化学农药有:分粉刺、醚菌脂、戊唑醇等。防治根、茎部位发生的病害,施天达噁霉灵+天达 2116 药液,将喷头紧贴茎部,使药液顺茎部流到根茎部位以保证防效比灌根节约药液。要注意根茎部位松土降低湿度。防治病毒病的农药有:天达噁霉灵+天达 2116+裕丰 18+吡虫啉或天达 2116+有机硅+DT 原粉+克曲叶病毒原粉等。防治细菌性病害的农药有噻唑锌、巴宁、氢氧化铜、多宁、硫酸链霉素等农药。

严禁加大施药量和增加施药次数、滥用农药,做到合理、交替轮换用药。

三十九、大白菜高产高效栽培技术规程

（一）春大白菜栽培技术规程

1. 加温温室育苗

首先要选用适宜当地栽培的春栽品种。

采用营养钵育苗或营养土方格育苗均可。营养土配方可采用草炭和田间土等量混合，或由腐熟粪和园田土按 3∶7 比例混合而成。3 月 10~15 日播种，播种前先浇足水，待积水完全下渗后播种，然后盖一薄层细土。育苗的关键技术在于温度管理，因此必须选择条件较好的加温温室育苗，最低气温最好在 15℃以上。加温效果欠佳的温室还可覆盖小拱棚以起到保温作用。幼苗出土后应适当控制水分，最好将白天温度降至 20℃以下，避免徒长，并及时间苗。苗龄一般控制在 1 个月左右，定植叶片数 6~7 片。

2. 适时定植，合理密植

露地定植期为 4 月 10 日左右，定植前每 667 米² 施腐熟畜粪 4~5 吨作基肥，整地做畦，采用平畦或小高畦栽培。一般畦宽 1 米，畦长 5~8 米，每畦定植 2 行，株行距为 35 厘米×50 厘米，定植密度为每 667 米² 3 500 株左右。定植后覆天膜保温防寒，覆膜方式可依照早春油菜（小白菜）覆膜法，有条件的可采用小拱棚覆盖方式。随着气温回升，逐步扎破天膜，约半个月以后待最低气温升至 15℃以上时全部去膜。

3. 肥水管理

北方地区适宜春白菜生长的季节较短。在春白菜的管理上必须紧抓一个促字,一促到底。围绕这个原则,去膜后要及时中耕,促进根系发育。加强肥水管理,一般 3～5 天浇水 1 次,苗期可追施尿素每 667 米^2 20 千克,进入结球期后,每 667 米^2 再追施复合肥 25 千克、硫酸铵 20 千克。

4. 病虫害防治

蚜虫是防治的重点对象。防治蚜虫必须从温室育苗开始,育苗场所应尽量避开虫源,一旦传上蚜虫需连续用药将蚜虫根除干净,否则不仅影响幼苗生长,而且给定植后的虫害防治带来困难。氧化乐果乳油仍是治蚜的首选药。幼苗期浓度应低一些,防止药害,莲座期以后可喷 800～1 000 倍液,和溴氰菊酯混用可兼治菜青虫。如有小菜蛾发生,可喷 2 000 倍液氟虫脲,需连续喷药 2～3 次,但连续喷药需间隔 10～15 天,以防害虫抗药性的产生。但田间一旦发现软腐病株应及时连根清除,以减少病菌随雨水传播。

(二)夏大白菜栽培技术规程

山东各地种植夏大白菜一般于 5～7 月播种,生长期为 55～60 天,7～9 月收获。此茬大白菜的生长期正处于炎热多湿或干旱季节,植株生长衰弱,易感各种病害,常造成严重减产。种好此茬大白菜,应掌握好以下技术要点。

1. 整地起垄,选用良种

前茬作物收获后,及时消除残株、杂草,结合耕地每 667 米^2 施腐熟圈肥 3 000～4 000 千克,三元复合肥 40～50 千克,或过磷酸钙 20 千克,尿素、硫酸钾各 10 千克,深翻细耙,使土地平整。为利于排水,须采用高垄或高畦栽培,垄距 60 厘米,垄面宽 30～35 厘米,垄高 20 厘米左右,垄顶和沟底都要整平。夏播大白菜,应选用耐热、耐湿、耐强光、抗病、营养生长速度快、早熟、生长期 50～60 天、结球习性符合当地食用习惯的品种,如津白 56、春夏王、夏抗 50、热抗白、小杂 56、青夏 3 号、德阳 01、夏王等优良品种。

2. 立足防病,管好幼苗

夏播大白菜生长期短,一旦病虫危害后,基本再无补偿的生长时间,发现病虫害要及时防治。播种后,及时浇灌垄沟,湿透垄背,使种子处于足墒湿土中,以利出苗迅速整齐。从幼苗出土到团棵这段时期重点要防病、保苗,喷施保护性农药和叶面肥,提高幼苗抗病力,防止霜霉病及细菌性病害的发生。在田间一旦发现软腐病株应及时连根清除,以防止病菌随雨水传播。

3. 合理密植,肥水早促

早熟品种单株较小,生长期短,合理密植是获得丰产的重要措施。一般行距 50～60 厘米,株距 35～40 厘米,每 667 米^2 2 700～3 300 株。应及早进行追肥、浇水,促其快长,一般不蹲苗。共追肥 3 次,分别在 4～5 叶间苗后、定苗后、结球初期。追肥以氮素化肥为主,配合磷、钾肥,以提高品质。叶球生长旺盛期,要及时捡除基部黄叶后进行束叶。在收获前 2～3 天浇足收获水,能显著提高夏白菜鲜嫩程度和产量。

4. 使用遮阳网、防虫网,防治虫害

有条件的菜田架设遮阳网或防虫网,遮阳防蚜,降低田间温度,并可防暴雨毁坏小苗。雨后晴天应浇井水冲洗淤泥,以保证苗全苗旺。蚜虫和菜青虫是防治的重点对象。育苗场所应尽量避开虫源,一旦传上蚜虫须连续用药将蚜虫根除干净,否则不仅影响幼

苗生长,而且给定植后的虫害防治带来困难。

5. 适时收获,及时出售

夏白菜在叶球基本形成后,可根据市场需要及时收获,防止后期叶球充实卖不及时,天气炎热造成田间腐烂。

(三)夏秋大白菜栽培技术规程

大白菜又称结球白菜,我国南北各地普遍种植,产量高,管理省工,耐贮运,供应期长,适于大面积种植。大白菜是一种高产蔬菜,技术性较强,因此,必须抓好每一个技术环节。

1. 地块选择

选择疏松、肥沃、有排灌条件的壤土或轻黏土地,避免和十字花科蔬菜连作,最好实行 2~3 年轮作,以防病虫害传播。

2. 品种选择

选用抗病、优质、丰产、商品性好的早、中、晚熟品种。

3. 施足基肥、整地

每 667 米^2 施充分腐熟的圈肥或鸡粪 3 000 千克,过磷酸钙或复合肥 30 千克。来不及施基肥时,可施种肥,条播每 667 米^2 施尿素 3~6 千克,穴播 2~5 千克,注意化肥不能直接和种子接触。一般采用高畦栽培,垄高 10~15 厘米,垄宽 40 厘米,垄畦之间 60 厘米。起垄后,每 667 米^2 喷施除草剂氟乐灵 140 毫升,然后和土壤混合均匀,以防光解失效。

4. 适期播种

大白菜要求播期非常严格,应根据气象条件和品种选择适宜的播期。山东省冬贮大白菜一般在8月上中旬(立秋前后)播种，11月上中旬收获；夏季大白菜一般在7月下旬播种，9月下旬上市。播种方式有直播和育苗移栽两种，直播可采用穴播或条播。播后覆盖细土0.5～1厘米厚，搂平压实。

5. 田间管理

①**间苗定苗** 播后15天左右及时间苗,5厘米内留1～2株,播后20天(7～8叶时)定苗。如有缺苗,在出真叶前后补栽上。

②**合理密植** 一般生育期100天左右的品种,每667米^{2}种植1600～2100株;80～90天的品种每667米^{2}种植2200～2400株;60～70天的品种每667米^{2}种植3000～4000株。一般生长期长的地区适当稀些,直播的比移栽的稀些,肥力好的稀些。

③**中耕除草** 间苗后及时中耕除草,封垄前进行最后一次中耕。中耕前浅后深,避免伤根。

④**适时浇水** 播种后及时浇水,保齐苗、促壮苗。定苗、定植或补栽后浇水,促返苗,莲座初期浇水促进发棵。包心中期结合追肥浇水,后期适当控水促进包心。

⑤**适量追肥** 大白菜追肥的原则是:以速效氮肥为主,速效磷、钾肥为辅,分期施用,收获前20天内不再施用速效氮肥,配合进行根外追肥。出苗后25～30天进入莲座期,有草拔除,不深耕,不破垄背,每667米^{2}追尿素15～20千克(可在前1天傍晚撒入菜棵周围10厘米处)和腐熟人粪尿或沼液500～700千克,随后浇水,2～3天后补浇1次。进入包心期,每667米^{2}顺水施入20～25千克的尿素或1000千克腐熟人粪尿或沼液,15天后再施入15～20千克人粪尿或沼液,以促快结球包心,同时注意防治蚜虫。

⑥**根外喷施** 此项技术运用得好坏对大白菜的优质丰产关系密切,实际生产中要灵活使用。在莲座期到成球期,喷施沼液或浓度为0.3%～0.4%磷酸二氢钾溶液或300～500倍液的米醋液,7～

10天1次,连喷2～3次,可明显增加球重,一般增产15%～25%,在莲座期、结球期、包心期分别喷施浓度为0.03%、0.05%、0.08%硝酸溶液,可增产10%以上。包心期喷施30～40毫克/千克的赤霉素1～2次,可促进包心,提高品质,一般增产20%左右。

6. 病虫害防治

①**菜青虫、小菜蛾** 可采用白僵菌、苏云金杆菌等进行生物防治,或用5%定虫隆(抑太保)2 500倍液、5%氟虫腈(锐劲特)悬浮剂2 500倍液喷雾。

②**霜霉病** 用75%百菌清可湿性粉剂(达霜宁)600倍液、25%甲霜灵可湿性粉剂800倍液、25%甲霜·锰锌(诺毒霉)可湿性粉剂400～600倍液喷雾。也可用69%安克锰锌(烯酰吗啉＋代森锰锌)可湿性粉剂500～600倍液、72%锰锌霜脲可湿性粉剂(克抗灵)1 200倍液交替喷雾,7～10天1次,连续进行2～3次。

7. 捆叶与收获

大白菜在收获前5～10天(一般为10月下旬)用稻草或地瓜秧将莲座叶捆住。大白菜叶球长成后就要及时收获。一般在立冬至小雪收获,作为贮藏白菜。

四十、玉米间作大葱
高产栽培技术

玉米田间作大葱每 667 米² 产量可达 6 000 千克、玉米每 667
米² 产量 800 千克的好收成。操作方法如下。

1. 品种选择

大葱品种可选用掖选 1 号、章丘大葱、梧桐大葱等适合当地种
植的品种。

玉米品种选用郑单 958、登海 1 号、农单 5 号等中早熟、耐密
植、产量高的品种。

2. 大田整地施肥

5 月底 6 月初小麦收获后,按 1 米行距挖定植沟,沟深 40 厘
米,宽 80 厘米,埂宽 40 厘米,每 667 米² 用充分腐熟有机肥(鸡粪、
猪粪)1 500 千克,并拌 3% 辛硫磷颗粒剂 3～5 千克(主要用于防
治地下害虫),碳酸氢铵 200 千克,过磷酸钙 300 千克,硫酸钾 20
千克,把肥料均匀撒施在定植沟内进行深翻,翻深 20 厘米,整平,
并将沟埂整平,沟内栽葱,埂上种玉米。田块四周开好排水沟,以
利汛期排水。

3. 大葱育苗技术

(1)苗床准备 大葱忌连作,宜选用未种过大葱、大蒜类蔬菜
或 3 年以上轮作的土地做苗床。麦茬作物收获后,每 667 米² 施
4 000 千克腐熟圈肥或人畜尿,混施 50 千克过磷酸钙作基肥,深翻

整平后,做成宽 1.2 米的平畦,并取出畦土过筛堆放,备作覆土。

(2)苗床管理 苗出齐后洒水,洒水后加盖细土,只要育苗期不过于干旱,应尽量少浇水,勤除草,以促进大葱苗根系生长。有蓟马、潜叶蝇等危害时,可喷 800~1 000 倍氧化乐果或灭蚜松等药剂防治,连喷 2~3 次;葱蝇幼虫(蛆)危害大葱苗时,可用敌敌畏加乐果乳油 800~1 000 倍液灌根。大葱苗 2 片真叶期,若育苗畦地力较差,秧苗生长缓慢,每 667 米² 可追施 10 千克的硫酸铵,并浇水。若秧苗生长偏旺,则不要追肥,并控制浇水避免秧苗长得过大。一般育苗 1 公顷,可定植 8~10 公顷大田。

4. 抢时播种与移栽

施肥整好地后,先在垄上点播玉米,株距 20 厘米左右,如果地干要浇足底水,确保一播全苗,沟内浇透水后,定植葱苗,葱株距 3~4 厘米,葱苗要求径粗 0.8 厘米左右,苗高 25 厘米以上,无病虫,长势健壮。栽植深度 10 厘米。

5. 玉米田间管理

按常规管理方法管理,注意防治玉米病虫害。

6. 大葱栽植后管理

(1)追肥培土 葱苗定植活棵后,中耕除草。若发现倒伏苗,要及时扶正。葱在间作期由于玉米遮阳,见光时间较正常栽培短,可用 0.3%磷酸二氢钾和光合微肥喷施叶片 3~4 次,以促进光合作用。汛期注意清沟排水,防涝防渍。当葱地上部分茎长到 25 厘米以上时,进行第一次追肥培土,每 667 米² 追施尿素 30 千克,培土高 10 厘米;第二次追肥培土在 9 月中旬,追肥量、培土法同第一次;第三次追肥培土在 10 月中旬(收获前最后 1 次培土),要大垄深培,每 667 米² 追施尿素 30 千克,培垄高度可达整个地上茎部分,整个培土期可培土40厘米高,葱白长度可达50厘米,葱的产量和品质将得到提高。

(2)虫害防治 葱虫害主要有葱斑潜蝇、蓟马、葱蝇、根线虫等。葱斑潜蝇主要防治方法:成虫盛发期喷洒灭杀毙4 000倍液,或80%敌敌畏2 000倍液。幼虫危害期可喷洒25%喹硫磷乳油1 000倍液,或20%氰戊菊酯1 500倍液,或18%杀虫双600倍液,或7.5%鱼藤氰乳油1 200倍液,或10%烟碱乳油800倍液,均能起到较好防效。对地下害虫葱蝇和根线虫,可用80%敌敌畏1 500倍液或90%敌百虫1 000倍液喷茎叶,每隔1周喷1次,连喷2~3次。药剂要喷到植株上和葱根部地表上,以充分发挥药效。也可用20%氯马乳油2 000倍液灌根防治。对葱蓟马,可用40%辛硫磷1 000倍液进行防治。

(3)病害防治 主要有褐斑病、软腐病、炭疽病、霜霉病、灰霉病、软腐病等。对病害防治,主要以预防为主,选用优良抗病的品种。

①农业防治 栽葱前除去田间杂草,剔除病苗,适时追肥浇水并注意不和其他葱类作物连作。

②药物防治 褐斑病的主要防治方法:发病初期喷洒50%腐霉利可湿性粉剂或异菌脲可湿性粉剂1 000倍液,也可用50%多菌灵可湿性粉剂800倍液或70%甲基硫菌灵可湿性粉剂1 000倍液,加75%百菌清可湿性粉剂800倍液,每7~10天喷1次,连喷2~3次。软腐病的防治方法:72%硫酸链霉素可溶性粉剂2 000倍液,或1 000万单位新植霉素3 000倍液,或14%络氨铜水剂250倍液,视病情隔7~10天喷1次,连防2~3次。

7. 收 获

玉米大约到9月中旬收获,穗壳黄熟时及时采收,并将秸秆全部运出葱地,以利于葱的追肥培土,促进葱白的生长发育。大葱11月中旬左右收获,根据市场需求,进行分级包装销售。

四十一、地膜西瓜套种棉花高产高效栽培技术

禹城市辛店镇以出产皮薄,沙瓤、味甜的"沙河辛"西瓜闻名,但其土质以沙壤土为主,产量较低,经济效益较差。我们推广地膜西瓜套种棉花栽培技术,走出了一条高产高效的路子,取得了显著的经济效益,一般每 667 米² 产西瓜 2 500～4 000 千克,籽棉 250～300 千克,产值在 10 000 元以上。主要栽培技术如下。

1. 选用优良品种

西瓜选用早熟、抗逆、短蔓高产优质品种,如郑杂 5 号等;棉花选用中熟抗逆性强的高产优质抗虫棉,如抗虫棉 33B、GK-12、中棉所 38 等。

2. 瓜棉套种方式

采取 1∶2 套种模式(图 3),即种植带宽 1.6～1.7 米,中间栽 1 行西瓜,两侧各栽一行棉花。西瓜株距 1.45～0.5 米,密度每 667 米² 600～800 株;瓜棉间距 0.35 米,棉花株距 0.3～0.35 米,密度每 667 米² 2 500～3 000 株。

3. 整地施肥

冬前进行深耕冬灌。早春及时整地保墒,并结合整地施足基肥。每 667 米² 施优质腐熟圈肥 3 000 千克、饼肥 50 千克、普通三元复合肥 75 千克。

4. 育苗移栽及地膜覆盖

西瓜于 3 月中旬育苗，4 月中下旬移栽。棉花直播在 4 月 15 日前后，先播种后盖膜，膜宽 1.2～1.4 米。每穴 3～4 粒，带水下种，覆土 3～4 厘米厚。棉苗出土后及时破膜封土，防止烫苗。然后在地膜中间移栽西瓜苗。棉花播种也可以在西瓜移栽后进行，采取破膜带水点播，或者侧膜点播。

5. 加强田间管理

(1)西瓜管理

①**去杈整枝压蔓**　采取三蔓整枝法，即保留主蔓和基部健壮的两条侧蔓，在去杈的同时，要理枝压蔓 3～4 次。

②**人工授粉，定位坐果**　实行人工辅助授粉，提高坐果率，时间为早上 6～8 时，阴天可推迟到 10 时。定位坐果就是把西瓜定位坐在主蔓第二朵雌花或侧蔓的第一朵雌花上，原则上一株一瓜，力求成熟一致，6 月中旬及早采收，不结二茬瓜。

③**肥水管理**　苗期可追施一次促苗肥，一般每 667 米^2 施尿素 10 千克，西瓜褪毛后每 667 米^2 施磷酸二铵 15 千克。西瓜伸蔓期，膨大期浇水 2～3 次，宜沟浇。

④**及时喷药防病**　在西瓜坐果期用多菌灵或瓜菜灵 500 倍液喷洒 2～3 次，预防西瓜炭疽病等病害。

(2)棉花管理

①**精细整枝**　棉花现蕾时，及时去叶枝 2 次，7 月 20～25 日打顶，8 月 20 日左右去掉果枝的边心。及时去老叶，剪空枝，以利通风透光。

②**追肥浇水**　西瓜采收后及时拔掉瓜秧，带出田外，及时中耕除草，遇旱浇小水，每 667 米^2 追施磷酸二铵 6 千克、尿素 20 千克。对旺长棉田每 667 米^2 喷施 25％甲哌鎓 4 毫升。

③及时治虫 采用抗虫棉，棉铃虫、红铃虫得到了控制，但棉盲蝽、棉蚜、红蜘蛛等仍需防治。加强田间虫情调查，做到及时防治。

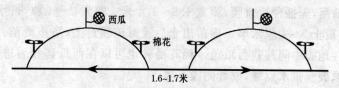

图 3 地膜西瓜套种棉花种植示意图

四十二、拱圆棚薹韭高产高效栽培技术

近几年,平阴县引进了韭薹生产专用品种——薹韭 1 号,经过示范推广,目前种植面积已达 133 公顷。由于采用了配方施肥、拱圆棚保护、遮阳网覆盖等多项技术,因而 667 米² 能产韭薹 2 500 千克,纯收入 5 000 多元,真正达到了高产高效。现将其品种特性及其配套栽培技术介绍如下。

1. 品种特性

该品种以生产韭薹为主,连续抽薹能力强,且抽薹不受温度和光照的影响,一般 40 多天为 1 个抽薹周期。产品较一般韭薹粗长,且纤维含量少,品质好,采收期长达 7 个多月(2~10 月)。同时,其叶片也可作为韭菜食用。

2. 培育无病壮苗

4 月上旬播种。选择沙壤土地块作育苗地,每 667 米² 施 5 000 千克腐熟的有机肥和 50 千克磷酸二铵,整平耙细土地,然后起垄,垄面宽 1.2 米。起垄后浇透水浸泡种子 2 小时,然后在 18℃~20℃ 的条件下催芽。待大部分种子露白后,掺入适量的潮湿细土,混匀播撒,每 667 米² 用种 4~5 千克。播种后覆盖 1.5~2 厘米厚的细土,最后在畦面上喷洒 50% 扑草净,每 667 米² 用药 10~15 克,对水 7.5~10 升。幼苗出土后至苗高 15 厘米前以促为主,小水勤浇,保持土壤湿润。结合浇水,追施腐熟的粪肥 2~3 次,并顺水冲施 1 次辛硫磷或敌百虫,每 667 米² 用药 0.5~1 千克。苗高15厘米后注意控苗,促其健壮。在幼苗生长过程中,要及时剔除病苗和弱苗。

3. 整地做畦,配方施肥

每667米² 施5000千克腐熟的有机肥、50千克过磷酸酸钙、20千克硫酸钾、10千克尿素作基肥,再加施辛硫磷或敌百虫粉剂1.5千克防治地下害虫。深翻土地30厘米,整平耙细,做成2米宽的东西向平畦。

4. 合理密植

苗高18~20厘米时定植,行距45厘米,墩距25厘米。先在畦内开4条沟,沟宽15厘米深10厘米。每畦栽4行(图4),栽后浇透水。将苗子从苗床全根系挖出后进行分级,每把8~10株,保证下齐上不齐,埋土深度以不超过叶鞘为宜。

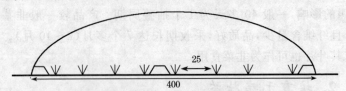

图4 拱圆棚薹韭高产高效栽培种植示意图 (单位:厘米)

5. 定植后的管理

(1)冬前管理 定植后,保持土壤见干见湿。缓苗后,结合浇水追1次提苗肥,可追施适量的粪肥或667米² 施15千克尿素。雨季注意排水防涝,清除杂草。"处暑"后天气转凉,薹韭进入生长旺季,应加强肥水管理,至"寒露"前结合浇水追肥3~4次,每次每667米² 追施磷酸二铵15千克。同时,叶面喷施磷酸二氢钾2~3次。此阶段不得收割韭菜,以利养根蓄能。

(2)冬季管理 "小雪"后,清除枯叶及杂物,在畦面上撒施一层有机肥,并搭中拱棚保温。每两畦搭1个棚,在两畦间的垄上,每隔2米埋1根长2米的水泥柱。水泥柱地上部分高1.5米,柱间拉铁丝,用长3.5～4米的两根竹片对接成拱,最后覆盖6～8米宽的塑料薄膜,夜间加盖草苫。搭棚后,棚内水分蒸发量减少,在保证土壤见干见湿的条件下,尽量少浇水,以保持地温,控制棚内空气湿度。在苗高2厘米和10厘米时,每667米² 各施尿素5千克,并适当增施磷、钾肥。薹韭经过覆盖,至元旦可长至高30厘米左右。如果此时韭菜市场价格好,可以割1茬韭菜,但留茬高度不得低于5～6厘米。翌年2月份,当薹韭长至25厘米高时,第一批韭薹可陆续采收。采收时用右手轻轻握住韭薹下端,用力扭转即断。

(3)夏季管理 翌年5月份,随着气温的回升,要及时通风降温。结合中耕除草,每667米²施饼肥100千克、三元复合肥30千克,然后浇1次水。以后保持土壤见干见湿。随着气温的上升,韭薹进入旺盛生长期,这时要隔1天采收1次。6月份当气温上升到24℃～25℃时,在拱棚上覆盖宽3～4米的遮阳网,遮阳网两边距地面50～60厘米。夏季多雨,应注意排水防涝。

(4)秋季管理 9月份,气温降至24℃～25℃时,撤除遮阳网。保持土壤见干见湿,每667米²追施复合肥10～15千克,共追2～3次。夏秋季,结合除草,中耕4～5次。若不留种,薹韭可采至10月上旬。若留种,则采至9月上旬后留薹结种。停止采收后,重追1次人粪尿或667米²追施复合肥30千克,以利养根。

四十三、春马铃薯、夏玉米、秋白菜、冬菠菜一年四作栽培

2005—2006年,泰安市通过推广春马铃薯、夏玉米、秋白菜、越冬菠菜一年四作栽培模式,平均每667米² 产马铃薯2 000千克、玉米600千克、白菜3 500千克、菠菜1500千克,收入5 190元以上,比单纯的小麦、玉米每667米² 增收3 830元。

1. 茬口与规格

精细整地,重施基肥,造足底墒。每667米² 施有机肥4 500千克、碳酸氢铵45~65千克、过磷酸钙35~45千克。以180厘米为一种植带,起垄种2行马铃薯,马铃薯垄宽60厘米,3月上旬播种,并覆盖地膜,6月上旬收获。4月下旬在预留的60厘米的空间种植2行玉米,8月下旬成熟收获。马铃薯收后于8月上旬种白菜,每带种2行,10月末或11月初收获。"寒露"前后撒播菠菜。翌年4月上中旬菠菜收获上市(表4)。

2. 主要栽培技术

(1)马铃薯 选用早熟脱毒品种克新一号等良种。1月底2月初在室内黑暗条件下,保持20℃左右温度进行暖种。芽眼开始萌动时切块,每千克种薯切50块左右,若遇病薯,应挑除,将切刀消毒后再用,采用阳畦催芽,单层摆放,每50千克薯块需阳畦2.5~3米²,摆放时薯块芽眼向上,其上覆8~10厘米厚的细沙,并用水喷透,但不要积水,最后盖好薄膜。阳畦内温度保持18℃~22℃,夜间盖草苫。2月下旬至3月10日前,薯芽长1~2厘米时

播种,采用单垄双行,行距 33 厘米,每 667 米^2 播 5 000～5 500 株,按打线开沟→摆放薯块→埋薯块→点施种肥→撒施毒饵顺序进行,每 667 米^2 施专用肥 125 千克、辛硫磷 2～3 千克,然后覆土呈底宽 55～60 厘米、顶宽 30 厘米、高 20 厘米的高垄,将垄背两侧及垄背拍实,喷施除草剂,最后覆盖地膜。出苗后及时破膜放苗,并在幼苗周围覆盖细土,以防烧苗。幼苗期(团棵前)以保墒增温为主,一般不浇水,发棵期(团棵至主茎顶叶展平)水分管理要促控结合,见干见湿。结薯期(主茎顶叶展平至茎叶变黄),土壤要始终保持湿润,促进块茎膨大。收获前 7～10 天控制浇水,有利于刨收后贮藏。

(2)玉米 选用农大 108、东单 60 等高产晚熟品种。每 667 米^2 施种肥磷酸二铵 7.5 千克及碳酸氢铵 15 千克。做到种肥隔离。玉米出苗后,长到 5 叶期进行定苗,双株留苗。如玉米与马铃薯共生期间表现缺肥,每 667 米^2 可追碳酸氢铵 20 千克。在玉米大喇叭口期,每 667 米^2 追碳酸氢铵 50 千克或尿素 20 千克。玉米生长中后期,要合理浇水。玉米心叶末期,每 667 米^2 施辛硫磷颗粒剂 3～15 千克,撒施玉米心叶来防治玉米钻心虫或棉铃虫。

(3)大白菜 马铃薯收获后,清除田间残膜,每 667 米^2 施粗肥 3 000 千克、磷酸二铵 25 千克,及时耕耙起垄。选用核桃纹、天津绿等生育期较长的抗病品种。立秋后 2～3 天播种为宜。每 667 米^2 用 75% 百菌清 0.6 克拌种以防白菜苗期病害。播种后 7～8 天间苗,4 叶时再次间苗,8 叶时定苗。每穴留 1 棵,为防苗期病毒病,间苗期、定苗期分别浇 1 次小水。白菜团棵期每 667 米^2 施尿素 10 千克。封垄后及时浇水。白菜莲座期是增加叶片的关键时期,每 667 米^2 可追施硫酸铵 10～15 千克,及时中耕松土,以利蹲苗,促进根系生长。白菜结球期是需水肥盛期,要追肥 2～3 次,灌水量及灌水次数应根据天气情况而定。灌水以湿润垄背为宜,掌握不积水为度。防治菜田蚜虫可用 40% 乐果或氧化乐果乳油

1 000 倍液喷雾防治。防治软腐病、霜霉病,用 40％三乙膦酸铝可湿性粉剂 150～200 倍液喷雾。防治菜青虫可用 20％氰戊菊酯乳油 1 000 倍液喷雾。

(4)菠菜 选用耐寒、高产、品质好的尖叶品种,如双城尖叶、青岛菠菜等品种。播种前将种子搓散去刺,用木棒敲碎外果皮,再用凉水浸 12～24 小时,捞出晾干播种,每 667 米² 用种 60 千克,采用湿播法播种。浇好冬水,在菠菜停止生长前,用氧化乐果防治蚜虫,年后浇足菠菜返青水,并随水施入尿素,每公顷 300 千克。当菠菜长至 20 厘米左右时,适时收获(图 5)。

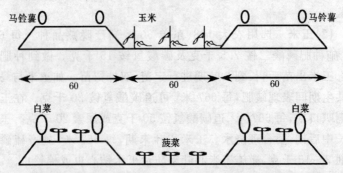

图 5 春马铃薯、夏玉米、秋白菜、冬菠菜立体种植方式(单位:厘米)

表 4 春马铃薯、夏玉米、秋白菜、冬菠菜立体种植情况

作物名称	播收日期(旬/月)	生产天数(天)
春马铃薯	上/3 至上/6	90
夏玉米	下/4 至下/8	120
秋白菜	上/8 至下/10 或上/11	90
冬菠菜	中/9 至翌年上中/4	210

四十四、马铃薯、棉花、萝卜、菠菜立体栽培技术

马铃薯、棉花、萝卜、菠菜立体种植(表 5),是一种经济效益较高的种植模式,平均每 667 米^2 产皮棉 90 千克、马铃薯 1 500 千克、萝卜 4 000 千克、菠菜 900 千克,产值达 5 300 元。

1. 间套作方式

以 1.45 米为 1 个种植带,大行宽 100 厘米,小行宽 45 厘米。2 月中旬,在大行内开 10 厘米深的沟,栽植 2 行马铃薯,行距 50 厘米,株距 20 厘米左右,每 667 米^2 栽 4 400 株。栽后覆土起垄,垄高 20 厘米,并及时覆膜。4 月中下旬,在小行内播 2 行春棉,行距 45 厘米,株距 25 厘米左右,每 667 米^2 种 3 500 株。5 月中下旬收马铃薯。6 月上中旬,在大行内按行距 50 厘米、株距 20 厘米起垄栽植 2 行萝卜。9 月上旬收萝卜后撒播菠菜,每 667 米^2 用种量 2.5 千克(图 6)。

2. 马铃薯栽培技术

选择水肥条件好的地块,冬前或早春耕耙整畦时,667 米^2 施优质腐熟农家肥 4 000~4 500 千克、过磷酸钙 75 千克、硫酸钾 40 千克。种植马铃薯时,要施种肥,667 米^2 用量为尿素 2.5~5 千克、复合肥 10~15 千克、草木灰 25~50 千克。栽前 30~40 天,选健壮种薯,置于黑暗和 20℃的条件下催芽,直到顶芽长到 1 厘米时为止,需 10~15 天。然后,将种薯放在散射光下晾晒,温度保持在 15℃左右,让芽绿化粗壮。此过程需 29 天左右。将晾晒后的

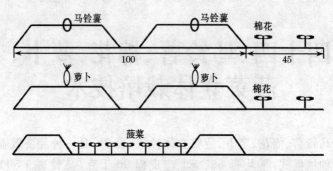

图 6　马铃薯、棉花、萝卜、菠菜种植方式　（单位：厘米）

种薯，紧密排列在冷床上育苗，床土厚 3～4 厘米，土温 15℃～20℃。待苗高 20 厘米以上时，栽植于大田。要带土移栽，以防伤根。发芽期注意保持土壤疏松透气。幼苗期须早施速效氮肥，667米² 施尿素 15～20 千克，随后浇水、中耕，促进发棵。发棵期中耕保墒，并逐渐培土，即将封垄时进行大培土。结薯期为块茎产量形成期，土壤须保持湿润，要浇好开花期的头三水（早熟品种在初花、盛花及终花期，中晚熟品种在盛花、终花及花后 1 星期内浇水）。

3. 棉花的管理技术

　　由于水肥充足，棉花易疯长，必须注意化控。要求在 6 月中旬、7 月中旬和 8 月中旬各进行 1 次化控，每 667 米² 每次用 2～3克甲哌鎓原粉。7 月中旬，667 米² 施 15 千克尿素，并进行培土、治虫等田间管理。8 月上旬，看苗追施盖顶肥，每 667 米² 用 5～8千克尿素。10 月中旬喷 1 次乙烯利，每 667 米² 用 150 克，促进秋桃成熟。

4. 萝卜的管理技术

　　苗期若天旱，一般每 3～4 天浇 1 次水，保持垄面湿润，大雨后及时排涝。2～3 片真叶时，每 667 米² 施硫酸铵 10～15 千克。

2～3 叶期、4～5 叶期各间苗 1 次,7～8 叶期定苗。定苗后,结合浇水每 667 米^2 追施硫酸铵 10～15 千克,10～15 天后再施三元复合肥 15～20 千克,然后扶垄培土、浇水。块根膨大期,每 4～5 天浇 1 次水,每 15～20 天每 667 米^2 施复合肥 20～25 千克,促进块根膨大。

5. 菠菜的管理技术

出苗后勤浇水,2 片真叶后适当间苗。4～6 片真叶后,分期追施速效氮肥 2～4 次,每次每 667 米^2 施硫酸铵 10～15 千克。

表 4　春马铃薯、棉花、萝卜、菠菜立体种植情况表

作物名称	播收日期(旬/月)	生产天数
春马铃薯	中/2～中下/5	100
棉 花	中下/4～上中/11	210
萝 卜	上中/6～上/9	90
菠 菜	上/9～上/10 至翌年下/3	30 至 190

四十五、麦套生姜效益高

近年来,围绕着农民增收,平阴县进行了农业产业结构调整,发展高产、优质,高效农业,麦套生姜面积不断扩大。该种植模式在当地一般每 667 米^2 产小麦 250~300 千克、生姜 2 000~2 500 千克,每 667 米^2 收入 2 000~3 000 元,经济效益十分显著。

1. 精细整地,施足基肥

麦套生姜应选择土质肥沃深厚、排灌方便、保肥保水力强的地块。由于生姜需肥量较大,且麦套生姜地块 1 年只有 1 次耕翻的机会,所以必须施足基肥,深耕翻,细整地。秋耕前每 667 米^2 施优质圈肥 4 000~5 000 千克、标准氮肥 50~60 千克、过磷酸钙 50 千克、钾肥 15~20 千克。深耕耙细后整畦。生姜播种时,每 667 米^2 施标准氮肥 15 千克、钾肥 15 千克、饼肥 50 千克作种肥,或每 667 米^2 沟施生姜专用复合肥 75~100 千克。

2. 选用配套品种,确定种植规格

小麦选用高产、优质、早熟、抗病、抗倒、纯度高的冬性品种,如济麦 22 号、济麦 20 号等。生姜选用抗病、优质丰产、抗逆性强、商品性好的品种,如山东名优特产莱芜片姜、莱芜大姜等品种。种姜要求姜块肥大、皮色光亮、肉质新鲜不干缩、不腐烂、未受冻、质地硬、无病虫害的健壮姜块,每块姜重 100 克左右。

为使小麦、生姜双丰收,必须采取适宜的种植模式。一般做 1.8 米宽的畦,在畦内按 60 厘米平均行距播种 3 行小麦,可采用独腿耧播种,或开沟撒播。畦内套种 2 行生姜,畦埂上套种 1 行生姜,生姜行距 60 厘米,这样 1 行小麦可为 1 行生姜遮阳。

3. 搞好种子处理,适期播种

(1)小麦 日平均温度 18℃～20℃为小麦最佳播期,本地应掌握在 10 月 5～8 日适期足墒播种,每 667 米² 播量 6～7 千克,保证基本苗每 667 米² 12 万～14 万株,单株成穗 3 个以上。为确保一播全苗,播前应采用种衣剂包衣或采用甲基异柳磷按种子量 2‰的用量拌种,防治地下害虫。

(2)生姜 应掌握在 4 月下旬至 5 月上旬,5 厘米地温稳定在 15℃以上时播种。生姜播种前应进行种姜处理,选晴天将选好的姜种放在阳光下晾晒,晒姜困姜 2～3 天后,用多菌灵、百菌清或姜瘟宁浸种消毒,然后将晒困消毒后的姜种置于 22℃～25℃条件下催芽,待姜芽长至 0.5～1 厘米长时,按姜芽大小分批播种,播种密度一般为每 667 米² 5 000～5 500 株,每 667 米² 用种量 450～550 千克。播种可采用平播法,即先开沟、施肥浇水,再将种姜水平摆放在沟内,使幼芽的方向保持一致,然后覆土 4～5 厘米厚,如果小麦浇了拔节或孕穗水,土壤墒情好,可不浇水,开沟施肥后直接播种生姜。

4. 加强田间管理,及时防治病虫害

(1)小麦的管理 冬前抓苗全、苗壮,促进分蘖。出苗后及时查苗补种,确保苗齐、匀、壮,根据土壤墒情和苗情适时追施冬肥、浇好冬水。返青期及时划锄、增温、保墒,促根早发。重施起身肥、拔节肥,浇好起身拔节水和扬花灌浆水。搞好测报,及时防治小麦纹枯病、锈病、白粉病和麦红蜘蛛、麦蚜等病虫害,并适时做好除草和化控,确保小麦丰产增收。

(2)生姜的田间管理

①勤追肥促早发 生姜对肥料的吸收以钾为最多,氮次之,磷

最少,缺氮对产量的影响较大。除施足基肥外,整个生育期间应追肥 3～4 次,每次每 667 米^2 追施尿素或氮钾复合肥 15～20 千克。

②**适时除草培土**　小麦收获后,立即中耕除草,并适时培土,以使嫩姜根茎伸长,提高品质。

③**合理浇水**　播种时浇透水,幼苗期浇小水,立秋后旺盛生长期保持土壤湿润。生姜忌积水,积水易引发姜瘟,暴雨过后应及时排水。

④**综合防治病虫害**　生姜的主要病害是姜瘟病,一般 6 月上旬开始发病。6 月下旬至 7 月下旬为发病中心形成期,应以预防为主,采取综合防治措施防治,选用无病姜种,催芽前或播种前消毒,施净肥浇净水,及时铲除发病中心。药剂防治要突出"早"字,即在发病初期用姜瘟宁 300～500 倍液喷雾或灌窝,能有效地控制姜瘟病的危害。防治病毒病可选用 20％病毒 A 可湿性粉剂 600 倍液,或 1.5％植病灵乳油 1 000～1 500 倍液喷雾。虫害主要为姜螟虫、甜菜夜蛾等,可用农地乐乳油或 4.5％高效氯氰菊酯乳油 1 500～2 000 倍液喷雾防治。

四十六、脱毒生姜高产栽培技术

姜为无性繁殖作物,在长期的营养繁殖过程中,体内侵染并积累了多种病毒,导致产量降低,品质下降,抗逆性减弱,引发多种病害发生,每年都给姜农带来重大经济损失。针对这种情况,利用生物技术,即热处理与茎尖培养相结合获得脱毒姜试管苗,在防虫网室内栽植,秋后收获得到原种。翌年种植获得原种,再种 1 年即为生产种,用生产种进行高产栽培,生姜脱毒后,恢复其优良性状,实现脱毒化栽培,可改善生姜品质,降低发病率,提高生姜的商品性和经济效益。

(一)生姜脱毒主要优点

1. 营养生长健壮

地上茎较普通姜高而粗,分枝数增多,单株地上分枝增加 3～5 个,叶面积系数增加 0.3～1.2。

2. 单位面积产量提高,增殖系数增大

生姜脱毒后其经济产量、生物产量均提高 30%～50%。专家通过对两个示范点的现场测产,平均每 667 米² 产鲜姜 5 721.16 千克。脱毒姜的增殖系数(产量与用种量之比)为 10～12,普通姜为 8～10。

3. 品质改善,抗逆性增强

生姜脱毒后,单株重增加,姜块增大,皮色光亮,营养充实,商

品性好,市场占有率高,竞争力强,抗逆性增强,田间发病率降低。

(二)脱毒生姜高产栽培技术

1. 精细整地,配方施肥

选择土质肥沃、水浇条件好、无姜瘟病的地块,结合整地,每 667 米² 撒施优质腐熟鸡粪 3 000～4 000 千克或优质腐熟圈肥 10 000 千克作基肥。在高肥水地块按 60～65 厘米行距 开沟备播,每 667 米² 沟施豆饼 100 千克、三元复合肥 200 千克、锌肥 2 千克、硼肥 1 千克作种肥。精心选种,适期早播,播种前 30 天(惊蛰前后),从井窖内取出脱毒姜种,冲去泥土,晾晒 1～2 天,选择块大、皮色好的种姜块催芽。每 667 米² 用种 300～400 千克。可用火炕催芽,也可用保鲜袋大棚催芽。催芽温度控制在 21℃～25℃。地膜覆盖生姜最佳播期在 4 月初(清明前后),盖膜前应用除草剂对水喷雾,防治膜下杂草。适当稀植可提高单株产量,促使姜块大而整齐。高产地块行距 60～65 厘米,株距 20 厘米,每 667 米² 栽 5 500 株左右;中肥水地块行距 60 厘米,株距 18 厘米,每 667 米² 栽 5 500～6 000 株。

2. 科学管理,促进生长

播种后 20 天左右快出苗时采用遮阳网遮阳,这可使姜苗长势旺,增产 15%。6 月下旬至 7 月上旬幼苗期适当追肥,每 667 米² 施尿素 25 千克。立秋前后姜苗生长速度加快,应撤去遮阳网,揭掉地膜,并追肥。一般每 667 米² 施三元复合肥 100 千克、硫酸钾 50 千克。追肥于距植株基部 15 厘米左右的沟中,覆土后封沟培垄,最后浇透水。9 月上旬以后,根据苗情每 667 米² 施尿素 10～15 千克、硫酸钾 15～20 千克。可在垄下开小沟,施入后进行二次培土,也可将肥料溶解在水中顺水冲入。在播种前浇透底水的情况下,出苗前一般不浇水,幼苗前期以浇小水为主。供水要均匀合理,夏季浇水以早上和傍晚为好,不要在中午浇水。立秋后,进入旺盛生长期,应始终保持土壤湿润。收获前3~4天浇最后1次水。

3. 延时收获,提高产量

气温在8℃~18℃是生姜生长的适宜温度。大田收获生姜最佳时期在初霜后。初霜前在姜田架起拱棚,使生姜延长生长20~30天后收获,每667米² 可增产1 000千克。

4. 综合防治病虫害

姜瘟病是一种毁灭性病害,应进行综合防治:实行轮作换茬,土肥水种无病菌侵染,挖好排水沟,排水防涝,药剂防治可用药肥素、生姜宝、可菌康等1 000倍液灌根,生长期主要虫害有姜螟虫、甜菜夜蛾等,可用高效氯氰菊酯和吡虫啉防治。

5. 科学贮藏,增加效益

生姜多采用井窖贮藏,一般窖深6米,挖2~3个贮姜洞,窖内温度保持在11℃~13℃,空气相对湿度90%。入窖前,彻底清扫,用杀菌剂处理。入窖前期,及时通风,不要盖窖口,根据天气情况灵活掌握,以防闷姜。冬至后盖住窖口。入窖检查前要注意先通风,点烛火试验,以防止缺氧发生意外。

四十七、平阴县马铃薯套种鲜食玉米间作大白菜高效栽培模式

平阴县店子乡在种植业结构调整中,通过近几年的探索,建立了马铃薯—鲜食玉米—大白菜的粮菜高效种植模式,马铃薯和大白菜形成向外输出的优势蔬菜产品,每 667 米² 收入 6 000 元以上,取得了显著的经济效益。该模式一年三种三收,每 667 米² 产马铃薯 2 000~2 500 千克,产值 1 200~1 500 元;嫩玉米 3 000 穗,产值 1 000 元以上;大白菜产 4 000 千克,产值 2 000 元以上。

1. 间作方式

以 140 厘米为一个种植带,大行宽 100 厘米,小行宽 40 厘米。3 月上旬,在大行内开 10 厘米深的沟,栽植 2 行马铃薯,行距 65~70 厘米,株距 20 厘米,每 667 米² 4 700 株左右。栽后覆土起垄,垄高 20 厘米,并及时覆膜。4 月中下旬,在小行内播种 1 行玉米,株距 15 厘米左右,每 667 米² 种植 3 000 株以上。5 月中下旬收获马铃薯,收获后再大行内种植 2 行大白菜,株距 30 厘米,定植 1 500 棵。7 月下旬至 8 月上旬收获玉米。大白菜 8 月上中旬育苗,9 月上旬栽植大田。

2. 选用优良品种

马铃薯选用优质、高产、早熟的脱毒鲁引一号。玉米选用优质、高产、抗病的甜玉米、糯玉米系列杂交种。大白菜选用优质、高产、抗病的丰抗系列品种。

3. 栽培技术要点

(1)马铃薯栽培技术要点

①切块催芽 播种前 20 天进行,将种薯切成 20～25 克大小的块,上面留 1～2 个芽眼,然后置于 17℃～20℃的温度下催芽,相对湿度 70%左右,发芽期保持通透黑暗,待芽长 1～1.5 厘米时播种。

②施足基肥,精细播种 选择水肥条件好的地块,冬前或早春耕耙整地时,每 667 米² 施优质腐熟农家肥 4 000～5 000 千克、过磷酸钙 75 千克、硫酸钾复合肥 50 千克。种植马铃薯时,每 667 米² 施饼肥 10 千克、草木灰 25～50 千克、复合肥 10～15 千克,作种肥施于沟内。3 月上中旬播种,播后覆土 10 厘米厚,喷施二甲戊乐灵除草剂,每 667 米² 100 克对水 30～50 升,均匀喷于地表,再盖好地膜。

③田间管理 发芽期注意保持土壤疏松透气。幼苗期早施速效氮肥,每 667 米² 施尿素 15～20 千克,随后浇水、中耕促进发棵。发棵期中耕、保墒、培土。结薯期为块茎产量形成期,土壤需保持湿润,浇好开花期的头三水即初花、盛花及终花期。

(2)玉米栽培技术要点

①间苗、定苗 三叶期间苗,五叶期定苗,缺苗要及时补栽或在其邻近留双株。

②防治病虫害 使用包衣种子,小喇叭口期用 3%辛硫磷颗粒剂 0.5 千克,拌细沙 7.5 千克,将毒沙撒入心叶内,防治玉米螟。

③加强肥水管理 大喇叭口期每 667 米² 施碳酸氢铵 50 千克、过磷酸钙 50 千克、硫酸钾复合肥 10 千克,遇旱浇水。保持田间持水量的 65%～70%。花粒期为防脱肥早衰,可根外喷施 2%尿素或 800 倍磷酸二氢钾溶液。

(3)大白菜栽培技术要点

①**适时育苗** 8 月上中旬进行育苗,苗床宽 1 米、长 10 米,每个苗床施腐熟的有机肥 100 千克,尿素 1 千克,深翻混匀后浇足底水,水渗下后撒种,覆土厚 1 厘米左右。出苗后根据情况浇水、间苗,并注意防治病虫害。

②**大田定植** 白菜 3~4 片真叶时,移栽定植,株距 30 厘米左右,每 667 米^2 定植 1 500 株,起苗前用 0.01％硫酸链霉素水溶液润苗,以防治软腐病。

③**加强肥水管理,促进生长** 结合浇水,莲座期每 667 米^2 施尿素 15 千克,结球期施 10 千克。要注意菜青虫、甜菜夜蛾、蚜虫及软腐病、霜霉病等病虫害的防治,并做好防涝排水与除草工作。

四十八、有机绿芦笋栽培技术

1. 对栽种地块的要求

①栽种地块要经过3年转换期,在3年转换期内,按照管理的标准和有害动植物的防治标准进行栽培管理。

②全部有机田块实行8米隔离带环绕,以防止外来化学物质及禁止使用的资材进入有机田块。

③灌溉用水渠全部使用暗渠,防止禁用的资材随水流入有机田块。

④对各有机田块进行资料登记和绘制田块、河渠、水源等示意图。

2. 培肥地力

①绝不施用化学合成的肥料。

②对所施用的堆肥种类及施用量全部记录留存,保存期3年。

③允许施用有机认证机构认可的肥料和土壤改良物质,但要明确记录施用的肥料、土壤改良物质的名称、施用日期、单位面积、施用量和施用理由。

3. 育 苗

(1)整地施肥 选择土壤疏松、肥水条件好、透气性强的壤土或沙壤土。深翻40厘米左右,每667米² 施有机基肥2 500~4 000千克。整平地面,东西向做畦,畦长10~15米,畦宽1.2米,畦垄高20厘米,然后荡平畦面,准备播种育苗。

(2)育苗时间及方法　一般在3月上中旬采用阳畦育苗,若覆盖草苫等保温材料可提前到2月中下旬。可利用早春闲置的大棚提早育苗,根据笋农选地茬口的不同,夏、秋季播种亦可。总之,每年的9月上旬之前均可播种。

(3)种子处理　采用中国芦笋研究中心制种的冠军 F_1 芦笋种子,播前必须浸种催芽,方法是,先用凉水进行种子漂选,漂去不成熟的瘪种和虫蛀种,然后用30℃～40℃的温水浸泡2～3天,每天换水1～2次,待种子充分吸水后,将水滤去,盛入盆中,在20℃～25℃的条件下进行催芽。为防止闷种,每天用清水淘洗1次,当有10％左右的种子出芽时即可播种。

(4)播种　播前将畦面灌足底墒水,待水渗下后,按株、行距各10厘米的规格划好直线,将催好芽的种子单粒点播在交叉点上,然后用筛子将土均匀地筛在畦面上。覆土厚2厘米左右。大面积育苗,可以撒播。

(5)播种后要立即覆盖塑料薄膜,保持5厘米以下地温白天在25℃～30℃,夜间在15℃～18℃。出齐苗后,畦内温度超过32℃时要及时揭膜炼苗。

4. 定　植

(1)定植地的选择　芦笋对于土壤酸碱度的要求不甚严格,凡pH值在5.5～7.8之间的土壤均可进行栽植。芦笋地怕积水,切忌选用地下水位过高和夏季易积水的地块。

(2)定植前的准备

挖定植沟:在经过深翻整平的地面上,沿南北方向,按行距要求划好直线,沿直线挖定植沟,沟宽40厘米,沟深40～50厘米。

施肥填沟:每667米² 用5000千克堆肥拌土填入沟内。使沟面略低于原地平面,搂平沟面,并将垄面整成中间高、两面低的小拱面,整细、搂平。

起苗定植:待芦笋幼苗地上茎长出 3 条以上时即可移栽定植。起苗时先沿笋苗株行中间,用铁铲切成方块,然后带土块将苗起出,按株距 25 厘米的规格植于定植沟间,笋苗鳞茎盘低于定植沟表面 10～12 厘米。然后浇水自然塌实,等水渗下后,适时松土保墒。

定植后的管理:定植后要视墒情适时浇水,加速笋苗生长,7～8 月份每 667 米^2 追施有机专用肥 200～400 千克。立冬前后普浇 1 次大水,然后适当培土,培土厚 10～15 厘米。

5. 防治病虫害

不使用任何化学农药,对病害要以预防为主,综合防治。病害:主要防治芦笋茎枯病、立枯病等病害,可采取综合措施防治。

(1)深埋 早春认真清园,彻底拔除越冬地上茎,将清扫的枯枝落叶运至远离芦笋地的地方烧掉或深埋。

(2)适时松土除草 去掉枯死的地上部分,改善通风透光条件。

(3)药剂防治 5～9 月份,每隔 7 天左右喷 1 次波尔多液,下雨后补喷 1 遍,喷药时要以地面上 60 厘米的主茎为主,上部枝叶为辅,要喷透喷匀。注意喷洒波尔多液的器具要实行"四专",即:专用喷雾器、专屋存放、专人管理、专业队使用。

(4)虫害 危害芦笋的主要害虫是十四点负泥虫和尺蠖。主要采用人工捕杀和杀虫灯等方法防治。

四十九、长白山野菜人工种植

寿光市建桥街办金家村金炳盛在本市第一个种植长白山野菜11 个品种,培育成功。山野菜本身具有抗病基因,是一种不用农药、化肥的纯天然绿色蔬菜。露地、温室皆可种植,而且都是多年生长的野菜,产量逐年增长,一次种植多年收益。

木本类:刺龙芽、懒汉菜、刺果棒。

草本类:大叶芹,菊花菜、柳蒿、毛把蒿、长虫把、大耳毛、猫爪菜、火菠菜。

野山菜现已打入各大都市和国际市场,如中国香港及韩国、日本等国家。山野菜是真正的绿色无公害食品,是 21 世纪的主潮流。

1. 长白山野菜——毛把蒿

营养价值高,药食两用。含多种氨基酸、植物蛋白、维生素、糖等碳水化合物。所含矿物质微量元素成分多,能满足人体正常生命活动需求。可食性纤维素多,极易被人体吸收利用。此菜集多种成分于一身,所含有特殊混合香味,经研究发现,蕴含的有多种成分所组成的藿香素,具有解毒、避毒、醒脑、健脑功能,对脑萎缩有一定疗效。

具有明显杀菌、避毒功能。口含一叶能除口臭,公共场合能预防流行性传染病,长期或定期食用能增强人体免疫力;尤其对儿童,生长期服用对大脑发育能起到良好作用。属于安全、放心、绿色保健食品。

食用方法:炒鸡蛋、炒酱、生拌小葱、做汤做馅,别具一格。最适合鱼肉类、海鲜类,做火锅更具风味,生熟皆可食,有别样蔬菜和调料达不到的效果和口味。

一次性种植,采收多年,种植 60～70 天产菜,第二年每 667 米^2 产量在 5 000 千克以上。露地温室大棚皆可种植。

2. 长白山野菜——柳蒿

营养丰富,养分均衡,食疗兼具。植物蛋白、氨基酸、矿物质微量元素含量特别高,这是野菜一大特点,含有人体必需的硒、铁、锰、铜、钙、钾、锌等多种元素。维生素含量也较一般蔬菜多。极易被人体吸收利用,能刺激肠胃蠕动,吸附消化道中代谢废物,使排泄通畅,净化胃肠。所含有的特殊成分能抑制 P16 基因,延长人体细胞寿命,使人衰老程度和时间减慢,起到独特保健作用。这种野菜功能,是一般菜所不具备的。

儿童常食,能增加食欲。明显预防成年人胃肠癌症发病率,对癌症患者能起到积极缓解作用。对接触放射性物质的人群,能减轻所产生的各种危害和副作用,提高免疫功能并能分解吸收化肥、农药、激素在人体内的积聚和残留。清热解毒疗效非常显著。属于高档、安全、绿色、保健、长寿食品。

食用方法:传统吃法,用沸水烫透,清水洗净,蘸大酱食用。现代流行生食,也可凉拌,可加自己喜欢的佐料姜、蒜、醋、芝麻、辣椒、胡椒粉、味素等都可。可直接清炒,也可同各种肉一起随自己口味炒食。还可做汤、做馅、涮火锅。

柳蒿属于草本蔬菜,一次性种植,能连续收获多年,50～60 天开始产菜,第二年每 667 米^2 产量在 5 000 千克以上。自身有抗病虫害遗传基因,不用农药,不使用化肥,属纯天然绿色食品。

3. 长白山野菜——刺龙芽

肥嫩可口、鲜美,食后清香、清爽,具有一股山野气息。传统出口山野菜,除含有常规成分外,所含人参素能强壮身体,调节神经,祛除风湿,抗衰老,延年益寿;能防癌、抗肿瘤;降血压、降血糖、降血脂;可预防和治疗糖尿病、前列腺炎,并有减肥功能。是闻名世界的长寿菜。

常食或定期食用,可预防儿童微量元素缺乏症,能明显提高免疫力。尤其能对人体血液循环系统和消化系统产生作用,能排除和减少环境污染、化肥农药给人体带来的各种侵害,净化机体,使人不生病。

木本蔬菜,一次性种植,能连续多年收获,2年后每667米^{2}产2 000~3 000千克。自身有抗病害遗传基因,栽培不用农药,模仿自然生长,不用化肥,属于纯天然绿色食品。露地、大棚、温室皆可种植。

食用方法:直接清炒、炒肉、炒蛋、涮火锅等,也可沸水烫透,清水洗净,蘸大酱食用或凉拌做汤做馅,可随自己口味调制。

五十、盆栽草莓栽培技术

草莓属多年生草本植物,株型矮小,叶形独特,病虫害少,花白果红,味甜芳香,具有较高的经济价值和观赏价值,可净化空气和美化环境,丰富人们的生活情趣。现就如何管理好盆栽草莓介绍如下。

1. 品种选择

一般栽培品种都可选择,但最好是四季结果型的草莓品种,室内面积小的应选择体型小的品种。

2. 选择容器

容器主要有泥瓦盆、瓷盆或木盆,容器的大小根据栽植株数与空间的大小决定。

3. 配制营养土

草莓喜沙性、透气性较好的肥沃土壤。因此,理想的盆土是腐殖土。这种土含有机质多,养分多,土壤疏松,吸水排水性能好,有利于草莓生长。也可以人工配制营养土,土、肥、沙的比例为1:1:1,即用肥沃的园土1份,加腐熟的鸡粪、鸭粪或羊粪1份、河沙1份。粪、土、沙最好都经过筛选,然后加入2‰~3‰过磷酸钙混合。配制的营养土装盆前可用浓度为0.3%高锰酸钾水溶液消毒。有条件的可适当加入适量饼肥与3%的有机肥,还可以在盆底放些碎骨、鱼粉、蹄屑、蛋壳之类。

4. 秧苗选择

栽植秧苗要选择当年生匍匐茎新苗,并且是无病虫害,须根发达,白色吸收根多,顶芽饱满,具有 3～5 片叶,叶柄短粗的健壮苗。

5. 栽植方法

栽植时要使拱背朝外,使其根均匀,茎秆直立。盆内先装一部分营养土,把根向四周舒展开,继续填土。栽植深度以"下不露根上不埋心"为原则,将苗用土固定。盆土不要填太满,土面与盆口保持 3 厘米左右的距离,以便于以后培土。栽前可用浓度为 50 毫克/千克萘乙酸或 ABT 生根粉溶液浸根 1 小时。栽后立即浇透水,待水渗下后,把露在外面的须根加土盖严,并轻轻将苗向上提一下,再压实,以使根、土结合紧密和深浅适宜。

6. 肥水管理

草莓对肥水的要求较高,特别是四季草莓,一年中不断形成花芽,开花结果,需要多次增施肥水才能满足需要。盆栽草莓补肥,可以采用复合颗粒肥料或长效花肥,也可以把饼肥、鱼杂、兽蹄和家禽内脏等加水充分发酵腐熟后结合浇水施肥,间隔 10 天左右施 1 次,要少施、勤施。如施用化肥,可进行叶面喷肥,如喷浓度为 0.3%磷酸二氢钾溶液,在早晨或傍晚施用。在室外盆栽,叶片易缺水萎蔫,需早晚浇 1 次小水,经常保持土壤湿润。夏季天热,花盆不要直接放在阳光下暴晒,宜放置在通风干燥处,也可以遮盖遮阳网降低温度,午间还应增浇 1 次水,但不要用水温低的井水或自来水浇灌。

7. 植株管理

①去除匍匐茎。匍匐茎对养分消耗很大。新抽生的幼嫩匍匐

茎,必须及时摘除,以减少养分消耗,提高果实质量。如果不让草莓结果,则可把匍匐茎留下,让其长出叶丛自然下垂,培成形似吊兰的草莓盆景。

②摘除老叶和病虫叶。草莓的叶片不断更新,老叶的存在不利于植株生长发育,并易发生病虫害。发现植株下部叶片呈水平着生,开始变黄,叶柄基部也开始变色时,对这种叶片应及时摘除。

③疏花疏果。草莓进入花果期,应注意疏去瘦弱果、畸形果,每株保留2~3个花序,每一花序保留4~5个果,坐果后在果实下铺垫清洁干草,以增加果实着色度,避免烂果,提高果实品质。

④防治病虫害。盆栽草莓主要的虫害是蚜虫、粉虱和叶螨,应注意及时防治。

8. 培土换盆

草莓每年往上抽生一段新茎,新茎的基部又发新根,而下部的老根则逐渐死亡。由于草莓茎和根每年都要上移,为了保证新茎基部有发根的适宜环境,必须在新茎基部培土,在盆内加一层土,培土厚度以露出苗心为度。若有条件,春季结果后于立秋前后换1次盆,新盆加入新的营养土,将植株带土倒出后放入新盆内,稍栽深一些。若植株已结果2年,换盆时可将植株周围的土抖掉,露出根系,仔细将新根下部一段似夹杂状的根状茎掰掉,然后栽入比原盆稍大的新盆内,可起到更新复壮的作用。

五十一、秋延迟西葫芦高效栽培技术

1. 选用适宜品种

秋延迟西葫芦宜选用早熟、抗病、耐湿、耐阴、耐低温性较强的丰产品种,如早春一代等矮秧品种。

2. 培育壮苗

秋延迟西葫芦一般8月中下旬播种。播种前先用清水漂去成熟度较差的种子,再将其倒入55℃的水中,不断搅拌,当水温降至30℃时,再浸泡4～6小时,用清水洗干净,晾干表面水分,用纱布包好,放在25℃～30℃环境中催芽。

苗床应选择地势高、能浇能排、疏松、肥沃、近年来未种过瓜类蔬菜的地块,提前10天施入腐熟的鸡粪,每平方米苗床施10千克,并用多菌灵进行土壤灭菌后,做成1.2米宽的畦子。

浇足底水,按5～8厘米株行距播西葫芦种子,覆土3厘米,3天后用同样方法播黑籽南瓜种子。出苗后,若床土较干,可适当浇水。要防止徒长,形成高脚苗。一般经30～40天长至3叶1心或4叶1心时,即可定植。

3. 定　植

园地建造大棚,每667米² 施入腐熟农家肥4 000～5 000千克、磷酸二铵25千克、三元复合肥15千克、尿素15千克,深翻15厘米耙细,做成高15～20厘米、宽70厘米的垄,垄顶中间挖8～

12 厘米深的浇水沟。暗水定植，一垄双行，株距 50 厘米，栽植
2 200 株左右。

4. 田间管理

(1)温度的调控 定植后温度维持在 25℃～30℃，超过 30℃
时及时放风，缓苗后要加大通风量，以降温为主，防止徒长。第一
雌花开放前，白天温度 22℃～25℃，根瓜坐住后，温度适当提高，
白天 22℃～28℃，促进果实生长发育。温度在 12℃～15℃时，夜
间要加盖草苫，但要早揭晚盖延长光照时间。温度不低于 8℃，草
苫要早揭早盖，并减少通风。

(2)水分管理 缓苗后浇一次小水，第一雌花开放结果前控制
浇水，防止秧苗疯长。第一瓜坐住后再浇大水。晴天中午要通风
排湿。

(3)追肥 定植缓苗后施 10～15 千克磷酸二铵，采收根瓜后，
如缺肥，每 667 米² 可结合浇水施磷酸二铵 10 千克，中后期可选
晴天中午，隔 5～7 天喷 1 次 0.2%磷酸二氢钾和 0.2%尿素混合
液 2～3 次。

(4)植株调整 第一瓜收获后，吊蔓并及时抹去侧蔓，如果侧
蔓已着嫩瓜，可打去顶芽保留 2～3 片叶。随着下部叶片的老化，
及时疏老叶。

(5)病虫害防治 秋延迟西葫芦前期易发生病毒病，发病初期
可喷 20%病毒 A 或 15%病毒灵 2～3 次。中后期易染灰霉病、白
粉病、绵腐病、菌核病、白粉病，用 20%三唑酮、50%硫磺悬浮剂、
2%嘧啶核苷类抗生素喷雾均有较好效果。灰霉病初期用 10%腐
霉利烟剂或 45%百菌清烟剂夜间熏棚。

五十二、马铃薯、夏西瓜、秋彩椒三膜三作高效栽培模式

山东省平阴县菜农摸索出一套三膜中拱棚早春马铃薯、夏西瓜、秋延迟彩色甜椒周年栽培模式,该种植模式环节紧凑,周年生产,最大程度利用了生产设施,取得了很好的经济效益,每667米²纯收入1.5万～1.7万元。现将中拱棚建设及栽培技术介绍如下。

1. 中拱棚建设

三膜(中拱棚双膜＋地膜)拱棚为南北向,宽6.5米、高2米,水泥拱梁骨架,中间无支架,中拱棚外侧棚膜为第一层薄膜。中拱棚拱梁下拉固定钢丝,同时兼作第二层膜固定钢丝,中拱棚外侧棚膜内用竹夹悬挂第二层薄膜,与第一层薄膜间隔20厘米。第三层薄膜为地膜。

2. 早春马铃薯

(1)茬口安排 早春马铃薯采用双膜中拱棚加地膜覆盖栽培形式。12月下旬至翌年1月上旬保护设施内的最低地温不低于7℃时播种。4月下旬至5月上旬采收上市。

(2)品种选择 选用结薯早、薯块整齐、商品率高、适宜保护地栽培的脱毒薯鲁引一号、荷兰十五号。

(3)切块催芽 切块催芽,每667米²需种薯150千克。播前20天晒种2～3天,剔除病薯、烂薯,然后切块。切种时种薯内部温度达到13℃～15℃为最佳。晾干刀口后放在18℃～20℃的室

内采用层积法催芽,待芽长到 1.5～2 厘米时,放在散射光下晾晒,芽绿化变粗后即可播种。

(4)药剂拌种 将 50 克 50% 异菌脲悬浮剂混合 60% 高巧悬浮种衣剂 20 毫升,加到 1 升水中,摇匀后喷到 100 千克种薯切块上,晾干后播种。

(5)合理密植 播种前施足基肥,拱棚内南北向起垄,大行距 80 厘米,小行距 20 厘米,一垄双行种植,株距 25 厘米,每 667 米^2 播种 5 000 株以上。垄面搂平后,喷施二甲戊乐灵等芽前除草剂,覆盖地膜。

(6)及时破膜 播种后 20～25 天苗将陆续顶膜,及时将地膜破孔放苗,并用细土将破膜孔掩盖。拱棚内温度保持白天 20℃～26℃,夜间 12℃～14℃。4 月上旬可撤去一层棚膜。

3. 夏 西 瓜

(1)茬口安排 西瓜采用单膜中拱棚加地膜覆盖栽培形式,4 月上旬育苗,5 月西瓜苗 3 叶 1 心时移栽。6 月中下旬至 7 月上旬采收上市。7 月下旬收完二茬瓜后拔秧。

(2)品种选择 选用早熟、抗病、品质优的品种,如京欣 1 号、早美丽、黄金兰等。

(3)育苗、嫁接 大棚西瓜 4 月上旬育苗,利用葫芦或黑籽南瓜嫁接。将催好芽的砧木种子播于营养钵中,7 天后将接穗苗播于营养盘中。砧木长出 1 片真叶时,采用穗接的方式嫁接。西瓜育苗中嫁接后的管理是关键,前几天注意保温遮光,嫁接苗成活后以蹲苗为主,促其粗壮,当出现 3 片真叶后,进行炼苗,然后移栽。

(4)施肥整地 马铃薯收获后,施足基肥,地块整成小高垄,行距 1.5 米。

(5)定植及田间管理 5 月上中旬定植,株距 25～30 厘米,每 667 米^2 定植 1 300 株。西瓜前期需水量不大,以保墒为主,开花前控制浇水,防止植株徒长。植株采用"一主二侧"的三蔓整枝法,选择主蔓的第 2～3 朵雌花进行授粉。坐果后每株留 2 个瓜,主蔓无瓜时,可在侧蔓上留瓜。

(6)病虫害防治 病害主要有病毒病、细菌性角斑病、炭疽病、蔓枯病等,发病初期及时防治。虫害主要为蚜虫和白粉虱,可用氯氟氰菊酯、吡虫啉等交替喷雾防治。

4. 秋延迟彩色甜椒

(1)茬口安排 甜椒 7 月上旬育苗,7 月下旬至 8 月上旬移栽,10 月开始陆续采收,11 月扣第二层薄膜,当年 12 月收获完毕。

(2)品种选择 彩色甜椒选用生长势强、产量高、适应性广的品种,如麦卡比、红水晶、圣方舟、玛祖卡等。

(3)育苗 采用育苗盘育苗,光照强时用遮阳网遮阳。为了保证种苗纯度和质量,可向工厂化育苗场定购种苗。

(4)定植及田间管理 西瓜收获后,施足基肥,采用南北向小高垄,垄宽 40 厘米、高 20 厘米,大行距 70 厘米,小行距 50 厘米,株距 30 厘米,每 667 米^2 定植 3 800 株左右。采用双杈整枝法,门椒以上的侧枝尽早摘除。对椒坐住后对每一果上的两个分枝,选一个健壮的留下,每株始终保留 2～3 个结果枝。及时防治病虫害。

五十三、无籽西瓜、白莎蜜甜瓜早熟栽培技术

1. 整地做畦

在背风向阳处做畦,畦的后墙高 60 厘米、前墙高 24～25 厘米,长、宽视具体情况而定。

2. 配制营养土

选用未种过西瓜和甜瓜的田园土及优质驴粪、马粪,过筛,按3 份驴马粪、7 份田园土或 4 份粪、6 份土的比例配制营养土。为预防苗期病害,每立方米土中可加入 100～200 克多菌灵。用 2/3 的营养土装钵,1/3 留作覆土。

3. 制作营养钵

营养钵可用空啤酒瓶作模具,用旧报纸制成直径 10 厘米、高12 厘米的纸钵,钵土湿度以"手握成团,落地即散"为宜。给营养钵填土时要做到下实上松,松紧适中,然后,将营养钵紧排在畦内。放钵前可先将畦土挖出,铺上麦糠和驴、马粪等做成酿热温床。在营养钵的空隙内填土,使营养钵紧密排列。浇大水造墒,以水面没过钵体 1.5～2 厘米为宜,以免苗期脱水。水渗下后喷多菌灵 800倍液或甲基硫菌灵 500 倍液防病,最后盖膜烤畦 3～5 天。

4. 催 芽

先将西瓜籽在 70℃ 的水中烫 5～6 秒钟,然后迅速将水温降

至 55℃～60℃,并不停地搅拌,7～10 分钟后使水温降至 30℃,再浸泡 10 小时。甜瓜种可先在 55℃的水中烫 5～6 秒钟,不停地搅拌,使水温降至 30℃后再浸泡 1.5 小时。将种子捞出,用湿毛巾搓去种子表面的黏液,然后进行破壳处理。

处理后用湿毛巾或湿纱布将种子裹好,外裹薄膜放于怀内催芽,晚间放在热炕头上,温度保持在 28℃～30℃左右,1.5～2 天种子露白后即可播种。

5. 播 种

播种时,将种子平放在营养钵内,1 钵 1 粒,播后覆土盖膜。西瓜畦的温度保持在 25℃～26℃,甜瓜畦 30℃～35℃,地温不能低于 16℃,出苗前不放风。

6. 幼苗期的管理

出苗后适当降低温度,超过 30℃时放风,使畦内的温度保持在 20℃～22℃。当苗子长到 3 叶 1 心时,准备定植。

7. 定植后管理

定植前集中施肥,西瓜 667 米^2 栽 600 株,甜瓜栽 800 株。前期要注意追肥浇水,促进幼苗生长。开花坐果期则要进行蹲苗,防止营养生长过旺。坐果后要肥水猛攻,促进西瓜早熟。同时,注意压蔓。无籽西瓜 35～45 天即可成熟,要注意适时采收。甜瓜重点注意整枝打杈。白莎蜜甜瓜是以孙蔓结瓜为主的品种,在主蔓3～4 叶时摘心,留 2～3 条子蔓。子蔓 7～8 片叶时摘心,孙蔓坐瓜后在瓜上留 2～3 片叶摘心,将其余的枝杈全部去掉。

8. 注意事项

①配制营养土的驴粪、马粪一定要充分腐熟后使用。

②无籽西瓜破壳最简便的方法是用牙嗑,可用手捏着种子,在牙齿间轻轻一嗑即可,注意只能嗑开种皮的1/3。

③播种期的选择。3月25日左右播种,播种应在连续晴天时进行。

④无籽西瓜2叶前长势比有籽西瓜弱,故定植时要减少基肥用量、增加追肥量。基肥施用量比普通西瓜少一半,尽量减少速效肥的施用量。5叶后长势加强,要注意控秧。

⑤无籽西瓜要和有籽西瓜同时种植,以备后期授粉。授粉时,在面积小的情况下可直接采花授粉,面积大时可采翌日要开的雄花,于夜间放在电灯泡周围烘干。第二天一早将烘干的花揉成粉,用毛笔授粉即可。无籽西瓜一般在第二或第三雌花上留瓜。甜瓜子蔓瓜应及时摘除。

(6)应用西瓜重茬剂F。在西瓜、甜瓜苗定植前、伸蔓后、发病初期,用本剂300~500倍液灌根,每5~7天1次,连灌2~3次。

五十四、生姜小拱棚覆膜 高产栽培技术

山东省龙口市地处山东半岛北部沿海地区,北临渤海湾,气候温和湿润,种植生姜历史悠久,目前全市生姜种植面积已达 0.33 万公顷(5 万亩左右),大部分采用了小拱棚覆盖栽培。由于小拱棚覆盖具有保温保湿的作用,生育期延长,产量大幅度增加,平均每 667 米^2 产量为 5 000 千克左右,高产地块达 7 500 千克,单株产量可达 1.5 千克左右。

1. 整地、施基肥、打姜沟

选择土层深厚、土质疏松透气、有机质丰富、能灌能排、微酸性的肥沃壤土。为防止姜瘟病和癞皮病(线虫病)等土传病害,应实行 3～4 年以上轮作。冬前深耕晒垡,结合施基肥,一般每 667 米^2 施腐熟的农家圈肥 5 000 千克以上、三元复合肥 50～75 千克。春季土壤解冻后,整平耙细。按南北方向开姜沟,行距 55～60 厘米,沟宽 25 厘米,深 25 厘米。目前,龙口市姜农一般用打沟起垄机打姜沟,每 667 米^2 费用约 50 元。将肥料施入沟内与土壤混匀作种肥,每 667 米^2 施肥量为三元复合肥 50～75 千克,或饼肥 75～100 千克,或磷酸二铵 25 千克、硫酸钾 25 千克。

2. 晒姜、困姜

选用龙口生姜地方品种,也可以选用莱芜大姜。适期播种前 30 天左右,从贮藏窖内取出种姜,稍稍晾晒,用清水冲洗去掉姜块上的泥土,平铺在草席或干净的地上晾晒 1～2 天后,将其置于室

内堆放 2~3 天。一般经 2~3 次晒姜困姜，便可开始催芽。晒姜不可晒得过度，不可暴晒，中午若阳光强烈，可用席子遮阳，以免姜种失水过多，姜块干缩，出芽细弱。晾晒过程需进行严格选种，剔除瘦弱干瘪、皮色灰暗、肉质变褐，干缩腐烂、受冻发软、受病虫危害的姜块。

3. 培育壮芽

一般在室内火炕上催芽，发芽过程中以保持 22℃~25℃的温度和 80%~85%空气相对湿度为宜。若温度过高，发芽快，则姜芽比较细弱。壮芽标准是芽长 0.5~2 厘米、芽粗 0.6~1 厘米、幼芽肥壮、顶部钝圆、色泽鲜亮。播种前，将姜种掰成 50~70 克的姜块，并根据姜肉色进一步淘汰有病姜种。

4. 播　种

适宜播种期为 4 月上旬，浇透底水后，将种姜按 20 厘米株距排放沟中，芽一律向上。每 667 米^2 栽植 5 500~6 000 株，当土壤肥力及肥水条件或种姜大小达不到要求时，应相应加大密度。用种量为 300~500 千克。覆土 3~4 厘米厚，再喷除草剂，可用乙草胺 600 倍液，或 48%甲草胺乳油 200~300 毫升，对水 40~50 升，均匀喷洒于地表面。最后用细竹片在姜沟上起小拱棚覆盖地膜。除草剂于播种后 15 天左右将喷雾器伸到膜下喷洒，除草效果更好。

5. 田间管理

播前浇透底水，由于采用了小拱棚覆膜栽培，土壤温度比较高，出苗前可根据土壤墒情适当浇小水。当种姜 70%出苗后，增大浇水量，促进幼苗生长。5 月上旬气温升高，姜沟膜下温度更高，应及时在膜上开小洞通风降温，防止高温灼伤幼苗，6 月底撤棚。幼苗后期天气炎热,土壤水分蒸发量加大,应适当增大浇水量。夏季浇水时以早晚为好,注意排水防涝,可在暴雨后用井水浇地降温。进入旺盛生长期,需水量多,要求土壤始终保持湿润状态,每 4～5 天浇 1 水。收获前 2～3 天浇 1 水,保证收获后根茎上能粘带泥土,便于贮藏。

苗高 30 厘米左右时,每 667 米² 追施硫酸铵或磷酸二铵 20 千克左右。立秋前后,植株生长加速,应每 667 米² 追施三元复合肥 50 千克,或磷酸二铵 30 千克、硫酸钾 25 千克。可在距植株基部 15 厘米左右处开深沟施入,覆土封沟培垄,并灌透水。9 月上中旬后,根茎进入迅速膨大期,每 667 米² 追施硫酸铵 10～15 千克、硫酸钾 25 千克,或复合肥 35 千克。可结合浇水施肥,并进行培土 2～3 次,将姜沟逐渐拉平,最后变沟为垄。现在姜农也有在 6 月底一次性将姜沟拉平的操作方法,以节省劳动力。

生长过程中若田间发现姜瘟病株应及时拔除,并挖去周围带菌土壤,在病穴内撒施石灰,然后用干净的无菌土回填。若发现线虫危害,可用 1.3% 阿维菌素 2 000 倍液灌根,每穴灌药液量 120 克左右,灌后浇水。

6. 收　获

10 月下旬,初霜来临前,生姜停止生长尚未枯黄时及时收获鲜姜。用姜叉将整株刨出,或用当地研制生产的生姜收获机进行收获。轻轻抖落根茎上的泥土,保留 2 厘米左右的茎秆,摘去根,趁湿入窖贮藏。

五十五、春西瓜、秋番茄高效栽培技术

近年来,山东省昌乐县营邱镇积极推广"拱圆棚早春西瓜—夏秋番茄"栽培模式,一年种植收获两茬,早春以种植西瓜为主,夏秋季以种植番茄为主,成为早春西瓜、夏秋番茄的主要产区。该模式充分利用拱圆棚设施,冬春季节覆盖薄膜种植西瓜,夏秋季节利用棚顶部旧薄膜,在棚裙处覆盖防虫网种植番茄,既保证了早春西瓜生产所需的棚内温度,又能够在夏季防雨防虫、降低棚温,大大减少病虫害的发生,效益显著。

1. 茬口安排

早春西瓜进行嫁接育苗,11月下旬至12月上旬播种砧木,砧木苗真叶长至1厘米时进行接穗播种。砧木第一片真叶充分展开,接穗2片子叶平展时为嫁接适期。2月上中旬定植,5月中旬至6月上旬采收。番茄播种期为5月中下旬,7月上旬定植,9月上中旬采收。

2. 栽培管理

(1)早春大拱棚西瓜主要栽培技术

①品种选择 选择耐低温、抗病、低温下坐果性能好、品质优、产量高的综合性状好的早熟品种。

②培育壮苗 全部采用嫁接育苗。育苗砧木主要有西瓜类、南瓜类、葫芦类等。浸种催芽:用28℃~30℃温水浸泡6小时后捞出沥干,用干净湿纱布分层包裹,放在28℃~30℃的温度条件

下催芽,经 24 小时后,待 60%～80%种子露白时播种。苗床管理:出苗前白天地温 28℃～30℃,夜间 15℃～18℃,一般 3～5 天后出苗,幼苗出土 50%时揭去地膜,适当调光通风降低温湿度,避免烧苗或徒长。出苗后白天温度 25℃,夜温 14℃～16℃。破心后日温 25℃～28℃,夜温 15℃～16℃。

③**定植** 每 667 米² 定植 700～800 株。

④**棚内温湿度控制**

温度:定植后 5～7 天,要注意提高地温,保持在 18℃以上,以促进缓苗。若白天温度高于 35℃,则应设法遮光降温。缓苗后可开始通风,以调节棚内温度,一般白天不高于 30℃～32℃,夜间不低于 15℃,此期间可通过开闭天窗来控制棚温,当瓜蔓长 30 厘米左右时,可撤除小拱棚。大棚西瓜盛花期,应保持光照充足和较高夜温,因为若在人工授粉后夜温低则造成落果和影响果实膨大。外温超过 18℃时,应加大通风,天窗和棚两侧同时通风,保持白天不高于 30℃,防止过高的日夜温差和过高的昼温。此期西瓜进入膨瓜期和成熟期,高昼温和日温差过大会导致果实肉质变劣,品质下降。

湿度:大棚内空气湿度较高,在采用地膜覆盖的条件下,可明显降低空气湿度。一般在西瓜生长前期棚内空气湿度较低,但在植株蔓叶封行后,由于蒸腾量大,灌水量也增加,使棚内空气湿度增高。白天相对湿度一般在 60%～70%,夜间达 80%～90%。为降低棚内空气湿度,减少病害,可采取晴暖白天适当晚关棚,加大空气流通等措施。生长中后期,以保持空气相对湿度在 60%～70%为宜。

⑤**光照及气体成分的调节**

增加采光量:大棚的棚膜表面结露珠或表面不洁净,常使透射入棚内的光照强度降低,特别是在多层覆盖情况下。因此,应注意保持棚膜洁净,不要用透光很差的旧薄膜。大棚内光照主要来源于顶部(上光)和侧面(侧光),地面薄膜在生长前期也有一定反光作用。要严格整枝、及时打杈和打顶,使架顶叶片距棚顶薄膜有30～40厘米的距离,防止行间、顶部和侧面郁闭。

棚内气体调节:大棚密闭条件下空气中二氧化碳含量严重不足,影响光合作用的正常进行和同化产物的积累。为提高棚内二氧化碳浓度,补充棚内二氧化碳含量不足,可进行二氧化碳施肥。

⑥整枝 大棚密植条件下,要实行较严格的整枝。当伸蔓后,上蔓长30～50厘米时,侧蔓也已明显伸出。当侧蔓长到20厘米左右时,从中选留一壮健侧蔓,其余全部去掉,以后主、侧蔓上长出的侧蔓及时摘除。在坐瓜节位上边再留10～15片叶即可打顶。整枝工作主要在瓜坐住以前进行。在去侧蔓的同时,要摘除卷须。

⑦人工授粉 应在上午8～9时进行授粉。阴天雄花散粉晚,可适当延后。为防止阴雨天雄花散粉晚,可在头一天下午将次日能开放的雄花取回,放在室内干燥温暖条件下,使其次日上午按时开花散粉,再用雄花给雌花授粉。应从第二雌花开始授粉,以便留瓜。

⑧追肥灌水 大棚西瓜前期浇水不宜过大。一般在缓苗后,如地不干,可以不浇水;若过干时,可顺沟灌一次透水。此后保持地面见湿见干,节制灌水,提高地温,使瓜秧健壮。在伸蔓期,可灌2次水,水量适中即可。开花坐果期不浇水,以防上徒长和促进坐瓜,幼瓜长到鸡蛋大小后,进入膨瓜期,可3～4天浇1次水,促进幼瓜膨大。大棚西瓜的追肥在施足基肥的情况下,至幼瓜坐住前不再施肥,幼瓜坐住后,长至鸡蛋大小时,每667米²施(结合灌水冲施)三元复合肥20千克。果实定个后,可用0.3%磷酸二氢钾叶面追肥1～2次。

⑨病虫害防治 按照"预防为主,综合防治"的方针,根据西瓜发病规律,提早预防疫病、炭疽病、叶枯病、蔓枯病、细菌性角斑病、西瓜水渍瓤病、西瓜根结线虫、蚜虫等病虫害。

(2)秋番茄栽培技术

①**品种选择** 选择耐高温、抗病毒、耐贮运的长货架期高产品种。

②**培育壮苗** 播种时间在5月中旬。浸种催芽:番茄种子用55℃温水保持均匀浸泡15分钟,再用10%磷酸三钠溶液浸泡20分钟捞出洗净,用清水浸泡6～8小时捞出洗净,置于25℃环境中催芽,每天用同温清水洗1～2次,经2～3天有50%种子露白时播种。

③**定植** 每667米²栽1800株左右。

④**田间管理**

整枝:及时吊蔓,当侧枝1～2厘米时,去掉侧枝。一般留8穗果打头。

及时疏花疏果:开花结果过多会影响果实的大小,一般每穗留3～5个果。

人工辅助坐果:用防落素或2,4-D点花促进坐果。

肥水管理:施肥要求高钾低氮,避免偏施氮肥,基肥多施腐熟有机肥,以改善土壤结构;追肥要求坐一穗果追一次肥,并在果期增施钾肥,防止发生筋腐病。初花期可喷施叶面钙肥,以防止果实脐腐病。浇水宜小水勤浇,有条件的最好采取膜下滴灌,不能忽干忽湿。

病害防治:番茄主要病害是叶霉病和灰霉病,前者主要危害叶片,后者主要通过侵染花器危害果实。叶霉病可用氟硅唑等防治。对灰霉病可选用腐霉利可湿性粉剂和甲霜灵可湿性粉剂等在植株定植15天用一次药。

五十六、加工出口型草莓露地栽培技术

　　加工出口型草莓是指适宜加工、适合出口的草莓品种。由于这一类品种面向深加工企业和国外市场，所以市场销路广、种植效益较好，加工出口型草莓在品种上有特殊的要求，一般要做到品质好，酸甜适度，果肉和果皮的颜色都是红色，而且果形整齐，有一定的硬度。目前出口适销的主要品种有森格纳、哈尼、宝交、马歇尔等。

　　加工出口型草莓一般选择在土质肥沃、昼夜温差明显，远离污染源，具备良好水浇条件的地区，采用露地栽培的方式进行栽培。

　　普通草莓在育苗时一般用大田里的草莓苗作为母本苗，也不进行假植，而加工出口型草莓在育苗时非常严格，母本苗采用脱毒培养的草莓苗，一般在3月中旬定植，每667米² 定植300株左右，定植的具体方法是：选择土壤疏松、有排灌条件的沙壤土，施足基肥，耕翻耙平后做成平畦，多雨的地区做成高于地面10厘米的高畦，畦宽1.5米，两边筑畦埂。做好畦以后，在畦的中央每隔0.8米定植1棵，然后浇水，经过1周的缓苗就可以成活了，在现蕾时摘掉花蕾，以减少养分的损失，促进匍匐茎的大量发生。到7月上旬，把育苗圃中繁殖的幼苗，重新移栽，集中培育，移栽的株行距是10厘米×10厘米，这个过程就叫假植。据莱阳农学院姜卓俊教授介绍，通过假植，可以使草莓苗生长空间均匀，从而达到培育壮苗的目的。

　　加工出口型草莓的定植时间也是在8月下旬至9月中旬，出于对果实商品性的要求，加工出口型草莓一定要采取起垄栽培的方式,垄高 25 厘米,垄底宽 80～90 厘米,垄面宽 30～40 厘米。

据介绍,起垄栽培和平畦栽培比较起来,有很多好处,第一,有利于地温的回升,它的地温比平畦高。第二,起垄以后,草莓长到垄的一侧,进行灌溉的时候,防止了水和土对它的污染,这样有利于提高草莓的商品性。第三,起垄栽培草莓的受光条件好,这样有利于果实的着色,减少果实的腐烂。

起垄以后就可以定植了,定植的方法是每垄栽 2 行,行距是 30～35 厘米,株距是 15～18 厘米,每 667 米^2 定植 8 000 株左右,定植时苗的方向要一致向外,这样可以使草莓果实全部处于垄外侧,有利于草莓果实的着色,也便于收获。栽培深度和普通草莓的栽培深度一样。

正是由于加工出口型草莓采用了起垄栽培的方式,使它能够在冬季覆盖地膜,专家推荐最好用黑色地膜。

破膜的时间选择在 2 月下旬,方法是在每株草莓上方的地膜破开一个小洞,让草莓苗接受 15～20 天的低温锻炼,然后将草莓苗全部抠出。

露地栽培加工出口型草莓,每 667 米^2 产量可达 3 000 千克以上,具有投资少、效益高、栽培简单的优点。随着我国加入世贸组织,农副产品出口量的增加,种植加工出口型草莓必将给农民带来丰厚的收益。

五十七、菜用枸杞的栽培技术

1. 枸杞菜有较好的开发前景

枸杞属茄科枸杞属灌木。枸杞果是大家所熟知的一种重要中药材,其性味甘平,具有滋肾益精、养肝明目之保健功效。

枸杞芽菜,为枸杞的嫩茎叶可食用部分,又称枸杞头、地仙苗、天精草等。春夏间采撷其嫩茎或叶,可做炒菜、凉拌或入汤,其营养丰富,性味苦甘凉,药用保健功能可与枸杞果媲美。据分析,每100克嫩叶中含糖类 8 克、灰分 1.7 克、钙 15.5 毫克、磷 67 毫克、铁 3.4 毫克、胡萝卜素 0.23 毫克、维生素 B_{12} 3 毫克、维生素 B_2 33 毫克、尼克酸 1.7 毫克、维生素 C 3 毫克,营养价值比一般蔬菜高。更为重要的是枸杞中含有甜菜碱、谷甾醇、亚油酸、芸香苷、肌苷,以及多种氨基酸和芦丁等特有成分,有降低胆固醇的作用,可提高肝、脑等器官中的超氧化物歧化酶活性,有抗氧化、延缓衰老的功效。此外,枸杞中的锗含量丰富,还具防癌抗癌作用。在南京、广州等地,人们有食用枸杞叶的习惯,认为有明目的作用。在日本,还将枸杞叶煎服作为滋补强壮剂。最近的研究表明,枸杞茎叶中,除含有人体必需的氨基酸和多种维生素外,尚含有利于提高儿童智能的锌元素。

随着人们营养保健意识的增强,对蔬菜的要求也越来越高,营养、保健、绿色安全的特色野菜将更受人们的欢迎。枸杞芽菜目前生产主要依靠野生资源采撷,上市量少,季节性强,只能供应少数宾馆、酒楼作为特菜推出,远远不能满足普通市民的日常生活需求。

枸杞芽菜的人工栽培技术简单,开发周期短,投资少见效快、产投比大,效果高,种植利润大。一般秋季栽培,翌年春节期间便可收割,年产量在 1 500～2 500 千克/667 米²,年纯效益在 5 000 元以上。

2. 菜用枸杞的栽培技术

(1)园地与品种的选择

①田地选择 枸杞耐瘠薄、耐盐碱、耐旱力强,适栽性广,各种土壤类型均能建园。但作为菜用栽培,主要是收获持嫩性好的茎叶部分,要求有较高的产量(3 000 千克/667 米²)。因此,建园要求选择土壤有机质丰富、土层深厚、肥沃、排灌方便的沙质地块。果园间作或土壤瘠薄地建园,要采取深翻改土,增施有机肥,一般要求每 667 米² 施腐熟的有机肥或猪粪 4 000 千克。另外用菜园地建园时,最好要与前茬为茄科的作物错开,以减少同科病虫的转主危害。

②品种选择 从适地适栽的生态角度上要尽量选择抗病虫性强的品种,一般本地的野生品种类型最好,或从气候相似的区域直接引种已驯化好的菜用品种。从菜用的品质上要求生长势旺的品种,芽的持嫩性好,产量高。

3. 栽培模式

(1)常用的栽培模式 主要是密植高产栽培方式与果园间作方式最为常见。其中密植式又分露地密植与保护地密植。

(2)密植栽培密度 为 15～20 厘米/20～40 厘米的株行距,每 667 米² 栽培 2 万株左右,保护地栽培的密度还可以加大。可采用小棚栽培或大棚栽培,一般在 12 月中旬至翌年 2 月上旬开始盖棚升温,上市日期比露地提前半个月到 1 个月以上,最早可以春季淡季期采芽上市,上市越早,售价越高,效果越好。一般露地栽

培,当年就可采芽,年采芽 8～12 次,每次产量在 3 000 千克以上,按目前市价产值在 8 000～10 000 元。

(3)果园间作　主要是在果树栽培的两边,以条幅式多行栽植,密度为 20～30 厘米的株行距,每 667 米² 栽培 6 000～8 000 株,当年间作产量可达 800 千克/667 米²,翌年产量可达 1 500 千克,另外每年还可在 6 月份或 12 月份收一季压青的绿肥或将茎叶晒干作为动物饲料用,冬季茎干的修剪物晒干后可作为果园的冬施基肥的回填物。

4. 栽培时期与方法

(1)栽植时期　在长江以南的地区,最好选择 9～10 月份进行秋植建园,秋栽有利于根系当年恢复,有利于提早采芽,提高效益。

(2)栽植方法　苗木栽植时应将主根短截,侧根、须根适当修剪,对苗木主干留 10～20 厘米短截,可有效地提高苗木的成活率。栽植深度可将根颈埋入土中 1～2 厘米,有利于促发根颈部位的不定芽萌发,形成采摘带,提高早期的产量。

5. 采摘与上市

在武汉地区,枸杞在 2 月中旬开始萌动,3 月上旬可采摘第一批芽菜,以后隔半月左右便可采收 1 次,随着气温升高采摘周期缩短至 7～10 天,其中在 4 月中旬至 5 月下旬生长最快。春季产量占全年产量的 60%以上。早春采摘的长度为茎梢上部 10～20 厘米的嫩茎或嫩芽叶,到 6 月份后,进入夏伏期,生长开始减缓,芽梢变细,且多为二次梢,采摘长度为 10～15 厘米,具体以手感持嫩为度,采摘要分批及时进行。采收后可按 100～200 克/把或用纸袋包装上市。

6. 修剪技术

枸杞粗枝干及根颈处的皮层厚，易萌生徒长性的枝芽，这些基生枝肥硕，持嫩度好，是优质上等的芽菜，因此，每次采摘后要及时对主干进行下压回缩至根颈上 1.5～10 厘米的部位，有利于促发基生芽的萌发，增加优质芽菜的产量。修剪时要注意，在生长期不宜一次性剪完，以保障根系生长的叶面光合养分的供给，可采取间隔或错落式回缩，基本上保证采摘面在 20～30 厘米即可。进入 7 月份，要全园放梢生长，有利于枸杞植株安全越夏。

8 月下旬，可对全园进行一次露骨平剪，以便促发秋季芽菜的生长。修剪后的枝叶晒干可用作饲料或直接作为果园的绿肥用。至 12 月至翌年 1 月份落叶时，再做一次重修剪，修剪后的枝条，晒干后作为果园冬季施基肥的有机填充物。

7. 肥水管理

苗木栽培半月后便可成活，开始萌芽抽梢，这时即可淡施肥水，每 667 米^2 施尿素 5 千克，隔半月左右再施用一次氮肥，每 667 米^2 施尿素 5 千克或磷酸铵 10 千克，至 10 月中下旬落叶前重施一次有机肥料，每 667 米^2 施饼肥 300 千克（或猪粪 2 000 千克）+磷肥 40～50 千克，作为基肥。春季萌芽前半月，每 667 米^2 施尿素 10 千克催芽。每次采摘后均要及时松土，并追肥，每 667 米^2 施磷酸铵或尿素 5～10 千克，并视天气情况进行园间灌水。平时园间除草和中耕时要及时对根部进行培土，以促发根部不定芽的发生，产生肥嫩的基生梢。7～8 月伏旱期，要及时灌水抗旱。

8. 病虫害防治

菜用枸杞最常见的害虫有蚜虫、瘿螨、负泥虫，病害主要是炭疽病，一般发生较轻。

(1)枸杞负泥虫　又叫十点叶甲,属叶甲科。成虫和幼虫啃食叶片成缺刻,有时将嫩叶甚至全树叶片吃光,严重影响植株生长和产量。

(2)防治方法

①50%辛硫磷乳剂1 000倍液喷雾喷洒地面,杀死成虫。

②20%氰戊菊酯2 000~3 000倍液,或2.5%溴氰菊酯3 000倍液喷雾。

③用40%乐果1 000倍液,或90%敌百虫500~1 000倍稀释液喷洒。

(3)枸杞瘿螨　是危害枸杞较严重的一种螨类害虫,以口针刺吸危害枸杞叶片与嫩枝为主,刺激受害部位的细胞增生,形成疱状瘤瘿,螨有瘤瘿内寄生、繁殖和危害。严重影响到叶用的品质与商品外观。

(4)防治方法　春季萌芽是防治最适期,可采用45%~50%硫磺胶悬剂300倍稀释液或用3~5波美度石硫合剂清园消毒,还可兼治其他螨类,秋冬季全园大清剪时将危害严重的枝条清出园外集中烧毁。

五十八、西瓜架栽、棚栽栽培技术

(一)西瓜架栽技术

西瓜搭架栽培又叫支架栽培,是让西瓜茎蔓沿着人工支架生长的一种栽培新技术。采用搭架栽培的西瓜,可以充分利用空间,增加种植密度,提高土地及光能利用率,果实品质也有所改善。

1. 整地做畦

搭架西瓜宜选择背风向阳、土质肥沃、排灌方便的地块种植。整地前每 667 米^2 施腐熟有机肥 4 000～5 000 千克、腐熟豆饼或油渣 75～80 千克、硫酸铵 25 千克、过磷酸钙 30～50 千克。整地后做成宽 1～1.2 米的畦,畦向南北延长,畦面覆盖地膜。

2. 育苗移栽

整畦后育大苗移栽,苗龄 4 叶 1 心为好,每畦移栽 2 行,三角形交错栽植。栽植密度根据搭架方式而定,一般株距 0.4～0.5 米。立架栽培每 667 米^2 栽 1 500～1 800 株,人字形架栽培栽 1 300～1 600 株,三角形架栽培栽 1 100～1 400 株。

3. 搭设支架

(1)立架 先在西瓜株行西侧每隔 2 米插一立杆,再沿瓜苗行向绑 3～4 道较细的横杆,搭成稀疏的篱笆状支架,高度 2 米左右。亦可以每畦两立架之间加绑横向连接杆,组成凉棚式的棚架结构。

(2)三角形架 多采用竹竿或农作物秸秆作架材,在瓜苗周围搭成三角形支架,架高 0.8～1 米,架顶每 3 根立杆绑扎一起,使瓜苗处在架下中央部位,架成杆间距离 0.4～0.5 米。

(3)人字形架 在瓜畦的两行瓜苗之间,每隔 2～3 株西瓜相对斜插 2 根长约 1.5 米的竹竿,使上端交叉呈"人"字形,两根竹竿的基脚相距 65～75 厘米,再用较粗的竹竿绑紧作为上端横梁,然后在人字形架两侧,沿瓜苗行向,距地面 0.5 米左右处各绑一道横杆,各交叉点均用绳子绑紧。

(4)整枝绑蔓 搭架栽培的西瓜通常采用双蔓整枝,选留主蔓第二雌花坐瓜,每株留 1 瓜。当瓜蔓长到 50～70 厘米时,顺势引蔓上架绑蔓,以后每隔 30～40 厘米绑一道。采用立架或人字形架栽培的西瓜,要把主、侧蔓同时绑引上架,幼瓜坐稳后停止绑蔓。吊挂生长的西瓜,当瓜长到 0.5 千克以上时,用草绳做成直径 10 厘米左右的草圈垫,将瓜托住。落地生长的西瓜,当幼瓜长到鸡蛋大小时进行定瓜,并将上方的瓜蔓绑引上架,而让侧蔓匍匐生长。绑蔓时,将主蔓引向瓜行南边的一根立杆上绑牢,然后环绕支架呈螺旋形上升,直到架顶。坐瓜后,将幼瓜前后的两道蔓松绑。

4. 田间管理

(1)追肥、浇水 一般在伸蔓初期,结合浇催蔓水,在离瓜根 20 厘米处,每 667 米² 开穴追施 200 千克腐熟饼肥或优质粪肥。坐瓜期适当控制肥水。膨瓜期每隔 3～5 天浇 1 次膨瓜水,并结合浇水,用 800～1 000 千克腐熟粪稀和尿液,分 2 次冲入瓜畦,并可补施一次速效肥。

(2)中耕除草 在定植后缓苗期,加强行间中耕,以提高地温,搭架前进行一次浅中耕;瓜蔓上架后,及时拔除杂草。

(3)适时剪蔓 在幼瓜直径长到 10 厘米左右时,将蔓梢剪除,每株保留 50～60 片叶,以减少养分消耗,促进果实膨大。

(二)塑料大棚西瓜栽培技术

1. 选用良种

大棚栽培西瓜,要选中早熟,耐低温弱光、丰产抗病、单瓜较重、易坐瓜、适宜密植,搭架栽培的品种,如郑杂6号、京欣1号、苏密1号等。

2. 培育壮苗

西瓜育苗最好在温室中进行,时间一般需35~40天。

3. 整地定植

每667米^{2}施圈肥4 500千克、过磷酸钙150千克、尿素20千克,然后开沟深翻。当大棚内最后气温稳定在8℃以下,地下10厘米地温稳定在11℃以上时,选晴天上午定植。浅沟畦栽,沟宽0.5~0.6米,沟深0.2~0.3米,行距1~1.1米,株距0.4~0.5米,每667米^{2}种植1 200穴,每穴2株,双蔓整枝。定植后浇透水,下午晒半天,以后要注意防寒。

4. 保温排湿

定植后大棚内的保温和通风排湿是管理的中心环节。早春定植后以保温、增温为主,少浇水、多中耕,并放风排湿,通风口应迟开早关。4月份伸蔓后气温上升,大棚内常出现40℃以上的高温,要及时通风降温,特别是中午要防止温度过高烧苗,把温度降至30℃以下,随着温度的升高要加大放风门,阴天可以不放风,如遇连阴天可暂时关闭风口。

5. 搭架整枝

大棚西瓜采用双蔓整枝的栽培方式。即在主蔓基部以上 5～7 节处再选一粗壮侧蔓,其余的摘除。当主蔓结瓜后,在瓜上留 7～8 片叶打顶。

6. 人工授粉

大棚西瓜定植早,外界气温低,昆虫很少活动,自然授粉难,所以必须进行人工辅助授粉。方法是在晴天上午 7～9 时进行,用一深色布在雄蕊上轻抹一下,若布上沾满花粉,证明已散粉。

7. 留　瓜

大棚西瓜主蔓和侧蔓各留一个瓜,以第二雌花留瓜为好,第二雌花没有坐住瓜的情况下也可选第三雌花留瓜。这是因为塑料大棚西瓜一般选用早熟品种。早熟品种第一雌花出现的节位都比较低,植株叶片数较少。若以第一雌花留瓜,则因植株营养面积小没有足够的光合产物供应瓜的膨大,所结的瓜较小,皮厚,而且还会因坐瓜较早发生附蔓现象,使植株长势变弱。选留第二雌花留瓜,植株已有较多的叶片,单株功能叶片的叶面积较大,能有足够的营养供给瓜的发育,因而瓜型大且整齐端正,品质也好。留第三朵雌花坐瓜,瓜虽然生长较大,如果在膨瓜期土壤肥水不足,会出现"葫芦"把瓜,坐瓜节位越高,这种现象越明显。

8. 病虫害防治

大棚西瓜没有露地病虫害发生严重,但如果防治不及时,也能造成严重危害。常见的主要病害有炭疽病、疫病等,可用代森锰锌、多菌灵、百菌清等防治。虫害主要有蚜虫和潜叶蝇等,可用吡虫啉、毒死蜱和敌敌畏烟剂等防治。

五十九、绿豆高产栽培技术

1. 选 地

绿豆对土壤要求不严,可选择岗地、沙壤土种植,也可作为填闲栽培,种植在田埂、隙地,一般与玉米、高粱等高秆作物混作。绿豆不能连作或与豆科作物重茬,前茬可选禾本科作物。

2. 选 种

可选用明绿豆和大粒鹦哥绿豆等直立型品种。播种前,可用砖头稍稍磨破种皮,以促进吸水和发芽。

3. 播 种

清种每 667 米^2 施用腐熟农家肥 2 000～3 000 千克,等距穴播,一般行距 65 厘米、株距 10 厘米,每穴 3～5 粒,播种深度 2～3 厘米,于 5 月初播种.与玉米混种时要等到玉米苗齐,于 5 月中旬在 2 株玉米中间种一穴。

4. 田间管理

(1)间苗 绿豆苗 3 叶期间苗,每穴留壮苗 2～3 株,要间小留大、间杂留纯、间弱留壮。

(2)中耕除草 一般把握 2 铲 3 镗,出齐苗前镗一犁;间苗时铲头遍、镗第二犁;株高 33 厘米时铲第二遍、镗第三犁,同时封垄,开花后不再中耕。

(3)水肥管里 开花以前绿豆抗旱,开花以后干旱易导致落花落荚,应使土壤有足够水分,相对含水量以 60%～70% 为宜,超过 70% 会徒长并倒伏。在封垄前长势不够,可施少量氮肥,一般每 667 米² 施用硝酸铵 5 千克;结荚期叶面喷洒 2% 过磷酸钙溶液,每 667 米² 用量 25 千克,保荚鼓粒。

(4)摘心 绿豆为无限结荚习性,为控制徒长,可于结荚期 7 月摘去顶端生长点,以控制徒长,增加荚。

(5)防虫害 7 月中下旬开花期防治蚜虫,每 667 米² 用 40% 乐果乳油 1 000 倍液 40～50 千克喷雾;7 月下旬至 8 月上旬结荚期防治豆象,每 667 米² 用 50% 辛硫磷 2 000 倍液 15～30 千克喷雾。

5. 及时收获

绿豆成熟与开花顺序相同,自下而上依次成熟,成熟后易自行裂荚落粒。小面积种植应随熟随收,分批摘荚;大面积栽培需一次性收获。全田有 2/3 荚果变成黑褐色时收获,然后晒干、脱粒、清选,再入仓贮藏。

六十、水果型小黄瓜栽培要点

水果型黄瓜是近年推广的鲜食黄瓜,瓜型短小,无刺易清洗,口感脆嫩,风味好,营养含量明显高于普通黄瓜,正像一些萝卜、花生、豌豆、荞麦、芥菜等新型芽苗菜那样深受宾馆、饭店及消费者的欢迎,而且价格比一般黄瓜高 1 倍以上,很有发展前途。培育这些新型菜的不少农民也因此致富。下面,特向农民朋友介绍水果型小黄瓜的生产技术。

1. 良种选用

宜选用春光 2 号、甜脆绿 6 号等品种,一般每 667 米² 用种 50～70 克。

2. 栽培时间

春茬 1～2 月育苗,2～3 月定植,3～7 月采收。

3. 环境要求

适宜土层深厚、疏松肥沃的土壤条件,需肥量多,宜氮、磷、钾、微量元素配合施用,喜湿怕涝,要求较高的空气湿度和土壤湿度,最忌湿、冷结合的环境;喜温不耐寒,最适宜生长温度白天为 25℃～30℃,夜间 15℃～18℃;需较强光照条件,适宜在保护地种植。

4. 培育壮苗

用 55℃ 温汤浸种,用草炭作基质,营养钵育苗,萌动后在 -2℃～2℃ 环境下,冷冻低温处理 24～48 小时,然后将温度调节在 25℃~30℃,保持较强的光照。苗龄 25~35 天,3 叶 1 心时,达到子叶肥大、叶片深绿、根系发达、无病虫害的标准。

5. 施肥整地

每 667 米² 施用腐熟细碎有机肥 3 000 千克以上,或活性有机肥 400 千克,耕深 25 厘米,翻耘 2~3 次,使肥料与土壤混匀,达到疏松、平整的要求,做成高出地面 20~30 厘米阳畦,铺地膜,尽量安装滴灌设施。

6. 定　植

地温 15℃以上即可定植,行距 90~100 厘米,1.8~1.9 米畦植 2 行,也可单畦定植。株距 35~40 厘米,每 667 米² 1 700~2 000 株。选在晴天定植。

7. 田间管理

(1)肥水管理　定植时一次性浇足水,缓苗后蹲苗 5~7 天,促进根系生长,以后小水勤浇,常保土壤湿润。待根瓜长到 10 厘米左右时再浇水,去掉 5 节以下的小黄瓜。初瓜期 3~5 天浇 1 次水,两水一肥,氮、磷、钾配合。严冬时 10~15 天浇 1 次水。待气温回升时,4~5 天浇 1 次水。盛瓜期 667 米² 施复合肥 20~30 千克,加尿素 20 千克。结瓜期叶面喷 0.3% 磷酸二氢钾或糖氮醋药液防病。7 天 1 次,连喷 3~5 次。

(2)植株调整　从 6 节开始留瓜,1~5 节位瓜及早疏掉,不插架,用绳蔓固定植株,中部每节可留 1~2 个瓜,分枝可留 1 个瓜后拿顶。植株拱棚高时将下部老叶打掉盘条往下空秧。

(3)调节温度　定植后保持棚温白天 28℃~32℃,夜间 20℃以上。缓苗后棚温白天 25℃~27℃,夜间 15℃~20℃,温度超过 30℃开始放风。气温下降,少通风。当温度不能保持白天 23℃~

25℃时,要及时盖草苫保温。阴天让昼夜温差比正常天气低些,适当通风。

(4)光照通风管理 严冬时在后墙上张挂反光幕,清扫棚膜尘埃,及时除去膜上的雾滴。晴天早揭草苫,适当晚盖,以拉开草苫不降温为宜。特别注意连阴数日后突然转晴,必须给植株喷水,遮花荫,气温超过 30℃时通风,可补充二氧化碳气肥,以提高品质和抗病性。注意防治病虫害。

8. 适时采收

秋冬茬黄瓜利用采收嫩瓜进行植株调整,长势弱时,应早收;长势强时,可适当晚收。气温降低后,要轻收,并可适当延长后采收。越冬茬黄瓜因生长季节内温度低,日照时间短,利用雌花分化,应及早采收,并适当疏花疏果。一般长度达 13～18 厘米、直径为 2～3 厘米、花已开始谢时即可采收,用剪刀或小刀割断瓜柄。要轻拿轻放。单瓜重 80 克左右,每株可结 20～30 条,每 667 米^{2}产 3 000～4 000 千克。

六十一、春结球大白菜保护地无公害栽培技术

1. 选择适宜的品种

选择耐低温、生长期短,在高温季节来到之前即可包心的早熟品种。

2. 选择适宜播种期

适宜的安全播种期要求苗期的日最低气温在 13℃ 以上,可以避免春化和早期抽薹现象的发生。而结球期应在日最高温未到 25℃ 以前开始结球,叶球生长的速度超过花薹生长的速度,才能保证获得优良的叶球。

为了使苗期保证有较高的温度,结球期适于叶球生长和充实,可以利用保护地等多种形式,延长其生长期,获得良好效果。为节约成本,一般可利用阳畦或日光温室进行育苗,将生长期延长至 1 个月左右。

3. 育 苗

利用阳畦或日光温室育苗,培养土的配制方法为园田土 60%,混合肥 40%。或在 60% 园田土外,加入 25% 猪粪、15% 的人粪干等均可。每立方米培养土中,再加入充分腐熟鸡粪 30~50 千克,三元复合肥 1 千克,与其充分混匀备用。最好用直径 7~8 厘米的营养钵育苗,培育 4~5 片叶的壮苗,通常春播大白菜的苗

龄为 30 天左右。

4. 定植及定植后的管理

(1)整地、施肥、做垄(畦)、覆地膜、定植 应选择秋季未种过白菜的地块,每 667 米² 施腐熟优质农家肥 5 000 千克,复合肥 40 千克,土壤缺钾还应施硫酸钾,翻耕、整平、做垄(畦)。采用塑料大棚栽培、塑料小棚栽培及地膜覆盖栽培的,要求土壤墒情好,墒情不足应该补墒,最后覆盖地膜,按 40 厘米×55~60 厘米株行距定植。采用地膜小拱棚栽培的定植后用藤条等作骨架,在上面覆盖地膜。

(2)温度控制 采用塑料大棚栽培、塑料小棚栽培的,棚内白天气温保持 20℃~25℃,超过时应及时放风降温,夜温控制在 13℃以上。采用地膜小拱棚栽培的要适时扎孔放风、引苗出膜。

(3)水分管理 春播大白菜浇水的原则是前期少浇,后期多浇。在前期地温较低,少浇水可以避免降低地温,有利于大白菜根系生长;后期多浇水,能够充分供给大白菜包心时对水分的需要,但每次浇水时要注意浇水量,水量不可过大,以免发生腐烂。春播大白菜栽培无明显的蹲苗期、莲座期发育较快,同时春季降雨少,土壤蒸发量大,所以不宜过多地控制水分,但浇水量亦不可以过多,以免降低地温。在开始包心时缺水最为不利,一般隔 4~5 天浇水 1 次,为避免软腐病的蔓延,特别要控制浇水量,水到垄(畦)头即可。

(4)施肥管理 春播大白菜生长期短,在叶球生长的前、中、后期要注意加强施肥管理,促使叶球尽快发育,争取营养生长速度超过生殖生长速度,在高温雨季到来前能顺利形成叶球。除施用基肥外,还应注意早施追肥,定植缓苗后追肥 1 次,结球前期追肥 1 次,每次每 667 米² 使用尿素 10 千克,结合浇水进行。

(5)病虫害防治 春播大白菜要注意对蚜虫、小菜蛾及软腐病的防治,特别在封垄前要彻底消灭蚜虫的危害,要注意栽培防治与药剂防治相结合。加强栽培管理工作。

①对小菜蛾可用 B.t 乳剂稀释 500～1 000 倍喷施进行生物防治,或 5%定虫隆(抑人保)乳油 2 500 倍液、5%氟虫脲(液氟虫脲)1 500 倍液,或 24%灭多威水剂 1 000 倍液,或 10%顺式氯氰菊酯乳油 10 000 倍液等喷雾进行防治。

②防治菜蚜可用 50%抗蚜威可湿性粉剂 2 000～3 000 倍液,或 10%吡虫啉 1 500 倍液,或 20%氰戊菊酯 3 000 倍液,或 40%乐果乳油 1 000～2 000 倍液等喷雾进行防治。

③对菜青虫可采用 B.t 乳剂或青虫菌六号液剂等细菌杀虫剂稀释 500～800 倍喷雾进行生物防治,或 50%辛硫磷乳油 1 000 倍稀释液,或 20%氰戊菊酯乳油 2 000～3 000 倍液,或 2.5%溴氰菊酯乳油 3 000 倍液,或 2.5%氯氟氰菊酯乳油 5 000 倍液,或 10%联苯菊酯乳油 10 000 倍液等喷雾进行防治。

④防治软腐病用 72%硫酸链霉素可溶性粉剂 4 000 倍液,或新植霉素 4 000～5 000 倍液喷雾,隔 10 天 1 次,连续防治 2～3 次。

⑤防治霜霉病可选用 25%甲霜灵可湿性粉剂 750 倍液,或 69%安克锰锌可湿性粉剂 500～600 倍液,或 69%霜脲·锰锌可湿性粉剂 600～750 倍液,或 75%百菌清可湿性粉剂 500 倍液等喷雾,交替、轮换使用,7～10 天 1 次,连续防治 2～3 次。

⑥防治病毒病可在定植前后喷 20%病毒 A 可湿性粉剂 600 倍液,或 1.5%植病灵乳油 1 000～1 500 液,或 83 增抗剂 100 倍液喷雾,隔 10 天 1 次,连续防治 2～3 次。

(6)采收 春季大白菜成熟后要及时采收,不要延误,以减少腐烂损失。

六十二、火龙果、人参果栽培技术

(一)火龙果栽培技术

火龙果,又称红龙果、仙人掌果。为附生类多浆植物。越南和我国台湾都有种植。

1. 开发价值

火龙果花艳果香,夺目诱人,既是叶、花、果有观赏价值的花卉,又是新型的水果。

火龙果果实营养丰富,且有食疗、保健功能。火龙果具有高纤维、低热能,富含维生素 A、维生素 B、维生素 E、维生素 K、氨基酸及矿物质营养。良种火龙果可溶性固形物含量 12%~13%,最高达 22%,每 100 克含各类维生素 46 毫克。果肉中芝麻状的种子更有促进肠胃消化之功能。食用火龙果还可降血糖、降血脂、降血压及增进男女生殖能力。火龙果的花可以菜、茶兼用。在早晨花谢之后,以不伤及子房和花柱为原则,环切花瓣,花可做菜,荤素皆宜。干制成花茶,气味芬芳。

火龙果除鲜食外,因其鲜艳的红色,很适合于加工高级果酒、果汁、果冻、果酱、冰淇淋等。

2. 品种类型

火龙果按其果皮果肉颜色可分为红皮白肉、红皮红肉、黄皮白肉 3 类。栽种红肉火龙果,比白肉果更有经济价值。在台湾,红肉火龙果的地方品种有尊龙 1(单果重 600~1 500 克)、大龙(单果重

600～1 200 克)、祥龙(单果重 400～800 克)及香龙(又称珠龙、莲花果)、火龙(又称西龙)等,野生资源有台湾三角柱(俗称番花、白肉火龙果)等。

3. 种苗选择

采用实生苗或嫁接苗种植实生苗目前多用性状稳定、白花结实的种子播种,也有用白肉火龙果与台湾三角柱杂交,用杂交种子繁殖者。但因自花结实率低、易裂果、甜度不高、品质不整齐而较少选用,需要育种工作者进一步筛选。嫁接苗在台湾以根砧嫁接,栽种 1 年就能开花结果,3 年即进入盛果期,果实采收期长达 6 个月。

4. 栽培技术

①火龙果原产热带、亚热带,喜透气性、排水性好且有机质丰富的沙壤土,冬季最低温度不宜低于 10℃。华南地区可露地种植,其他地区可进行温室栽培。温室过冬要注意保温,预防冻害。

②栽植前先整地,筑高畦挖深沟,将稻壳、秸秆、蔗渣和腐熟的鸡粪填沟,再在其上定植。种植密度为每 667 米² 4 000 株左右。水、肥宜少量多次施入,减少烂根。由于果实采收期长,所以要重施有机肥,注意氮、磷、钾三要素的均衡,开花结果期增补钾肥、镁肥,以促进果实中糖分的积累,增进甜度。

③生产火龙果须采用搭架栽培,支架可选择水泥柱式或篱壁式,定期维持单枝生长,长到 1.3 米后摘心促进分枝,让枝条自然下垂,有利于果树丰产;每株留枝不超过 10 根,每根枝条留 1 个果。结果 3 年的老枝剪除,让其重长新芽。

④火龙果在幼苗期容易受蜗牛和蚂蚁危害,可喷杀虫剂防治。长大后生长极快,很少有病虫害发生,无须套袋即可作为无公害水果。

(二)人参果栽培技术

人参果作为新兴的绿色果蔬,是一种高效益经济作物,系多年生草本植物,果实心形,果肉清香,富含钙等微量营养元素,深受人们喜爱。适于大田、庭院栽植,也适于大棚保护地栽植。

1. 栽植时间

露地栽植 3 月底至 9 月底,大棚保护地栽植一年四季均可进行。

2. 选苗定植

地整平后,按 50 厘米×60 厘米株行距做畦定植。每 667 米²定植 2 000～2 500 棵,栽深 5 厘米左右。

3. 修剪搭架

(1)整枝打杈 一般每株留 4～5 个主枝,其余及时摘除,主枝上不再留侧枝。

(2)搭架 人参果的茎秆较软,结果后负重累累,必须搭架。可采用竹竿或树枝条搭成拱形架或篱形架,然后将人参果茎秆缚捆在架上,使果实有规律地垂吊在架子上。

(3)修剪 人参果的分枝力、萌发力很强,整枝打杈后,还要及时去除萌蘖。

4. 防治病虫害

人参果的主要病虫害是疫霉病、红蜘蛛,其次是白粉虱,高温干旱季节还应注意防治病毒病。用百菌清、多菌灵、除菌通等防治疫霉病;用哒螨酮等杀螨剂防治红蜘蛛;用病毒灵、植病威等防治病毒病;用蚜虱净、阿维菌素防治白粉虱。

5. 保温越冬

人参果在 12℃的环境中能正常生长,15℃～30℃是人参果开花坐果的最佳温度。大棚保护地栽培可据此采取相应的控温、保温措施。露地栽培的人参果冬前短截,留 5 厘米,盖 10～15 厘米厚土层以利防寒,或用小拱棚进行双膜覆盖即可安全过冬。

6. 采果上市

果纹出现紫色、果面发黄即已成熟,此时营养价值最高,可采果就近上市。

六十三、温室软化姜芽
生产和加工技术

莱芜是中国"生姜之乡",生姜栽培历史悠久,质量上乘。莱芜生姜在第三届中国农业博览会上被评为名牌产品,姜块及加工后的系列化产品深受国内外客商的青睐,产品远销几十个国家和地区,成为国际市场上的抢手货。多年来,各级党委、政府十分重视发展名牌战略,全市58 000公顷耕地,生姜常年种植面积7 000公顷以上,今年达到11 333公顷,总产预计60多万吨。目前已建立起农产品加工企业800多家,年加工能力50万吨,占农产品总产量的40%,有20多种生姜系列加工产品出口创汇,尤其是软化姜芽更是供不应求,年出口4亿枝,创汇1 000万美元。

软化姜芽是1991年发展起来的一种新型的生姜加工制品,是一种鲜嫩、无公害、无污染的芽苗菜。温室软化姜芽是利用生姜的生物学特性,在避光和一定温湿度条件下,将姜种埋在沙中集约栽培而形成的速生嫩芽。莱芜市是重要的生姜生产基地,生产软化姜芽原料充足,而且生产周期短,冬天40~50天一茬,夏天35~40天一茬,年可生产8~9茬,并且设备简单,投资少,技术易掌握,既可大规模生产,也可一家一户生产。目前,莱芜市已发展到几十个软化姜芽生产专业村,年户均纯收入可达1.5万元。通过软化姜芽的生产、加工、销售,一是促进了种植业结构的调整;二是增加了农民的收入;三是增加社会效益3亿多元;四是解决了农村部分剩余劳力。因此,开发前景十分广阔。下面将栽培技术介绍如下。

1. 生产场地的选择

栽培室应选择在交通便利、向阳、无污染的场地或厂房,水电设备齐全,面积大小均可。

2. 生产设施

(1)栽培室的设置 可根据场所大小进行设置,也可利用家庭闲置的房屋进行生产。新建温室要求墙体厚度50~80厘米,以利冬季保温,墙体要设置通风口。

(2)材　料

①可选用长2~2.5米、宽50厘米的水泥板或楼板,也可用其他耐水耐压制品的平板。

②沙土。选用未使用过的无菌细绵沙。

③升温设备。可建造三道沟回龙火炕烧煤增温,也可用电热线或电暖器等其他增暖设备增温。

④温室门口要挂保温被以利避风保温。

⑤为了保温保湿,温室内墙四周要用0.006毫米以上的塑料薄膜密封。

(3)搭栽培架 新建的温室将栽培架的下方离平地下挖50厘米,第一层栽培架与地面持平,栽培架设置在温室两侧,中间留85厘米宽的走道(回龙火道);一般温室栽培架可摆设5~6层,每层宽100厘米,层间距50~60厘米,层长可根据棚体长短而定。若在房屋内栽培,层次可根据房屋的高度而定。

3. 栽培方法

(1)选种 应选择肥大、丰满、皮色光亮、肉质新鲜、不干缩、不腐烂、未受冻、质地硬、无病虫害的健康姜块,严格淘汰瘦弱干瘪、肉质变褐及发软的姜块。

(2)掰姜种　莱芜生姜主要有片姜和大姜两个品种。片姜出芽率高,但大姜出芽势强、芽粗壮。姜块大小对出芽率也有直接影响,经多年经验,整块姜播种每千克出芽 24 枝左右,如将整块姜一分为 3～5 块,每千克可出芽 40 枝左右,如全部掰成碎姜,则每千克可出芽 50 枝以上。种姜一般以块重 70～100 克为宜。

(3)浸种　将掰好了的姜块用药肥素、普杀得、生姜宝、多菌灵等杀菌剂 200 倍液浸种 10 分钟,起到杀菌灭菌的作用,可有效地防止姜腐烂病的发生。

(4)摆姜种　将浸过种的姜块芽面朝上密集排列,按每平方米摆姜种 20～30 千克为宜。

(5)加温　姜种摆完后要及时加温,温度对软化姜芽影响很大,生姜低于 15℃ 不发芽,低于 23℃ 生长缓慢,茎粗细不匀,芽子参差不齐,姜芽不合格率明显提高;温度高于 33℃,姜芽易徒长,芽茎过细,易引发病害,严重的还会造成姜种腐烂。

(6)盖沙喷水　加温后 5～6 天姜芽陆续露出,首先挑出病残姜块,然后进行盖沙,姜块下面铺 1 厘米厚,姜块上面盖 2～3 厘米厚,沙的总高度不超过 12 厘米。然后喷水,喷水时水量不可过大,以喷透为宜。

(7)升温保温　喷水后要继续升温,出苗前要求室温保持在 23℃～25℃,出苗后保持 28℃～30℃,第一批出苗的芽子长到 25 厘米以上时,温度降到 25℃。

(8)喷药杀菌促壮苗　姜芽出来后要及时喷洒杀菌剂药液以防沙土带菌,预防病害发生。当姜芽高 10 厘米左右时要及时喷洒有机液肥,以利芽苗粗壮。

(9)及时通风换气　若遇高温、高湿要及时通风换气,以防发生病害,造成经济损失。

(10)适时采收　当芽苗长到 30 厘米时要及时进行采收,以防姜芽变老,影响品质。

4. 加工销售

采收后的姜芽要及时送往加工地点进行加工,以防失水降低品质。姜芽加工分一级、二级、三级,一级产品要求直径 0.8～1.2 厘米,长度 14 厘米,可食用姜块高 4 厘米,一瓶装 30 枝;二级产品直径 0.7～0.8 厘米,长度 14 厘米,可食用姜块高 4 厘米,一瓶装 45 枝;三级产品直径 0.5～0.7 厘米,长度 14 厘米,可食用姜块高 4 厘米,一瓶装 60 枝,也可用塑料袋进行真空包装。

先把采收后的姜芽扒皮去根,然后按标准进行分级,冲洗干净后捆把,随后用食用色素上色。把捆好的姜芽倒置在盛色素的不锈钢锅内,加温 100℃,放在火上煮 9～15 分钟,即可上色,然后把上好色的姜芽放在已配好的溶液里进行浸泡(丙醋酸、盐、保鲜剂)7 天;最后装瓶,装瓶后要灌入稀释的溶液,溶液配比为食用盐 2%,醋酸 6%,封口后装箱销售。

采收后的剩余级外品或姜乳头,可以按照不同的食用味道加工制成系列产品销往海内外,制成的咸辣味、甜酸辣味、咸酸辣味等配方产品都十分畅销。生产软化姜芽投资低,见效快,效益好,无污染,无公害。这一产业的兴起,无疑为农村拓宽就业渠道,加快经济发展注入了新的活力。下一步重点是开拓国内外市场,研究更多的加工食用方法,让更多的人食用姜芽,做大这一新兴的无公害芽苗菜产业。

六十四、甘薯无公害
生产技术规程

1. 品种选用

随着人们生活水平的提高和膳食结构的调整,甘薯的用途已由单一的粮食作物转变为重要的饲料、能源和经济作物。从加工和食用上甘薯可分为八种类型:一是淀粉加工型品种;二是烘烤型品种;三是蒸煮型品种;四是薯脯型品种;五是茎尖菜用型品种;六是水果型品种;七是饲用型品种;八是色素型品种。在生产上可根据需求选用适宜的专用品种。

(1)淀粉加工型品种

①鲁薯7号　由山东省农业科学院作物所育成。薯块纺锤形,薯皮紫红色,肉色淡白,品质优。抗旱、耐瘠薄、耐贮性及萌芽性好。对根腐病和黑斑病的抗性较强。适宜在以春薯为主的甘薯产区推广利用。

②烟薯16号　烟台市农科所选育而成。该品种结薯整齐集中,薯块纺锤形,薯皮紫红色,薯肉浅黄色,食味较好。抗根腐病。适宜在全省平原旱地及丘陵地区推广应用。

③济薯14号　济薯14号由山东省农业科学院作物所选育而成。该品种薯皮红色,薯肉淡黄色,薯干平整,色泽白,食味中等。抗根腐病,较抗茎线虫病,不抗黑斑病。适宜在全省山区丘陵旱薄地区推广利用。

④济薯15号　该品种由山东省农业科学院作物研究所育成。该品种为淀粉专用型,鲜薯一般每667米^{2}产2 500千克以上。淀

粉含量高,高抗根腐病、黑斑病,抗茎线虫病。薯皮红色,肉色淡黄,耐贮藏。抗旱、较耐瘠薄、抗病性强,适宜在山区丘陵、平原旱地种植。

⑤**徐薯 18 号**　原徐州地区农科所选育而成。薯皮紫色,薯肉白色。耐旱、耐湿性较强,高抗根腐病,较抗茎线虫病和茎腐病,感黑斑病,耐贮性好。该品种属兼用型,可作淀粉加工,也可作饲用,是目前生产上主栽品种。

(2)烘烤型品种

①**北京 553**　原华北农科所选育而成。薯块长纺锤形至下膨纺锤形,薯皮黄褐色,薯肉杏黄色。高抗根腐病,较抗茎线虫病和黑斑病,感根腐病,贮性较差,易感软腐病。薯块水分较大,生食脆甜多汁,烘烤食味软甜爽口。该品种作为烘烤食用开发前景好。

②**鲁薯 8 号**　泰安市农业科学院育成。该品种肉色杏黄,结薯集中,整齐度好。薯干色白平整,属晒干、鲜食、加工多用型品种。对根腐病抗性较强,对茎线虫病抗性一般。抗黑斑病和耐瘠薄性较差。适宜在城市郊区及平原旱地中上等肥力甘薯产区推广利用。

③**济薯 16 号**　山东省农科院作物所经有性杂交选育而成。结薯整齐而集中,薯块长纺锤形,薯皮粉红色,薯肉黄色。该品种抗病性突出,抗逆性强,耐贮性差。适于广大山区丘陵、平原旱地种植。

(3)蒸煮型品种

①**济薯 18 号**　该品种由山东省农业科学院作物研究所育成。薯块长纺锤形,皮光滑,块整齐美观,商品率高达 90％以上。该品种晒干、烘干的薯干平整,色泽亮,质量总评一级。蒸、烤食味香甜、肉质细、粉,食味评价中上等。高抗甘薯根腐病,抗茎线虫病;品质超群,皮色紫黑,肉色紫,富含硒元素,适宜各种气候及土壤条件种植。

②**济薯 19 号** 由山东省农业科学院作物研究所育成。该品种皮色黄,肉色淡橘红,食味甜、粉,有香味,居中上等。商品性好,薯形周正,薯皮鲜艳光滑,易销售,市场前景好。为夏薯表现较好,可长期贮藏供应淡季市场。

③**烟薯 27 号** 烟台市农科院选育而成。该品种薯皮红色,薯肉橘红色,结薯集中。食味好。适应丘陵沙土地种植。

④**烟薯 18 号** 烟台市农业科学院选育而成。该品种薯皮鲜红色,薯肉橘红色,食味中上,商品性好。抗黑斑病,中抗根腐病,不抗茎线虫病。适宜河南、河北、山东、江苏、安徽等省种植。

⑤**徐薯 34 号** 由徐州甘薯研究中心选育而成,是一个优质、早熟的食用型甘薯品种。比一般的甘薯种早收获 20～30 天,能早上市,经济效益较高。

⑥**栗子香** 由中国农业科学院原薯类研究所选育。薯块长纺锤形,粉红色皮,薯肉白色。熟食干绵、有栗子香味,经贮藏后更加香甜。耐肥、耐旱,较抗黑斑病,但易感茎线虫病,薯块易发芽。

(4)薯脯用类型品种

①**苏薯 8 号** 由江苏省南京市农科所选育而成。短蔓半直立型,结薯早而集中,高抗茎线虫病和黑斑病。大薯率和商品薯率高,熟食味佳,抗旱性强,适宜食用及食品加工的优质品种。

②**徐 43-14 号** 由江苏省徐州甘薯研究中心育成。薯皮橘红色肉。熟食味佳,加工薯脯色泽鲜艳。抗根腐病。

(5)茎尖菜用型品种 茎尖菜是指茎尖生长点以下 10～15 厘米的茎叶幼嫩部分,可炒食、做汤或烫漂后凉拌,是我国夏季高温蔬菜短缺阶段较好的绿叶蔬菜来源。

①**茎尖菜用型品种台农 71** 茎叶嫩绿,叶心形,茸毛少,口感鲜嫩滑爽,既可炒食又可凉拌,营养丰富,茎尖每百克鲜重含维生素 C 35.32 毫克,维生素 B_1 0.12 毫克及磷、钙、铁等物质。菜用品质好过空心菜,短蔓半直立性,茎叶再生能力强,是天然无污染

的绿色蔬菜。

②**蒲薯 53** 该品种叶脉及茎均为绿色,叶形深裂复缺刻,短蔓半直立性,基部分枝多,茎尖柔嫩,薯皮粉红色,肉淡黄色,生长势强,后期不早衰,适应性广。茎尖每百克鲜重含维生素 C 31.28 毫克,维生素 B_1 0.09 毫克及磷、钙、铁等物质。

③**尚志 12** 薯块纺锤形,紫红皮黄肉,地上部生长旺盛,茎尖产量高。茎尖嫩叶,叶色绿,茎尖无茸毛,粗纤维含量少。茎尖熟化后仍保持绿色,无苦涩味,适口性好,适于作蔬菜用。适合在城郊种植,采摘茎尖供应市场。露地栽培密度每 667 米^2 4 000 株左右。

(6)水果型品种

TN69 该品种块大、水多、皮薄、含糖量高,适宜作水果用。该品种产量高。黄皮、红心。耐湿,耐旱性能差,贮藏期易感软腐病,不抗甘薯病毒病,适宜作水果用。上市早,商业性佳,种植效益高,开发潜力大。该品种须选择土壤肥沃、灌排方便的地块种植。

(7)饲用型品种

①**丰收白** 由江苏省徐州农科所育成。该品种薯块上膨纺锤形,薯皮白色,薯肉白色。熟食味差,茎叶多汁无苦味,是优良的饲料用品种。主要在江苏、安徽、河南、山东等省种植。

②**鲁薯 3 号** 由烟台市农科所选出。该品种茎叶生长旺盛,产量高,具有较高的饲用价值。

(8)色素型品种

①**渡嘎** 美国路易斯安那州农业试验站选育。该品种长蔓形。薯块长纺锤形至圆筒形,薯皮赭红色,薯肉深橘红色,薯皮光滑,薯形美观。薯块多酚类物质含量少,不易褐变,加工后色泽鲜艳美观。因胡萝卜素含量较高,适于提取天然胡萝卜素作食品添加剂。

②**山川紫** 由日本引进的特用甘薯品种。因其薯皮、薯肉均

为紫红色接近紫黑色,又称黑地瓜。薯块长纺锤形,薯皮、薯肉均为紫红色,薯形美观。每100克鲜薯花青素含量为2.04克,适于提取天然色素用。适于加工食品用。

2. 培育壮苗

春薯用苗,要选择无病无伤的良种种薯(最好是经过脱毒的),用800倍多菌灵药液浸种10分钟(防甘薯黑斑病),在火炕或温床或双膜覆盖的冷床上育苗。夏薯用苗,须建无病采苗圃(二级育苗),培育蔓头苗。对带有茎线虫病的苗或线虫病种薯育出的苗,均不得用来生产鲜食甘薯。

3. 产地选择

产地应是无污染的地域,空气、水质、土壤的质量达到无公害产地要求。选用无甘薯病害的生茬地(3年未种过甘薯的),最好是沙性较大、疏松通气、土层较厚且排水良好的山坡地或平原地。实行垄作,垄距70～80厘米。起垄时,每667米^{2}撒入5%辛硫磷颗粒剂2千克,防治地下害虫。

4. 平衡施肥

掌握以基肥为主、有机肥为主,少施氮素化肥,增施磷、钾肥的原则。土杂肥、农家肥要充分发酵,消灭病虫害。从市场购买的肥料要注意购买正式厂家生产,有登记注册的复合肥、复混肥、有机肥、生物有机肥。苗肥,每667米^{2}施磷酸二氢钾2千克,在栽苗时施入窝内。追肥,生长中、后期,可在叶面喷施0.2%磷酸二氢钾溶液2～3次。

5. 田间栽植

栽植时间,济南地区以5月上旬为宜,过早易感染黑痣病,皮色不鲜亮。夏薯要抢时早栽。栽植密度,春薯每 667 米^{2}4 000 株以上,夏薯适当减少密度,每 667 米^{2}3 500 株左右。栽植方法,选用壮苗,用 1 000 倍多菌灵药液浸苗基部 10 分钟防黑斑病,斜插露三叶,浇足窝水,施入苗肥,严密封窝。

6. 田间管理

及早中耕除草,适当防治食叶害虫(可用敌百虫,不施禁用农药),及时排涝,不翻秧,不培土。

7. 适时收获

一般在 10 月中旬开始收获,霜降前收完。为早上市也可提前收获。务必防止收获过晚,发生冷害腐烂造成损失。收获时,选好天上午收刨,经过田间晾晒,当天下午入窖。要注意做到轻刨、轻装、轻运、轻卸,要用塑料箱或木箱或条筐装运,严格防止破伤。

8. 安全贮藏

贮藏前,要对贮藏窖进行清扫消毒,用点燃硫磺熏蒸或喷洒多菌灵药液的方法杀灭病菌。入窖的甘薯,严格剔除带病、带伤、水浸、受冻的薯块,用甘薯保鲜剂浸蘸后贮藏。贮藏量一般占窖空间的 2/3。在薯堆中间放入通气笼,以利通风。窖温保持 10℃～15℃,空气相对湿度保持 85%～90%,确保安全贮藏。

六十五、脱毒甘薯高产栽培技术

甘薯脱毒后，一般每 667 米^2 增产 30％左右，高的可达到 40％以上。现将脱毒春甘薯高产栽培技术介绍如下。

1. 平衡施肥，起垄种植

施肥应做到前期肥效快，秧苗早发；中期肥效稳，壮而不旺；后期肥效长，植株不早衰。高产田一般应每 667 米^2 施有机肥 4 000 千克以上、尿素 10 千克、磷酸二铵 20 千克、硫酸钾 25 千克。施肥方法宜在做垄时条施为宜。起垄时要做到垄形肥胖，垄沟窄深，垄面平，垄土踏实，无大垡和硬心。

2. 适时早栽，选择壮秧

适期早栽可延长生育期，块根形成早；既可利用雨季来临前的气温条件，使块根迅速膨大，又能在高温多雨季节，把茎叶形成的光合产物，储存于膨大的块根中，促使地下和上部协调生长。一般可以栽到小满（土温达到 18℃就开始栽）。为提高秧苗成活率和早发快长，秧苗要选苗床中第一批栽的壮秧，定植这种苗成活率高，生长快，产量高。

3. 合理密植，加强田间管理

脱毒春甘薯种植密度一般不低于 3 500 株/667 米^2。一般行距 60～80 厘米，株距 23～26 厘米。栽秧后要及时查苗补苗，保证全苗。甘薯活棵后，分别于 5 月下旬和 7 月上旬进行中耕、培土，以疏松土壤，增强通风性能，消灭杂草，提高地温，促进扎根、早结薯、结大薯。遇涝及时疏通垄沟,排除积水;干旱时应抓紧浇水缓苗,以利扎根成活。

4. 及时提蔓,打顶摘心

进入雨季,甘薯茎叶生长茂盛,节根容易滋生,分散养分,不利于光合产物向块根输送。生产上通过提蔓能促进高产,但提蔓不宜过多,一般1～2次即可,时间在8月底前结束。甘薯打顶摘心,可控制主茎长度和长势,促进侧芽滋生,分枝生长快。具体做法是在甘薯定植后,主茎长度在12节时,将主茎顶端生长点摘去,促进分枝发生。待分枝长至12节时,再将分枝生长点摘去。

5. 化学控制,抑制旺长

薯田肥水过猛,特别是氮素过多,常造成茎叶旺长,影响块根的膨大,降低产量。实践证明,薯田喷洒多效唑或甲哌鎓(缩节胺)等植物生长抑制剂,可起到控上促下的作用。一般7月初雨季来临前第一次喷施,以后每隔10～15天喷1次,连喷3～4次。每次每667米² 用多效唑50～100克或甲哌鎓7～15克,对水50～75升均匀喷洒。

6. 巧追肥水

甘薯在施足基肥的基础上,追肥以灌裂缝肥和叶面喷肥为主。追裂缝肥每667米² 施尿素4～5千克、过磷酸钙浸出液10千克、硫酸钾3千克,对水150～200升配成营养液,在田间普遍开始裂缝时,于阴天或晴天的午后进行逐棵浇灌,要求追施均匀。叶面喷肥根据植株长势而定,长势偏弱有早衰迹象的以喷氮肥为主,配合磷、钾肥,用100升水加尿素0.5千克、磷酸二氢钾0.2千克,搅拌均匀喷施。长势偏旺的主要喷磷、钾肥,可喷0.2%磷酸二氢钾水溶液。8月下旬可每667米² 用一包甘薯膨大素,加水20升溶解过滤,然后均匀喷洒植株叶面,连喷2次,每次间隔10天左右。如遇秋旱,适时灌水可防早衰,延长叶片功能期,增加块根膨大速度。一般9月上旬浇一水,叶面积系数比少浇水的高0.6,每667米^{2}增产24.2%。甘薯喜丰墒,灌水量不宜太大。并注意灌水后不要踩踏薯垄,以免影响土壤通透性。7月底和8月中旬分别每667米^{2}用磷酸二氢钾250克对水喷施。8月上旬每667米^{2}追施草木灰60千克,以利甘薯块膨大。若发现茎叶有徒长势头,可每667米^{2}用甲哌鎓5克对水喷施,加以控制长势。

7. 加强病虫害防治

苗期可用50%辛硫磷等有机磷农药制成毒土,每667米^{2}2千克,在起垄时撒入土内,防治地下害虫。脱毒甘薯虽有抗病能力,移栽时也需用50%甲基硫菌灵1 000倍液或其他杀菌剂浸根。8月下旬和9月上旬要分别喷1次菊酯类农药如溴氰菊酯、高效氯氰菊酯等,防治叶面害虫,保证甘薯正常生长。

六十六、甘薯优质高产栽培规程

1. 品种选择

优良品种是甘薯高产的基础。甘薯生产中根据不同用途分别选用淀粉型、鲜食加工型、菜用型等不同类型的品种。我省适宜淀粉加工用品种有徐薯 18、鲁薯 7 号、济薯 15 号等;适宜鲜食及加工用品种有北京 553、鲁薯 8 号、济薯 18 号、济薯 5 号、烟紫薯 1 号等;适宜菜用品种有台农 71、福薯 7-6。

2. 培育壮苗

壮苗是甘薯高产的保证。山东省甘薯栽植期多在 4 月下旬（谷雨前后），因此育苗一般在 3 月下旬（春分前后）。春薯要选择无病、无伤、无冻害湿害的夏薯,最好是经过脱毒的种薯,用多菌灵 800 倍液浸种后,在火炕、温床或双膜覆盖的冷床育苗。春薯壮苗的标准是百株重 500 克以上、顶三叶齐平、叶片大而肥厚、茎粗而节匀、茎上无气生根、无病虫害、株高 20 厘米左右、苗龄 30～35 天。壮苗比弱苗一般增产 10％以上。

3. 土壤和肥水管理

甘薯高产要求选择土质疏松、耕层深厚、保墒蓄水好、肥力适度的沙壤土。特别是鲜食甘薯最好选择无甘薯病害的生茬地、土层较厚、排水良好,以保证较高的商品薯率。甘薯施肥掌握的原则是基肥为主,追肥为辅;有机肥为主,化肥为辅;增施钾肥为主、磷肥为辅。每 667 米² 产 3 000 千克的甘薯地一般每 667 米² 施有机肥 4 000 千克、磷酸二铵 20 千克、硫酸钾 20～25 千克,起垄时开沟施于垄下。甘薯栽植要采用垄作栽培,垄距 70~80 厘米,垄高 20~30 厘米。春薯栽植密度一般为每 667 米² 3 500 株、夏薯每 667 米² 4 000 株。春薯要适时早栽,"五一"后栽植,每晚栽 1 天减产 1％左右;夏薯要力争早栽,从 6 月下旬至 7 月中旬,每晚栽一天减产 2％左右。鲜食春薯可适当晚栽 10~15 天,过早易感染黑痣病且皮色不鲜艳。晚栽虽略有减产,但商品性提高。夏薯则要抢时早栽,否则小薯过多,商品性下降。鲜食春薯适当增加密度,每 667 米² 4 000 株以上;夏薯适当减少密度,每 667 米² 3 500 株左右,以增加商品薯率。

4. 田间管理

甘薯生长前期重点是查苗补苗,栽后一周内对因病虫害或栽植不当造成的死苗选用壮苗及时补栽;生长中期为雨季,重点是排涝及食叶害虫的防治;生长后期重点是防旱和排涝及追施叶面肥。田间管理上要注意及时中耕除草、禁止翻蔓,肥水条件好的地块发生徒长时,每 667 米² 可喷 200 毫克/千克浓度的多效唑 50 千克。

5. 适时收获

山东省一般在 10 月上中旬开始收获,10 月下旬甘薯产量基本不再增加,淀粉含量明显下降,晒干率也相应降低,因此霜降前要收获完毕。作种薯或鲜食用甘薯要选择晴暖天气上午收刨,经过田间晾晒、当天下午入窖。要注意做到轻包装、轻运、轻卸,要用塑料周转箱或条筐装运,防止破伤。

6. 安全贮藏

贮藏前要对贮藏窖进行清扫消毒,用点燃硫磺熏蒸或洒多菌灵方法杀灭病菌。严格剔除带病、破伤、受水浸、受冻害的薯块,贮藏量一般占窖空间的 2/3。窖温保持 10℃~15℃,空气相对湿度保持 85％~90％。加强管理,确保安全贮藏。

六十七、山东省甘薯产业现状及发展建议

1. 山东甘薯产业现状

(1)种植面积相对稳定,价格显著上升　甘薯又名地瓜,是山东省的重要粮食作物之一,常年种植面积在 40 万公顷左右,重点分布在临沂、济宁、枣庄、泰安、烟台等丘陵山区,种植品种以淀粉型为主,主要为徐薯 18、济薯 15、鲁薯 7 号、商薯 19、烟薯 22 等。淀粉型甘薯种植面积约占山东种植面积的 60%～70%。因气候原因 2010 年甘薯减产幅度在 20% 以上,受减产及农副产品涨价的影响,2010 年甘薯市场价格显著高于常年,10 月份淀粉型原料甘薯价格平均在 0.8 元/千克,鲜食型甘薯 1.2～1.4 元/千克,色素提取原料型紫甘薯 2 元/千克,比 2009 年度平均高 3 倍以上。原料价格上涨导致淀粉类产品市场价格上升。10 月份山东、江苏、河北、河南等甘薯主产区甘薯精淀粉价格在 5 000～5 500 元/吨,粗淀粉价格在4 500 元/吨,湿淀粉(40% 含水量)价格在 2 800～3 000 元/吨,粉丝(条)均价在 8 000～9 000 元/吨。

(2)淀粉、粉条(丝)加工仍占主导地位　山东薯区甘薯加工主要以淀粉加工及生产粉丝、粉皮等传统食品为主。大型龙头加工企业、中型加工厂及农民加工作坊多种形式并存。大型甘薯加工企业以山东泗水利丰食品有限公司为代表,该企业是目前世界上最大的纯甘薯淀粉加工企业,每年约可消化掉 60 万吨鲜薯,年产甘薯精淀粉在 6 万吨以上,精制粉条(粉丝)在 2 万吨以上。2010年出口韩国精制干淀粉价格为 1 250 美元/吨(2009 年 700 美元/

吨),粉条价格为1 350美元/吨(2009年为800美元/吨)。

(3)鲜食甘薯市场需求份额不断加大,种植效益显著高于其他作物 随着经济的发展,生活水平的提高,人们的消费观念发生了很大的变化,由于鲜食甘薯有适应性强、营养丰富等众多优点,市场需求不断增加,为鲜食甘薯的生产提供了广阔的发展空间。山东鲜食甘薯主要种植品种为济薯22号、北京553、烟薯13、红香蕉、苏薯8号、济薯18等。出现了多个以安城冷饭村为代表的鲜食甘薯专业村,一季种植,收获贮存后反季销售,每667米² 纯收入均在5 000元以上,甘薯被当地群众称为"金蛋蛋",甘薯窖被称为"地下银行"。

(4)紫色甘薯的产业化开发是山东甘薯的一大亮点 紫甘薯富含花青素,有关研究表明,花青素是目前发现的唯一能够透过血脑屏障的自由基清除剂,能有效促进胆固醇排泄,防止心血管脂肪沉淀,延缓衰老,美容养颜,同时对抑制癌肿有特殊疗效。紫心甘薯有淡紫、紫、深紫、紫黑等颜色之分,花青素含量越高,颜色越深。近年来随着保健意识的增强,鲜食紫薯和色素加工型紫薯的需求量逐年加大,种植效益显著超过红心和黄心品种。优质鲜食型紫薯主要销往大中城市,市场均价在10元/千克左右。色素加工型紫色甘薯主要用作色素提取,目前,色素提取型紫甘薯种植基本采用"公司+基地+农户"产供销一条龙的订单式农业。种植品种2010年以前主要为日本绫紫,但该品种薯形、口味欠佳,产量在1 500千克/667米²。自2011年开始采用山东省农科院育成的济黑薯1号逐步取代绫紫,济黑薯1号的突出特点是薯形好、口味佳,色素含量和产量均比绫紫高15%~20%,市场潜力及产业化开发前景十分广阔。色素提取型紫薯的销售均价在1.4元/千克,每667米² 纯收入2 000元左右。紫甘薯的产业化开发较好地带动了山东甘薯产业的发展,起到企业增效、农民增收的双重作用。

2. 山东甘薯产业存在的问题

(1)种苗繁育推广体系不健全,优质专用品种缺乏　淀粉型品种多而乱,种植户片面追求鲜薯产量而忽视淀粉含量,造成种植者和企业间的矛盾。甘薯种薯种苗市场缺乏规范化管理,种薯退化、混杂严重,严重影响甘薯产量。

(2)未能进行区域化、标准化的种植　山东甘薯主要以一家一户的小农种植方式为主,在品种布局、栽培技术及产品销售等方面缺乏宏观调控及管理,产量、质量与市场需求脱节严重,且小农种植方式用工多,机械化程度低,制约着产业的发展速度。

(3)病害重,防治措施不当　山东省甘薯病害发生较普遍,主要是甘薯茎线虫病和黑斑病,茎线虫病防治主要应用神农丹,剧毒农药的使用对环境和产品造成双重毒害。黑斑病对鲜食甘薯生产及贮存危害较重,尤其该省当前种植的一些优质鲜食品种多数抗黑斑能力较差。

(4)资源综合利用水平低,生产技术落后,管理制度不规范　加工产品品种花色少、档次低、竞争力弱,鲜食型甘薯加工缺少龙头企业的带头和示范作用。

3. 甘薯产业发展建议

(1)促进甘薯深加工企业壮大,创名优品牌　加大招商引资力度,引大项目,建大企业,投资建立色素提取、蔬菜加工、淀粉加工、化工产品加工等企业,并加大产业化相关技术研究的投入,开展深加工产品和现有产品及包装升级换代的研究,搞好产品的包装设计与企业的形象策划,提高现有产品档次,增加附加值,并尽可能使甘薯食品向保健食品与绿色食品靠拢,真正带动甘薯产业实现新跨越。

(2)加强质量管理,提升甘薯产业的产业化水平　以市场为主导,以甘薯加工企业为龙头,实行生产、加工、销售一体化经营,形成"企业(公司)＋基地＋专业合作社＋农户"的产业化经营模式,提高甘薯资源的综合利用率。

(3)逐步引导种植户组建甘薯专业合作社,进行规模化、标准化种植 随着市场对保健鲜食型甘薯需求的增长,及利用鲜食型甘薯为原料生产的甘薯饮料、甘薯糕点等市场竞争力的增强,山东省鲜食及食品加工型甘薯种植面积会有所扩大,且鲜食甘薯的发展趋势已由过去的农民分散种植发展为有计划、有规模、有一定市场定位和销售渠道的农民专业合作社种植,此举可有效降低种植户的种植风险,显著提高经济效益。专业合作社种植方式有助于新品种、新技术的推广应用,且有利于产品的销售。科学管理、标准化生产、产业化经营,已成为今后甘薯产业发展的趋势。

六十八、A 级绿色食品花生种植操作规程

（山东省绿色食品发展中心　江珊）

目前,绿色食品开发不仅引发了农业和农村经济结构的战略性调整,而且成为经济结构调整的一个重要领域,成为加入世界贸易组织后中国乃至世界农业竞争的焦点之一。

本文向广大读者介绍 A 级绿色食品花生生产种植操作规程及高产栽培技术,供参照应用。

1. 种子的选择及处理

(1)品种选择　根据生产条件选用优质、高产、抗逆性强,中晚熟适宜出口的大花生。例如:鲁花 17、鲁花 10、鲁花 11 优良花生品种。

(2)种子质量　纯度不低于 98%,净度不低于 99%,发芽率不低于 95%,含水量不高于 13%。

(3)种子处理　播种前 15 天带壳晒种 2～3 天,选用一般大粒饱满的种仁备播。播前 8 天进行一次发芽试验。

2. 土地的平整和施肥

冬前或早春机耕深翻 30 厘米以上耕匀耙细。

(1)起垄　4 月中旬进行。规格为垄距 85～90 毫米,垄高 12 毫米,垄面 55～60 毫米,沟宽 30 厘米。

(2)施肥　冬前或早春机耕时每 667 米² 铺施腐熟土杂肥 1 000 千克,同时加 A 级杨康微生物有机固体肥 40 千克、硫酸钾

10 千克,一次性施入。但是化肥全年每 667 米² 用量不能超过 10 千克。

3. 播种技术规范

(1)播期　一般稳定在 15℃以上时,4 月下旬至 5 月上旬抢墒或选墒播种、覆膜。

(2)拌种　采用秦皇岛领先科技公司生产的根瘤菌肥 1 千克/667 米² 用清水(约 300 毫升水)将花生种 17.5 千克/667 米² 湿润,然后将混合好的菌剂倒在花生种上拌匀。使每粒种子都沾上菌剂,稍阴干后即可播种。

(3)沟施与穴施　如果花生播种采用开沟种植时,花生根瘤菌最好采取沟施的方法,即将 1 千克/667 米² 根瘤菌与 10 千克细土或细绵沙混合均匀,播种时把根瘤菌撒在种子上即可。

(4)根瘤菌使用注意事项
①拌种时千万不要碰破种皮,否则会烂种。
②不得与其他杀虫剂、杀菌剂混合拌种。
③拌好的种子不得在太阳下暴晒。
④拌好的种子当天用完。

(5)播法与覆膜
①开沟或打穴播种,每穴 2～3 粒,施上花生根瘤菌后覆土踩实,一般采取一垄双行,行距 35～40 厘米,穴距 15～20 厘米,每 667 米² 播 9 000～10 000 墩。

②播种后整平垄面,喷 72% 都尔 100 毫升/667 米²,均匀喷洒,喷后立即覆盖地膜,做到平、伸、直、严,确保覆盖质量。

4. 农药、肥料的正确使用

(1)幼苗期管理　开孔放苗,花生幼苗顶土(膜)时,及时开孔后随即用一把土压上,幼苗 2 片真叶后,及时清除孔上的多余的土堆,将压在膜底侧枝推出膜外。

(2)查苗补种　　出苗后及时检查出苗情况,如果发现缺苗烂种,要用催好芽的种子及时坐水补种。

(3)治虫与防病

①花生于6月下旬后易发生蚜虫和棉铃虫危害,当每穴花生植株有蚜虫10头左右时,可采用生物药防治——杨康生物农药7号水悬浮剂3袋,对水45升(每袋一桶水),均匀喷洒防治1次。

②一般年份,花生病害主要是叶斑病危害于7月中下旬适时防治每667米² 用50%多菌灵可湿性粉剂100克,对水75升,喷雾防治1次。

(4)禁止使用的化学农药　　无机砷杀虫剂,有机砷杀虫剂,有机锡杀虫剂,有机汞杀虫剂,氟制剂,有机氯杀虫剂,有机氯杀螨剂,卤代烷类熏蒸杀虫剂,有机磷杀菌剂,氨基甲酸酯杀虫剂,二甲基甲脒类杀虫杀螨剂,拟除虫菊酯类杀虫剂,取代苯类杀虫菌剂,植物生长调节剂,二苯醚类除草剂。

(5)实施叶面追肥　　为保证花生生长期需肥量,结合防治病虫害,叶面喷施经国家绿办认证AA级杨康有机肥2次,第一次在6月下旬与防治蚜虫时一起喷施,每667米² 施2袋(50克);第二次在7月下旬与防治花生叶斑病时一起喷施,每667米² 施2袋(50克)。

5. 适时采收

9月中下旬,花生成熟时进行收获,为提高收获质量,采用人工镢刨,做到无残果、碎果,为防止地膜污染,收刨花生时先把压在地里的地膜、残膜捡起来,绿色食品花生基地花生单收、单运、单放,以防混杂,防止二次污染,确实生产出真正的绿色食品原料来。

6. 地膜覆盖栽培要点

目前山东省花生地膜覆盖面积占花生总面积的一半以上,地

膜覆盖花生一般增产率在 30％以上,高者可增产 70％～90％。花生地膜覆盖栽培技术要点为:

(1)地膜规格 一般采用无色透明的微膜(厚 0.007±0.002 毫米,用量 4.3～4.5 千克)和超微膜(厚 0.004±0.002 毫米,每 667 米² 用量 2.8～3 千克),超微膜比微膜效果稍差,但成本较低。幅宽一般 85～90 厘米,夏直播可 80 厘米。近年又生产推广了带除草剂的药膜,除草效果良好。

(2)选用增产潜力大、中晚熟的大果品种 如海花 1 号、鲁花 10 号、鲁花 11 号、花育 16 号、花育 17 号、丰花 1 号等,充分发挥地膜的增产潜力。

(3)增施肥料 地膜花生长势旺,吸肥强度大,消耗地力明显,应增施肥料,尤其是有机肥。有机肥可撒施,化肥可集中包施在垄内,亦可适量作种肥施用。肥料于播种前施足,一般不宜追肥。

(4)精细整地起垄,规格播种 精耕细耙,垄面平整无坷垃无根茬,足墒播种或抗旱播种。垄距 85～90 厘米,垄高 10～12 厘米,垄面宽 55～60 厘米,畦沟宽 30 厘米;双行种植,垄内小行距不小于 35～40 厘米,墩距 15～18 厘米,每 667 米² 8 000～10 000 墩,播深 5 厘米,覆土均匀平整,然后切直垄边,喷除草剂、盖膜压膜。亦可根据墒情提前整地起垄盖膜,待温度适宜时打孔播种,孔上覆土呈 5 厘米土堆,孔径 3 厘米。地膜覆盖播期一般比露地提前 10 天,山东一般在 4 月中旬,若用果播可再提前 10 天,在 4 月初甚至 3 月底播种。地膜覆盖一定要足墒播种或播种沟(穴)施水播种,亦可播后用垄沟浇水。

(5)田间管理 出苗时及时破膜引苗,使侧枝伸出膜面,先盖膜后播种的,及时撒土清棵,要做到适时防止阳光灼烧高温伤苗。中后期防旱排涝。地膜覆盖容易生长过旺,若有旺长趋势要及时喷施生长延缓剂控制。加强叶斑病防治,叶面喷肥防止早衰。

7. 夏直播高产栽培

夏直播花生高产栽培应着眼于早播,适当密植,促快长,促群体发育,结荚初期叶面积系数达 3 以上,田间封垄,主茎高 30～35 厘米,结荚期叶面积系数稳定增长保持 4.5 左右。具体措施有:

(1)培肥地力,施足基肥 应选种在肥力高,有排灌条件的小麦高产田。每 667 米^2 产 400 千克以上产量指标,应每 667 米^2 施有机肥 3 000 千克,氮 4.5～5.7 千克,磷肥 6～6.5 千克,钾肥 5～7.5 千克。

(2)选用良种 选择高产潜力大的中熟或中早熟大花生品种,配合地膜覆盖,缓解生长期短的矛盾,中熟大果品种加地膜覆盖是较传统技术最重要的改革措施。

(3)抢时早播 限制夏花生高产的主要因素是生长期短,不能充分成熟就收获,早播具有关键意义,力争 6 月 15 日前播种,最晚不能晚于 6 月 20 日。在这期间每晚播 1 天,每 667 米^2 减产 4.25～8.25 千克。

(4)适当密植 夏直播花生个体发展潜力小,主要靠群体拿高产。但密度过大又会进一步抑制个体,并且容易倒伏,不能增产。适宜密度为每 667 米^2 1 万～1.1 万墩,每墩 2 株,地膜用 80 厘米幅宽的微膜或超微膜,畦宽 80 厘米,每畦 2 行,墩距 15～16 厘米。

(5)加强田间管理 夏花生和春花生不同,对干旱十分敏感,任何时期都不能受旱,尤其是盛花和大量果针形成下针阶段(7 月下旬至 8 月上旬)是需水临界期,绝不能受旱,遇旱应及时灌溉。夏花生怕芽涝和苗涝,要注意排涝。夏花生生长快,密度大,茎枝细弱,基部节间长,容易倒伏,有徒长趋势时应及时喷施多效唑等生长抑制剂进行控制。喷施多效唑适宜时期为盛花期,一般 7 月下旬至 8 月初主茎达到 35～40 厘米即可喷施。

六十九、夏直播覆膜花生
高产栽培技术

覆膜夏直播花生栽培技术克服了生育期短,后期气温下降,热量不足,不利因素,能获得较高的产量和较好的经济效益。

1. 夏直播花生的生育特点

夏直播花生生育期间雨热同季,生长发育迅速,各生育阶段相应缩短,具有三短一快的生育特点,即苗期短、有效花期短、饱果成熟期短和生长发育快。以烟台市为例,播期一般为 6 月中下旬,全生育期 100～110 天,比春花生短 30～40 天。播种至出苗较春花生缩短 8～10 天,出苗至开花缩短 5～10 天,开花至成熟缩短 20 天左右。

2. 夏直播覆膜花生高产栽培技术要点

(1)选地与增施肥料 夏花生应种在中等以上肥力、灌排方便的生茬地里。实践表明,夏直播覆膜花生每 667 米² 产 300～400 千克的高产田应全土层深厚,耕作层肥沃,0～30 厘米土层有机质 0.6%～0.95%,全氮 0.05%～0.08%,全磷 0.05%～0.099%,水解氮 43～100 毫克/千克,速效磷 14～40 毫克/千克,速效钾 40～90 毫克/千克。在小麦花生两熟制双高产栽培体系中,适当重施前茬肥,不仅可满足小麦对肥料的需求,实现高产,而且可培养地力,为后茬花生高产奠定肥力基础。小麦茬适宜的施肥量为:每 667 米² 施有机肥 3 000～4 000 千克,尿素 26～32 千克或碳酸氢铵 70～90 千克,过磷酸钙 50～70 千克,硫酸钾或氯化钾 20～22 千克,有条件地区可适当配施钙、锌肥。其中氮肥取 1/3 作基肥,2/3 于起身拔节期追施,其余各类肥料全部作基肥。麦收后花生播种前,不需要深耕,可只进行浅耕灭茬和掩肥,最好用旋耕犁打 2 遍,把麦茬打碎,以保证提高播种质量。

(2)选用早熟或中早熟大花生品种 目前夏直播覆膜花生常用品种有鲁花 10 号、鲁花 11 号、鲁花 14 号、丰花 1 号等。同时,由于夏季高温多雨,病虫多发,更应注意选择粒大饱满、贮存良好的健全种子,确保苗全苗壮,打好丰产基础。

(3)早播密植 为不误下茬作物的种植,争取花生高产,夏直播花生尽早播种是关键。烟台市应在 6 月 20 日播完,不能迟于 6 月 25 日。

夏花生生育期短,个体发育相对较差,单株产量较低。因此,要适当加大密度,依靠群体夺取高产。生产实践表明,选用中熟小果型品种时,适宜的种植密度为每 667 米^{2}12 000~13 000 墩,每墩 2粒;选用中熟大花生时,适宜的种植密度为每 667 米^{2}10 000~12 000墩,每墩 2 粒。

(4)起垄覆膜播种

①麦收后整地灭茬,起垄筑畦。畦距 80 厘米,畦内起垄,垄高 8~10 厘米,垄面宽 50~55 厘米,做到垄面平、垄坡陡。

②加盖地膜,规范播种。为避免夏季高温伤苗,一般采用先覆膜后打孔播种方式。覆膜前每 667 米^2 用 150 毫升乙草胺除草剂对水 60 升,均匀喷洒畦面及垄坡,然后覆膜,要做到膜与畦面贴紧无褶皱,两膜边用土压实。用事先制好的打孔器(孔直径 4~4.5 厘米,孔深 3 厘米左右),在垄上按密度所要求的墩距打孔,孔中心距垄边 10 厘米,墩行要直,墩距要匀。一般情况下,垄上小行距 30~35 厘米,垄间大行距 45~50 厘米,平均行距 40 厘米。早熟大果品种墩距 13.5~15 厘米,中早熟大花生品种墩距 15~16.5 厘米。选一级大粒种子,并粒平放点播。墒情略差的田块,可用水壶或喷雾

器卸去喷头,逐孔先点水再播种。播种后每 667 米² 用农药辛拌磷
0.5 千克拌细土盖种,以防地下害虫及苗期蚜虫等危害,随即覆土。
按压后,在膜孔上方再盖厚 2～3 厘米的土堆,以利于遮光引苗出
土。

(5)加强田间管理

①**前期促早发** 花生出苗后及时清除压埋在播种孔上方的土
墩,以利侧枝早生快发,并及时抠出膜下侧枝,促进前期花器官的形
成发育;始花后如遇伏前旱,轻浇初花水,以促进前期有效花大量开
放。播种时未施农药盖种的地块,花生齐苗后要及时喷 800～1 000
倍液的 40％乐果乳剂 1～2 次,以彻底消灭蚜虫和蓟马的危害,杜
绝病毒病的传播。

②**中期保稳长** 始花后每 10 天左右交替喷施多菌灵、代森锰
锌或百菌清等药液 2～3 次,抑制叶部病害的蔓延。盛花期前后,
一般田块可叶面喷施植物生长调节剂花生超生宝、钛微肥等(按说
明)1～2 次,间隔 10～15 天,以改善植株营养状况,提高花生结果
率和饱果率。结荚初期发现蛴螬、金针虫危害,应及时用辛硫磷
1 000 倍液灌墩或辛拌磷颗粒毒沙撒墩。伏季高温多湿三代棉铃
虫大发生时,要及时防治。盛花期前后,遇旱及时浇水,水量要足,
确保花生正常生长发育。

③**后期防早衰** 结荚后期,叶面喷施 1％尿素加 2％过磷酸钙
浸出液,或 0.2％～0.3％磷酸二氢钾溶液 2～3 次,每 667 米² 喷
25～35 千克,可延长顶叶功能期,提高饱果率。饱果成熟期如遇
秋旱,应及时轻浇饱果水,以保根保叶,增加荚果饱满度。

④**适时收获** 收获期应延至 10 月上旬,并彻底清除残膜。

七十、莱西市出口花生无公害栽培技术规程

山东省莱西市是全国花生主产区之一,常年种植面积 2.5 万公顷左右,总产量 12 万吨以上,出口 8 万吨,出口量占全国出口总量的 25%～35%。为了适应国际国内市场需求的变化,近几年,示范推广了出口花生无公害栽培技术,污染与残留减轻,花生品质明显改善,每 667 米² 产量达到 325～455 千克。其栽培技术规程如下。

1. 因地制宜选择出口品种

品种选择应依据市场需求和土壤条件,合理布局。丘陵旱薄地应以鲁花 11、鲁花 13 为主栽品种,示范种植鲁花 15;丘陵有水浇条件的地块应选择米、果均符合出口要求的鲁花 10、8130 等品种;平原沙壤土应选择增产潜力大的花育 16、花育 17 等品种。

2. 选地与耕地

花生田最好选在 2 年内未种过花生的生茬地,并且要选在排灌水条件良好的沙壤土或接近沙壤土的地块,尽量不要安排在土壤黏重或排水不良的地块上。应在雨后或造墒后进行耕作,确保宜耕期耕耙。耕地质量要达到"深、松、细、平"的标准,即 2～3 年一次深耕,一般地块耕深 20～30 厘米,耕层内要达到上松下实,地表土层达到细平的要求,不得有明显的犁沟和犁垡。

3. 施　肥

无公害出口花生栽培的施肥原则是多施有机肥和生物肥,减少化肥用量,以减轻环境污染。一般每 667 米² 产 300～400 千克的地块,施有机肥 3 000～4 000 千克、三元复合肥(或花生专用肥)10～20 千克、花生生物复合菌肥 1 千克;每 667 米² 产 400～500千克的地块,施有机肥 4 000～5 000 千克、三元复合肥(或花生专用肥)施用量应控制在 25 千克以内,配施 1～1.25 千克花生生物复合菌肥。

全部有机肥在冬前或早春结合耕地,深施在 20～30 厘米土层内。花生生物复合菌肥可在起垄前撒施地表上,起垄时集中施入播种沟内或用于拌种,视生物菌肥种类而定。三元复合肥可在起垄前撒施或施在播种沟内,但最好与生物肥分开。

4. 提高播种质量

(1)适时播种　莱西市花生适宜播期为 4 月下旬至 5 月上旬。

(2)种子处理　种子剥壳前先带壳晒种 2～3 天,剥壳后对种子进行分级粒选,选一级作种,用种衣剂拌种,以防地下害虫。

(3)足墒播种　有墒借墒、无墒造墒,一定做到足墒下种,确保种子出苗整齐和幼苗期对水分的需求。干旱年份要先泼地造墒,一般年份墒情较差时,可在播种前先顺种沟浇水。

(4)规格起垄　花生垄距 85 厘米,垄面宽 55～60 厘米,垄高5 厘米。穴距 15～17.5 厘米,花生行距离垄边 10 厘米左右。每667 米² 播 8 500～11 000 穴,每穴播种 2 粒。

七十一、莒南县花生高产创建综合配套技术

　　莒南县相邸镇位于鲁东南地区，境内光照充足，热量丰富，多为沙壤土，土层深厚，土质疏松且耕性良好。该地区花生种植历史悠久，种植面积大，单产高，故有"花生之乡"的美称。

　　近2年来，莒南县结合本地实际，突出抓好花生高产创建活动，收效明显。特别是2010年在相邸镇相邸后村实施的花生高产创建项目，采取综合增产措施，高产攻关田平均每667米² 产量631.4千克，高产示范田平均每667米² 产量547.8千克，创造了莒南县花生高产新纪录，并通过了省市县专家组验收。花生高产创建综合配套栽培技术如下。

1. 播前准备

　　(1)地块选择　花生高产田选用土层深厚、结实层疏松、中等肥力以上的生茬地，土层深40厘米以上，土质为沙壤土，旱能浇，涝能排。

　　(2)耕作与施肥　冬耕打破犁底层。在测土配方施肥的基础上，根据花生平衡施肥决策确定花生目标产量和适宜施肥量。花生施肥主要是基肥，基肥用量占施肥量的90%以上，以有机肥为主，每667米² 用量在3 000千克以上，并配合施用配方肥(氮磷钾比例为18∶12∶18)60千克，神六五四中微量元素肥料25千克，在起垄时包施在垄内。

　　(3)选用良种　要求选用增产潜力大、子粒饱满沉实、纯度高的品种，适宜相邸镇的品种有丰花1号等。

(4)种子处理 播前10天左右对花生良种皮果进行剥皮,剥皮前先晒种果2~3天,然后对种子进行分级粒选。播前用适乐时拌种,可预防花生根腐病、茎腐病,在拌种的同时加入丰田佳宝(毒死蜱微胶囊),用以防治蛴螬、地老虎、金针虫等地下害虫。

2. 科学播种

(1)播种时间 春播花生覆膜,应当在5厘米地温稳定在15℃以上时,即4月底至5月上旬播种。要避免为抢墒情而过早播种,以防因地温过低造成烂种和出苗差的现象。

(2)播种方式 以扶垄盖膜播种为好,地膜厚度0.004~0.005毫米,垄底宽85~90厘米,垄面宽55~60厘米,垄高12~15厘米。一垄双行,行距35~40厘米、穴距15~17厘米,每穴播2粒,每667米^{2}播9 000~10 000穴。

(3)喷施除草剂 覆膜前每667米^{2}用50%乙草胺200毫升或95%金杜尔100毫升,对水70~80升,进行封闭喷雾,以防止杂草丛生。

3. 田间管理

(1)开孔放苗 覆膜花生在播后10天左右顶土出苗,要及时开孔放苗,以免灼伤幼苗,并有效促进第一、第二对侧枝的发育。开孔时间在上午9时前或下午4时后。当花生主茎有4片复叶时,要及时抠出压埋在膜下横生的侧枝,使其健壮发育。

(2)防旱排涝 因莒南县6月份是多雨季节,花生苗期一般不需要浇水。花生是怕涝作物,雨水过多要及时排水防涝,以防烂果。

(3)防治病虫害 花生主要有苗期蚜虫、生长中后期叶斑病、疮痂病、白绢病及蛴螬、甜菜叶蛾等病虫害。蚜虫用10%吡虫啉可湿性粉剂1 000~1 500倍液喷雾。当叶斑病、疮痂病病叶率达

10％时用 30％爱苗 600～800 倍液喷雾防治,每隔 20 天喷药 1
次,连喷 2～3 次。白绢病应在 7 月 15～20 日用 30％三唑酮
800～1 000 倍液灌墩,生长期用 5％甲维盐 1 500～200 倍液喷雾
防治。

(4)控制徒长　花生在盛花末期若雨水过多,地上茎叶生长过
旺。极易造成徒长,当结荚初期主茎高度达到 40 厘米时,应及时
采取化学控制措施,防止茎叶徒长。每 667 米^2 可用壮饱安可湿
性粉剂 30 克,先溶于水后,再对水 30～40 升叶面喷施,控制株高
不超过 45 厘米。

(5)防止早衰　一是前期增施有机肥;二是中后期喷施叶面
肥;三是防止化控过度;四是及时防治病虫害。

4. 适时收获

花生成熟后,植株中下部茎枝落黄,下部叶片脱落,果皮外表
呈铁青色,果壳内壁发生青褐色斑片,俗称"青皮金壳"。收获过
早,荚果不饱满,秕果多,影响产量;收获过晚,会出现芽果和腐果,
影响质量,故应适期收获。

七十二、特用玉米具有广阔的发展前景

　　特用玉米包括甜玉米、笋玉米、优质蛋白玉米、高油玉米、高淀粉玉米、各种颜色的糯玉米、爆裂玉米、五彩玉米、药用玉米、青饲青贮玉米、特香型玉米（如红香玉、紫香玉、五花白玉、黑甜玉）等。特用玉米营养丰富、品质优良、食味可口、价廉物美，加工品质好，市场前景广泛，同时具有多样性和自然生长无污染等特性，因而又被称之为高价值玉米（Value enhanced corn）。目前，根据国内人口剧增、耕地面积减少、市场竞争激烈的严酷现实，为了顺应农作物生产模式改高产、口粮型为质量效益型的种植模式新形势，特用玉米在新品种创造、膳食新类型和优质饲料的开发等方面展现了愈来愈大的市场空间和越来越多的用途。例如，用优质蛋白玉米、高油玉米和青饲玉米代替普通玉米，可以提高饲料品质、降低饲料成本、提高料肉比；而鲜、嫩、爽、甜、脆的段状、粒状、奶油状甜玉米和糯玉米已成为高级宴席上的名贵佳肴。加工成的玉米笋、速冻甜玉米、脱水甜玉米罐头、甜玉米果脯、真空软包装玉米饮料等产品大量涌现并出口创汇，在国内外市场上呈供不应求之势。因此，特用玉米已不再只是传统的作为主食的食品，而是作为品种调剂、口味调剂，或快餐食品的组成部分，是一种食品消费时尚，且含较高的食用、饲用、工业用价值。发展特用玉米可为农民大幅度增加收益，为市场运作带来巨大商机。有些地方已开始形成由种植者到公司或工厂加工，直至市场销售的产业化格局。

　　随着我国人均收入和生活水平的逐步提高，人们的食物消费将转向富于营养和有益于健康的方向发展，适量食用玉米有益健康已经成为人们的共识,而玉米食品的花色品种繁多则是其他谷物所无法比拟的。故发展具有很高附加价值的特用玉米,对调整种植结构,增加农民收入,满足消费者日益增长的需求,增进人民健康及出口换取外汇有着极其重要的意义。

1. 糯玉米

糯玉米又称黏玉米或蜡质玉米,它起源于我国,由于糯玉米的干子粒切口似蜡质而得名,故称中国型糯玉米或蜡质玉米。在我国主要有两个品种:Zeamaysl. Ceratien Kulesh;和 Zea maysl. ceratien sinensis Kulesh。它是受玉米第九染色体上隐性糯质基因 WX 控制的玉米突变类型。它的子粒呈不透明状,子粒胚乳中淀粉全部为支链淀粉,没有直链淀粉。子粒切口处用碘或碘化钾染色呈红棕色,染成蓝色为普通玉米,染花粉也同样表现。普通玉米子粒中支链淀粉占 73%,直链淀粉占 27%。

(1)营养价值 糯玉米口感好、营养价值高,极易被人、畜吸收利用(其消化率可达 85%,而普通玉米则为 69%)。与普通玉米相比,糯玉米的蛋白质、脂肪和赖氨酸含量均较高。其中蛋白质含量在 7%～14.5%,高于普通玉米。中国农业科学院作物育种研究所在 1978 年对 128 份普通玉米样品分析结果,其中蛋白质含量在 9.6%。

(2)综合加工利用 糯玉米的开发利用呈现多个层面,如玉米淀粉工业、食品业、鲜食及其冷冻加工等。

青穗鲜食。糯玉米的鲜嫩果穗可用于青食和作蔬菜,其独特的香、黏、甜、软风味倍受人们的青睐。鲜食糯玉米赖氨酸含量一般比普通玉米高 30%～60%,鲜穗含糖量为 7%～9%,干物质含量高达 33%～38%,并含有大量的维生素 C、维生素 E、维生素 B_1、维生素 B_2、肌醇、胆碱和矿质元素。目前吃糯玉米鲜嫩果穗已成为一种消费时尚,由于超级市场在各大、中城市的普及和运输工具的现代化,糯玉米鲜穗四季不间断供应已成为现实,这不仅为正常的糯玉米生产带来了广阔的市场,也带动了糯玉米的温室大棚反季节种植,对育种者也提出了更高的要求。

糯玉米粒色有纯黄色、白色、黄白色、纯紫色、黑色、红色、彩色等色。一般情况下,青花丝、白穗轴、不秃顶、果穗大小适中的鲜食糯玉米最受消费者青睐。青穗鲜食糯玉米一般在蜡熟期(约授粉后25天左右为宜)采收煮熟食用。其鲜穗销售价格比普通玉米鲜穗高30%以上,一般每公顷产鲜穗6万~6.7万个,可获经济效益3万元以上。在国际上,日本、韩国、泰国和欧洲都有广阔的甜糯玉米和糯淀粉市场,可见发展甜糯玉米在我国有着巨大的潜力和光明的前途。

在食品工业上,由于糯甜玉米品质优、皮薄、商品性好,是很好的保健食品。糯甜玉米在西式点心、果酱、罐头、鱼丸、肉丸等食品中使用可增加独特的风味。糯玉米可加工成玉米穗、玉米粒罐头、玉米饮料、八宝粥罐头、糯玉米黄酒和啤酒、果葡糖浆等。另外还可以制作美味可口的点心或小吃,如汤圆、年糕、油炸糕等。用糯玉米淀粉可制作加浆原料、布匹浆剂、增稠剂、乳化剂、黏着剂、悬浮剂,广泛应用于食品、纺织、制药、造纸等工业原料和铸造、建筑、石油钻井等现代工业中。

糯玉米除用作鲜食和淀粉加工外,还是优质饲料。在养猪、肉牛、肉羊和鸡试验中,糯玉米与普通玉米相比,具有较高的饲料报酬率。用糯玉米喂养奶牛,不仅产奶量提高,奶中的奶油含量也有所提高。喂养糯玉米的羔羊日增重比普通玉米高20%,饲料报酬率提高14.3%以上。喂养肉牛,饲料报酬率提高10%以上。

(3)栽培要点 当前由国外引进的糯玉米品种有巴西的多彩糯玉米、日本的白如雪甜糯玉米、泰国的紫香红糯玉米、以色列黑哥糯玉米、南韩黑包公糯玉米。国内培育的有云南四路糯、中糯1号、鲁糯玉1号、白糯1号、沪玉糯1号等优良品种。

糯玉米栽培与普通玉米相比有特殊要求：①隔离种植。糯玉米与普通玉米串粉后黏性下降，部分性状丧失，所以种植时要与普通玉米做好隔离。空间隔离距离为 300～400 米；时间隔离春播为40 天以上，夏播为 25 天以上；屏障隔离可在糯玉米地周围种高粱、红麻等高秆作物，或利用树林、村庄、山头等自然隔离。每 667 米^2 留苗 3 500～5 000 株。②分期播种，分期采收上市。③防治害虫，用高效低毒农药防治。④适期收获。

2. 甜 玉 米

甜玉米是玉米属中的一个亚种，即甜质型玉米亚种。它是受一个或多个隐性基因控制的胚乳突变体。现已发现能引起糖分变化的隐性基因有 Su1、Su2、bt1 和 bt2 等。世界上种植和食用甜玉米已有 100 多年的历史。1924 年美国育出第一个甜玉米品种，美国是世界上甜玉米最大生产国，每年以 10% 速度递增。我国发展甜玉米的科研和生产是近 20 多年来的事。

(1)营养价值　目前生产上推广的甜玉米主要有 3 类：一是普通甜玉米(Sh1)，含糖量 10% 左右；二是超甜玉米(Sh2)，含糖量18%～20%；三是加强甜玉米(Sulse)，这是一种新类型的甜玉米，从遗传上讲，这种甜玉米是在普通甜玉米的基础上又引入了一个加强甜基因而成的。它的特点是兼有普通甜玉米和超甜玉米的优点，在乳熟期既有较高的含糖量，又有高比例的水溶性多糖，因此它的用途广泛。

甜玉米子粒中除含糖量高外，还含较高的蛋白质，蛋白质含量在 13% 以上，还含有丰富的氨基酸、维生素、矿物质和油分。甜玉米具有甜、脆、香、嫩等特点，是一种集粮、果、菜、饲为一体的经济作物，俗称水果或蔬菜玉米，现已成为世界各国的新兴食品。甜玉米能降低胆固醇，防止动脉硬化及心血管疾病，预防胃肠癌症及糖尿病和胆结石症等。因此，甜玉米在发达国家和地区受到人们的普遍欢迎。

(2)综合加工利用 甜玉米除鲜穗速冻或真空包装可一年四季供应市场外,还可以制成段状、粒状、糊状甜玉米罐头以及甜玉米果脯、饮料、冰淇淋等。目前国际市场上甜玉米罐头是畅销商品,每吨甜玉米罐头价格高达 1 000 美元左右。因此,开发甜玉米生产和加工技术,可获得很高的经济效益、国际、国内市场前途广阔。

甜玉米加工产品对品种的要求上应做到:一是熟期应一致;二是果穗应分级(果穗以级论价,穗长可分为四级:一级 21 厘米以上;二级 19~20 厘米;三级 17~18 厘米;四级 15~16 厘米,在价格上四级和一级相比可相差 50% 以上);三是子粒色泽一致。一般甜玉米有黄色、白色和双色(黄白相间)三种颜色。制罐以浅黄色为优,冷冻以金黄色为佳。据市场反应,其售价竟高出纯黄穗的 1 倍,在日本市场上很受欢迎。黄子粒在鲜食市场及长途运输销售市场具有绝对优势;四是出子率要高,品质要好;五是产量要高。

根据各地生产实际,为了确保产品达到企业标准,青嫩玉米穗一般的加工工艺流程为:原料的采收(抽花丝后 23~25 天)→剥皮→检验→浸泡→包装→封口→装箱→入库贮存。一般甜玉米用木箱包装,根据木箱的体积大小,每只木箱可装 48~72 穗,塑料袋或纸箱可装 60 穗。

甜玉米茎叶青嫩多汁,柔软香甜,营养丰富,是发展畜牧养殖业的优良饲料。另外,甜玉米品种多数具有多穗的特点,除植株第一果穗采摘用作鲜食或加工甜玉米外,第二、第三果穗一般很难成穗,可在抽丝前采摘,用来制作玉米笋罐头及速冻玉米等。

(3)甜玉米的栽培要点 ①选择适宜品种。选择穗粒产量高,商品价值好的优良品种。生产上可供选用的品种有鲁甜玉 1 号、鲁甜玉 2 号、鲁甜玉 3 号、甜玉 2 号、超甜 43 号、普甜 8 号、科甜110 等品种。②隔离种植。甜玉米接受了普通玉米的花粉后,会发生花粉直感现象,大大降低甜玉米的品质,每 667 米² 留苗 3 000～4 000 株。③精细播种。甜玉米子粒秕瘦,发芽出土难,应加强播种保苗措施,播深不超过 3 厘米。④防治害虫。⑤适时采收。一般在授粉后 20 天左右适时采收。

3. 优质蛋白玉米

优质蛋白玉米,又称高赖氨酸玉米,是指蛋白组合中富含赖氨酸的特殊玉米。高赖氨酸玉米一般由位于玉米第七染色体上的 opaque-2(简称 O2)基因控制的类型。

(1)营养价值 优质蛋白玉米在蛋白质组合中,谷蛋白和球蛋白的比例分别比普通玉米高 2.24% 和 107.07%。优质蛋白玉米的赖氨酸和色氨酸含量分别为 0.48% 和 0.13%,比普通玉米高 1 倍以上,是优质的食用和饲用玉米。由于优质蛋白玉米胚乳为软质胚乳,产量比普通玉米低 10%～15%。优质蛋白玉米具有很高的营养价值,其蛋白粉的营养价值相当于脱脂奶粉的水平,成人每天吃 250～350 克优质蛋白玉米就能完全维持氮的代谢平衡,而若吃普通玉米则需要 600～700 克。

用优质蛋白玉米养猪,猪平均日增重 250 克以上,比用普通玉米养猪提高 24.2%～29.7%,料肉比降低 15.3%～33.3%,每增加 1 千克体重就节约饲料 0.71～2.13 千克。按育肥猪标准重 90～130 千克计算,每头猪可节约饲料 78.1～234.3 千克。若饲料中玉米占 60%,每千克以 1 元计算,则可节省玉米饲料 47～141 元。用优质蛋白玉米养鸡,鸡日增重比用普通玉米喂养提高 14.1%～76.3%,产蛋率提高 13.3%～30%。

(2)综合加工利用 果穗鲜食。在授粉后 23～25 天收获果穗,选择果穗整齐一致,去掉苞叶、花丝,用耐高温的塑料膜真空包装,高温蒸煮,冷却至常温即可食用。鲜食果穗营养丰富,鲜嫩可口。

加工配合饲料。优质蛋白玉米主要是作为畜禽饲料的原料，在配合饲料中，玉米是主原料，约占 60% 左右。饲料工厂把各种原料进行粉碎，按照配方混合后，可根据需要制成粉状饲料、压扁饲料或颗粒饲料。

(3)栽培技术要点 ①选用良种。当前生产上种植的优质蛋白玉米品种有：鲁玉 13 号、鲁单 204、鲁单 205、鲁单 207、中单 9409、中单 206、成单 201、长单 58 等杂交品种。②隔离种植。每 667 米^2 株数平展型品种 3 000～3 500 株，紧凑型品种 3 500～4 500 株。③加强肥水管理，搞好病虫害防治，适时收获。

4. 高油玉米

高油玉米是指子粒中含油量在 6.5%～14% 的一种高附加值的玉米类型。普通玉米含油量为 3%～5%，高油玉米含油量为 7%～10%（原始群体含油量高达 2%），比普通玉米高 50% 以上。普通玉米胚含油 35% 高油玉米胚含油在 50% 以上。玉米油分 85% 在胚中，其余在胚乳和果皮中。

(1)营养价值 优质玉米油含棕榈油 8%～12.7%，硬脂酸 1%～2%，油酸 24.4%，亚油酸 60%～65%，亚麻酸 1%～1.5%，玉米胚油不饱和脂肪酸含量高达 85%，油酸和亚油酸在人体内吸收达 97%。

(2)综合加工利用 玉米油含有较高的不饱和脂肪酸、蛋白质和维生素 E、维生素 A，是一种兼有营养和治疗双重功效的保健油。

(3)高油玉米饲用 据测试，1 公顷高油玉米的产值接近 1 公顷油料作物和 1 公顷粮食作物产值之和。用高油玉米养猪，猪平均日增重比用普通玉米提高 11%，单位饲料增重提高 7%。奶牛专用饲料不仅要求有较高的蛋白质、较高的赖氨酸含量和较高的油脂含量，同时要求淀粉 2/3 在瘤胃中发酵成挥发性脂肪酸，1/3

作为葡萄糖原在小肠中被消化,而高油玉米恰好符合奶牛专用饲料的基本要求,且高油玉米含维生素 E 丰富,维生素 E 能明显降低牛奶膻味,改善牛奶品质。用高油玉米养鸡,可以明显提高饲料的日增重,在配合鸡饲料时,可以减少或不添加脂肪,提高类胡萝卜素的含量,进而改善鸡肉的色泽,对蛋鸡能明显改善产蛋量。

加工利用。玉米油是优质食用油,具有保健功能。玉米油又可作为化学药品、颜料、油漆、橡胶、防锈剂、肥皂、纺织品的原料,还可以制造清洁剂、表面涂料、塑胶及特殊润滑剂等物品。

(4)栽培技术要点 目前生产上应用的高油玉米品种有高油1 号、高油 6 号和高油 115 及长油 1 号等。高油玉米可以和普通玉米相邻种植,高油玉米接受普通玉米的花粉而结实,其子粒含油量降低很少;普通玉米接受高油玉米花粉而结实,其子粒含油量则大幅提高。

高油玉米生育期长,子粒灌浆结实、脱水较慢,生长后期低温会影响正常成熟,降低产量和品质。适期早播是实现高产的关键之一。作为夏玉米种植时应实行麦田套种或育苗移栽,种植密度为每 667 米^{2}4 000～4 500 株。高油玉米对氮、磷、钾肥比较敏感,增施肥料、平衡施肥对于提高粒重、胚重,尤其是对提高玉米子粒含油量有显著作用。与普通玉米相比磷肥用量要适当增加,并且在大喇叭口期每 15 公顷喷施玉米健壮素 30 毫升,可降低株高,防止倒伏。玉米健壮素重喷、漏喷可导致玉米生长不整齐,可以用"维他灵"代替,大喇叭期每 667 米^2 喷施 1 支。

高油玉米容易受到玉米螟危害,应注意防治。高油玉米容易酸败、霉变,贮存时要注意干燥防潮和清除杂质。

5. 爆裂玉米

爆裂玉米是玉米种中的一个亚种,又名玉米麦或麦玉米,爆裂性是它的重要特性。农家品种繁多,子粒可分为米粒型和珍珠型,米粒型顶部较尖,似大米粒;珍珠型顶部圆形而且光滑,子粒商品性状较好,粒色通常为黄色和白色,但也有少数品种为红色和黑色。爆裂玉米胚乳中几乎全部为角质淀粉,仅中部有少许粉质淀粉。好的爆裂玉米爆裂率达 99%,膨胀系数达 30 倍以上,其中以蝶形的较好,蝶形的爆裂体积大,且口感好,无硬核。

(1)营养价值 爆裂玉米子粒富含蛋白质、淀粉、纤维素、无机盐及维生素 B_1、维生素 B_2 等多种维生素。研究表明,42.5 克爆裂玉米相当于 2 个鸡蛋的能量,与同样重量的牛排相比,爆裂玉米含蛋白质是牛排的 67%,而铁、钙的含量是牛排的 110%。

(2)加工利用 爆裂玉米子粒分大、中、小 3 类,10 克子粒含 52~67 粒为大粒型,76~105 粒为小粒型。其中小粒型的子粒因爆裂后体积较大而深受欢迎。爆裂玉米可用爆花机或家用铁锅、铝锅炒爆。

(3)栽培要点 爆裂玉米优良品种的产量水平应达到每 667 米^2 200 千克以上,膨胀系数应在 25 倍以上,爆花率不低于 95%。另外,还要求花形呈蘑菇状或蝴蝶状,成品松脆无渣,适口性好,风味佳。目前应用的品种有鲁爆玉 1 号、黄玫瑰及黄玫瑰 2 号、沪爆 1 号、成都 806 等品种。

爆裂玉米是否采取隔离种植因品种而异,部分爆裂玉米品种不用隔离种植,而我国许多农家种和多数杂交种(如黄玫瑰等)要隔离种植,隔离方法同糯玉米。

爆裂玉米种子小,一般为每 667 米^2 用种量 1 千克,留苗 4 000~5 000 株。要求子粒达到完全成熟时收获为宜。收后要及时晾晒风干,当子粒的含水量降至 14% 以下时脱粒,减少破伤,保证爆花品质。子粒含水量干燥至 13.5%~14% 时膨胀系数最大。

6. 高淀粉玉米

高淀粉玉米是指子粒淀粉含量达 70% 以上的专用型玉米。

玉米淀粉是各种作物中化学成分最佳的淀粉之一,有纯度高(99.5%)、提取率高(93%～96%)的特点,广泛应用于食品、医药、造纸、化学、纺织等工业。

高淀粉玉米常分为混合型高淀粉玉米、高支链淀粉玉米(糯玉米)和高直链淀粉玉米。目前,主要以混合型高淀粉玉米为主。

(1)经济价值 玉米淀粉是世界淀粉产量最多的一种。据调查,全世界淀粉产量为1 100万吨,而玉米淀粉竟高达900万吨左右,约占总量的81.8%。

高淀粉玉米子粒的淀粉含量在73%以上,比普通玉米增加8%以上。每吨淀粉以1 700元计算,每加工1吨玉米可增收136元。每667米^{2}子粒产量以500千克计,可增收68元。

(2)加工利用 高淀粉玉米主要以加工淀粉为主,同时生产出玉米油和蛋白粉等副产品。以玉米淀粉为原料的加工产品约500多种。山东禹城环宇集团保龄生物开发公司利用玉米淀粉生产的聚糖,比淀粉价值增加7.8倍。据调查,1千克玉米可生产出0.65千克淀粉,进一步加工成0.325千克味精(以50%计),可获纯利润0.48元,加工成0.78千克糖浆(1.2倍计),可获利润0.46元。

(3)栽培要点 高淀粉玉米若小面积种植时,应设置隔离区,以保证品质,隔离种植方法可参照糯玉米。若大面积种植时,则不必设置隔离区。当前生产上种植的高淀粉玉米品种有长单26号(长春农科院育)等品种,每667米^{2}留苗3 500～4 000株为宜。

7. 笋 玉 米

笋玉米是指以采收幼嫩果穗为目的的玉米。由于这种玉米抽丝受粉前的幼嫩果穗下粗上尖,形似竹笋,故名笋玉米。笋玉米的食用部分为玉米的雌穗轴,以及穗轴上一串串珍珠状的小花。营养丰富,清脆可口,别具风味,是一种高档蔬菜。根据消费者的需要,通过添加各种作料,可制成不同风味的罐头,这种罐头在国际市场上很有竞争力。

(1)经济价值 笋玉米含有丰富的维生素、蛋白质和18种人体生长所需要的氨基酸。特别是赖氨酸含量高。据陕西省监督检验站测定,采收适宜的幼笋玉米,可溶性糖含量8%～12%,赖氨酸0.45%,蛋白质2.3%,维生素C0.014%,维生素$B_5$0.04%,维生素E0.3%。

目前,笋玉米的开发已成为新的热点。笋玉米主要用于西餐配菜,国际上新鲜的笋玉米售价为1.5美元1千克,且需求量日渐增大,每667米^{2}种植笋玉米4000～5000株,可生产玉米笋1.2万～2万个,重100～150千克,可收入1400～2000元。笋玉米的生产周期短,生产一季仅需60～70天,可以早腾茬,甚至可以种两季或多季笋玉米。由于笋玉米收获早,茎叶繁茂,青绿的鲜秸秆是畜牧业的优质饲草。发展笋玉米是我国增加出口创汇的有效途径之一。

(2)加工利用 笋玉米很适宜制作罐头,是烹饪和宴席之佳品。主要用于爆炒鲜笋、调拌色拉生菜、腌制泡菜、拌凉菜等。

笋玉米是否符合加工要求,主要看以下指标:①外形。笋支完整,状如笋尖,颜色淡黄,笋轴均匀,珍珠码紧密,笋肉细嫩无纤维感。②规格。一般笋长3～10.5厘米,笋重4～19克,笋直径不超过2厘米,笋长5～7厘米,笋粗1～1.5厘米,笋重5～7克的为一级笋玉米。

笋玉米主要用做罐头加工。一般加工过程为:剥除苞叶→去掉花丝→预煮漂洗→分级→制罐→配加汤汁→真空密封→杀菌冷却保温贮藏。

(3)栽培要点

①选用品种 笋玉米有3类:一类是专用型的笋玉米,即一株多穗的专用笋玉米品种;二类是粮笋兼用型笋玉米,一般选用多穗型品种,以第二穗及其以下的幼嫩果穗笋用,第一个穗待成熟后粮

用;三是甜笋专用型,专为笋用或利用甜玉米罐头采用后余下的幼嫩果穗为笋用。采收笋玉米的时间一般在雌穗花丝抽出苞叶之前或少数花丝刚抽出苞叶 1～2 天内进行。当前生产上种植的专用型笋玉米品种有:鲁笋玉 1 号、烟笋玉 1 号、甜笋 101、冀特 3 号、晋甜 1 号及我国台湾省培育的台南 5 号、台农 351 及国外培育的佛罗里达永甜笋玉米等品种。

②**播期与密度** 笋玉米与普通玉米不同之处是应采取分期播种分期采收的办法。一般笋玉米品种每 667 米^2 种植密度为 4 000～4 500 株,对密植型品种如冀特 3 号应增加到 6 000～7 000株。

③**采摘** 采摘适期为抽花丝后 2～3 天,以后每隔 1～2 天采笋 1 次,7～10 天把全部笋采完,一般要求在上午采摘,并于当天加工。采摘时一次采摘最上部果穗 1 个,用手抓住果穗顶部苞叶,朝叶片伸出的垂直方向用力掰,要保护叶片不受损伤,摘下的笋玉米需遮阳,不要暴晒,采摘后的鲜绿茎叶可用作饲料。

8. 黑 玉 米

黑玉米是指玉米子粒色泽为乌黑、紫黑色、蓝黑色和黑色玉米的总称,可分为硬粒型黑玉米、黑糯玉米、黑甜玉米、黑爆玉米等。

(1)营养价值 黑玉米子粒黑色透亮,子粒中蛋白质的含量高于普通玉米 13.9%,脂肪含量高于普通玉米 43.13%,黑玉米子粒中所含氨基酸种类齐全,17 种氨基酸中就有 13 种氨基酸高于普通玉米,特别是与人体生命活动密切相关的赖氨酸和精氨酸的含量分别比普通玉米高 25% 和 66.67%。黑玉米子粒中含铁、锰、锌等多种微量元素,生命元素硒的含量高于普通玉米。黑玉米糖分和蛋白质含量较高,微量元素碳和锌的含量略低于黑糯玉米,仍高于硬粒黑玉米。黑糯玉米与硬粒黑玉米营养成分差异不大,独特之处在于子粒全部为支链淀粉,从营养学观点看,黑玉米淀粉消化率为 85％，而普通玉米只有 69％。

黑玉米最适宜鲜食，质脆嫩，味香醇，黏香可口。被营养学家称之健康食品、功能食品、益寿食品，营养型、保健型、滋补型、水果型的玉米。既可作粮用，又可作菜用，是玉米家族中的新兴"水果"和作物蔬菜，是高级宾馆、饭店餐桌上艳丽的"千金"、娇娇的"皇后"。

目前种植黑玉米行情看好，不少种植户竞相引种种植。一些农垦企业、国营农场，包括一些大中型的企业也不甘落后，纷纷加入了种植黑玉米的行列，宾馆、饭店中也不乏精明之士或有见识的老板，不少开始在城郊租地生产鲜穗上市，以"黑"引客，活跃经营，取得了诱人的效益，从而带动黑玉米的开发。黑玉米开发呈现勃勃生机，前景广阔。

(2)加工利用 黑玉米集色、香、味、营养于一体，同时富含黑色素、强心苷等功能因子，可以开发一系列的黑色食品和保健食品，如玉米糊、玉米饮料、玉米罐头、汤圆、糕点和玉米花等黑色食品。特别是黑糯玉米和黑甜玉米，可以作为水果玉米和蔬菜玉米利用，或直接鲜穗采收经过蒸、煮、烤等加工后销售。也可加工或速冻黑玉米穗和真空黑玉米穗，不分季节销售。目前在大城市超市，黑玉米速冻果穗售价在 5 元以上。

(3)栽培要点 目前供生产上种植的黑玉米品种有黑包公、改良黑包公。依果穗大小、品种的株型及肥水条件，每 667 米^2 密度 3 500～5 000 株，采取隔离种植，防止串粉。对于分蘖型黑玉米，苗期应及时去掉多余分蘖，保单秆大穗。

9. 青饲青贮玉米

青饲青贮玉米是指玉米在不同生育阶段采收青绿的玉米茎叶和果穗，经粉碎微贮后饲喂家畜的一类玉米。青饲青贮玉米绿色生物产量在 60 吨/公顷以上，在收割时青穗占全株鲜重比不低于

25％。青饲青贮玉米可分为专用型和兼用型两类,前者为分枝多穗型品种,后者有粮饲兼用及特用玉米兼用型如糯玉米、甜玉米、笋玉米等。

青饲青贮玉米茎叶柔嫩多汁、营养丰富。尤其经过微贮发酵以后适口性更好,利用转化率更高,是畜禽的主要饲料来源。

(1)经济价值 青饲青贮玉米为奶牛、肉牛提供青饲料和青贮料,是养牛业不可缺少的基础饲料之一。种植青饲作物比种植粮食作物收获的营养物质产量高2倍多。

(2)加工利用 青贮是指青饲玉米在乳熟期到蜡熟期收获,经切碎加工,并经过40~50天贮藏发酵后,茎叶呈青绿色,带有酸香气味,柔软湿润,可以随时取出饲喂牲畜的一种饲料。青贮能提高青饲青贮玉米的饲用价值。

通常采用的青贮设施有青贮窖、青贮壕、青贮塔、青贮袋及地面青贮等。

(3)栽培要点 目前,青饲青贮玉米有分蘖多穗型品种,如京多1号、科多1号、科多4号、科多8号等杂交种,属专用型青饲青贮玉米;第二种类型是单秆大穗型,又叫粮饲兼用型品种,如辽原1号、鲁单40、鲁单50、华农1号等品种。另外,还有一年多次刈割的墨西哥玉米、华南农大培育的牧草90号玉米。种植上应春播或麦田套种,分蘖型品种每667米^{2}留苗3 000~4 000株,单秆大穗型品种每667米^{2}留苗5 000~6 000株,并加强肥水管理。

七十三、秋延迟大棚黄瓜综合管理技术

大棚黄瓜秋延迟栽培,可使黄瓜在蔬菜淡季上市,每 667 米² 产量可达 5 000 千克、产值近万元,社会效益和经济效益都很显著。

1. 温湿度管理

(1)结瓜前 要保留大棚顶部覆盖塑料薄膜,大棚四周的塑料薄膜揭开,除雨天外,平时要加强通风,夜间要留通风口散湿,防止叶片结露等措施。一般情况下,白天温度 25℃～28℃,夜间 13℃～17℃,昼夜温差在 10℃ 以上。土壤相对湿度为 85％～95％,空气相对湿度白天 85％,夜间 90％。同时,要加强中耕松土,第一次中耕在缓苗 5 天后进行,第二次在根瓜形成后进行。中耕以浅耕为主,由浅及深,深度 7～10 厘米,结合人工除草进行。

(2)结瓜后 从 10 月中下旬到拉秧,外界气温急剧下降,此期要将大棚四周及棚顶上的薄膜压紧封严,管理侧重保温防寒。白天要推迟放风时间,以提高棚内温度;夜间要采取保温措施。一般情况:白天棚温 26℃～30℃,夜间温度保持在 15℃ 左右,夜间低于 10℃ 时要随时加盖草苫,以备初霜突然袭击。在生长后期,有条件的应将切碎的秸秆覆盖于黄瓜根部,可有效提高地温,延长黄瓜生育期。5～10 天,当棚内最低温度降至 10℃ 以下时,可去掉支架,使黄瓜茎蔓落下来,然后架小拱棚保温,延长结瓜期。

2. 肥水管理

结果前以控为主,要求少灌水,不追肥,适当蹲苗。进入结瓜

盛期,肥水供应要充足,一般每采收 2 次追 1 次速效肥,每次每
667 米^2 施三元复合肥 20 千克,或腐熟稀人粪尿 500～750 千克,
或 95% 磷酸二氢钾 10 千克,要注意化肥与有机肥交替使用,并减
少氮肥用量,适当增施磷、钾肥,10 月前一般每 5～7 天浇 1 次水,
10 月下旬后外界气温急剧下降,黄瓜生长速度放慢,对肥料和水
分的要求也相对减少,为降低棚内湿度,可减少浇水,每 10～15 天
浇 1 次水,不旱不浇,同时也可以用 0.2% 尿素或 0.1%～0.2% 磷
酸二氢钾喷施。

3. 植株调整管理

黄瓜生长前期,温度高,光照充足,生长较旺,应及时插架、吊
绳、绑蔓,整枝。绑蔓时"龙头"取齐,方向一致,基部 5 节以下有侧
枝的可以全部摘除;生长后期可以利用侧枝结果增加产量,保留中
上部侧蔓,在侧蔓上留 1 瓜,瓜上留 2 叶摘心,没有雌花的侧蔓全
部打掉。绑蔓时,摘除雄花和卷须。当植株长到 25 片叶,接近棚
顶时,可采取打顶摘心,促进侧枝萌发,培育回头瓜。同时适当打
掉底部老叶、病叶、黄叶,减少养分消耗,有利于通风透光,减少病
虫害发生机会,促进上部结瓜,并及时落秧。

七十四、绿色食品韭菜优质高产栽培新技术

山东省莒南县石莲子镇是传统的韭菜生产大镇,常年种植韭菜 1 333.3 公顷,如何杜绝农药等化学物质对韭菜的污染,生产绿色食品,促进韭菜生产的可持续发展是个重要课题。要生产符合绿色食品要求的韭菜,可以按照如下技术规程操作。

1. 适期播种,培育壮苗

(1)育苗地的选择 选择地块平整、土质疏松、土壤肥沃、透气性能好、无农药残留、无"三废"污染的土地,还要避免与葱、蒜等辛辣类作物重茬。

(2)适期播种 日平均温度只要达到 6℃～15℃即可播种,具体到莒南县石莲子镇一般可选择在 3 月中旬至 4 月中旬播种,也可在 8 月中旬至 9 月下旬播种。每 667 米² 用种量 0.5 千克,育苗面积 60～70 米²。

(3)浸种催芽 韭菜种子播前用 40℃的温水浸种 20～24 小时,捞出沥水后,放在 15℃～20℃条件下催芽,每天冲洗 1 次,3 天后有芽透出后,立即播种。

(4)播种 育苗地每 10 米² 需施充分腐熟的有机肥 20 千克、尿素 0.15 千克,深翻 33 厘米,耙碎搂平,做成宽 1.2 米、长 10 米的育苗畦,播种前灌透水,水渗下后先撒 1 厘米厚的干细土,将种子均匀撒播在畦面上后覆土 1 厘米厚。播后,为防杂草可喷 1 次除草剂二甲戊乐灵。覆盖地膜保墒,始终保持出苗前后的土壤湿润。

(5)培育壮苗 播种后有种芽顶土时去除地膜,并浇 1 次小水。苗高 10 厘米后,每隔 20 天左右结合浇水冲施腐熟人粪尿 1 000 千克/每 667 米²,连续追肥 2 次。每 7~10 天浇水 1 次,保持畦面湿润。苗高达到 20 厘米后控水蹲苗。

2. 及时移栽

(1)定植时间的确定 早春育苗应在夏至前定植,在谷雨后育苗应在白露后定植,苗龄 3 个月,苗高 20 厘米,单株叶片 5~6 片时即可定植。秋季育苗,需到翌年春季才能定植。定植应避开 7~8 月高温多雨季节。

(2)施足基肥,深耕细耙 整地前每 667 米² 施腐熟的有机肥 5 000~8 000 千克、硫酸钾型复合肥 50 千克,均匀撒施,深翻土地 33 厘米,耙碎搂平后做畦,畦长以 15~20 米为宜,露地栽培畦宽 1.5 米,设施栽培畦宽 1~1.3 米。

(3)科学起苗,合理密植 起苗前用霜霉威或银法利加异菌脲喷洒叶面,以防疫病、灰霉病传入移植大田。定植时,随起苗随移栽,采用深沟浅栽法,沟距 25~30 厘米、沟宽 20 厘米、沟深 5 厘米,株距 1 厘米,也可丛栽。露地栽植 4 行 1 畦,畦宽 1.5 米。拱棚栽培棚宽 2~2.7 米,棚间预留 70 厘米的操作带。栽时根系均匀地向四周平铺,封土厚约 3 厘米,埋至假茎的 2/3 处,切记不可埋没新叶。栽完 1 畦后浇 1 次小水定苗,7~10 天后再浇 1 次缓苗水。

3. 加强肥水管理

(1)生长习性 春、秋两季是韭菜光合作用最旺盛时期,返青前要重施有机肥和磷、钾肥。在旺盛生长期,需肥水量急剧增加,收割后需肥水量较少,随着新分蘖的产生,需肥水量增加,养分吸收量呈周期性变化,韭菜 1 年有 4~5 次分蘖高峰。

(2)韭菜的肥水管理技术

①**缓苗期肥水管理** 韭菜定植后及时浇 1 次定苗水,这次浇水流速要慢,水量要小,以防水大冲苗淤苗。7～10 天以后再浇 1 次缓苗水。缓苗后,可结合浇水追施硫酸钾型复合肥 15～20 千克/667 米^2 或腐熟人粪尿 1 000～1 500 千克/667 米^2。

②**春季肥水管理** 每年气温回升后,要随浇水追施硫酸钾型复合肥 15～20 千克/667 米^2 或腐熟人粪尿 1 000～1 500 千克/667 米^2,韭菜返青后,追肥以速效氮肥为主,温度低时追施碳酸氢铵,温度高时追尿素,每次用碳酸氢铵 30 千克/667 米^2 或尿素 15 千克/667 米^2。

③**夏季肥水管理** 夏季高温多雨潮湿,气温高于 24℃时不适宜韭菜生长,一般不进行收割,只需及时剪除幼嫩花薹以利于养根。肥水管理上不浇水不施肥,雨后及时排水防涝,晴天及时除草通风,防止倒伏烂秧。

④**秋冬季肥水管理** 秋季温湿度适宜,是韭菜的第二次生长高峰。入秋第一茬韭菜收割后 2～3 天,结合浇水追施腐熟人粪尿 1 000 千克/667 米^2,以后根据"茬茬追肥"的原则,在每茬韭菜收割后 2～3 天追肥浇水 1 次。进入 8 月中旬以后,每 10 天浇水 1 次,每 20 天追肥 1 次,每次追施腐熟人粪尿 800～1 000 千克/667 米^2,连续追施 3～4 次。入冬浇 1 次封冻水。

(3)韭菜对微肥的需求和使用 韭菜的生长季节冲施硫酸亚铁 2～3 次,每次 5 千克/667 米^2,同时具有杀灭韭蛆的作用,还要叶面喷施 2 次浓度为 0.1%硫酸锰和硫酸锌溶液。

(4)生长调节剂在韭菜生产中的应用 在韭菜的整个生长周期中,合理使用生长调节剂,对提高韭菜的产量、品质、抗病性等有重要作用。

①苗期喷施 S-诱抗素(商品名福施壮)2 000 倍液,10 天 1 次,连喷 2～3 次。

②移栽前后用吲丁诱抗素 3 000 倍液灌根。

③每次收割后,都喷施 1 次 S-诱抗素 2 000 倍液。

4. 适时收割,科学管理

(1)适时收割 收割要随季节、管理水平及市场价格而定。一般韭菜的 7～9 片叶高 33 厘米时即可收割,1 年收割 4～6 次为宜,不同季节收割间隔时间不同。早春、晚秋 35～40 天收割 1 茬,温度适宜时 28～30 天收割 1 茬。

(2)科学收割 以每天上午 9～10 时收割最好。收割时镰刀要锋利,刀口要齐平,深浅以切口黄白为度,每次留茬 3 厘米高为好。不要在雨前和雨中收割。

(3)割后管理 每次收割后都要加强肥水管理,做到"刀刀追肥",同时,及时喷施诱抗素。追肥、浇水、喷药都应在新叶长出后进行,忌收割后立即追肥浇水,否则会造成烂根死苗。

5. 韭菜的病虫害防治

(1)韭菜的病害 主要有灰霉病、菌核病和锈病。

①**灰霉病** 选用抗病品种如 791、平丰 8 号等,增施有机肥培育壮苗是防治此病的主要措施。每次收割后 10 天左右,可用凯泽、异菌脲、施佳乐加多菌灵或甲基硫菌灵喷洒。发生初期可用凯泽 2 000 倍液或施佳乐 800 倍液喷雾防治,棚内可用异菌脲和百菌清复合烟剂熏棚防治。

②**疫病** 主要危害韭菜的假茎和鳞茎。连作地块易生病,故应做好轮作。发生初期可用百泰 1 000 倍液或用银法利 1 500 倍液或 72%霜霉威 1 200 倍液喷雾防治。病重时应加大浓度。

③**菌核病** 主要危害叶片、叶鞘和茎部。低洼积水地易发此病。植株过密收割过晚易发此病,要及时收割,防治方法同灰霉病。

④**锈病**　叶片可生出橙黄色隆起小疱斑，钾肥不足，过量施用氮肥易发此病。可用硫磺悬浮液400倍液，在收割后喷洒畦面，病害发生期喷诺普信1500倍液或百泰1500倍液。

(2)韭菜的虫害　主要是韭蛆、韭叶甲虫、蓟马和潜叶蝇。

①**韭蛆**　春、秋两季危害。韭蛆幼虫期可用48%毒死蜱1000倍液灌根防治，也可在韭菜收割后3天，用浓度为3%氨水灌根。成虫羽化期，可用1∶1∶10的糖醋液诱杀，或用诺普信4.5%的氯氰菊酯(红高或红福)2000倍液喷雾灭杀，或灌水时冲入20%毒辛(诺普信的"广林")1千克/米^2。移栽时，可用1000倍"广林"泥水蘸根。

②**韭叶甲虫**　可在灌水时冲入20%毒辛1千克/667米^{2}防治。成虫可喷洒750倍液"艾法迪"防治。

③**蓟马和潜叶蝇**　蓟马可选用70%艾美乐15000倍液，或70%金高猛7500倍液喷雾防治。潜叶蝇可选用1.8%阿维菌素3000倍液，或48%毒死蜱1000倍液防治。用4.5%氯氰菊酯3000倍液喷雾，对潜叶蝇成虫、蓟马成虫和幼虫也有较好的防治作用。

七十五、玉米高产高效栽培技术

（一）兰陵县玉米高产技术

在玉米高产创建工作中,兰陵县农业局玉米高产创建技术指导小组合理选择地块,选用高产品种,加强技术管理,高产攻关获得了较高的产量,经专家实打验收,最高产量达到每 667 米^2 1 046.65 千克。主要技术措施如下。

1. 精心选地

首先选择地力基础好的地块作为高产攻关田。高产攻关田地块土壤有机质含量为 2%~2.5%,全氮含量超过 1.321%,碱解氮含量 149.3 毫克/千克,速效磷含量 36.3 毫克/千克,速效钾含量 180.1 毫克/千克,土壤地力基础较好,排灌方便。

2. 选用高产品种

苍山县两块高产攻关田选用的品种分别为郑单 958 和登海 605。

3. 创造适宜的土壤条件

在玉米播种前进行秸秆还田和深耕改土,高产攻关田前茬的小麦秸秆全部还田,用秸秆粉碎机将秸秆粉碎后进行了深耕,耕深超过 30 厘米。

4. 合理施肥

结合秸秆还田,每 667 米^2 施用尿素 20 千克(调节碳氮比、利于秸秆腐烂和预防玉米幼苗发黄)、商品有机肥(氮、磷、钾总含量6%,有机质含量 30%)300 千克、"金正大"玉米专用控释肥(氮、磷、钾含量 26-7-9)50 千克、酵素菌生物肥(氮、磷、钾总含量 16%,有机质含量 30%,每克含 1.5 亿个菌)100 千克、硫酸锌 1 千克。

5. 精细整地

秸秆还田和深耕后,将地耙细、耙平、耙实备播。整地时每 667 米^2 撒施 3% 辛硫磷颗粒 3 千克,防治地下害虫。

6. 种子包衣

种子全部使用种衣剂包衣。

7. 适期播种

为了有效预防玉米粗缩病,适期晚播,播期在 6 月 16 日左右,采用人工点播,大行距为 80 厘米、小行距为 40 厘米、株距 20 厘米,每穴播 2~3 粒种子。

8. 确保墒情合理

播种后立即浇水,确保苗全苗齐。

9. 适期间苗定苗

3 叶期间苗,5 叶期定苗,在间苗、定苗时拔除弱苗、白苗、黄苗、病苗、劣苗,留壮苗和生长势一致的苗,缺苗地方可留双株苗,以提高群体整齐度。同时在小喇叭口期、大喇叭口期和抽穗期分3 次拔除弱株。

10. 蹲苗促壮

于拔节前合理控制肥水,促进根系发育。

11. 化学除草

播种后用 40％乙阿合剂，每 667 米^{2}150～200 毫升或 33％二甲戊乐灵(二甲戊乐灵)乳油 100 毫升和都尔乳油 75 毫升，加 30 升水进行喷雾封闭。

12. 合理施肥浇水

除苗期外，玉米各生育期土壤相对湿度降到 60％以下均应及时浇水。在玉米大喇叭口期每 667 米^2 追施三元复合肥(氮：磷：钾为 30：5：5)40 千克，在子粒灌浆期追施尿素 10 千克。

13. 预防粗缩病

(1)及时清除田间、地边、垄沟等处杂草，铲除、破坏灰飞虱栖息、活动场所。

(2)及时防治田间灰飞虱。玉米播后苗前，及时用药防治田间及地边、沟渠杂草上的灰飞虱，用 10％吡虫啉可湿性粉剂或 3％啶虫脒乳油 1 000 倍液喷雾防治，注意喷洒均匀。

(3)在发病初期或玉米 1 叶 1 心期，用 1.5％植病灵乳油 800～1 000 倍液，或 20％病毒 A 可湿性粉剂 500 倍液喷雾，隔 7～10 天再喷 1 次，对控制病情、预防发病有一定效果。

(4)玉米出苗后，结合定苗及时拔除田间病株，集中深埋或烧毁。同时，加强肥水管理。

14. 预防虫害

玉米虫害主要有地老虎、玉米螟、红蜘蛛、蓟马、灰飞虱、蚜虫等。

①对地老虎用 90％晶体敌百虫制成毒饵，于傍晚撒到田间，连撒 2 天。

②玉米螟在大喇叭口期每 667 米² 用 3% 辛硫磷颗粒剂 1 千克掺细沙 7.5 千克,均匀撒于心叶防治。

③防治红蜘蛛可喷施三氯杀螨醇药液。

④蓟马、灰飞虱、蚜虫每 667 米² 可用 10% 吡虫啉乳油 20 克对水 30 升喷雾防治。

15. 预防玉米大小叶斑病和锈病

在小喇叭口期和抽穗前分别用 75% 甲基硫菌灵可湿性粉剂 50 克和 25% 三唑酮可湿性粉剂 100 克对水喷雾防治。

16. 适时收获

在不耽误小麦播种的前提下,玉米应适当晚收,掌握在玉米子粒基部形成黑色层、乳线消失,达到生理成熟时收获为宜,收获后及时晾晒。

(二)东平县玉米高产创建经验

东平县玉米高产创建攻关田安排在沙河站镇董堂村,种植品种为登海 661。攻关田土壤肥沃,农田水利设施完备,农民科学种田水平比较高。2010 年经省内玉米专家实打验收,每 667 米² 产量达到 996.7 千克。其关键栽培技术如下。

1. 地块与品种选择

(1)地块选择 高产地块土层深厚(达到 1.2～1.5 米),已经连续 3 年实行秸秆还田,土壤通透性好,团粒结构好,地势平坦,沟渠配套,灌、排水良好。水源充足,旱时能及时浇灌。地力肥沃,0～20 厘米耕层土壤有机质含量高于 1.32%,速效氮含量高于 80 毫克/千克,速效磷含量高于 25 毫克/千克,速效钾含量高于 100 毫克/千克,具备高产创建的潜力。

(2)品种选择 选用了具有高产潜力的登海661。

2. 精细播种

(1)播前准备

①施肥整地 6月14日小麦收割后,每667米² 施腐熟鸡粪2 000千克、缓释肥100千克(氮、磷、钾含量分别为19%、9%、18%)、25千克磷酸二铵、2.5千克硫酸锌,随后大犁深耕,旋耕2遍,达到土壤细碎,无明暗坷垃,耕层松软,上虚下实。

②种子处理 播前精选种子,所选种子纯度>98%,净度>98%,发芽率>90%,含水率≤13%。然后用5.4%吡·戊玉米种衣剂进行包衣,以控制苗期灰飞虱、蚜虫、粗缩病、丝黑穗病和纹枯病等。

(2)合理增加密度 实行大小行种植,4.5米宽1畦,畦背宽0.5米,畦面宽4米,种8行玉米,大行距0.8米,小行距0.4米,株距0.17米,密度为每667米² 6 973株,实收株数为6 500株。

(3)播种 于6月15日播种,播种深度3~4厘米,每667米² 播种量约3千克。播种方式按计划行距拉线开沟,按株距定点双粒播种,播种后随即浇水。

3. 田间管理措施

(1)合理间定苗 3叶期间苗,5叶期定苗,保留苗高和长势均匀的苗株,确保留苗的整齐度。同时在小喇叭口期、大喇叭口期和抽穗期分3次拔除弱小株。

(2)适时中耕 分别在苗期、小喇叭口期进行中耕,促进根系生长。

(3)平衡施肥和浇水 高产田每生产100千克子粒按施用纯氮2.5~3千克、五氧化二磷1.5千克、氧化钾3千克计算需肥量。针对当前玉米施肥现状,特别注意增施磷、钾肥和微肥,小喇叭口期每

667 米² 分别追施 20 千克磷酸二铵和 25 千克氯化钾。7 月底,叶片喷施硼肥 2 次,以利于结实。同时,每 667 米² 追施 50 千克撒可富玉米专用复合肥(氮磷钾含量分别为 20%、10%、10%),同时灌溉。8 月 10 日每 667 米² 冲施 25 千克尿素。8 月 21 日每 667 米² 冲施 15 千克尿素。通过追施肥料,有效延长了叶片功能期。

(4)病虫草害防治 出苗后,喷施除草剂玉晶和杀虫剂吡虫啉,防治杂草、蚜虫和灰飞虱,预防粗缩病发生危害。小喇叭口和大喇叭口期,用 1.5% 辛硫磷颗粒剂对细沙,按 1∶4 的比例混合,于傍晚撒入心叶,每株 2～2.5 克,防治玉米螟。8 月初喷施苯醚甲环唑防治褐斑病。8 月底用高效氯氰菊酯 1500 倍液喷施果穗,防治穗期玉米螟危害。

(5)人工辅助授粉 8 月上旬,于玉米盛花期上午 10～12 时用绳索拉动植株顶部,进行人工辅助授粉 2～3 次。对吐丝偏晚的雌穗,进行人工采粉辅助授粉。

(6)适时晚收 攻关田于 10 月 13 日收获,采用人工收获方式。收获后,随即进行秸秆还田、施肥整地、播种小麦。

(三)岱岳区夏玉米每 667 米² 产 900 千克栽培技术

1. 精心选地

选择生产条件好、地势平坦、旱能浇涝能排、土层厚、土壤结构良好、土壤肥沃、有机质含量在 1.5% 以上、碱解氮含量 110 毫克/千克、速效磷含量 20 毫克/千克、速效钾含量 100 毫克/千克以上的地块作为攻关田。

2. 合理选种

攻关田要选用株型紧凑、耐密、中大穗型品种,岱岳区采用的攻关品种有登海 661、登海 605、天泰 16 等耐密品种。对所选用的品种严格把好种子质量关。

3. 精心播种

玉米抢茬夏直播有利于提高播种质量，提高玉米生长整齐度。小麦于蜡熟期及时收获。麦收后立即用灭茬机进行灭茬处理，夏玉米播种越早越好，最晚必须在 6 月 19 日前播完。用精播机或开沟器进行播种，用种量每 667 米² 4～5 千克，播种深度为 3～4 厘米，播后浇 1 次蒙头水。

4. 科学运筹肥水

一是重施有机肥、搭配锌硼微肥、突出钾肥。增施有机肥，改变夏玉米不施有机肥的传统。在每 667 米² 施优质腐熟的有机肥 3 000～4 000 千克的基础上，根据土壤养分化验结果实行配方施肥。施肥量按每生产 100 千克子粒施用纯氮 3.2 千克、五氧化二磷 1.5 千克、氧化钾 3.5 千克的用量计算需肥量，加大钾肥的用量，即每 667 米² 施用纯氮 28.8 千克、五氧化二磷 13.5 千克、氧化钾 31.5 千克。同时要注意微肥的施用，每 667 米² 施硫酸锌 1.5 千克、硼砂 0.5 千克。在肥料运筹上，每 667 米² 用 3 千克磷酸二铵作种肥，做到肥种隔离，覆土盖严。轻施苗肥、重施穗肥、补追花粒肥。苗肥在玉米拔节前将氮肥总量的 30%左右加全部磷、钾、硫、锌、硼肥，沿幼苗一侧 20 厘米处开沟深施（沟深 15～20 厘米）。穗肥在玉米大喇叭口期（叶龄指数 55%～60%，第 11～12 片叶展开）追施总氮量的 50%左右，以促穗大粒多。花粒肥在抽穗至开花期追施总氮量的 20%，以提高叶片光合能力，使其活秆成熟，增加粒重。二是按需浇水。玉米一生需水量较多，特别是在大喇叭口至抽雄期是玉米需水的临界期，应及时浇水。自大喇叭口期开始做到玉米田中见湿不见干，遇旱及时浇水。

5. 严格控制群体质量

在确保足够的穗数后,提高穗粒数是关键。群体整齐度是影响总粒数和产量不可忽视的重要因素,因此,生产中不能出现小穗和无效株。提高玉米整齐度的主要途径:

①选用纯度高的良种,确保无杂株。

②提高播种质量,力争一播全苗。

③多下种保全苗。

④良种良法配套多留苗,每 667 米² 留苗 6 000 株,留苗采用大小行调角留苗,分期去弱苗、病苗,大喇叭口期每 667 米² 留苗 5 500~6 000 株。

⑤中耕划锄,严格蹲苗时间。在小喇叭口到大喇叭口期进行浅封沟,肥水猛攻。

6. 综合防治病虫草害

按照"预防为主,综合防治"的原则,优先采用农业防治措施,合理使用化学防治。

(1)杂草防治　播种后墒情好时每 667 米² 喷施 40%乙·阿合剂 200~250 毫升,或 33%二甲戊乐灵(二甲戊乐灵)乳油 100 毫升加 72%都尔乳油 75 毫升加 50 升水进行封闭式喷雾。墒情差时,在玉米幼苗 3~5 叶、杂草 2~5 叶期每 667 米² 喷施 4%玉农乐悬浮剂(烟嘧磺隆)100 毫升。

玉米蓟马、灯蛾、黏虫的防治:用 25%辉丰快克乳油 1 000 倍液或 4.5%高净乳油 40 克对水 30 升,均匀喷雾。

(2)玉米螟的防治　在玉米大喇叭口期,用 3%甲基异柳磷颗粒剂或 3%辛硫磷颗粒剂,每株 1~2 克丢心防治。

(3)叶斑病的防治　发病初期用 20%三唑酮可湿性粉剂 1 000 倍液,或用 75%百菌清可湿性粉剂 600 倍液喷雾防治。

7. 适当晚收

玉米适当晚收是一项不需增加成本的增产措施,高产田比正常大田玉米收获期晚收 15 天左右,每 667 米² 可增产 70 千克左右,增幅在 10％以上。要使玉米完全成熟即子粒乳线基本消失,基部黑层出现时收获。

(四)临邑县玉米每 667 米²
产吨粮高产栽培技术

经有关玉米专家实打验收,临邑县夏玉米高产攻关田连续 3 年每 667 米² 产量突破 1 000 千克。实现夏玉米超高产的有关技术措施如下。

1. 播前准备

(1)基础条件 通过取土化验,临邑县玉米高产攻关田的地力基础为:有机质含量 1.36％,全氮含量 1.1 克/千克,碱解氮含量 88 毫克/千克,速效磷含量 26.5 毫克/千克,速效钾含量 112 毫克/千克。

(2)秸秆还田 培肥地力。小麦收获时适当降低留茬高度,切碎小麦秸秆,然后用旋耕机旋耕 2 遍,耕深 20 厘米左右,将畦面整平耙细。

(3)选用高产品种,进行种子包衣 选用高产、稳产、抗倒性强、抗病的夏玉米品种登海 661、登海 605,种子纯度达 99％以上,发芽率 95％以上,净度达到 98％以上。播前选用高质量的玉米专用种衣剂进行包衣处理,以增强种子活力,防止病虫损害。

2. 播　种

(1)适期足墒播种 在墒情合适的情况下,小麦收获当天播种玉米,即小麦采用联合收割机收获后、玉米采用机械直播一条龙作业。若播种时墒情不好,灌区可在播种后灌溉,尽可能避免先灌溉造墒,以免影响播种机组下地,耽误播种时间。为提高播种质量,2009 年、2010 年高产攻关田采取人工点种。

(2)实行大小行人工点播 攻关田采用人工点播,实行大小行种植。大行距为 80 厘米,小行距为 40 厘米,株距 17～18 厘米,每穴播 2 粒玉米种,错位点种,播量每 667 米²2.5 千克,播深 3～5 厘米。玉米播种后,严密覆土,适当镇压。

3. 田间管理

(1)合理密植,精细管理

①合理增加种植密度 3 叶期间苗,5 叶期定苗,间苗、定苗要留大小一致的苗,以提高群体整齐度。攻关田的定苗密度为每 667 米² 6 260 株。田间及时拔除小弱株,提高群体整齐度,改善群体通风透光条件。

②化学调控 在拔节(第六叶展开)到小喇叭口期,对长势过旺的玉米,合理喷施安全高效的植物生长调节剂(如健壮素、玉黄金等),以防止玉米后期倒伏。长势正常的玉米田不使用植物生长调节剂。

③去雄和辅助授粉 攻关田进行了去雄和辅助授粉。当雄穗抽出而未开花散粉时,隔行(或隔株)去除雄穗,地头 4 米不去。于盛花期人工拉绳带辅助授粉,从而提高结实率,增加穗粒数。

④中耕松土 于苗期和穗期,结合除草和施肥及时中耕 2 次,促幼苗早发、培育壮苗。中耕时适当向根旁壅土,以利于植株茎部发生次生根和气生根,增强植株的抗倒伏能力。

(2)合理施肥及灌溉

①根据目标产量确定施肥量 在肥料运筹上,以轻施苗肥、稳施穗肥、补追花粒肥为原则。攻关田耕地前每 667 米² 施用商品

有机肥 1 000 千克、腐熟的干鸡粪 5 000 千克、纯氮 33 千克、五氧化二磷 16.5 千克、氧化钾 33 千克、硫酸锌 2 千克。

②施肥时期及方法　基肥、苗肥：每 667 米² 施纯氮 9.9 千克，全部有机肥、磷肥、钾肥和锌肥，在旋耕前一次施入。穗肥：在玉米第 11~12 片叶展开（大喇叭口期）每 667 米² 追施纯氮 16.5 千克，以促穗大粒多。花粒肥：在子粒灌浆期每 667 米² 追施纯氮 6.6 千克，以提高叶片光合能力，增粒重。后期根据田间长势每 667 米² 适时补追纯氮 3 千克。所有化学肥料均开沟深施。

③合理灌溉　高产夏玉米各生育时期适宜的土壤相对含水量指标（占田间最大持水量的百分比）分别为：播种期 70%~75%，苗期 60%~75%，拔节期 65%~75%，抽穗期 75%~85%，灌浆期 65%~75%。除苗期外，当各生育时期田间持水量低于以上标准时，应及时酌情灌溉，高于标准时，及时酌情排水，特别是花粒期要保障水分充足供应，遇旱则灌。灌浆期降水量较大，要及时排水，并进行中耕。

(3)病虫草害综合防治

①推行化学除草　在播后芽前，每 667 米² 用 50%乙草胺乳油 100~120 毫升对水 30~50 升喷地面防治杂草。

②化学防治病虫害　播种期用内吸性杀虫剂、杀菌剂进行拌种或包衣，苗枯病、丝黑穗病用 2%立克秀按种子量的 0.2%拌种预防。地下害虫可用 40%甲基异柳磷按种子量的 0.2%拌种防治，可兼治灰飞虱、蚜虫等害虫。苗期主要病虫害有二代黏虫、玉米螟、红蜘蛛、蓟马、灰飞虱等。6 月底用 3%辛硫磷颗粒剂每 667 米² 250 克加细沙 5 千克施于心叶内，防治玉米螟，并可兼治玉米蓟马。穗期是多种病虫害的盛发期，主要有玉米蚜、三代黏虫、叶斑病、茎基腐病、锈病等。防治弯孢菌叶斑病用 50%多菌灵、70%甲基硫菌灵 500 倍液喷雾。大斑病用 40%敌瘟磷、50%多菌灵等药剂 500~800 倍液喷雾。褐斑病发病初期用丙环唑或苯醚甲环

唑等药剂喷雾防治,5～7 天后再喷 1 次。在玉米锈病发病初期,用 20％三唑酮乳油每 667 米² 75～100 毫升喷雾防治。玉米穗虫用 90％敌百克 800 倍液滴灌果穗防治。玉米蚜用 10％吡虫啉每 667 米² 10～15 克对水 45 升喷雾防治。三代黏虫用 50％辛硫磷 1 000 倍液喷雾防治。根据病虫害发生情况,9 月初每 667 米² 用 50％的多菌灵、70％甲基硫菌灵、40％敌瘟磷 500 倍液喷雾防治弯孢菌叶斑病和大斑病。用 20％三唑酮乳油每 667 米² 75 毫升喷雾防治玉米锈病。

4. 适时机械收获

(1)适时晚收 夏玉米在成熟期即子粒乳线基本消失、基部黑层出现时收获。攻关田 10 月 9 日前后收获,收获后及时晾晒。

(2)秸秆还田 实行玉米机械收获,秸秆粉碎还田。采用联合收获机作业。

七十六、甜玉米种植技术

1. 甜玉米栽培技术

(1)合理选择地块 选择耕层深厚、土质肥沃、有机质含量丰富、保水保肥能力强、有排灌条件的中性或弱酸性壤土、沙壤土地块种植。

(2)严格隔离 若采用空间隔离,要与其他玉米品种种植区相隔 300 米以上。若采用时间隔离,应提前或推后特用玉米播期,使其扬花授粉期与大田玉米错开。春播的间隔 30 天,夏播的间隔 20 天,还可用大棚、温室进行隔离,反季节种植,效益更显著。

(3)适时播种,适当密植 春播采用地膜覆盖可提前 10~15 天播种,也可进行育苗移栽,争取早上市。夏玉米抢时间早播,应根据品种熟期和用途不同而确定适宜播期。种植密度可根据土壤肥力程度和品种自身特性来确定,株型紧凑,早熟矮小的品种宜密植;株型平展,晚熟高大的宜稀植。肥水条件应遵循"肥地水分足宜密,瘦地水分不足宜稀"的原则。

(4)加强田间管理 出苗后及时查苗补苗,4~5 叶期间苗,6~7 叶期定苗。抽穗至灌浆期要保证水分供应,及时灌溉。授粉灌浆期叶面喷施磷酸二氢钾溶液。授粉结束后,剪掉全部雄穗。同时,注意防治病虫害,防治方法同普通玉米。黏、甜类型玉米易遭受蚜虫、玉米螟危害,应重点防治。为提高结实率,可进行人工辅助授粉。

(5)施肥与防治病虫害 施肥以氮肥为主,并增施有机肥、磷钾肥。在施足基肥的基础上,春玉米拔节期、灌浆期分别追施速效氮肥,夏玉米大喇叭期重施追肥。主要防治玉米螟、蚜虫。虫量少时,以人工防除为主,采取隔行去雄的办法,能明显减少虫口数量。虫害严重时用菊酯类农药或 Bt 乳剂等生物农药防治,禁用乐果、1605 等高毒农药。

(6)适时收获 在授粉后 20～25 天(乳熟期)收获,不可过晚或过早。最好在早晨和傍晚采收,夜间运输,保持新鲜。

2. 种植甜玉米应注意的问题

特用玉米种植要搞好市场调查分析和预测,根据订单和市场需求,确定种植面积。要瞅准市场,以销定产。在品种的选择上要谨慎选用,在种植新品种时先少引试种,等到品种表现出适宜当地条件时,再扩大种植。

七十七、黑玉米高产 高效种植技术

黑玉米集香、甜、黏、嫩于一身,味美无比,具有高营养、高滋补、高免疫功能,可菜可粮,深受消费者喜爱。黑玉米适宜我国大部分玉米种植区种植。春、夏均可播种,种植技术与普通玉米基本相同,其主要技术如下。

1. 茬口安排与品种选择

确定茬口、选择品种,首先要依据当地气候特点,预计上市时间,其次要依据加工能力与市场需求信息。目前生产上常用的黑玉米品种主要有意大利黑玉米、秘鲁黑玉米、韩国紫金香黑玉米、靠山黑玉米等。

2. 隔离种植

黑玉米和普通玉米要隔离种植,以免串粉,影响品质和着色。一是距离隔离法,种植黑玉米的田块周围350~400米范围内无其他玉米种植。二是时间隔离法,在播种黑玉米前后20天不播种其他玉米品种,错开玉米开花授粉时间,防止串粉。

3. 种子处理

播前进行晒种、温汤浸种和药剂拌种。黑玉米种子小,不饱满,贮存的养分少。在播种前7天左右进行晒种,将种子按大小分开,分别播种,力争出苗一致。为使出苗快而齐,最好用温汤浸种,催芽后播种。可以用0.2%~0.4%磷酸二氢钾溶液浸种12小时,捞出沥干水分,放在温度为 30℃的地方催芽,有 70%～80%种子露白后播种。

4. 精细播种

黑玉米发芽和拱土能力较弱,要选择肥力好、酸碱度适中、灌排方便、底墒足的地块种植。要精细整地,浅播细播,深度一般以 4 厘米为宜。

5. 合理密植

黑玉米的种植密度,要根据品种特性、土壤肥力、播期早晚、种植方式及市场的需求而定。

6. 田间管理

3～4 叶期间苗或移苗补缺,移苗时要带土,栽后即浇水,最好在傍晚或阴天进行。5 叶时每穴定苗 1 株,并结合追肥中耕除草,苗期松土,拔节期至大喇叭口期前培土。合理排灌,苗期土壤水分为田间最大持水量 50%～60%时,可不灌水,拔节以后土壤水分应保持在田间最大持水量的 70%。黑玉米多具分蘖、分枝特性,为保证果穗产量和等级,应及早除蘖打杈,尽量避免损伤主茎及叶片。此外,要分别在拔节期、抽穗扬花期与灌浆期各进行 1 次追肥。

7. 人工授粉

由于黑玉米密度较大,叶片互相荫蔽,授粉不良,易出现稀粒秃顶现象,因此必须在开花期人工采集花粉授到果穗上,边采边授,每天上午 10～11 时进行,连续 3～5 天。

8. 病虫防治

在生长发育阶段会受到各种病虫的危害,在实施农业综合防治措施的基础上,施用相应农药,但应注意不得施用残留量大、残留期长的农药,并且应在上市前 20 天施用,以防食用鲜穗后发生残留农药中毒事件。玉米螟对黑玉米有较大危害,不仅影响产量,同时影响果穗美观和商品等级,应在采用轮作倒茬、清除田间玉米秸秆等综合防治的基础上结合药剂防治,但最好是采用生物制剂防治。每 667 米^2 用 Bt 乳(粉)剂 150~200 克,混拌 10 千克沙子,在黑玉米心叶期施入喇叭口内,每株 2~3 克;或者以每克含孢子 50 亿~100 亿个的白僵菌粉 1 份,拌颗粒 10~20 份,于心叶期施入心叶丛中。株高 30 厘米时,用水胺硫磷叶面喷洒 1 次,拔节期每 667 米^2 用 20% 井冈霉素晶粉 50 克对水 50 升叶面喷洒,防治大小斑病和纹枯病 2 次,间隔 15 天。

9. 适时采收

果穗吐丝后 22~28 天含糖量最高,皮最薄,最适宜采收。过早、过晚收获,都会影响黑玉米的品质和口味。加工出售宜用水蒸气蒸熟,千万不要水煮,以免黑玉米品质下降。

七十八、冬小麦高产高效栽培技术规程

(一)山东粮王谈小麦种植经

初夏时节,山东省临邑县的乡间田野,空气中到处弥漫着麦粒的芳香,预示着丰收的到来。近日,笔者来到该县翟家镇四合社区孙汉服村采访"粮王"孙丰忠的时候,他正在地里为农民传授小麦管理技术。

"每 667 米^2 750 千克,只多不少!"刚一下车,就听到孙丰忠熟悉而又充满自信的声音。

"老孙哥,你今年种的啥品种?""老孙叔,你咋种的?"……群众你一言我一语不断地问老孙。

自从去年夺得"金满田杯"山东粮王大赛冠军以来,孙丰忠家里前来取经的"学生"就没断过。看到慕名而来的"学生们",老孙打开了"话匣子"。

"一定要改变从前大水大肥、多下种多产粮的传统思想,要知道:多种未必多收,优生更要优育,选好良种是关键,种子不好,丰收难保。"老孙句句说到点上,"通过这几年的反复比较,今年俺选择了山农 21 和济麦 22。"

谈起他的"科学种植经",孙丰忠兴奋地介绍:"良种配良法,节种节肥又增产。种植时,使用秸秆还田可以增加土壤有机质含量和蓄水能力,有效减少耕地水分蒸发、促进保墒。在犁地时,根据地力使用配方肥,把辛硫磷和棉饼按比例一起撒入地里,可以一并杀掉金针虫、蝼蛄、蛴螬等害虫。播种可就讲究了,俺采用中国工程院院士余松烈和他的弟子、山东农业大学小麦专家董庆裕教授从上百个小麦种植模式中精选的优质、高产、高效模式——宽幅精量播种,该模式可使种子分散式粒播,扩大了个体占地空间,基本保证无缺苗断垄、无疙瘩苗,克服了传统密集条播子粒拥挤、根少苗弱的状况,有利于根系发达,提高植株的抗寒性、抗逆性。"

"你哄地一时,地哄你一季。态度也很重要,你们得对地'上心',不能稀里马虎。"老孙瞪着眼睛认真地说,"小麦从出苗到拔节期,是营养生长期,主要注意保苗、生根、促棵早发,及时分蘖,促苗早壮,打下丰产架势;小麦拔节期到抽穗期,需水需肥量大,在做好施肥的同时注意浇好拔节水和灌浆水,一般情况不浇麦黄水,以防小麦倒伏。由于去冬今春气候异常,造成小麦返青、拔节、孕穗期比往年延迟,收获期要比常年偏晚,增加了'干热风'和'烂场雨'灾害风险。要及早进行防治,要本着治早、治小、治了原则,等病虫害有了再治,那就造成损失了。"

谈到多年的种粮心得,孙丰忠认为改变传统的种植习惯至关重要,"就拿氮肥后移技术来说吧,能把氮肥利用率提高 10%,单产增加 10%,每 667 米^2 地就能多收入 100 多元,这就是科技的力量。"一说起种地,老孙就兴奋。

采访结束时,老孙给我们算了一笔账:精量播种,每 667 米^2 减少用种 75 千克;一般的优质小麦种子 5 元/千克,每 667 米^2 减少投入 375 元左右;实施测土配方施肥,每 667 米^2 比以前减少用肥量 20 千克,每 667 米^2 减少投入 50 元;统一耕种和浇水,每 667 米^2 均减少投入 10 元;按每 667 米^2 均增产 50 千克计算,增加产值约 100 元。所以,种小麦投入减少了,实际效益增加了约 200 元。

(二)滕州市小麦每667米² 产790千克栽培技术要点

1. 地块与品种选择

(1)地块选择 选择耕层养分较高的地块。经过化验该地块土壤养分含量:有机质1.38%,全氮0.12%,水解氮130.43%,速效磷42.15毫克/千克,速效钾129.5毫克/千克,速效硫16毫克/千克以上。要求沟、路、渠等农田水利基本设施完善,旱能浇、涝能排。

(2)品种选择 选用具有高产潜力的多穗型品种济麦22。

2. 栽培技术

(1)整 地

①整地标准 整地要达到地平如镜,土壤细碎,无明暗坷垃,耕层松软,上虚下实。

②整地方法 利用深耕犁深翻土壤,耕深达到23～25厘米,打破犁底层,随耕随耙,耙细耙透,杜绝用旋耕犁以旋代耕。播前土壤墒情不足时造墒;遭受涝灾时,及时排水散墒。

(2)施 肥

①施肥原则 根据品种特性,土壤肥力,肥料种类和土壤墒情进行科学合理施肥。坚持有机肥与无机肥相结合,基肥与追肥相结合的原则,平衡配方施肥。在氮肥运筹上,实行氮肥后移,巧施拔节肥。

②施肥数量 每667米²施肥总量为:商品生物有机肥2 000千克、小麦配方肥(氮∶磷∶钾=18∶12∶15)80千克、磷酸二铵25千克、硫酸钾25千克、尿素10千克、硼砂1千克、硫酸锌1千克。

③施肥方法 前茬玉米秸秆全部粉碎还田,施足基肥并采用氮

肥后移技术:将全部有机肥,小麦配方肥(氮:磷:钾=18:12:15),硼肥,锌肥作基肥,耕地前均匀撒施地面,随后与玉米秸秆一起耕翻。第二年春季(3月下旬)小麦拔节时每667米²追施磷酸二铵25千克、硫酸钾25千克、尿素10千克。

(3)播 种

①**种子处理** 选用经过提纯复壮的、高质量小麦原种。为预防根腐病、全蚀病、纹枯病等病害,用3‰敌萎丹悬浮种衣剂按种子量的0.4%+2.5%适乐时悬浮种衣剂按种子量的0.2%拌种。预防地下害虫用40%甲基异柳磷按种子量的0.2%拌种。

②**适时播种** 根据当地气候、品种类型、土壤墒情确定适宜播期。我市小麦适宜播期为10月5~15日,最佳播期为10月7~12日;0.67公顷高产攻关田播种期为10月12日。

③**播种量**

确定原则 根据品种特性、计划密度,种子质量,田间出苗率,整地质量,土质和水肥条件,播期的早迟确定具体播种量,以培育健壮的个体和建立合理的群体结构为原则。

播种量 济麦22属多穗型品种,分蘖成穗率高,鲁南播量5~7千克较为适宜。播量的多少直接决定了小麦群体结构是否合理,要严格控制。0.67公顷高产攻关田播种量为7千克/667米²。

④**播种方式** 采用郓城工力机械有限公司生产的2BJK-6型宽幅精播机播种,畦宽3.4米,行距28厘米,播幅宽8厘米,播深3~5厘米,要求不重播,不漏播,播深一致,播行端正,覆土严实。宽播幅,可使子粒入土分散均匀,实现一播全苗,有效避免缺苗断垄现象。出苗后整齐一致,根系发达,个体生长健壮,群体结构合理。

(4)苗期管理 管理目标争取全苗、匀苗、壮苗,促进早发多分蘖。

①**查苗补苗** 冬前对麦苗进行3次查苗补苗,第一次在小麦

出苗后,及时查苗补缺或移密补稀。第二次 3～4 叶期剔除疙瘩苗,补栽于缺苗断垄处。第三次在浇越冬水前进行,做到苗全、苗匀。

②控旺促壮

划锄镇压　11 月 13 日,麦田划锄,破除板结,通气保墒,促进根系和幼苗健壮生长。高产攻关田秸秆还田量大,造成整地质量差,地虚坷垃多,12 月中旬进行镇压,压后浅锄,提墒保墒。

中耕除草　麦苗生长一个月后中耕除草,对旺苗进行深中耕。11 月 18 日每 667 米^2 用巨星 1 克＋猪秧净除草剂 60 毫升对水喷雾,防治麦田杂草。

深耕断根　深耕有断老根、喷新根、深扎根,促进根系发育的作用。12 月 9 日,由于高产田地力较高,肥水充足,为防止旺长,减少无效分蘖,促苗转壮,对麦苗进行深耕断根,耕锄深度 10 厘米,耕后搂平,压实土壤,防止浇冬水后透风冻害。

③防御冻害　12 月 16 日,高产攻关田浇越冬水,平均每 667 米^2 灌溉 60 米^3。这次浇水,增强了小麦冬季抗冻,春季抗旱能力,对小麦春季返青后正常生长发育起到举足轻重的作用。浇冬水的时间应根据天气情况选择,要在日平均温度下降到 3℃～5℃ 且无风的晴天进行冬水浇灌,0℃ 以下的低温或大风天气不能浇水。

④冬前苗情　基本苗 12.4 万株/667 米^2,每 667 米^2 茎数 79.6 万个,单株茎蘖 6.4 个,3 叶以上大蘖 3.2 个,单株次生根 6.8 条。

(5)春季管理

①管理目标　保根护叶,促蘖增穗,促穗保花,壮秆防倒。争取穗大粒多。

②喷施叶面肥　一共喷施 3 次。

第一次在 3 月 10 日,小麦返青起身期、拔节初期时使用;每

667 米² 用 25 克天达 2116 对水 15 升叶面喷施,促麦苗早返青、早分蘖,促进穗分化,增加 2 次生根,加快弱苗的转化升级。

第二次在 4 月 17 日,于小麦拔节中期时使用,每 667 米² 用 25 克天达 2116 对水 15 升喷施,促进个体健壮,壮秆防倒,提高成穗率,减少小花退化,增加粒数,还可以减少"倒春寒"的不利影响。在此时期遇倒春寒天气,要提前几天或在当天,最晚不要超过第二天喷施叶面肥。

第三次在 4 月 27 日,小麦抽穗扬花期使用,每 667 米² 用 25 克天达 2116 加 50 克叶霸对水 15 升叶面喷施,对保花、保根、保叶,防早衰、防后期干热风,增加穗粒数及千粒重有明显的效果。

③**肥水运筹** 返青起身期不追肥、浇水,起身末期或拔节前期根据墒情、苗情进行浇水。分蘖率低的品种,一般在拔节初期浇水施肥;分蘖成穗率高的品种,在拔节初期或中期追肥浇水。滕州市高产攻关田于 3 月 28 日进行追肥,即氮肥后移,每 667 米² 追施尿素 10 千克、磷酸二铵 25 千克、硫酸钾 25 千克。4 月 1 日浇水,每 667 米² 灌水量 40 米³,保证小麦在拔节期生长发育所需养分和水分的充足供应。

孕穗期是小麦需水的临界期,需要浇好孕穗水,若小麦孕穗期墒情较好,可推迟至开花期浇水。

5 月 4 日,每 667 米² 灌水 40 米³。灌浆期需水量大,应根据降水和土壤墒情确定灌水量,不能在高温天气的中午和大风天气灌水。在浇过孕穗水或开花水的基础上,一般不用再浇,要避免浇麦黄水。

④**春季苗情** 每 667 米² 茎数 107.6 万个,单株茎蘖 8.6 个,4 叶以上大蘖 4.9 个,单株次生根 9.1 条。

⑤**产量构成三要素** 2014 年冬季滕州市无有效降水,且寒冷时间长,抑制了部分病虫害的发生,由于冬前浇了越冬水,高产攻关田小麦苗匀、苗壮,安全越冬。2015 年春季回暖慢,春脖子时间

长,小麦的穗分化时间延长;播种基础好,春季麦田管理及时,穗粒数较往年增加。收获前调查产量构成为每 667 米^2 穗数 52.8 万穗,穗粒数 36.2 粒,千粒重(实测)48.6 克,85%折后理论产量为 789.6 千克/667 米^2。

⑥病虫草害防治技术

防治策略 采取"预防为主,综合防治"的植保方针,以保护利用麦田有益生物为重点,协调运用生物、农业、人工、物理措施,辅之以高效低毒、低残留的化学农药进行病虫害综合防治,以达到最大限度降低农药使用量,经济有效地控制病虫危害的目的。

主要防治对象 小麦锈病、小麦白粉病、小麦赤霉病、小麦纹枯病、地下害虫、黏虫、蚜虫、麦蜘蛛和麦田杂草。

防治方法 根据 2014 年病虫草害的发生情况,高产攻关田开展了 4 次病虫害防治工作。11 月 18 日进行化学除草。3 月 18 日,每 667 米^2 用阿维菌素 25 克+三唑酮 50 克对水 30 升喷施,主要防治麦蜘蛛、纹枯病、锈病。5 月 6 日,每 667 米^2 用吡虫啉 20 克+高效氯氰菊酯 30 毫升+三唑酮 50 克对水 30 升喷施,主要防治蚜虫、吸浆虫、白粉病、锈病。

5 月 26 日,每 667 米^2 用吡虫啉 20 克+高效氯氰菊酯 30 毫升+三唑酮 50 克+喷液量 0.5%磷酸二氢钾对水 30 升喷施,主要防治蚜虫、吸浆虫、白粉病、锈病,预防干热风。

⑦适期收获 蜡熟末期或完熟期植株茎秆全部黄色,叶片枯黄、茎秆尚有弹性,子粒颜色接近本品种固有光泽,子粒较为坚硬,此时收获,子粒千粒重最高,营养品质和加工品质最优。6 月 13 日用联合收割机收割,麦秸还田。

七十九、特色黑小麦高产高效栽培技术

(一)种植黑小麦,赚钱增一倍

2010年6月10日中午,烈日当空,广袤的鲁西平原上,金色的麦浪随风起伏。

聊城市东昌府区于集镇李古泉村东南部的田间小路上,走来八九名成年人。当走到一块写有"农业高新技术基地"的牌子前面时,他们停了下来,眼望着旁边的麦田。这片小麦,乍看上去,黄澄澄的,植株的高矮整齐,与其他小麦似乎没有什么两样。

麦田的主人、李古泉村村民李乐文用手一指麦秆,"大伙再仔细瞧瞧,这麦秆黄白色中透出一些黑色。"他用手指掐下一个麦穗,放到两只手掌之间,轻轻搓了一会儿,吹去颖片,呵,麦粒也呈现出黑色来。

"我种的不是普通小麦,而是黑小麦,"李乐文指着前面的麦田说,"眼前这2.33公顷都是。"

这种黑小麦,磨成的面粉所含铁、锌、钙、硒等微量元素都比普通小麦高,十分有益于人体健康,特别是具有抗癌作用的硒元素含量比普通小麦高70%左右;具有提高机体免疫力、防止衰老和心血管疾病等作用的花色苷类谷物天然水溶性色素含量是普通小麦的2~6倍;能够提高和改善机体功能的维生素E和谷物粗纤维则大量存在于其麸皮中。用它的面粉和麸皮做成的食品被誉为保健食品,在市场上很受青睐。

黑小麦的产量、市场价格、种植成本及收入如何?李乐文回答,看长势,这片黑小麦每 667 米² 产 500 千克没问题,按照回收价格每千克 3.6 元计算,每 667 米² 总收入 1 800 元。

然后,他详细算了一笔成本账,今年种植的每 667 米² 黑小麦的投入如下:种子款 240 元,购买施用土壤调理剂 160 元,根据地力施钾肥 40 元,耕地 50 元,播种 10 元,喷除草剂 6 元,浇 2 遍水 20 元,加上收割还需 60 元,合计每 667 米² 大约支出 600 元。每 667 米² 总收入 1 800 元减去支出(不含人工成本)600 元,种植黑小麦纯收入 1 200 元。

种植普通小麦,成本投入与和种植黑小麦差不多。李乐文说,而普通小麦目前的收购价是每千克 2.1 元,按照备产 500 千克计算,每 667 米² 总收入 1 050 元。二者比较,种黑小麦比种普通小麦,管理上没有什么大的不同之处,可每 667 米² 纯收入至少增加 600 多元,前者是后者的 2 倍。

(二)高产高效特色品种黑小麦栽培技术规程

1. 黑小麦开发种植前景广阔

黑小麦是目前科研单位采用不同的育种手段而培育出来的特用型的特质小麦新品种,或称珍稀品种。已推广种植的有漯珍 1 号、黑小麦 1 号、黑小麦 76 号、黑宝石 1 号、黑宝石 2 号等品种。在栽培管理上,黑小麦与普通小麦一样,无需特殊的栽培措施,且黑小麦具有耐晚茬、耐寒抗冻、返青快、分蘖率高、抽穗整齐、抗倒伏、抗病虫害、抗干热风、抗干旱等优点。因黑小麦属弱冬性植物,生产上播种不宜太早,以 10 月 1～20 日期间适当晚播为宜,各地可因地制宜选择播期,不可过早或过晚播种,播种过早,冬前苗旺,冬季易遭冻害,不利麦苗安全越冬;播种过晚,冬前群体分蘖少,导致穗数减少,产量降低。其他管理措施基本同普通小麦,注意后期适当控水,宜在扬花后 10 天左右浇灌浆水,乳熟至收割阶段适当控制浇水,可提高子粒的光泽度和角质率,明显减少"轩胚"现象,提高子粒蛋白质含量,延长面团稳定时间。所以,从产量、品质同步优化考虑,在小麦生育后期应适当控制浇水次数。

黑小麦属于优质专用型小麦,子粒硬质,长圆形,黑色或黑紫色。所含营养丰富,是普通小麦所不能比的,唯有黑小麦得天独厚。据测定:黑小麦子粒中含有丰富的淀粉、脂肪、蛋白质、多种维生素、食物纤维、大量矿质元素和稀有微量元素及 PP 碘。子粒中蛋白质的含量占 17.1%,18 种氨基酸的总含量在 15.2%,高于普通小麦 80%~90%;赖氨酸的含量在 0.4%,高于普通小麦 50%~80%;铁的含量高于普通小麦 81.03%,磷的含量高于普通小麦 80%,钾的含量高于普通小麦 72.4%,钙的含量高于普通小麦 300%~400%;脂溶性的维生素(如 A、E、D、K 类)含量丰富,特别是含有 0.5 毫克/千克的碘和丰富的硒,硒的含量高于普通小麦 200%。钙是人体血浆和骨骼中不可缺少的,可解决人类补钙的世界性难题,特别是对防止妇女和老人的骨质疏松症非常重要。硒是营养性抗癌剂,对人类防癌将起重大作用。我国营养学家称黑小麦为"保健食品",是开展系列营养保健食品(如饮料、酒类)和优良面食(如面条、方便面、馒头、面包、水饺、麦片等)的理想原料。经调查,在北京、上海、石家庄、济南、郑州、广州等一些大城市,用黑小麦做出的食品已悄然上市。在一些超市大酒店、快餐厅,一个黑馒头卖到 2 元钱,黑面条一碗 10 元钱,黑面包一个卖到 8 元钱,而且吃者踊跃,常常出现供不应求的局面。黑小麦面粉的市场收购价也比普通小麦高出 1~2 倍,广东、河南、北京、上海等地作为商品原料的批量收购价格为每千克 4~5 元,种每 667 米² 黑小麦按商品麦出售每 667 米² 效益可达 1 500~2 000 元及以上。黑小麦每 667 米² 产量一般在 400 千克上下,在管理好的情况下每 667 米² 可达 500 千克以上,按良种出售,最低价每千克 10 元折算,每 667 米² 收入可达到 4 000~5 000 元及以上。近年来率先引种种植的示范户已率先致富。山东省鄄城县彭楼乡下岗青年李志引种1.33公顷,所产黑小麦种子7800千克,被当地农民抢购一空,李志获纯效益6.6万元,成为当地远近闻名的"富哥"。

黑小麦的种植已引起国家领导人及地方政府的重视,中央广播电台《今日农村》节目已先后连续播出,《农民日报》、《大众日报》、《农村大众》等报纸已先后报道。农业部原副部长刘培植对黑小麦给予高度评价,要求在全国扩大种植面积。意大利农业专家来我国考察后,提出把黑小麦打入国际市场。国务院前总理李鹏的农业顾问原中国农业科学院副院长卢良恕等专家考察黑小麦后,提出了"要注重进行黑小麦开发利用研究"的指示。国务院前总理朱镕基曾在全国粮食流通会议上提出大力发展特种麦、优质麦的种植。由于黑小麦是一个集高营养、高滋补、高免疫之功能于一身的天然营养型、功能型、效益型的珍稀品种,是小麦家族中的佼佼者,国内外市场一直供不应求,开发种植前景广阔。

2. 黑小麦栽培技术规程

(1)地力要求及施肥 为提高产量和品质,应选择在肥水条件较好的中上等地块种植。耕层养分含量,有机质在12%以上、全氮在0.09%以上、速效磷在25毫克/千克以上、速效钾在90毫克/千克以上。在此条件下,应适当增施有机肥和磷、钾肥,每667米^{2}施优质有机肥5000千克以上,同时基肥一般施速效肥,纯氮9千克、五氧化二磷12千克、氧化钾8千克、硫酸锌1千克。

(2)种衣剂拌种 用专用小麦种衣剂拌种,对黑小麦综合防治病虫害、苗匀、齐、全、壮,夺取高产非常有利。

(3)精细整地,适墒下种 播前深耕、细耙、平整畦面,适墒播种。

(4)适期、精量播种 黑小麦与普通小麦相比,具有年前初冬季节生长较旺、冬后偏弱、分蘖力强等特点,一般要求10月15~

20 日为播种适期,667 米² 播量 6～7 千克,基本苗 10 万～12 万株为宜。

(5)科学管理

①**冬前管理** 出苗后至四叶期进行查苗补种,达到苗匀、齐、全。然后视地墒情况浇冬前水并适量追施化肥。为确保年前生长稳健,进行划锄、镇压、控上促下,年前群体保持在 70 万～80 万株。

②**春季管理** 返青至起身期通过划锄、镇压,达到保墒增温,促大蘖生长,促根系下扎,有效控制无效分蘖的过多生长。拔节期酌情进行肥水管理,促控结合,保持旗叶和倒一二叶的稳健生长。孕穗期是黑小麦需水临界期,确保孕穗水的适时供应。重点防治白粉病。

③**后期管理** 在抽穗、灌浆期,喷施抗衰增产的稀土微肥、光合微肥、磷酸二氢钾、叶面宝等,以延缓叶片衰老,增强光合作用,增加粒重。

该品种穗大粒多,综合丰产性状好,抗逆性强,营养品质优良,应进一步提纯选优,扩大开发应用。

八十、巨野县棉花高产技术

巨野县是山东省第一大植棉县,常年植棉面积在 5.3 万公顷 (80 万亩)以上,2010 年参与了国家农业部棉花高产创建项目,取得了较理想的收成,其中 0.67 公顷(10 亩)高产攻关田平均每 667 米²(1 亩)产皮棉 142.01 千克,666.7 公顷片区平均每 667 米² 产皮棉 104.8 千克。

栽培措施

(1)种植方式 进行棉蒜间作,选用"四一"式种植方式,100 厘米为 1 带,秋季种 4 行大蒜,行距 20 厘米。留套种行 40 厘米,春栽 1 行棉花,收蒜后棉花等行距为 100 厘米,株距 27.8 厘米左右。

(2)选用优良品种 创建田全部使用抗虫棉 1 代杂交种山农圣杂 3 号。

(3)田间管理

①营养钵育苗

苗床准备和制钵 苗床选在棉田地边、无病、背风向阳、土壤肥沃、地势较高、平坦、排灌方便的地方。选用熟化、无枯黄萎病菌的土壤,施足有机肥和氮、磷、钾肥,配制成营养土。选用高 10 厘米、内径 6～7 厘米的制钵器,4 月初将充分湿润的营养土人工打制营养钵,边制边摆,达到床面平整。

播种 选用脱绒包衣种子,在播前 20 天左右选晴天将棉种暴晒 3～5 天。4 月 3 日播种,在湿透营养钵后,每钵播 1 粒种子,覆土 2 厘米厚,覆盖薄膜。

　　苗床管理　高温催苗(棚内温度可达 40℃～45℃)，齐苗(出苗 75%以上)后及时通风炼苗，当子叶平展后，用浓度为 10～15毫克/千克的甲哌鎓(或助壮素)喷雾 1 次。

　　移栽　5 月上旬，棉苗 1～2 片真叶时，在蒜田打穴移栽，移栽后及时浇"安家水"。

　　②苗期管理　移栽后及早查苗，发现缺苗断垄，立即用预先备好的营养钵苗进行移栽。根据虫情测报，搞好棉蚜、棉叶螨、二代棉铃虫等害虫的防治。棉苗病害喷施甲基硫菌灵等杀菌剂 1 000倍液防治。

　　③蕾期管理　当第一果枝明显生出后，及时打掉果枝以下的叶枝，保留全部真叶。7 月 2 日揭膜、中耕，每 667 米^2 追施史丹利复合肥 20 千克，施于地表 10 厘米以下，距棉株 25～30 厘米。每667 米^2 施用甲哌鎓 2 毫升，对水 10～15 升均匀喷洒。

　　④花铃期管理　花铃肥于 7 月 22 日追施，每 667 米^2 施史丹利复合肥 12.5 千克左右。依据虫情，适时选用高效复配药剂防治棉铃虫、盲蝽等。开花盛期喷施钼酸铵。根据棉花长相、土壤温度和天气情况，酌情适时化控。一般初花期每 667 米^2 用甲哌鎓 10毫升，对水 15～25 升，盛花期每 667 米^2 用甲哌鎓 12 毫升，对水40 升，均匀喷洒。打顶心掌握"时到不等枝、枝到看长势"的原则，2010 年在 7 月 15 日前后打顶心、打下 1 叶 1 心。中部果枝碰头时，及时打边心，每 7～10 天打 1 次。

　　⑤后期管理　进入 8 月份以后，每隔 10 天左右，每 667 米^2 用尿素 1 千克，对水 50～75 升，均匀喷于叶面；或每 667 米^2 每次用0.1～0.15 升磷酸二氢钾，对水 35～50 升，喷洒叶面，共喷 3 次。打顶后及时去赘芽，8 月 10 日前后，要全部去掉立秋后新长出的无效蕾。8～9 月份多雨季节要及时排除出间积水，将倒伏棉株及时扶起，并追施盖顶肥。10 月 5 日拔柴，较常年推迟 10 天左右。

八十一、夏大豆直播
高产栽培技术

1. 播前准备

(1)及时整地 小麦收获后及时整地,可旋耕灭茬或用机引圆盘耙灭茬,达到土壤松、碎、平的要求。

(2)施足基肥 结合耕翻整地每 667 米² 施圈肥 2 000 千克左右、磷酸钙 30~40 千克、硫酸钾 10~20 千克。

(3)选择品种 可选择生育期 90~100 天,抗病抗倒,单株生产潜力大,适应性强,种子纯度达 98% 以上的优质高产品种。如99-5、鲁豆 11 号等。

(4)种子处理 利用风选和筛选去掉杂质、破粒和小粒。做好发芽试验,发芽率要达到 95% 以上。用钼酸铵或根瘤菌拌种。

(5)开花结荚期

①追肥 初花期每 667 米² 追尿素 5~8 千克,旺长的不追氮肥。开花结荚期进行叶面喷肥。

②浇水 开花结荚期遇旱应适时灌水。

2. 及时播种

(1)播期 麦收后抢时早播,在 6 月 20 日前播完;要有墒抢播,无墒造墒再播。

(2)播量 每 667 米² 用种量 4 千克左右。

(3)播法 采用楼播或开沟条播,平均行距 40 厘米,播种深度3~3.5 厘米。

3. 田间管理

(1)幼苗分枝期

①查苗补苗　大豆出苗后立即查苗,缺苗时及时点水补种,也可带土移栽。

②间苗定苗　在对生单叶展平时间苗,出现复叶时定苗,每667 米² 留苗 1.6 万～1.9 万株。

③中耕培土　在苗高 7～10 厘米时,进行第一次中耕,在封垄前中耕 2～3 次,苗小时浅锄,封垄前深锄,旺长田可深锄适当伤根,以抑制徒长。分枝后结合中耕进行培土,培土时做到上不压苗,地下少伤根。

④追肥浇水　脱肥地块每 667 米² 追施过磷酸钙 15～20 千克、尿素 10 千克左右。一般地块不追肥,以免徒长。遇严重干旱时小水灌溉。

⑤病虫害防治　重点防治大豆孢囊线虫,播种时每 667 米² 用 3%甲基柳环磷颗粒剂 2～4 千克,进行土壤处理。同时注意防治金龟子、豆秆潜蝇、蚜虫等,可用 40%乐果 800～1 000 倍液喷雾防治。

(2)开花结荚期

①追肥　初花期每 667 米² 追尿素 5～8 千克,旺长的不追氮肥。开花结荚期进行叶面喷肥。

②浇水　开花结荚期土壤水分应保持在田间最大持水量的 80%以上,遇旱及时浇水。

③除草　注意菟丝子防治,用 10%草甘膦 400～500 倍液防治,并注意拔除其他杂草。

④化控　徒长豆田开花结荚期喷洒矮壮素,浓度为0.125%～0.25%。

⑤喷叶肥　在大豆盛花期至结荚期,每 667 米² 用硫酸锌 70

克、硼砂 50 克,加水 50 升进行叶面施肥,最好每隔 10 天左右 1 次。

(3)鼓粒期　浇好鼓粒水,凡有水浇条件的豆田都应浇鼓粒水,土壤含水量保持在田间最大持水量的 70%以上。

(4)适时收获　大豆收获时间是当植株上部只有 2~3 片黄白叶时为最佳。这时植株中营养完全回流到子粒中,收获时子粒饱满,千粒重高。

八十二、谷子高效配套栽培技术

1. 选用优质高产新品种

谷子系短日照喜温作物,对光温条件反应敏感,必须选用适合当地栽培、优质、高产、抗病性强的品种,不能盲目地大量异地引种,可以择优选用山东的济谷系列、河北的冀谷系列、河南的豫谷系列谷子品种中高产、优质、抗逆性强、增产潜力大的谷子品种,如济谷12、济谷14、冀谷19、冀谷21等。

2. 种子处理

播种前10天,于阳光下晒种1~2天,可以有效地提高种子发芽率和发芽势;用40%敌磺钠或萎锈灵粉剂等低毒农药按种子重量的0.7%拌种,可有效的防除种传病害。有条件的要进行种子包衣。

3. 适期播种

春播谷子在土壤10厘米地温稳定在10℃以上就可以播种。但也不宜过早,避免谷子病发病严重。一般在5月中旬开始播种,夏播谷子前茬收获后应抢时播种,越早越好,争取6月中旬前完成,以发挥其丰产潜力。据试验夏播谷子每晚播1天,减产3%。

根据土质的不同,每667米^{2}用种量0.75~1千克。沙土或轻壤土可酌情少播,黏土地应加大播量。

4. 化学除草,减少用工

谷子对多数除草剂敏感,不能盲目施用。播种后可用谷田专用除草剂 44%谷草灵每 667 米^{2}80 克对水 50 升封地,可有效地防除双子叶杂草,控制单子叶杂草,防止草荒。对于抗除草剂谷子品种要严格按照品种说明,使用专用除草剂,如冀谷 25、济谷 15 等都是特异抗除草剂品种。喷施除草剂后要及时将喷雾器冲洗干净,以免对其他作物产生药害。

5. 及时定苗,培育健壮群体

4~5 叶期,要及时定苗,并注意均匀留苗,防止造成苗荒,弱苗,每 667 米^2 留苗 4 万~5 万株。春谷生长期长,有利于个体发育,留苗密度要低些;夏谷生长期短,个体发育不充分,密度要适当加大,在幼苗期结合间定苗进行中耕除草、拔节后,细清垄,进行第二次深中耕,将杂草、病苗、弱苗清除,并高培土。孕穗中期进行第三次浅锄,做到"头遍浅,二遍深,三遍不伤根"。

6. 高产田化控处理

播种后 15~20 天,即拔节期左右,每 667 米^2 喷施浓度为 300~400 毫克/千克多效唑溶液 50 千克,有明显的控秆效果,基部 1~3 节间缩短 10%以上,有利于蹲苗和抗倒,穗长增加 10%以上,产量提高 10%以上。但有机或绿色谷子生产不能喷施植物生长调节剂。

7. 加强肥水管理,发挥丰产潜力

施用有机肥是培肥地力的有效措施,春播谷子要结合整地尽量多施有机肥,夏播谷子因要抢时播种,以追施化肥为主。追肥要区别情况对待。地力瘠薄地块,在拔节至抽穗前最好分 2 次追施氮肥,高肥力地块可在抽穗前一次追施。施肥量根据情况每 667 米² 追施尿素 10～20 千克。孕穗至灌浆期间是谷子产量形成的关键时期,也是对水分最为敏感的时期,要注意浇水,防止干旱。

8. 及时防治病虫害

谷子主要虫害有苗期的地下害虫蝼蛄、金针虫,生长期的黏虫和钻心虫。地下害虫的防治可用 50％辛硫磷乳油按 1 升加 75 千克麦麸(或煮半熟的玉米面)的比例,拌匀后焖 5 小时,晾晒干,播种时施入播种沟内,每 667 米² 施用 3～5 千克。钻心虫的防治在定苗后就要开始用高效、低毒、低残留氨基甲酸酯、有机磷或菊酯类农药,对水常规喷雾。80％敌敌畏乳油 1 000 倍液,或 20％氰戊菊酯乳油 5 000 倍液,黏虫是暴发性虫害,一旦发现要及时防治。可用上述同类药剂防治。

八十三、杂交谷子张杂谷 8 号 高产栽培技术

张杂谷 8 号高产、稳产、优质、省工、高效,米色金黄、米粥清香,适口性好。现将其高产栽培技术介绍如下。

1. 播 种

(1)播期 张杂谷 8 号生育期 90 天左右,在小麦收获后至 6 月 25 日为适宜播期。

(2)播量 每 667 米^2 用种量 0.7~0.8 千克。春播如果墒情差要适当加大播种量。

(3)播种方式 可采取 3 种方式。一是耧播,用独腿耧播种;二是机播,用小麦播种机或玉米播种机调整行距进行播种;三是人工播,先开沟,人工顺沟撒种,然后覆土镇压。

(4)播深 1~3 厘米。

(5)密度 行距 33~40 厘米,株距 6.6~9.9 厘米,每 667 米^2 留苗 2 万~3 万棵。

2. 间苗定苗

谷苗长到 3~5 叶时,要间苗定苗,张杂谷 8 号的幼苗有两种颜色,即黄苗和绿苗。绿苗是杂交苗,间苗时留下;黄苗是自交苗,间苗时要拔除。

3. 中 耕

进入拔节期,要进行深中耕。结合中耕要进行追肥、培土。

4. 肥水运用

拔节期,结合深中耕每 667 米² 追施尿素 5～7.5 千克、磷酸二铵 10～15 千克、钾肥 10～15 千克。抽穗前结合浇水每 667 米² 追施尿素 10～15 千克。进入灌浆期可用浓度为 2% 的尿素溶液喷洒叶面,也可喷施微肥。

5. 防治病虫害

防治钻心虫:在定苗后、拔节期连喷 2 次药,用药时以当地植保部门测报为准。可用有机磷加菊酯类农药喷雾。

张杂谷 8 号的主要病害是穗瘟病。在谷子灌浆期,个别小穗出现白干,这是穗瘟病的主要特征。防治方法:在谷子抽穗后至开花前,用甲基硫菌灵 200～300 倍液喷雾,或用富士 1 号农药每 667 米² 80 毫升喷雾。试用春雷霉素、谷瘟散按使用说明书应用。

八十四、桃树北方品种群特性及修剪要求

桃树的品种繁多,可分为南方品种群和北方品种群两大品系。

1. 两大品系生长结果的不同习性

(1)南方品种群

①如春蕾、雨花露、各种油桃、各种水蜜、沙子早生、仓方早生、春蜜、黄金、青年一号以及原来的五月红、六月仙等早、中熟品种,这些品种均以壮枝(长硬枝、长软枝)坐果率高并结大桃。

②在生长习性上,结果部位极易外移,如果连续缓放,不但产量、品质下降,而且枝组失去结果能力。

③因而,在修剪上对结果枝组应及时回缩复壮并对结果枝普遍适度短截,使其既能长好桃,又能发壮枝,保持连续结果能力,延长结果枝组的寿命。

④从树冠整体来说,顶端优势极强,容易出现前强后弱内膛空的现象。故在盛果期,要用换头、疏枝的方法,严格控制上强和外强。

(2)北方品种群

①如中华寿桃、中华福桃、华葆、肥桃、夏辉、城阳仙、寒露蜜以及各种秋桃等。

②这些品种均以弱枝(短软枝、极短枝、花束状果枝)坐果率高并结大桃,而且结果枝组的寿命较长。如果前一年修剪过重,全树布满强硬枝、长硬枝、长软枝。第二年修剪又普遍短截,则会造成开花满树红彤彤,坐果初期乐丰收,5月新梢旺长时,幼果脱落全

树空。即使坐住几个果,不但桃个小,而且由于枝条加粗和果实膨大,因果把极短而撑掉。

2. 北方品种群的整形与修剪

(1)树形 北方品种群与南方品种群一样,具有喜光性强、顶端优势强的特点。过去普遍整成开心盘状,现在也可整成二层开心形、纺锤开心形等。这两种树形产量较高,但如果控制不当,因光照和顶端优势的原因,容易出现上强下弱内膛空的现象。

①**开心盘状形** 干高 40～60 厘米,培养三个主枝,主枝向外开张 70°～80°,每个主枝两侧各培养一个侧枝,第一侧枝在各主枝的同一侧方,距主干 50～60 厘米,第二侧枝在各主枝的另一侧方,距第一侧枝 40～50 厘米,侧枝向外开张角度 80°左右。即三主六侧开心盘状形的树形。

②**二层开心形** 在开心盘状形的基础上留中心干。距第一层 1.2 米左右培养 2～3 个二层主枝。二层主枝不培养侧枝,向外开张 70°左右,二层主枝以上去头开心。

③**纺锤开心形** 其特点是有主枝、无侧枝、不分层。第一层主枝 3～4 个,距地面 40～60 厘米。距第一层主枝往上 60 厘米,在树冠的北面培养一个主枝(与第一层主枝错开方向),再往上相距 30 厘米并与下层主枝错开方向,螺旋形向上排列。

(2)第一年的整形修剪 这里所讲的是二层开心形的整形方法。开心盘状形与二层开心形第一层主枝相似,其区别是不留中干,只一层主枝。纺锤开心形与二层开心形的区别是:主枝不分层不留侧枝,螺旋形向上排列。

①**定干** 定干的时间,定植后春季萌芽前进行。定干的高度,山坡桃园离地面 60 厘米左右定干,平原桃园离地面 70 厘米左右定干。剪口定于苗木粗壮,芽子饱满部位,剪口下留 7～8 个饱满芽子。

②**6月份夏剪** 6月中下旬,把整形带以下的芽子全部剪除。整形带(顶端20厘米以内)如果一面缺枝,在其芽上重刻芽,促进发枝。同时,把顶端第一芽作为中干培养,如果第二芽与第一芽竞争,可以剪除第二芽。其下面选3～4个(多数3个为宜)方向摆布均匀的枝条作为主枝,多余的枝条全部剪掉。

③**8～9月份拉枝** 山地可于8月中下旬进行,平原地可于9月份进行。把选好的3～4个主枝,通过拉枝向外开张70°～80°(基角、腰角都要开张)。

④**冬季修剪** 第一年冬季修剪,对中干、各主枝延长枝的顶端,剪去顶部晚秋梢的无芽部分(切记不要重短截),剪口芽留向外方。同时,对各主枝距主干50～60厘米的部位,在同一侧方选伸向侧方较壮的二次枝,轻轻剪去顶端晚秋梢无芽部分,剪口芽留向外方,以备培养第一侧枝。

(3)第二、第三年的修剪 这一阶段是完成整形任务、由初果期向盛果期过渡的时期。

①**第二、第三年的夏季修剪** 为达到控制徒长,改善光照的目的,可于6～8月份多次进行。一是剪除中干层间和主枝背上、两侧过密的徒长旺芽。在背上结果枝稀少的部位,对旺芽可留3～5厘米短截促进再发弱枝。二是对中干和各主枝、侧枝顶端,采取疏枝的办法,控制树冠外围和顶端徒长。

②**第二年8～9月份继续拉枝** 主枝向外开张70°～80°,侧枝向外开张80°～90°。

③**第二年冬季修剪** 一是对各主枝的另一侧方距第一侧枝40～50厘米,选择伸向侧方的健壮枝条,轻轻剪去顶端晚秋梢无芽的部分,剪口芽留向外方,培养第二侧枝。二是在中干距第一层主枝1.2米左右的部位,选择2～3个与下层主枝错开方向的健壮枝条,拉枝开张60°～70°,并剪去顶端晚秋梢无芽的部分,剪口下留外芽,培养第二层主枝。三是对第一层主枝、第一侧枝相距中干

顶端采取疏枝的办法控制顶端优势。因树冠间已近交接，树冠高度已超 3 米，对延长枝不再短截。四是对前一年缓放的结果枝，已形成弱枝一串，应根据大中小结果枝组的布局，一律进行回缩。五是对主枝、侧枝背上、两侧和层间距的长枝条，密者疏除，其余的长、中、短枝一律缓放。

④**第三年的冬季修剪** 桃树经过 3 年的整形培养，一般第四年进入高产期。第三年冬季的修剪也可称为定型修剪，重点应以改善光照、控制上强、外强和调整枝组为主。一是对多余的大枝（多余的主枝、侧枝和层间的大枝）过密者疏除，空间大的部位通过回缩改造成大型结果枝组。二是根据主侧枝背上和层间以中、小型枝组为主；两侧大、中、小型枝组间隔；背后以大、中型枝组为主和大型枝组相距 60 厘米左右；中型枝组相距 30 厘米；小型枝组插空间的布局要求，对前 2 年缓放的枝条均已形成弱枝一串，要结合调整结果枝组布局一律进行回缩复壮。对枝组过密而影响光照的疏除小部分细弱枝组。对树冠外围、上部的当年枝条，继续采取一律缓放的办法。

(4)盛果期的修剪 这一阶段的修剪，主要是控制上强和外强，维持好光照条件，及时复壮更新结果枝组，保持树冠内膛结果枝组丰满、紧凑、健壮，达到延长盛果期寿命的目的。

①**历年的冬季修剪** 一是对树冠上部和外围的旺枝条，采取疏除或回缩复壮的办法，严控出现上强和外强现象。二是通过对结果枝组回缩复壮，调整好光照条件。三是利用新枝条先缓放后回缩，培养新的结果枝组。四是利用结果枝基部的壮果枝重短截促发旺枝，以备结果枝组更新。

②**历年的夏季修剪** 一是对树冠外围和顶端的旺芽，于 6～7 月份疏除，达到控制外强和上强的目的。二是对内膛新萌芽加以保护，对过旺者留 3～5 厘米短截，促发较弱新枝，以备培养新的结果枝组。

八十五、果树垂柳式
整枝高产技术

果树垂柳式整枝高产技术,是沂源县燕崖乡西辉村果农王春祯在实践中探索形成的一套全新的果树整形新技术,2007年,创出了每667米² 产苹果13 800千克的全国纪录。下面介绍其优点及技术操作规程。

1. 果树垂柳式整枝的优越性

实践证明,该技术成果有十大优点:

(1)较好地解决了果树生产过程中高产、提高品质、旺树三个不同方面的矛盾要求 果树垂柳式整枝技术与传统果树修剪技术最大的不同在于对果树旺长枝条的处理。传统的修剪办法是将直立旺长的枝条大量剪除,虽然控制了旺长,但也造成了果树大量营养的浪费,而垂柳式整枝,则大量保留旺长枝条,达到一定长度后,将向上生长的枝条向下扭转固定,通过改变生长方向,使其由营养生长转化为生殖生长,并且阻止了旺长。这样既不破坏果树的生长势,又调整了果树的营养分配,使随着剪枝被浪费的大量营养保留下来转向长果,从而大大提高了果实的产量和质量。

(2)简便易学、省工省力 用该技术整形修剪,不用环剥、环割、摘心,只要一次性拿枝、别枝、拉枝,使枝条分布均匀,全树呈垂柳状,一看即懂。该树形体积小,结果面积集中,在疏花、疏果、人工授粉、套袋、摘袋、果实采收等作业中,用工都大大少于其他树形的苹果树。以套袋作业为例,可比传统树形一人一天套袋增加1 000多个。

(3)结果早 利用该技术整枝修剪,新建园 3 年见果,4 年丰产,比主干疏层形和纺锤形提前 1 年结果,提前 4 年进入丰产高峰期。

(4)产量高 新建园用该树形,5 年平均每 667 米^2 产 7 500 千克,8 年后平均每 667 米^2 产 10 000 千克。老树改造后产量成倍增长。王春祯实验地块的红富士苹果,2001 年改形后,连续 5 年每 667 米^2 产量在 10 000 千克左右。2007 年山东电视台挑战吉尼斯节目现场挑战验收,每 667 米^2 产量达到 13 800 千克。

(5)品质好 垂柳式整枝技术充分利用了红富士苹果下垂枝易成花结果和果形端正的特点,在人为控制下苹果所有的结果枝下垂类似垂柳,果实全部着生于下垂的结果枝上呈串珠状。全树内外处处见光,历年全红果均在 85% 以上,优质果比例占 85.6%。所以利用该技术管理,果实个头大、着色好、糖度高、硬度大、果实光洁,实现了高产和优质的统一。

(6)管理方便 该技术使丰产的树成形后呈筒状,树高 3 米左右,冠径 3 米×3 米左右。株与株之间有 1~1.2 米的工作行。修剪、浇水、喷药处处方便,施肥、采收可推着小车自由出入,修剪、套袋、人工授粉等上部作业时放凳子、竖梯子都有适当的位置。

(7)利于防病治虫 主干疏层的纺锤形的树打药时需正反面反复喷打,仍有死角存在。而垂柳式树形,自上而下枝条垂直,排列有序,喷药时无论平喷或是斜喷,叶片果实处处着药,防治效果明显。

(8)抗逆性强 2005 年 7 月 20 日沂源县的垂柳式果园经历了一场大风,邻近的主干疏层形果园都减产 70% 以上,垂柳式树形的果园损失仅有 2%。原因在于下垂的枝条遇风全身摆动,枝动果不动,减缓了对果实的震撼力,故而抗风能力强。2008 年 6 月 19 日,该果园遭遇了一场冰雹,冰雹着伤果只占 5% 左右,而附近其他树形的果树着伤果则达到 20% 以上。着伤果少的原因是该树形呈筒状,结果枝条全部下垂,内外立体结果,外露果比例小,所以冰雹伤果也少。

(9)树势稳定,连年高产稳产　以往的果树修剪办法遵循的是"去强、留中、养弱枝"的要求,这在一定程度上是逆果树的生长趋势操作,导致修剪量大,容易削弱树势;而垂柳式整枝,采取的是"强枝拉、中枝养、清理密挤小枝"的原则,顺应了果树生长的内在要求,使养分得到合理利用。按垂柳式整枝技术管理的树,由于是主枝直接结果枝,所以大枝少,小枝多,有效枝比例大,每 667 米^{2}枝量达 15 万,短枝比占 90％以上,树势非常稳定,为高产稳产奠定了基础。

(10)树形新颖,建观光采摘园极有推广前景　垂柳式树形结果枝条像垂柳,果实成串垂挂于枝上,多则一串十五六个,少则一串七八个,形似珠帘颇有观赏价值,大面积发展,会形成非常诱人的景观。

2. 新建园果树垂柳式整枝高产技术

(1)定植密度　垂柳式树形树冠体积中等,每 667 米^2 枝量虽大,但绝大多数枝条向下垂直,相互不遮挡,利于通风透光,因此,适合建密植园提高产量。定植密度一般以株行距 3 米×4 米为好。

要发挥垂柳式整枝技术的生产潜力,应按高标准建园。为了增加土壤透气性,有利于苗木成活后根系迅速生长,必须挖通壕为定植沟。定植沟宽 1 米、深 80 厘米,以南北向为好。挖沟时应将上层耕作层的土(约 30 厘米)和下层土分放两边,回填时将耕作层的土放在底层,然后铺 20 厘米厚碎秸秆,再每 667 米^2 用腐熟土杂肥 5 000 千克、复合肥 30 千克,与下层土拌匀后回填在上面,及时灌透水沉实。

(2)幼树整形方法　第一年建园定植应选壮苗、大苗。栽植后在 1.2 米处定干。剪口下 20 厘米为整形带,发芽后保留整形带内的芽,整形带以下的芽子全部抹除。最终主干高度为 0.8~1 米。对于不够定干高度的苗子,栽植后可在嫁接部位以上选留壮芽作顶芽,以上部分剪截,待长至定干高度以上后再行定干。发芽后,在整形带内保留顶端壮芽形成中央主干,在其下选择方向相对的两个壮芽培养成第一层的两个主枝。注意:两主枝在主干上的着生点应是邻接而不要对接,以免对主干形成卡脖。当年秋季,培养的第一层两个主枝长至 1 米以上后,将两主枝拉至开张角度 70°左右。年末冬剪时将与主干及主枝竞争的枝条剪除,辅养枝保留。中心干在第一层主枝向上约 1.2 米处剪截,以培养第二层主枝。保留的第一层主枝拉开后不再剪截。

第二年春季发芽前对拉平后的主枝进行刻芽,刻芽的间距为 20 厘米左右。拉平后的主枝刻芽后会生发出大量的旺长枝条,对这些直立生长的新枝,过密的可以疏除,其余任其生长。枝条间隔 20~30 厘米比较合适。至秋季落叶后,这些新枝已经长至 80 厘米以上并且木质化,此时将这些枝条向地面扭弯然后用细绳或铁丝固定,使其最终呈垂柳状。注意:扭拉枝条时不能将其折断。对于第一层主枝前端的延长部分,同样也向下垂直扭弯并固定,使主枝水平部分的长度保持在 1 米左右。经本年生长,上年剪截的主干已开始形成第二层主枝,在顶端的整形带内在保留中心主干的同时选留第二层三个主枝。三主枝呈 120°分布并注意与第一层主枝错开。对这三个主枝也要按照上年第一层主枝的办法拉至 70°。年末冬剪时,对于向上延伸的中央主干在距第二层主枝约 1.2 米的地方再次剪截以培养第三层主枝。

第三年春、秋各按照对第一层主枝的管理办法对第二层主枝进行刻芽和拉枝,按照一二层主枝的办法培养第三层主枝。第三层留四个主枝,呈 90°分布并注意与下层主枝错开。秋季拉平、年末冬剪时不再留中央干,整体树高控制在 3 米左右。

第四年按照一二层主枝的管理办法对第三层主枝刻芽和拉枝。至此,整个树形基本形成。

3. 老果树垂柳式整枝高产技术

(1)老树的改造 利用该技术,可以对原有的主干疏层形或纺锤形果树进行改造。其方法是,逐渐疏除过渡枝,加大树体层间距,进一步逐年疏除侧枝,在主枝上促发、保留长枝,通过缓放后,将这些长枝向地面扭拉形成垂柳树形。改造老树,主要应注意对保留的主枝不要短截,而是要将主枝的前端也向地面呈垂直弯折固定,如此处理后,才会使主枝促发大量背上新枝,便于以后形成垂柳树形。对于结果老树,主枝上的原有结果短枝应全部保留使其继续结果,待下垂的结果枝形成结果能力后,再逐步将主枝上原有的结果短枝疏除。如此处理,可以在树形改造过程中保持原有的果实产量。

(2)枝条的更新 各长果枝被扭拉向地面后,果树的主枝上以及果枝的折弯顶背处会进一步生发出大量的背上枝,对这些背上枝除少量过密的枝条疏除外,其余全部保留缓放生长。特别是果枝折弯顶背处新生发的背上直立枝更应注意保留。保留这些枝条的作用有二:一是可以增加枝叶量,为壮树提供营养生长的条件;二是可以培养成后备的结果枝。下垂利用的结果枝,2～3 年后结果能力下降,此时可将老枝剪除,将附近的后备结果枝向地面垂直弯下,补充空间。以后各年依此法更新处理。

(3)注意事项

①该技术易于掌握,修剪简便,果树成形快,主要采用拿枝、拉枝、别枝等方法,在枝条处理上以缓放为主,很少中截,更严禁环剥。

②采用该树形由于产量高,在施肥、浇水上要比传统树形的果园增加 1 倍。每 667 米² 用腐熟土杂肥 6 000 千克以上,生物有机

肥和化肥 400 千克以上,并注重微量元素的补充。结合施基肥,每年秋天深刨果园,保证封冻水和芽前水浇透浇好。病虫害防治等同于其他正常树形果园。

③对原有的老树形改造要注意树势,老弱病树不宜采用此树形。

④拉枝的时间。枝条下拉的时间,宜在每年的 5～6 月和秋季果树落叶后进行。5～6 月是花芽的分化期,果枝下垂后有利于营养向生殖生长转化,秋季枝条大多已经木质化,柔韧程度高,不易拉折,此时拉枝也利于明年营养向果实转化。扭拉,对枝条的长度也有一定的要求,必须要求枝条达到 0.8 米以上才能垂直下拉。对于达不到长度的枝条,可以缓放任其生长,待达到长度后再下拉。

(4)垂柳式整枝技术的推广应用 实践证明,垂柳式整枝,不仅可以用于苹果树,还同样可以用于一些容易生发旺长枝条的果树,比如甜柿、梨等。目前,各地不少技术人员都在根据背上枝下垂利用的道理改进对其他果树的整形管理技术,垂柳式整枝技术的应用将会越来越广泛。

八十六、甜柿丰产栽培技术要点

1. 建园定植

甜柿对土壤要求不严,但以 pH 值在 5.5～7.5 的沙质土壤为最佳。年均温度 13℃以上为宜。甜柿多数品种仅有雌花,但能单性结实,若配栽授粉品种,更利于生产。主栽品种应选择市场适销、果型大、外观漂亮、果肉松脆、无种子或种子少、风味好的优质完全甜柿品种,栽培以中晚熟品种为主,为增加花色品种和提高坐果率,可适量种植早熟品种,配置比例可按 8∶1,苗木定植时间在每年 10 月至翌年 3 月均可。定植密度以每 667 米^2 栽 111 株(3 米×2 米)为宜。

2. 土肥水管理

甜柿耐湿性强,耐旱力弱,土壤过旱则生长不良;一般土壤含水量 30％～40％时,枝梢生长最好。幼树(密植园定植后 1～2 年)施肥以氮肥为主,配施磷、钾,采用薄施勤施的方法;由于甜柿产量高,成年果园(密植园第三年以后)需肥量较大,一般于发芽前、果实膨大期和花芽生理分化期追肥,10 月底施用基肥;同时加强叶面施肥。

3. 花果管理

甜柿应加强人工授粉,通过授粉既可提高坐果率,又可防止生理落果。同时通过疏花疏果,确定合理负载量,既可减少树体养分消耗,使留下的柿果长大,又能促使花芽分化,保证翌年产量。

4. 树体调控

密植甜柿园整形以小冠疏散分层形为主,若采用 3 米×2 米或 2 米×1.5 米的密度也可采用自然开心形。生长期修剪在 4～8 月进行,主要采用抹芽、扭梢、摘心等技术,选留合适的主侧枝、结果枝,以及调整枝梢等,以促进早成花、早成形、丰产、稳产。休眠期主要培养树体结构,保持完整树形,控制树高和树冠,使树体通风透光,并对老弱小枝、病枯枝等全部疏除。对徒长枝根据情况或疏除或拉枝或短剪。对结果母枝宜选粗壮、长短一致且在树冠内分布均匀的加以保留。并适时轮换更新,以保持旺盛的结果能力。对伸向株间和行间的枝条,在后期应适当回缩,使株间不要过多交叉,行间保持 50 厘米的通道。

5. 病虫害防治

甜柿病虫害较少,通过合理修剪,使树体通风透光,降低果园湿度,以减轻发病;同时注意加强柿炭疽病、柿蒂虫、蚧类害虫的防治。

八十七、"万箭穿身"改接老劣大果树技术

老劣果树及大树改接,是劣种换优的一条捷径。但传统的高接换头方法,由于嫁接的方法欠妥,在嫁接后的第二年,常常导致树上与树下生长不平衡而死树。山东省林业局专家对传统高接技术进行了改良,取得十分显著效果,改接后的果树可以 1 年成形,2 年丰产,已广泛应用于苹果、梨、核桃等经济林树种的高接换优,同时,经技术人员多年实践创新,目前大多数果树品种均可采用该方法改接。技术要点如下。

1. 嫁接时期

一般在初春树液流动皮层易离体时最为理想。形成层组织的愈合以月平均气温 22℃～26℃、相对湿度 70%～80% 时最好。刚下过雨或气温过低过高都不宜进行嫁接。

2. 接穗的选取

改接的品种,应是有市场容量的优良品种;采取接穗的母树应是树势强健、丰产质优无病虫害的中年树;选用 1 年生中等粗细、芽体肥大的枝条,最好是在冬季或早春采集接穗,入窖低温贮存,至嫁接时取出。

3. 嫁接方法

①在截好的大树树干或主枝侧面上,选取光滑处,按照一次形成丰产树冠的要求,一般距窝 20 厘米一个接穗的要求,先用扁铲

横凿一铲,再在这一铲上 2 厘米处用扁铲切下到横凿出,把这一块树皮取下,以利接穗与砧木紧密衔接。而后在横凿一铲处,按照接穗的长短用扁铲从上向下直切一刀比接穗稍长一些,要求切口平直。

②在接穗基部 3 厘米处向下斜削,由浅入深,斜面要求平,将大斜面的背面尖端两侧各削成 0.5～1 厘米小斜面,长 2 厘米左右为宜。最后在芽的上边 0.5 厘米处直切一刀,切断接穗;形成单芽接穗。

③右手拿住削好接穗插入砧木切口中,下端抵紧砧木口底部,接穗与砧木的两个削面的形成层对准贴紧,然后用塑料布把嫁接部位全部包扎严实。一般 10 年生树 30～50 个芽才行。

4. 接后管理

①抹芽。嫁接后砧木上常萌发很多萌芽(蘖),应及时抹除,以利接芽成活和正常生长。抹芽应及早多次抹除,以防造成大量养分损耗,影响接芽生长,切记不能揭开绑缚的塑料布,芽子会穿破塑料布自行长出,否则会揭开一个芽死掉一个芽。

②接芽成活进入旺盛生长期,需大量的营养物质,必须加强肥水供给,结合病虫害防治进行叶面喷肥,并视土壤墒情适时灌水。

八十八、番茄、西葫芦、芸豆周年
高产高效种植技术

长货架日光温室番茄、西葫芦、芸豆立体种植模式,茬口安排合理,提高了复种指数和经济效益,具有广阔的推广价值。目前,该模式在山东省莒县已示范推广 200 公顷,每 667 米² 产番茄9 000 千克,收入 1.8 万元;产西葫芦 2 500 千克,收入 5 000 元;产芸豆 2 500 千克,收入 8 000 元,全年共收入 3.1 万元。

1. 种植规格

1.8 米为一种植带。番茄 8 月定植到日光温室内,11 月下旬开始收获,翌年 2 月下旬番茄收获完毕。12 月上旬,西葫芦开始播种育苗,翌年 1 月上旬套种到番茄垄外侧,小行距 80 厘米。西葫芦 2 月下旬开始收获,5 月上旬收获完毕。套种西葫芦后,番茄主蔓果实大部分收完,为减少番茄叶片对下部西葫芦、芸豆的遮阴,番茄上部留 5 片复叶用于制造营养物质。芸豆 12 月上旬播种育苗,翌年 1 月上旬在 2 行西葫芦中间间作两行芸豆,3 月中旬开始收获芸豆,6 月收获完毕。

2. 搭配品种

番茄选用商品性状好、产量高的美国品种好韦斯特,西葫芦选用早青一代、花叶西葫芦,芸豆选用抗逆性强、产量高的九粒白、老来少。

3. 定植前准备

(1)耕翻施肥 深耕 30 厘米,结合耕翻每 667 米² 施充分腐熟的优质农家肥 6 000 千克、三元复合肥 100 千克,并整平耙细。禁用硝态氮肥及含硝态氮的复合肥。

(2)棚室消毒 定植前 10 天盖棚膜,每 667 米² 日光温室用 80%敌敌畏乳油 250 克拌上锯末,与 3 千克硫磺粉混合,分 10 处点燃,密闭一昼夜,放风后无味时定植。大棚放风口处加盖防虫网。

4. 番茄管理

(1)定植 种植带 1.8 米,分大小行定植,大行距 1 米、小行距 0.8 米,株距 0.37 米。每株番茄主茎留 7 穗果打顶,每穗果留大小一致的果 5 个。番茄主茎打顶后,在第六穗果到第七穗果之间选留 1 个健壮侧蔓,再在侧蔓上留 4 穗果打顶。

(2)定植后管理

①**温湿调控** 缓苗期温度,保持白天 25℃~28℃,夜间不低于 15℃;开花坐果期,白天 20℃~25℃,夜间高于 10℃;结果期,8~17 时温度 22℃~26℃,17~22 时温度 13℃~15℃,22~8 时(第二天)温度 7℃~13℃。各生育期相对湿度为:缓苗期 80%~90%,开花坐果期 60%~70%,结果期 50%~60%。

②**肥水管理** 采用膜下滴灌或膜下暗灌。定植后 3~5 天浇缓苗水,第四穗果坐稳后结合浇水追第一次肥,每 667 米² 随水追三元复合肥 15 千克、硫酸钾 10 千克、尿素 5 千克,以后根据番茄市场价格确定追肥的数量和次数,番茄市场价格高时多追肥、勤追肥。

③**保花保果** 每株番茄留 7 穗果打顶,在每穗花序 5 朵花同时开放时,及时用 20~30 毫克/千克的防落素喷花,每穗花序留 5 个果。

(3)病虫害防治

①**灰霉病** 用 50%腐霉利可湿性粉剂 600 倍液防治,病毒

病,用20%盐酸吗啉胍·铜500倍液喷雾防治。

②蚜虫　用50%抗蚜威可湿性粉剂4 000倍液喷杀。

5. 西葫芦管理

(1)育　苗

①营养土配制　选肥沃土7份与充分腐熟的捣碎有机肥3份,混合均匀后过筛,装入营养钵中。

②播种　将种子用55℃温开水烫种,并不断搅拌,水温降到30℃以下时,浸种8小时,用干净湿布包裹,在25℃～28℃条件下催芽,待70%的种子露白时播种。选晴天上午播种,播种时,营养钵内浇透底水,中央放一粒种子,种子平放且芽尖朝下,盖1～1.5厘米厚的细土。为防治病虫害,盖土后喷50%多菌灵可湿性粉剂500倍液。

③苗期管理　苗期干旱浇小水,一般不施肥,长到3～4片真叶,叶大而肥厚,现蕾时即可定植。

(2)定植　1月上旬,在番茄垄的外侧套种2行西葫芦,西葫芦小行距80厘米、穴距45厘米。定植时浇足定植水,开穴后,将苗带营养土放入穴内,然后穴内浇水,水渗下后覆土整平。

(3)定植后管理

①定植到结瓜前期　大棚放风口处覆盖防虫网防虫。定植到缓苗前不通风,保持白天温度25℃～30℃,夜间15℃～20℃;缓苗后白天温度22℃～25℃,夜间温度不低于10℃,草苫早揭晚盖。前期控制浇水,当第一个瓜长到6～10厘米时,结合浇水追催瓜肥。为提高坐瓜率,可采用人工辅助授粉防止落瓜。

②具体方法　上午9～10时,用当天开放的雄花轻涂在开放雌花的雌蕊柱头上,还用20～25毫克/千克的2,4-D涂抹初开的雌花花柄。

③结瓜期管理　第一个瓜应早收,以免坠秧,影响西葫芦的生

长。结瓜期保持白天温度 25℃～30℃,夜间 15℃～20℃。及时摘除老叶和侧芽。肥水管理要本着看天、看地、看植株的原则。一般每采收一茬瓜,浇一次水,并适量冲施肥,最好冲含腐殖酸复合肥。

(4)采收 西葫芦以嫩瓜出售为主。采收初期,当嫩瓜长到 250 克时采收,采收过晚会出现坠秧现象,影响植株的生长和坐果,降低产量,尤其长势弱的植株,更要适时早收。结瓜盛期,西葫芦长到 350～500 克时采收。

(5)病虫害防治

①**病毒病** 用 20% 病毒 A 500 倍液或 83 增抗剂 100 倍液防治,应交叉使用。

②**白粉病** 用 15% 三唑酮可湿性粉剂 1 500 倍液或 2% 阿司米星水剂 200 倍液喷雾防治。

6. 芸豆管理

(1)育 苗

①**播种** 将配好的营养土装入营养钵中,浇足底水后点播已催好芽的种子,每穴 2 粒,盖土 2 厘米厚,摆入苗床,并盖严薄膜保温保湿,待 70% 幼苗出土时揭去薄膜。

②**苗期管理** 出苗前不通风,保持白天气温 22℃～28℃,夜间不低于 15℃;齐苗后适当通风,白天温度 18℃～20℃,夜间 12℃～15℃;真叶展平后白天温度 20℃～25℃,夜间 15℃～20℃。定植前 7 天开始低温炼苗,白天温度 18℃～20℃,夜间 10℃～15℃,定植前每天浇 1 次水。

③**定植** 1 月上旬,选晴暖天气,在番茄大行内套种 2 行芸豆。芸豆小行距 60 厘米、穴距 25 厘米,每穴 2～3 株。定植时先开沟浇水,定植覆土后盖地膜。

④**定植后管理**

幼苗期 适当控制浇水,保持白天 20℃～25℃,夜间 12℃～

15℃,超过 28℃时及时通风。

抽蔓期 此期若不旱不需浇水,可蹲苗到坐荚后浇水。接近开花期,须停止浇水。茎蔓抽出 30 厘米时,适时吊蔓。

开花结荚期 此期是对温度、光照的敏感期。保持白天温度 23℃～26℃,夜间 15℃～18℃。当嫩荚 3～4 厘米时开始浇水,结合浇水,每 667 米^2 冲施速效复合肥 10～15 千克。之后每采收 1 次,追施 1 次速效肥,数量以每 667 米^2 15 千克为宜。

⑤收获 当芸豆种子刚开始膨大时为采收适期。采收过早,影响产量,采收过晚,嫩荚变硬变老,影响品质。

⑥病虫害防治

炭疽病 发病初期用 75％百菌清可湿性粉剂 600 倍液喷雾防治。

锈病 用 20％三唑酮可湿性粉剂 1 000 倍液防治。

灰霉病 用 50％腐霉利 800 倍液喷雾防治。

蚜虫 用 50％抗蚜威 4 000 倍液喷杀。

八十九、葡萄高产高效栽培技术

(一)建个名优葡萄园,两年就可赚大钱

葡萄,是高产高效果树之一,只要品种优良,科学管理,1年建园,2年即进入丰产期,收回固定资产投入3倍以上,全部投入的2倍以上。项目可大可小,66.7公顷(千亩)、6.67公顷(百亩)、0.67公顷(十亩)均可。

(二)葡萄品种的选用

在选用品种时要有针对性,不要盲目跟风,多方面了解所选用品种的特性,基本原则是三看:

1. 看地区

即适合种植的区域。葡萄最理想的种植区域是北纬38°~42°,在这个地区一般的葡萄品种都能适应,而南方地区就要选择比较抗病的品种。

2. 看技术含量

技术比较好的人可选择市场售价高但相对管理难度大的高档品种。如红提、美人指、无核葡萄等。而技术条件不够好的人应选择抗病性强、易管理的品种。

3. 看销售渠道

如果是有规模、有目的的外销,到大城市销售或进超市,那必

须选择耐运输、耐贮存的高档品种；如果是到附近的集市上出售，那必须选择果粒大、外观好、口感好的品种。

4. 当前生产上的主栽品种和搭配品种

(1)极早熟品种 一般葡萄在平度大泽山农科园艺场 4 月 7 日发芽，5 月 20 日开花。我们对极早熟葡萄的定义是指 7 月 10 日以前成熟采收的葡萄品种。目前主要有农科 1 号、2 号、3 号、6-12、628、大粒 6 月紫等。如果搞保护地栽培，重点推荐 6-12，该品种大粒、丰产、口感好，但遇雨易裂果，露天种植不太好。露天种植则应选择农科 1 号、2 号、3 号和 628 等。

(2)早熟品种 早熟葡萄是指在平度市大泽山农科园艺场 7 月 10～25 日成熟的葡萄品种。这一阶段品种较多，欧亚种有四倍玫瑰香、维多利亚、奥古斯特、京秀、红双味、早黑宝、矢富罗莎、巨星、贵妃玫瑰、黑香蕉、乍娜、香妃、纠玉霓、凤凰 51 号、京玉等；欧美种有黑蜜、京亚、紫珍香等。在这里，我们重点推荐四倍玫瑰香、维多利亚、贵妃玫瑰、黑蜜等特点突出的优良品种。

(3)中熟品种 中熟葡萄是指从 7 月 25 日至 8 月 31 日这一个多月时间成熟的葡萄品种。如果严格的划分，里面也包括一些中早熟和中晚熟品种。这个期间成熟的葡萄仍是巨峰的天下。其他品种有巨玫瑰、藤稔、前锋、京优、玫瑰香、黑瑰香、里查马特、优选皮奥奈等。从以后发展的眼光看，我们重点推荐巨玫瑰这个品种。

(4)晚熟品种 晚熟葡萄是指 9 月 1 日以后成熟的葡萄。主要品种有红提、黑提、美人指、黄金指、黑玫瑰、高妻、红高、红意大利、泽香、达米娜、峰后、饭钢黑、新浓笑等。由于生长期长，养分积累多，所以晚熟品种品质较好。其中红提、美人指、黄金指等高档品种，抗病性较差，对园艺技术要求比较高，精细管理可出高效益；高妻、峰后、饭钢黑、新浓笑等属欧美杂交种，管理省工，品质好。

还应引起大家重视的是达米娜,该品种不但粒大品质好,而且是纯玫瑰香型的。

(5)无核葡萄 根据多年的观察,早熟品种重点推荐奥迪亚、安艺、8611、金星无核等;中熟品种重点推荐青提、黄提、莫里莎等;晚熟品种重点推荐皇家秋天、克里森等。

九十、杏树高产高效栽培技术

（一）杏树栽培技术要点

1. 露地栽培技术要点

（1）建园与土肥管理　杏树抗干旱、耐贫瘠，但抗涝性最差，因此，在山东省北四区（德州、聊城、菏泽及滨州）、河南及河北省等平原区建杏园，要挖好排水沟，雨季要及时排水，否则会造成死树，轻则出现落叶、流胶病等现象。在土壤过于黏重排水不良的地块尽量不要栽植杏树，或经改良后（土壤中拌草拌沙）再建杏园。

杏树开花早，易遭晚霜（倒春寒、寒流）危害。在山区、丘陵地区建杏园，应选择东西走向的山沟（山谷）的向阳坡中部；南北走向的山沟（山谷）及一些低凹地带，不要建园。在降雨比较多的山区、丘陵地区建杏园，定植穴间要挖好排水道，以防止发生"内涝"；在降雨较少而蒸发量较大的地区建杏园，应采取一些节水（滴灌、穴贮肥水）及保水（覆膜覆草）措施，以保证定植成活率及以后的优质高产。

（2）整形修剪　杏树和桃树一样，喜光性很强，在整形修剪时要冬夏结合，四季修剪，特别注意要夏季修剪。如果不及时进行夏季修剪，冬季一次"算总账"，桃树上很难成花，杏树虽能成花，但大多数为无效花（败育花），仅开花而不坐果。因此，红丰及新世纪杏的整形修剪，要注意以下几点：

①按小冠疏层形成或纺锤形整枝，树冠高度控制在 3.5～4 米左右。

②及时摘心(新梢 20～30 厘米时)及时开张角度,夏季(5～8月份)及时清理背上枝,疏除、扭枝或重短截,培养结果枝组。如果背上枝不及时处理,既影响光照,又竞争营养,造成营养生长过剩,最终导致着生背上枝的母枝虽能成花,但形成较多的无效花。

③冬季修剪宜早不宜迟,红丰及新世纪杏的冬季修剪应在落叶后及时进行,其修剪手法与南方桃品种群基本一致。对于已成花的长、中、短果枝均要进行短截或回缩修剪,过弱的果枝可以疏除,特别对于成花能力强的新世纪杏,更应做到枝枝修剪,以便集中有限的营养,提高坐果率。

2. 大棚栽培技术要点

总的看来,杏大棚栽培难度较大,栽培的成功率明显低于桃树,这主要受杏品种需冷量、自花结实能力及败育花比率高等因素的制约。从近几年红丰及新世纪杏大棚栽培的实践来看,广大果农应注意以下几点:

①红丰及新世纪杏在春暖或改良春暖棚(加盖保温材料的大拱棚)内坐果率高而稳定,效益好。

②利用 2～6 年生的桃树多头改接新世纪或红丰杏,有利于更多有效花的形成,棚内坐果率高;在露地亦有同样表现。

③要认真进行控长促花,及时清理内膛旺条及背上枝(5～8月份),并按照上述露地修剪方法进行冬季修剪。

④扣棚升温时间不宜过早,冬暖棚一般在阳历 1 月上旬,而春暖棚在 2 月上旬。

⑤新世纪扣棚后即进行疏花,可疏除总花量的 1/3～1/2,同时依次用 5％、4％、3％、2％、1％的尿素喷干枝,每 7 天 1 次,以提高坐果率。

⑥以红丰及新世纪杏为主栽品种,应配置金太阳、凯特杏等品种授粉树,以保证坐果率。

(二)杏树花期预防冻害的技术措施

杏树花期较早(3月下旬)易遭寒潮和晚霜危害,严重影响杏的产量,也给果农带来了经济上的损失,为了避免花期受霜冻危害这一难题,我们先后采用多种方法实验对比,摸索出了杏树花期预防倒春寒、冻害的技术措施,效果显著,达 85% 以上,具体总结如下。

1. 果园选址

①选择春季温度上升较晚的地方建立果园。

②应选背风向阳或半阴坡的斜坡上部和顶部建园,不要在谷底、盆地、槽地建杏园,这些地方容易集结冷空气,霜害严重。

2. 品种选择

根据生产需求,尽量栽培耐寒力强及开花晚的品种。

3. 合理配置授粉品种

授粉树与主栽树比例为 1∶4～5,要求每个果园主栽品种成熟期宜一致,不宜超过 3 个,最好与授粉树互为授粉。

4. 加强土肥水管理

以增强树势,提高杏树枝体对外界环境的抗寒力。秋季深翻果园,并施入腐熟农家肥,深度一般以 50～70 厘米为宜,杏树一般株施农家肥 30～100 千克、复合肥 2～2.5 千克。采取旺树不施或少施化肥多施有机肥,幼树、衰树及结果期多施的原则进行。同时进行根外追肥,通常情况下,每年 2 次,分别是果实生长期 1 次和采果后 1 次。常用喷肥 200 倍液鱼蛋白液态有机肥＋磷酸二氢钾 0.4%。

5. 加强病虫害防治工作

合理施用传统环保农药及生物防治法,减轻病虫危害。保护好叶片,增强树体有机营养水平,增加完全花的比例。

6. 具体防霜技术

(1)灌水法 开花前、花期、幼果期在霜冻来临前,对果园进行浇透水,增加空气湿度,提高露点温度,可降低地面辐射,从而降低霜冻危害程度。浇水又能使土温降低,可推迟开花期3～5天,避开霜冻的危害。无条件灌溉的果园,可采用树体喷水的方法进行。

(2)树干涂白 冬季对树干涂白,部位可达主枝上中部,可延迟开花期3～5天。效果良好。配方是:1千克熟石灰加1千克黏土加0.2千克食盐,加入适量水充分搅拌成浆液,还可加入适量杀虫杀菌剂防治越冬虫害。

(3)熏烟法 熏烟法是我国古老的防霜方法,目前仍在广泛应用。该方法以天气预报为根据,当夜间气温降到2℃时,开始点燃事先备好的发烟堆。烟雾可减轻地面热的散发,使烟粒吸收水汽,水汽凝成液体并放出热量提高温度,减轻霜害。每667米^{2}设置发烟堆5～7个,以烟雾能覆盖全园为度,每堆大约用杂草秸秆35千克左右,可放烟3～5小时。发烟堆是由作物秸秆、落叶、杂草等堆成。熏烟防霜的关键在于掌握霜冻发生的准确时间,应以当地气象预报为根据。霜冻多发生在凌晨3～5时,当地果农往往根据经验来判断的,早春一旦天气变冷夜间12时后温度降到2℃时,就开始点燃发烟堆。预防效果良好。

(4)药物控制推迟花期 霜冻前(可参考当地天气预报),根外喷施100倍鱼蛋白有机肥溶液,有效的预防春季低温的危害。据调查,霜冻前10天喷施100倍鱼蛋白有机肥液,花期遇到-3℃低温时,好花率可达到70%～80%,比对照高50%～60%。该产品含有大量的不饱和脂肪酸,喷到植物体上,可以保护植物体,使植物体只有在更低的温度下才能结冰,因而一般的温度对植物体不会构成很大的伤害。同时本产品又含有较多的脯氨酸,脯氨酸可以较好地维护细胞稳定性,即使作物受到轻微的冻害,也不会使细胞膜受到破坏,因而大大增强了作物的抗寒能力。

为提高产量,在谢花后、幼果期、果实膨大期,连续喷施200倍鱼蛋白有机肥液,可有效地增加坐果率,提高单果重,增加产量,改善品质,效果神奇。总之,在土肥水管理的基础上,灵活运用防霜技术,减轻或避免霜冻危害,夺取丰产丰收。

(三)金太阳杏高效栽培技术

近几年,科研部门不断从国外引进新品种进行试验推广,如金太阳、凯特杏、玛瑙杏等,受到农民欢迎。为帮助农民更好地掌握金太阳杏的栽培管理技术,我们特组织了金太阳杏高效栽培技术专刊,供果农参考,以期获得更大经济效益。

1. 生物学特性

金太阳杏是山东省果树所1993年从美国引进的早熟优质杏新品种。其主要特性如下。

(1)物候期 花期早,在泰安盛花期3月25日前后,果实5月中旬开始变色,5月下旬成熟,发育期约60天。果实成熟期比凯特杏早熟约15天,比玛瑙杏早20天,属早熟杏。

(2)生长结果习性 生长势中庸,树姿开张,树体较矮,幼龄树枝条1年中可有春梢、夏梢,秋梢三次生长,成龄树一般只有春梢生长。萌芽率中等,成枝力强,以中、长果枝结果为主,占果枝总量的80%,发育完全,退化花比例少,自花结实力强,自然结果率为26.8%。

(3)果实经济性状 果实较大:平均单果重66.9克,最大果重

87.5 克,近圆球形,果顶平,缝合线浅平,两半部对称。果面底色金黄,阳面着红晕,果肉黄色,肉厚 1.46 厘米,可食率为 96.8%,离核。肉质细嫩,纤维少,汁液较多,有香气,品质上等。完熟时可溶性固形物 14.7%,总糖 13.1%,总酸 1.1%,风味甜,抗裂果,耐贮存,常温下可存放 5~7 天。

(4)经济产量　早期丰产性好,一般 2 年生株产 2 千克以上,3 年生株产 10 千克以上,4 年生株产 40 千克左右。

2. 定植方法

(1)株行距　金太阳树势中庸,可适当密植。建议大田栽植为:平原地区株行距 3 米×5 米,每 667 米² 44 株,或 3 米×4 米,每 667 米² 55 株;在丘陵山区宜 2 米×4 米,每 667 米² 83 株,或 3 米×4 米;保护地栽植株行距为 1 米×2 米,每 667 米² 330 株,或 0.8 米×2 米,每 667 米² 416 株。

(2)授粉树配置　金太阳在配置授粉树的情况下丰产效果更佳。授粉树要选择花期一致的品种,授粉品种与主栽品种之比不少于 1∶8。

(3)定植　大田栽培定植时挖长、宽各 80 厘米、深 60 厘米的定植穴。保护地栽培挖宽 80 厘米、深 60 厘米的定植沟。挖穴(沟)时要把生、熟土分开。每株深施有机肥 20 千克。回填时先填熟土,后填生土,并注意肥料与定植带间隔 15 厘米,以免根系接触肥料引起烧根现象。

3. 整形修剪

(1)定干　大田平原定干高度 70~80 厘米,丘陵为 60~70 厘米,保护地为 40~50 厘米。

(2)树形　大田为杯状形或纺锤形,保护地为纺锤形或"Y"形。

①杯状形　主干上部邻接分生 3 个主枝。以后大体按二叉分枝方式,分生 6 个二级侧枝或 10～12 个三级侧枝。主枝按 50°开张角延伸,主枝上培养向外生长的侧枝角度大于 60°,并在主侧枝上培养大、中、小枝组。该树形扩大了结果面积,适当减轻了修剪量,提高了产量,整形易。缺点是主枝多,结构不牢固。

②纺锤形　保持中心干直立和生长优势,主枝在主干上均匀分布 10～15 个,主枝间距 20 厘米左右,主枝角度 70°～90°,下部主枝较长,上部主枝依次递减,各类枝组直接着生在主枝上,以短果枝和中、短枝组结果为主。优点是骨干枝少,通风透光,培养和更新枝组方便。

③"Y"形　苗木不定干,在干高 40～50 厘米处把苗木向一面弯曲 60°角,形成"Y"形的一个主枝,并迫使弯曲处长出另一"Y"形主枝。修剪时以留侧生枝为主,背上枝多疏除。

(3)修剪　修剪的主要任务是培养各级骨干枝和结果枝组及调节花果量。幼树修剪主要是培养牢固的丰产骨架,迅速扩大树冠。另外,利用辅养枝等,使其早结果,稳定树势。由于金太阳杏花量大,坐果率高,应通过修剪调节花量,减少消耗,集中营养增大果实个头。初结果树修剪时,强旺枝剪留 2/3,中庸枝剪留 1/2,弱枝剪留 1/3,极弱枝重短截。因金太阳杏当年生枝当年成花,在空间较大处,要通过短截修剪培养预备结果枝,或培养结果枝组。杏树荒花率的高低与光照强度密切相关,光照不良的内膛枝荒花率明显高于光照良好的外围枝。因此盛果期修剪任务是改善冠内光照、维持树冠结构和多年生枝组的结果能力,保持树势中庸,调节生长与结果关系,防止大小年结果。

4. 肥水花果管理与病虫防治

(1)施肥量　金太阳杏树开花早,果实生育期短,应特别注意基肥的施用。基肥应在秋季进行,施肥量为全年的 70%～80%,

9～10 月份结合土壤深翻施入充分腐熟的有机肥,每 667 米² 可施入 2 000～3 000 千克,施后灌足水。若进行保护地促成栽培,扣棚前 1 个月左右,灌水后全园覆盖地膜,以提高地温。追肥以速效性无机肥为主,一般追肥 3 次。

①**花前肥** 以氮肥为主,每株 0.25～0.5 千克。

②**膨大肥** 以复合肥为主,每株 0.5～1 千克。

③**采后肥** 以复合肥为补充肥,每株 0.25～0.5 千克。

(2)**增施叶面肥** 每隔 10 天左右结合喷药喷布 1 次叶面肥料,前期为 0.3%尿素＋0.3%磷酸二氢钾＋0.2%光合微肥。

(3)**杏树 4 次关键浇水** 花前水、硬核水、膨大水和封冻水。同时杏园注意排水。

金太阳杏果实生育期短,坐果率高,应及时疏果以增大果个,一般情况下,留果间距 5～8 厘米为宜。

重点防治蚜虫、杏仁蜂、杏球坚蚧和果实疮痂病等。

5. 大棚栽培

(1)**扣棚时间** 金太阳杏自然休眠所需 7.2℃以下的低温量为 500 小时左右,即在每年的 12 月下旬扣棚,翌年 4 月上旬果实成熟。

(2)**蜜蜂授粉** 杏的花器官一般是雌蕊长,雄蕊短。由于棚内空气湿度大,花粉飘浮能力差,即使自花授粉的杏品种,也不能正常授粉。因此,应放蜂或人工授粉。放蜂授粉时,每棚放 1～2 箱蜂,在杏开花前 2～3 天,将蜂箱搬进棚内锻炼,并在蜂箱门口放一平盘,盘内放少许糖及水,旨在蜜蜂出箱补充营养后上花。蜜蜂在 13 时即可活动。人工授粉,先把晾干的花粉装入洗干净的青霉素小瓶,授粉时用食指堵住瓶口一摇,然后用蘸满花粉的食指点授柱头。

(3)**棚内环境管理**

①光照调控 杏树是强喜光性树种,应选择透光性强的无滴

膜,大棚建造方位,以坐北朝南东西向偏西北 5°为宜,其跨度 7 米左右,大棚内地面覆盖薄膜有增加室内散射光的作用。为充分利用光能,在晴朗的天气,可采取早拉、晚盖草苫,以满足杏喜光要求。

②温度调控　扣棚后应逐渐升温,不能提温过快。

③湿度的调控　大棚湿度包括空气湿度和土壤湿度两方面。土壤湿度在灌足防冻水、浇透花前水时即能满足对土壤水分的要求。大棚内空气湿度受土壤水分蒸发、杏树叶面蒸腾和通风的影响,一般阴雨天气下,棚内相对湿度高达 90％以上。采用无滴膜,地面进行地膜覆盖,湿度大大降低。在阴雨天高湿环境下,尽量避免叶面喷肥、打药等,若因病害严重必须用药时,可用超低容量喷雾法,避免叶面滴水。

6. 主要特点

①一年生枝即可开花。任何一年生枝,无论是粗壮枝,还是细弱枝,不管是春梢还是秋梢,均可成花。成花甚至比水蜜桃容易,这是其栽后第二年能结果的关键所在。而华北杏(红荷包,红玉杏、水杏)如同苹果的枝条,缓放 2～3 年才能成花,栽后 4 年才能结果。

②不完全花(荒花)比率低于 10％,完全花(正常花)比率高达 90％以上。华北杏的荒花率一般高达 70％以上。

③可自花授粉,华北杏品种多数品种自花不实。

④低温需求量短。低温(7℃以下的温度)需求达 400～500 小时即可正常开花结果,因此,其非常适合保护地促成栽培。

以上特点决定了金太阳杏早果、丰产、稳产,既适合露地栽培,也适合保护地促成栽培。

九十一、果树四种树形 1～5 年生整形修剪方法

此种整形修剪方法列表如下：

果树四种树形 1～5 年生整形修剪方法

年份	作业项目	树形			
		小冠疏层形	自由纺锤形	细长纺锤形	主干形
栽后第一年	定干高度	70～80 厘米	60～70 厘米	70～90 厘米	90～100 厘米
	苗木管理	抹除主干上 40 厘米以下萌芽	抹除主干上 30 厘米以下萌芽	抹除主干上 50 厘米以下萌芽	抹除主干上 40 厘米以下萌芽
	夏季管理	选留三主枝，控制竞争枝	控制竞争枝	严格控制竞争枝	对侧梢摘心，摘顶叶，转节间
	秋季管理	拉开主枝基角达到 60°左右	小主枝基角拉到 70°～80°	1 米长侧梢基角拉到 79°～90°	对长旺侧梢拿枝软化
	冬季管理	中央领导头剪留 80～90 厘米，各主枝头剪留 40～50 厘米，剪口芽留外芽方位角 120°	中央领导头剪留 50～60 厘米，选 2～4 个小主枝，剪留 40～50 厘米，剪口芽留外芽	中央领导头，强不截，弱短截于饱满芽处，保持中央干优势	去除全部侧梢，中央领导干短截于饱满芽处

续表

年份	作业项目	树　形			
		小冠疏层形	自由纺锤形	细长纺锤形	主干形
栽后第二年	春季管理	主干抹芽同上年,控制骨干枝、竞争枝,选留一、二层主枝,必要时,刻芽促枝	主干抹芽同上年,控制竞争梢和直立梢	主干抹芽同上年,对拉平枝背上新梢采取多种方法分别控制	主干抹芽同上年,去顶促侧,分道环割1～2道
	夏季管理	控制竞争枝、直立旺枝、密生枝等	同上年	同上年	拉平 30 厘米长新梢,对竞争枝在木质化后,于基部环割
	秋季管理	拉开主枝基角达 60°,腰角70°～80°角;年生长量＜1 米者,长放不拉	拉枝同上年	侧梢 70～80 厘米长者拉平	拉平或软化新梢
	冬季管理	保持 1～2 层间距 70～80 厘米,各主枝头剪留 40～50 厘米,中央领导头剪留 50～60 厘米,注意侧枝的选留位置	小主枝强旺者可不剪,中庸者可留 40 厘米短截	疏竞争枝、直立枝和重叠枝、密生枝,中央领导头可不剪	中央领导头饱满芽处短截,剪除秋梢,保留春梢

续表

年份	作业项目	树　形			
		小冠疏层形	自由纺锤形	细长纺锤形	主干形
栽后第三年	春季管理	管理同上年	管理同上年	将 70～80 厘米旺枝拉平，对背下芽于芽前刻伤，其他剪法同上年	新梢 30 厘米时拉到 90°～100°角，在当年新梢 15 厘米长时，对上年分枝基部环割促花
	夏季管理	同上年	同上年	同上年	同上年
	秋季管理	同上年	同上年	同上年	同上年
	冬季管理	疏除近中央领导干 20 厘米内的直立、徒长枝	中央领导头剪留 50 厘米左右，各小主枝头剪留 40 厘米左右	保持中央领导干生长优势，在树高 2.5 米时，不必短截延长头，令其成花	中央领导头饱满芽处剪，疏过密、重叠枝，留 15 个左右大枝组

续表

年份	作业项目	树形			
		小冠疏层形	自由纺锤形	细长纺锤形	主干形
栽后第四年至第五年	春季管理	同前几年	同前几年	同前几年	光秃带刻芽，其他同前几年
	夏季管理	注意疏除徒长枝、密生枝，对辅养枝进行促花修剪	同前几年	同前几年	新梢30厘米长时拉到下垂状，对1～2年生枝基部环割，搞好疏花、定果工作
	秋季管理	同前几年	上部小主枝拉枝，其他同前几年	同前几年	同前几年
	冬季管理	4年生树中央领导头、主、侧枝头各剪留50～60厘米、40～50厘米和40厘米左右，辅养枝拉平、长放。5年生树，树高已达3米，基部主枝头可不短截，继续留第二、第三层主枝。用先放后缩法培养枝组	中央领导头可长放，或用弱枝换头，各小主枝头不必再截。疏剪外围竞争枝、直立枝，开始疏剪下部过多大枝	中央领导头长放，控制或疏除侧生旺枝。调整中下部侧生枝角度，保持树势平衡	中央领导干高达3米以上时，延长头长放。注意疏剪密生枝、重叠枝，保持适宜枝干比

九十二、无花果优良品种及其栽培技术

无花果是人类栽培最早的果树之一，已有 5 000 年栽培历史，由于其丰富的营养和独特的药用价值，已越来越受到人们的重视，现介绍两个优良品种及其栽培技术要点。

1. 玛斯义·陶芬

原产于美国加州，为目前国内园艺性最优良的品种之一。该品种夏、秋两次结果，但以秋果为主，夏果长卵圆形，较大，单果重 100～150 克，果皮绿紫色。秋果倒圆锥形，单果重 80～100 克，成熟时紫褐色，该品种果实个头大，果皮色深、鲜艳，果肉桃红色，肉质稍粗，含糖量 16%～18%。果实商品性好，且果皮韧性大，较耐贮运，抗病力特强。主干不明显，树势中庸，枝条较开张，树冠较小，适宜密植，易分枝、枝条多，生长量大，单性结实，极易结果，当年种植当年即可获得株产 2 千克的产量。自然休眠期不明显，具体时间依地温上升快慢而异，自然落叶少，经霜冻叶片干枯后方始脱落，在重庆地区 3 月中旬始花，夏果于 7 月上旬开始成熟；秋果 8 月下旬至 10 月中旬陆续成熟，11 月下旬落叶。该品种适宜在淮河、长江流域及其以南地区发展，北京至淮河流域之间的广大地区冬季采取适当防寒措施表现也极佳，东北地区采取设施栽培效果也相当理想。

该品种抗病力特强，适应性广，丰产性好，品质佳，耐贮运，发展潜力巨大。

2. 布兰瑞克

原产于法国,为目前国内园艺性状最优良品种之一,该品种夏果少,以秋果为主。夏果呈倒圆锥形,成熟时黄绿色,单果重100~140克。秋果倒圆锥形或倒卵圆形,一般单果重 40~60 克,成熟时果皮黄绿色,果顶不开裂,果实中空,果肉淡粉红色,该品种含糖量高,成熟果实含糖量 18%~20%,肉质细,味甘甜,品质极上。

该品种长势中庸,树姿开张,分枝习性弱,如不摘心,则分枝极少,枝条中上部着果多,连续结果能力强,单性结实,丰产性好。在重庆地区 3 月中旬萌芽,5~7 月陆续开花,11 月中下旬落叶。夏果,7 月上中旬成熟,秋果 8 月中旬至 10 月中下旬陆续成熟。该品种耐盐力和耐寒力均很强,适宜在北京以南的广大地区发展。在山东地区露地栽培能安全越冬,表现极佳,已成为该省主栽品种。

该品种果实大小适中,品质良好,鲜食加工均为优良,适应性强,丰产性好,值得大面积发展。

3. 栽培技术要点

南方地区每年 10 月至翌年 3 月均可栽植,北方地区则以每年 3~4 月春季定植为宜,可按 2 米×1 米、3 米×1 米、3 米×2 米的密度定植,定植后立即浇足定根水,并用杂草或地膜覆盖直径 1 米的树盘,定植当年留 30~40 厘米定干,可采用 X 形(适合 2 米×1 米、3 米×2 米)和 V 形(适合 3 米×1 米)整枝。由于该品种生长快,定植当年就可完成整形,该品种分枝多,不耐修剪,以冬剪为主,结合夏季修剪,冬剪应适当回缩和疏除过密过多的枝,夏季修剪要及时抹除过多根蘖、萌芽和徒长枝。新梢在 20~25 片叶时摘心,以控制旺长,摘心后要抹除过多的分枝和萌芽。

定植当年的幼树,施肥应薄施,一年施肥 4~5 次,以促进生长和开花结果。成年树每年施肥 3 次即可，第一次于发芽时施用，每 667 米^2 施尿素 15 千克、过磷酸钙 20 千克、人畜粪尿 1 500 千克。第二次施肥在 5 月下旬施用，此次施肥较为重要，主要促进花芽的陆续分化和陆续开放，并促进果实迅速膨大。应氮、磷、钾配合施用，每 667 米^2 施尿素 20～30 千克、过磷酸钙 30 千克、硫酸钾 25 千克、人畜粪尿 2 500 千克。第三次施肥于 10 月中旬采果后施用，以有机肥为主，可每 667 米^2 施尿素 10 千克、过磷酸钙 20 千克、有机肥 3 000 千克，在暴雨和连阴雨季节应做好排水工作。

另外，在 5 月下旬至 6 月下旬每 15 天喷 1 次 400 倍 PP$_{333}$（15％的多效唑）和 300 倍 PBO 能抑制新柄旺长，促进花芽分化增加产量，在 7～8 月多次喷施 0.2％磷酸二氢钾能增大果实和提高产量。

上述两个品种抗病力强，病虫极少。只需注意锈病、炭疽病和天牛防治即可，锈病在 7～9 月的高温季节易发病，可用 100～200 倍波尔多液或 500 倍液或 50％三唑酮防治；炭疽病在 8～9 月发病较多，可用 200 倍波尔多液或 50％多菌灵 500 倍液防治。天牛应于 6～10 月人工掏虫，或将虫粪掏尽后用棉花浸入 30 倍液 40％氧化乐果液中取出后塞入虫孔内。并用黄泥敷上洞口，亦可用 40％氧化乐果 100 倍液灌根及喷洒主干、主枝，并结合捕捉成虫。

九十三、平阴玫瑰花栽培技术

（一）平阴玫瑰繁育技术

山东省平阴县盛产玫瑰花，历史悠久，且以花大瓣厚色艳、香味浓郁、品质优异驰名海内外，被称为"中国传统玫瑰的代表"。

平阴县境内玉带河流域四周环山，中间谷地狭长，气候温和。特殊的地形、气候，造就了浓郁芳香的平阴玫瑰。花开时茎高80～200厘米，花为重瓣深红色。5月中旬为盛花期，花期3～10天。这时，万亩玫瑰竞相开放，沟渠路旁、地头堰边、大地田园、房前屋后，到处是一行行、一簇簇、一片片鲜艳夺目的玫瑰花，香气沁人肺腑，令人爽心悦目。1990年以来，平阴县每年5月中旬举办玫瑰文化艺术节，前来赏花、旅游、从事经贸活动的客人络绎不绝。以玫瑰花为原料的玫瑰酱、玫瑰酒、玫瑰饴、玫瑰精油、玫瑰系列化妆品及玫瑰风味的食品，便成了客人们必购的商品和品尝的佳品。

1. 形态特征

植株紧凑，短枝性强，5～6年生株丛高100～120厘米，丛幅100～120厘米，节间短，皮刺少而短，新生皮责有毛色晕，基部皮刺较软，2～3年生枝条呈暗红色。小叶5～7枚，多为7枚，呈椭圆形（4.23厘米×2.8厘米），叶褶明显，边缘向后翻卷，锯齿不明显，叶轴及小叶中脉背面有刺，托叶瘦小，叶色较淡。花单生或几朵聚生，以聚生为多，花极度重瓣，呈千叶形，单花直径7.61厘米，花梗1.68厘米，平均单花重3.48克，果扁形至近球形，8月中旬成熟，橘红色，果实直径1.4～1.68厘米，高1.14～1.38厘米，宿存萼不直立,初花期 4 月底至 5 月初,末花期 5 月末,二次花(即副梢所开花)量少,但萌蘖枝能陆续开花至 10 月中旬,即萌蘖能开花,该品种抗锈病能力强,与平阴重瓣红玫瑰相比,发病率与发病指数分别低 66.88%、20.72%,该品种自然落蕾率低(5%~8%)。由于节间短,株丛紧凑,便于管理及鲜花采摘。丰产性能:在一般栽培管理条件下,定植当年有 62%开花,第二年全部能开花,第三年单株产量为 1.25 千克,第四、第五年平均株产 2.14 千克,株行距为 1 米×2.5 米,每 667 米² 产量可达 570 千克,密植园株行距 1 米×2 米,每 667 米² 产量可达 680~720 千克,平均比平阴重瓣红玫瑰产量提高 36%~42%。

玫瑰是山区绿化、美化和水土保持的一种很好的花木,不仅供人观赏,而且有很高的经济价值。花蕾晾干可以入药,理气活血。根皮能做丝绸黄褐色染料。花可以酿酒、制糖、做酱、窨茶,还是日用化学工业制香脂、香水、牙膏、饮料、高级化妆用品和芳香工业的名贵原料。从花中提炼出的玫瑰油,比黄金还珍贵。目前,以玫瑰花为原料的食品、药品、化工用品,已形成系列玫瑰制品,销往海内外。平阴的这一特产——玫瑰花,已成为造福于人类的一大国宝。重瓣红玫瑰,即中国传统玫瑰的代表,该品种花大色艳,香气浓郁,瓣多瓣厚,单花径达 8 厘米,单花重可达 6 克,成为生产栽培的主要品种。平阴县玫瑰花研究所通过 40 多年的科学研究,利用有性杂交育种方法,先后培育出若干杂交新品种(平阴一号到平阴十号),多数品种表现良好,既具有传统平阴玫瑰的香气,又有花大色艳、花期长等特点。平阴玫瑰共有几十个品种,其中产量高、品质好、适应性强的有以下几个品种。

(1)紫枝玫瑰 紫枝玫瑰,即平阴二号,又称四季玫瑰。该品种春、夏、秋三季都可开花,而且单花朵大,产量高,抗病虫害性强,当年生枝无刺,呈亮紫色,且扦插繁殖育苗简便易行,栽培紫枝玫瑰可以冬赏枝条夏观花。紫枝玫瑰为杂交培育的新品种,属四季型玫瑰。它的花大,花径可达 10.8 厘米,平均单花重 4.2 克。重瓣,紫色,其丛枝较开张,外围结花能力强,从 4 月下旬至 10 月下旬均有花开放,每 667 米^2 产量约 450 千克以上。结实能力强,不感锈病。当年生枝几乎无刺,霜降后枝条变成紫红色。此品种夏秋可赏花,秋天可看果,冬春可观枝(枝呈紫红色)。紫枝玫瑰是高产玫瑰,同时也是园林绿化的优良品种。

(2)丰花 1 号　丰花 1 号玫瑰,即平阴一号。其特点是单株丛紧凑,枝条较重瓣红玫瑰矮小,耐水肥,抗锈病,多次开花,5 月中旬花量最多,花期长,可持续到 10 月底。丰花 1 号花大,极度重瓣,紫红色,花开不露芯,极似牡丹,有"牡丹玫瑰"之称。花径 8 厘米,单花重 4 克以上,香气纯正,出油率高,质量好,抗病性强。丛枝不太张开,立体开花,每 667 米^2 产量可达 500 千克。易于管理,便于摘花。是平阴玫瑰更新换代的新品种。

(3)重瓣玫瑰　重瓣玫瑰是平阴玫瑰传统栽培的品种。花重瓣,紫红色,花大色艳,香气浓郁。花径 6 厘米,单花重 3 克以上,无结实能力,靠无性繁育,嫁接或分株。嫁接后每 667 米^2 产量增加 1 倍,易管理,是平阴玫瑰生产的主要品种。

除此之外,平阴玫瑰花研究所先后收集引进国内外品种 40 多个,如保加利亚白玫瑰、红玫瑰,俄罗斯香水一号、二号、三号玫瑰,北京妙峰山红玫瑰、北京单瓣白玫瑰,四川蜀玫瑰,甘肃苦水玫瑰,山西清徐玫瑰,广东罗岗玫瑰以及本省的菏泽洋玫瑰、单县玫瑰等。

2. 栽培管理

(1)繁　育

①分株法　采用整体或母体分株,其方法在春、秋两季的发芽前或落叶后均可进行,以秋季为好。即将生长旺盛分蘖多的植株丛,带根整株掘出,去除附土,尽量多保留须根条。视其生长情况,

剪成几个独立新株,一般每株要带 2～3 个株条。分株所用以 1～3 年生植株为宜。用分株法培育的玫瑰苗,苗木质量好,栽植成活率高,栽后二三年即可大量开花。

②**埋条法** 埋条法是利用玫瑰的地上茎,人为的使其变为地下茎,重新在其节上及新梢上萌发出新根,使其成为单独的一至若干个新植株。埋条法一般在落叶后,进入越冬休眠期的前期,土壤结冻之前进行。

③**插根法** 插根法就是利用平阴玫瑰根被切割能生长出新芽的特性,在株丛附近刨取部分水平根,或利用起苗施肥时被刨断的根茎进行育苗。这些被切断的地下组织,具有较强的萌生力,只要创造适宜的土壤水分条件,均能萌发成良好的新株。

④**嫁接法** 嫁接法用扦插蔷薇作砧木,春、夏、秋均可进行,嫁接有芽接、枝接、种胚接、柱头接等,芽接具有接穗经济、愈合容易、接合牢固、成活率高、操作简便、工作效率高、可接的时期长、未成活便于补接等优点。是平阴玫瑰繁育最广泛应用的一种方法。

(2)栽植 俗话说:"植树无期,勿使树知"。只要精栽细管,全年均可栽植,秋季落叶后到春季萌动前是比较适宜的时期,落叶后到封冻前是最佳时期,不同季节栽植又有具体的要求。

①**春栽** 在土壤解冻后,玫瑰萌动前的早春进行栽植。2 月下旬至 3 月上旬是春季栽植的适宜时间。此时,玫瑰根系已开始生长,地上部尚未萌发枝条,移栽后伤根、断根愈合快,容易生新根,移栽成活率高。春季栽植在玫瑰萌芽前结束,否则会影响成活率。

②**夏栽** 夏栽是在玫瑰生长期,利用雨季连续阴雨、土壤湿润、空气湿度大的有利条件移栽玫瑰,此时正值高温季节,玫瑰处于生长旺季,枝叶蒸发量大,夏栽时,必须抓住夏季阴雨连绵的有利时机,否则成活率低。此法只适用于冬春干旱的山区。

③**秋栽** 秋季栽植的时间一般是 10 月中旬至 11 月上旬。此

期玫瑰叶已开始脱落,营养大量向根系回流,根系营养增加,但由于地温高,根系还处于生长期,移栽后伤根,断根冬前能完全愈合,并能发出新根。据田间调查,10月中下旬移栽的玫瑰植株,12月上旬伤根全部愈合,并发出大量新根,翌年成活率达95％以上,移栽晚的则次之。因此,秋季移栽应当提前,否则根系恢复不良,吸收能力减弱,上、下水分失调,玫瑰枝条易发生冬季枯干,造成部分枝条或整株枯干死亡。

④栽植密度及深度　集约化生产以密植为主,行距2～2.5米,株距0.8～1.2米。宽幅种植可根据套种的作物选择行株距,每公顷3 750～4 950株。堰边玫瑰0.8～1.2米的株距,萌生玫瑰的行距要相对缩小。种植密度大的前期丰产快,收益早,密植园五六年后要间伐。栽植土深一般要求25～30厘米,过深则生长不旺,以保持移苗时入土深度为宜。苗子的嫁接部位要在地面以上,栽时要踩实、浇透水。冬末栽的在根际培大土堆,来年春天扒到嫁接部位以下。栽后应距地面(或嫁接部位)15～20厘米处截干。这样翌年发芽快,分枝多,萌生玫瑰每穴3株,排成三角形。

(3)肥水管理　萌动期以施用氮肥为主,氮、磷、钾结合的配方施肥,施用生物菌肥、有机复合肥等,以促进嫩叶的生长。现蕾至开花期,如果肥水不足,直接影响鲜花的产量与质量,使其花小瓣薄、含油率低,并造成大量落蕾。试验证明春季追施萌芽肥的,现蕾期至开花期一般不会缺肥水,如果此期土壤干旱,应在采花期前灌一次透水,花期不宜浇水,以免影响采花。枝叶抽生期,6月中下旬,玫瑰开始进入夏季营养生长。此时应结合中耕追施适量氮肥、磷肥,以补充开花对营养的消耗,利于根系及新梢的生长。营养贮备期,8月中旬至10月中旬,枝叶逐渐停长,营养大量向根系回流,根系处于生长高峰期,此期应主要施有机肥、生物菌肥,少施速效氮肥,增施磷、钾肥,并适当控制土壤水分,以防后期的旺长。休眠期,秋季落叶后进入休眠期,此期可深翻施入基肥,并进行一次冬灌。总之,每年肥水管理至少要保证"三次肥、四次水"。

(4)病虫害防治 平阴玫瑰主要病害有白粉病、锈病、枝枯病、花叶病等,危害严重的是白粉病、锈病。

防治方法:①加强肥水管理,平衡施肥、适期灌水,促使植株生长健壮,提高抗病能力。②药物防治。春季萌芽前喷3～5波美度石硫合剂或75%百菌清400倍液,可控制白粉病、锈病的发生,同时可以杀死部分虫卵,降低虫害。花后发病前,可喷2～3遍波尔多液进行预防,可用甲基硫菌灵、裕丰18、代森锰锌、有机硅等交替使用。8～9月份喷洒50%多菌灵、三唑酮和甲基硫菌灵,对白粉病、锈病发生严重的园片有良好的效果。危害平阴玫瑰的害虫主要有金龟子、象鼻虫、红蜘蛛。金龟子、象鼻虫(俗称放牛小子),主要危害花芽、花蕾和嫩株,严重时造成绝产。红蜘蛛主要危害嫩叶、幼芽。

防治措施:4月上中旬,金龟子、象鼻虫出土期,在花园地面施用辛硫磷或敌百虫拌成的毒饵,诱杀成虫。6月中旬至8月下旬喷0.3波美度石硫合剂或四螨嗪(螨死净)3 000倍液防治红蜘蛛。

修剪与更新:平阴玫瑰萌生力强,枝条繁茂,纵横交错,常常郁蔽遮阴,如不及时修剪,不通风,不透光,枝条就会瘦弱失绿,易得白粉病、锈病。

修剪要根据不同的栽植方式、不同树龄及水肥条件、生长情况,制定科学的修剪方法,做到树老枝不老,枝多而不密,通风,透光,一般1～3年生短枝是生产枝,4年以后开花能力逐渐减弱,要适当修剪,促新枝,修剪的时间分为冬春修剪和花后修剪。冬春修剪,在玫瑰落叶后到发芽前进行。要做到旺株轻剪,生长势弱、树龄长的要重剪,花后修剪主要是疏除过密枝条、交叉枯枝,要适当轻剪。修剪方法又分疏枝修剪和更新修剪。疏枝修剪时以疏为主,在玫瑰的各生育期,均可进行,以落叶后为最佳期,嫁接玫瑰于基部疏除,萌生玫瑰齐地或深入地下几厘米疏除。主要剪除病枝、残枝、枯枝、过密枝、交叉枝、落地枝,保留旺枝;单株地上以梅花状摆布为好,以 5 个枝为宜。更新修剪分株丛分枝轮换法、全园更新法。更新修剪在冬春及花后都可进行,以落叶后为最佳时期,花后更新植株长势弱,翌年见花早,产量增幅小。秋季落叶后更新,来年植株长势健旺,基本无产量,隔年产量高。

3. 采摘贮存

平阴玫瑰一般 5 月上旬开放,花期 1 个月左右。玫瑰花蕾在含苞待放时采摘为好,玫瑰花采摘时间,应选在含油量最多的时候,即采摘从天亮开始,8 时以前结束,10 时以前运送到加工地点。最理想的天气是气温 15℃～23℃,相对湿度 55%～70%。

玫瑰花运送到加工地点后,一般应立即加工,存放时间以不超过 2 小时为宜。对于需要长期贮存的,可按不同的用途分别用酒精、食盐、明矾、食糖等处理。花蕾采取烘干或晒干处理。

(二)平阴玫瑰高产栽培技术要点

山东省平阴县是我国著名的玫瑰之乡,因其独特的地理环境,平阴玫瑰花大瓣厚,色艳味浓,品质优异,闻名中外。现将平阴玫瑰栽培要点介绍如下。

1. 选择优良品种

平阴玫瑰现有品种 50 多个,但用于生产栽培的仅有紫枝玫瑰、丰花玫瑰、重瓣红玫瑰 3 个品种,其他品种如黄玫瑰、白玫瑰等,主要用于园林绿化。

2. 繁殖方法

玫瑰的育苗方法很多,但常用的还是扦插育苗和嫁接育苗。

3. 玫瑰花的栽植

(1)选择品种、选苗

①品种 大田生产栽培关键是保持重瓣红玫瑰花大色艳、香气浓郁的特点,它既可油用,又可食用,而且独具风格。观赏性玫瑰花选用紫枝玫瑰。土壤深厚,具备排灌条件的地块,以栽植、嫁接丰花玫瑰为宜;埝边沟坡,土壤瘠薄干旱的地块,以栽植传统重瓣红玫瑰为宜。

②选苗 平阴玫瑰萌生苗要求具有 2~3 个分枝,嫁接玫瑰花要求砧木根系发达,茎粗 3~4 毫米、株高 30 厘米以上。

(2)选择适宜的土地条件

平阴玫瑰耐瘠薄,耐旱,耐寒,具有广泛的适应性。集约型大田栽培,以土层深厚、排水良好、富含有机质的中性或微碱性土壤为宜。

(3)栽植方式

主要有 3 种:一是密植园,株距 0.8~1.2 米,行距 2.5~3 米,每 667 米² 栽 180~330 株;二是花粮间作田,株距 0.8~1.5 米,行距 3 米以上,主要间作矮秆作物,如花生、大豆、小麦、地瓜、蔬菜等;三是沟谷坡地埝边玫瑰,株距 0.6~1.5 米不等。

(4)栽植时间

大量栽植以晚秋落叶后至封冻前为最佳期。栽植深度:栽植土深,一般要求 25~30 厘米,过深生产不旺,以保持原来入土深度为宜,栽时踩实土,灌透水。

4. 玫瑰花的管理

(1)土壤管理

①深翻,在玫瑰落叶前春季解冻后至萌芽前及花后,结合施肥进行深翻,应在玫瑰定植 2~3 年后开始。

②根际培土,在玫瑰落叶后,对玫瑰基部培土,培土厚度 4~8 厘米。

③中耕浅刨,在玫瑰生长期进行,可以改善土壤的通透性,减

少水分蒸发,提高土壤湿度,促进微生物活动。浅刨深度一般为10~15 厘米。

(2)清除杂草 杂草对玫瑰危害性极大,特别是多年生宿根杂草和蔓生攀缘植物,不但与玫瑰争夺水分、养分,而且占据上层,影响玫瑰叶片的光合作用,使玫瑰生长衰弱,病虫害滋生蔓延。在生长季节应及时清除。

(3)合理间作 新建玫瑰园栽植后 1~3 年内,为了充分利用土地,增加经济收入,可间作矮秆经济作物如花生、大豆、中药材等。

(4)肥水管理 平阴玫瑰虽耐旱耐瘠薄,但较好的肥水条件会使鲜花产量和质量大幅度提高。

①**土壤施肥** 以穴施或沟施为主。在玫瑰花休眠期结合深翻每 667 米^2 施入腐熟土杂肥 2 000~3 000 千克,饼肥 50~75 千克,尿素 30 千克左右。施肥后要及时浇水,以利养分的分解和吸收。

②**根外追肥** 应在花前 20 天和花前 5 天各喷施 1 次,常用肥料有尿素,浓度为 0.3%~0.5%;磷酸二铵,浓度为 0.3%~0.5%;过磷酸钙,浓度为 1%~3%。应选气温低、湿度大、无风的天气,在早晨或傍晚进行,重点喷施玫瑰新梢嫩叶和其他叶面的背面。

(5)整枝修剪 可以调节植株生长态势,使株丛通风透光,枝条生长健壮,保持鲜花稳产高产。花蕾采收后,可适度修剪,以提高下茬花的产量。主要剪除枯死枝、病虫枝,疏除过密的中膛枝。每次修剪要注意剪除砧木的萌蘖和枝条。冬季落叶后到春季萌芽前是整枝修剪的大好季节。3 年以下的花枝,修剪以疏为主。疏去病残枝、交叉枝、细弱枝、徒长枝。选留健壮的骨干枝,剪留高度在 1.5 米左右,这样方便采花和管理。4 年以后的花枝要进行更新修剪,即每年疏除或短截 1/3 的老枝,并在相应部位培育健壮的新枝,这样 3 年更新 1 次,修剪后的花枝,空间分布要均匀,密度以正午投影呈网状为宜。

5. 病虫害防治

(1)玫瑰的主要病害有锈病、白粉病、黑斑病等,对植株危害严重。

①锈病,多发生在 5 月下旬和 8～9 月,高温多雨是病害发生的主要条件,主要危害花叶,可用 20％三唑酮 1 000 倍液加以防治。

②白粉病,主要危害幼芽、叶,多在 5～6 月和 9～10 月间发生,可用 50％百菌清 600 倍液防治。

③黑斑病,危害叶片,5 月中下旬开始发病,高温多雨时发病加剧,可用退菌特 600～800 倍液防治。

(2)虫害主要有金龟子、象鼻虫、红蜘蛛等。主要危害花芽、花叶、花蕾和嫩枝。

①金龟子,白天藏在土里,傍晚出来活动,危害新梢、嫩叶及花蕾。在傍晚出土前防治。

②红蜘蛛,吸食汁液,由于繁殖快极易成灾。可用四螨嗪 3 000 倍液喷淋防治。玫瑰的花、蕾主要用作饮料和食品加工,所以,盛花期严禁使用农药。

6. 玫瑰花的采收

5 月是玫瑰现蕾的季节,玫瑰花的用途不同,采收标准也不尽相同。用于制作花茶的玫瑰,要求花蕾充分膨大,但还没有开放时为好。用于食品加工和香料工业原料的玫瑰,则要求在花蕾半开呈杯状,花蕾黄色时采摘,此时含油率最高,香味浓郁。采收时间以清早 5 时至 7 时采花为最佳期。

(三)庭院观赏玫瑰的修剪方法

玫瑰为多年生花卉,在漫长的生长过程中,适度的修剪可使植株生长旺盛,并维持美观的株形。

修剪分为生长期(夏季或秋季)修剪和休眠期(冬季和初春)修剪。

1. 生长期修剪

一般在 5～6 月份进行,也可称为整形修剪,即落花后进行,目的是维护良好的株形与生长势,抑制徒长枝,均衡营养,增加全株光照,减少病虫害的发生,促进花芽分化,保证再次开花。生长期修剪宜早不宜迟。休眠期修剪:宜在冬末或早春进行,休眠期修剪也可称为定形修剪,可根据院子空间的大小和自己的喜好,对植株做初步定形修剪,剪枝的顺序为,先从底部剪去细枝、弱枝、干枯枝、内膛枝、病虫枝、过密的交叉枝等,对植株的成形做出初步的框架修剪定形。

庭院栽植的玫瑰,修剪时首先要结合植株生长的周围环境、光照条件、株龄、长势强弱及其在庭院中所起的作用来进行修剪。一般来说,长势旺盛的玫瑰,修剪定形根据株龄而定,主要有以下几种方法。

(1)球形 适于株龄较短、栽植 3 年以下的幼株玫瑰。因其生长旺盛,宜轻剪,只需把一切拖地枝、病虫枝、干枯枝、人为破坏枝、徒长枝、细弱枝、内膛枝等用疏剪方法剪去即可。将植株修剪成圆球形,这样,整个植株在盛花期,就像一个花球,非常美观可人。花期过后,经过适度修剪,会长出新枝、着生花蕾,再度开花。

(2)蘑菇顶形 适于壮年的植株,经过修剪的植株在枝叶丰满时就像一个绿色的大蘑菇,上部呈圆形的顶盖,下面是支柱。方法是:修剪时把细弱的直立枝全部在根部剪除,只留粗壮的枝条,所有的枝条全部在 1.5 米处去顶,中心的枝条高出周围的枝条,短截点下面留侧枝,其余分枝全部去掉,所留侧枝在分枝处留 1～3 个腋芽剪截。再修剪时,仍然是把新长的枝条如上所述剪截,切记,一定要在分枝上留腋芽。蘑菇顶状修剪在花期时,花蕾或花朵都在蘑菇顶面上，很漂亮，尤其开花后，煞是美丽。

(3)树状 把植株修剪培育成具有明显主干和完整冠形的树状，其观赏价值大增。该法是在剪枝时，选一粗壮直立向上、长势旺盛的枝条作主干留下，周围其他枝条全部在基部剪去，所留茎干上距地面1.5米或更高的位置进行截干，然后在剪口附近选留各个方向的3～5个发育充实、分布均匀的侧枝，其余侧枝全部剪除。把所留分枝短截去顶，保留长度30厘米。每个侧枝上又可留3个分枝，这样就形成了"3股9顶"的头状树形。这是树状株形基本的骨架，在此基础上，再反复对侧枝上的分枝进行摘心和疏剪，使树冠上枝条数量不断增加，逐渐形成丰满的圆球形树冠。

(4)复壮 如果是栽植多年的老龄玫瑰，就要根据株龄进行短截复壮，一般分轻短截、重短截或极度重短截。轻短截就是轻剪枝条的顶梢，该法适用于株龄4～6年的植株。重短截就是剪去枝条全长的2/3～3/4，此法适用于栽植6～10年的植株。极度重短截就是在栽植多年、长势渐弱的植株基部留1～2个瘪芽，其余全部剪去，之后清理地面枯枝落叶，挖穴施肥，浇足水，然后再围土。

九十四、畅销花卉繁殖技术

(一)观赏仙人球嫁接蟹爪兰技术

仙人球除了有观赏价值外,还有吸收电磁的作用,在家庭或办公室的电器旁摆放这种植物,可有效减少各种电器电子产品产生的电磁辐射污染,使室内空气中的负粒子浓度增加,帮助人体尽量地减少各类电器的辐射。在仙人球上嫁接上蟹爪兰,不仅使其造型美观,形似假山绿树,并且可以在夏天见到仙人球花的美姿,又能在寒冷的冬季观赏到火红的蟹爪兰花的美丽,使我们的居室更加舒适、健康。

1. 嫁接技术

嫁接用的仙人球必须肉厚,长得壮,其栽培方法仿照一般的仙人球的栽培方法,一般选择盆径30厘米,仙人球长到高30厘米时嫁接。接穗用的蟹爪兰要求选取健壮的蟹爪兰母株,从其上选择当年生较嫩并带有节的顶枝作接穗,长度为3~4厘米。用经过酒精消毒的刀片将接穗下部两侧削成楔形,削口长度0.8~1.2厘米。嫁接时间一般选择在5月份或者在10月份,天气太冷太热都不利于其成活。嫁接时要选用一根与接穗一样宽窄的薄竹签,从仙人球侧棱沿扁平方向垂直向下插一个1.5~2厘米深的槽作为接口,然后迅速将接穗插入砧木接口内。要尽量插得深一点,使其紧密贴靠,然后用仙人掌刺固定即可。一般每株间隔接上3个接穗,接好以后,要将其放在阴凉避风处,保持盆土湿润,大约20天左右,如果接穗没有打蔫即可成活。嫁接成活后,一般经过1年左右的生长,蟹爪兰就会环绕在仙人球周围,这时候需要做上支架,使蟹爪兰像喷泉一样悬挂在仙人球上。仙人球的顶部在夏季到来时节,又会绽放出美丽的花朵。

2. 养护技术

(1)浇水和喷水 浇水时掌握这样的原则:"干透浇透,不干不浇",水温宜尽量与土温相接近,夏天浇水尽量选择在早上或者傍晚,冬天则上午 10 时至 11 时浇水,并且把水直接浇到盆土上,否则会影响到刺的美观。

(2)施肥 施肥掌握这样的原则:适时、适量、看对象。施肥在春、秋天进行,每隔 15 天施肥 1 次,应选择在晴天的清晨或傍晚时分进行,施肥方法是把要施的肥料溶在水中,早晨浇到盆里,要一次浇透,效果更佳。浓度掌握在 0.2%左右。

(3)光照 较喜阳光充足,特别是冬季更要充分的阳光,夏季多喜半阴条件,在夏季高温季节要放在室内。冬季放在有阳光的房间,蟹爪兰可以在春节时开出火红的花朵。

(4)温度 适温为 20℃~35℃。冬季以维持 10℃~18℃或更高为宜。夏季温度过高时须遮阳并往地面多洒水,以降低温度。

(5)病虫害防治 常见的病虫害主要有:

①**腐烂病** 其病原有细菌也有真菌。本病的发生常常和浇水不当,盆土排水不良,持续过度的潮湿有关。发现病株后,立即用利刀切除有病组织,并把切口放在草木灰里蘸一下,同时节制浇水或换盆,另行嫁接时,最好改善通风条件及避免持续过度的潮湿。

②**昆虫及其他动物危害** 主要有介壳虫、红蜘蛛及蛞蝓等。防治介壳虫,可喷洒 50%氧化乐果乳剂 1 000 倍液;防治红蜘蛛,可喷洒 20%三氯杀螨醇可湿性粉剂 600 倍液或 40%三氯杀螨醇乳油 1 000 倍液;防治鼠和潮虫,可用毒死蜱 2 000 倍液喷洒花架和花盆周围;防治蜗牛和蛞蝓,可在花盆周围撒石灰粉,也可以用

8%灭蜗灵颗粒药剂;防治蟑螂和蚂蚁,可放置灭蟑螂和蚂蚁的药物或糖水拌入敌百虫药物毒杀。

(二)年霄小型盆栽草市花卉的简约化栽培

笔者多年于 9 月份播种三色堇、矮生紫罗兰、矮生金鱼草、雏菊、金盏菊等数种草本花卉,冬季采用简易大棚及小拱棚双层覆盖保护,就可在元旦、春节、元宵节期间出售小型盆花,而且成本低,销路好,效益高,农民朋友不妨一试。

1. 三色堇

三色堇花期较长,色彩鲜艳。静止时,五个花瓣形同猫的两耳、两颊和嘴,俨然就是一张活生生的猫儿脸;风吹草动时,又如翻飞的蝴蝶,惹人喜爱。

(1)品种选择 市场销路好的品种有大花高贵、宾哥、阿特拉斯等系列。尤以红黄双色、白色花斑、玫红花斑、蓝色花斑等最受消费者青睐。

(2)育苗移栽

①播种前将种子用冷水浸泡 24 小时,然后置于冰箱的冷藏室中,低温处理 3～7 天,每天用清水冲洗 1 次,待大多数种子"露白"时播种。种子上要稍稍覆盖一层薄土,保持温度 18℃～22℃,5～7 天陆续出苗。

②2～3 片真叶时分苗 1 次,6～7 片叶时移植到 10 厘米×12 厘米的塑料花盆内。移植时间选择在傍晚或阴天进行,有利于提高成活率。

③盆栽土壤要求疏松、肥沃。

(3)日常管护

①三色堇定植后,应给予全光照的环境条件,光照不足,营养生长旺盛,对开花不利。

②三色堇生长适温为 12℃～18℃。昼温 15℃～25℃、夜温 3℃～5℃的条件下发育良好。昼温连续多日超过 30℃,则影响开花数量和花朵质量。

③三色堇生长速度相当快,移入大棚后必须注意经常通风和控制肥水,否则容易引起徒长和病害。生长期间,浇水要适度,每 2～3 次浇水中应浇施一次液肥。可用 0.2％尿素与 0.1％高含量水溶性三元复合肥间隔施用。前期偏重氮肥,临近花期应偏重磷、钾肥。

④要特别注意的是:第一,注意防止苗期猝倒病;第二,每 15 天左右浇施一次浓度为 40 毫克/千克的硼砂;第三,如出现缺铁导致新叶的叶脉失绿,可均匀喷洒 0.5％硫酸亚铁水溶液。

2. 矮生紫罗兰

紫罗兰花梗粗壮,花朵茂盛,花色鲜艳,香气浓郁。

(1)品种选择

①适宜盆栽的紫罗兰品种有矮生、重瓣花多的和谐、侏儒两个系列。

②因紫罗兰遗传基因复杂,上盆时应挑选子叶长椭圆形,真叶边缘缺刻大且呈波状的幼苗,增加重瓣花株数。

(2)育苗移栽

①紫罗兰根系再生能力差,不耐移植,采用营养钵育苗最为理想。将培养土过细筛后装入营养钵,再用喷壶浇透底水,然后干种点播,覆盖 0.5 厘米厚的细土。营养钵要放在遮阳防雨处,播后 4～5 天齐苗。

②出苗后应逐渐撤去遮阳物,让小苗充分见光。5～6 片叶时定植在 12 厘米塑料花盆内。栽培土要疏松、肥沃。

(3)日常管护

①定植后进行摘心,促进分枝,增加开花数量。

②生长期间,每隔 15 天施一次浓度为 0.1％的高含量水溶性三元复合肥,见花后立即停止施用。

③除定植后浇 1 次透水外,平时尽量不要让土壤过干。

(三)北方地区杜鹃花栽培养护技术

杜鹃花,又名杜鹃、映山红,因其花姿优美、花色艳丽、妩媚动人而深受人们的喜爱,素有"花中西施"的美誉,是举世公认的名贵观赏花卉,也是我国十大名花之一。杜鹃花在北方地区以盆栽为主,现将其栽培养护技术要点介绍如下。

1. 杜鹃花的生态习性

杜鹃花属中性花卉,喜半阴、湿润、凉爽气候,忌烈日直晒、干燥多风、高温炎热,适宜生长温度为 12℃～25℃,喜排水良好、腐殖质丰富、pH 值 5～6.5 的酸性轻质土壤,忌碱性、黏性土壤。

2. 栽培养护技术

(1)培养土配制　杜鹃花喜富含腐殖质、肥力较高、疏松、微酸性轻质壤土,而北方大多地区为偏碱性土壤,不适宜其生长,因此,需配制培养土。培养土的配制,一般选用 45％腐叶土、45％泥炭土、5％锯末、5％骨粉或腐熟的饼肥配制,黏性土壤可混以适量的河沙。

(2)合理浇水　杜鹃为浅根性植物,怕旱又怕涝,因此,浇水一定要适量,原则上不干不浇,浇则浇透。浇水次数视不同生长阶段和天气条件而定。开花期、生长旺盛期需水量大,要多浇,一般每隔 2 天浇 1 次水,夏季高温干燥要多浇,可 1 天浇 1 次,同时要叶面喷水,冬季低温期要少浇,一般 4～5 天浇 1 次,室内有取暖设备的 2～3 天浇 1 次。为避免浇水导致土温剧烈变化,影响根系吸水,夏季应早、晚浇水,冬季中午浇水。北方地区地下水含盐碱量较高,不利于杜鹃花的生长。浇花用水最好选用天然降水,也可用含盐量低的无污染的河水、井水,但每隔 10～15 天需施 1 次 1％的硫酸亚铁溶液或 0.5％～1％的食醋。若用自来水,应贮存 24 小时以上,待氯气挥发后再用。

(3)科学施肥 杜鹃花根群浅,施肥太浅,易引起"烧根",应遵循"薄肥勤施,宁淡勿浓"的原则。开花前施以磷肥为主、氮磷结合的薄肥水 1～2 次,促使花艳叶绿。花谢后施以氮为主的液肥 2～3 次,每次间隔 10 天,以补充开花时所消耗的养分,既促使其多长枝叶,又为多生花蕾提供有利条件,促进花繁叶茂。花芽分化期施 1 次腐熟的饼肥,并加入适量的磷酸二氢钾,促进花芽分化和孕蕾。秋后则不宜多施肥,以免秋梢萌发影响花蕾的形成。有病的杜鹃花应暂停施肥,以利恢复。盛夏 30℃以上时,植株处于半休眠状态,应暂停施肥。

(4)整形修剪 杜鹃开花耗去大量养分,这时往往因营养不足造成发枝少,长势减弱,花后应适当修剪,以减少多余的营养消耗,有利于萌发新枝。另外,通过修剪破除顶端优势,迫使其萌发侧枝,常常是剪一枝,能萌发若干侧枝,以达到株型丰满的目的,枝繁则花茂。

(5)适度光照 杜鹃喜半阴,不能忍受夏季烈日暴晒,短期暴晒会使嫩叶灼伤,长期光照过强则使叶片变黄、干枯、脱落,甚至死亡。因此,夏季必须遮阳防晒,养护中应选择荫蔽、湿润、有散射光的地方,或搭遮阳棚,荫蔽度 60％～70％为宜。

(6)适时换盆 杜鹃开花量大,养分消耗多,每 1～2 年必须换盆换土 1 次。一般选择春季花后或秋季孕蕾前进行换盆。换盆时除去根系外围和表土,只留 1/3 陈土,剪去腐烂根和过长过细弱的根。可提前配制好营养土,取大一号的花盆装土上盆,浇透水,将其置于半阴处养护。

(四)切花月季日光温室捻枝栽培技术

切花月季采用捻枝栽培技术,所产切花质优量大,供应期长,市场价格高,比用传统剪枝技术的增产 20% 以上,现将其栽培技术要点总结如下。

1. 品种选择

选择植株直立,长势强健,花枝粗壮,硬挺,长形高心卷边,花开放进程慢,耐插,切枝长 60~90 厘米以上的 1 年生嫁接苗。我们以大丰收(红)、卡罗拉(红)、德克萨斯(黄)为主栽品种。

2. 定 植

(1)整地做畦 切花月季一次定植,多年采花。栽前深翻土地 30 厘米以上,按沟间距 120 厘米挖制规格为 60 厘米×60 厘米的丰产沟,沟为南北向。每 667 米² 施入腐熟鸡粪 15 000 千克以上,耙细整平,并做成高 15 厘米的小高畦,畦面宽 60 厘米,畦底宽 80 厘米。

(2)定植 3 月中旬定植,定植前用 50% 多菌灵可湿性粉剂 500 倍液及浓度为 100 毫克/千克的 ABT 生根粉液浸泡根部 15 分钟。采用大小行栽植,每畦栽 2 行,株行距 25 厘米×30 厘米,每 667 米² 栽植 2 800~3 000 株。

3. 田间管理

(1)浇水施肥 定植后浇 1 遍透水,生长期适时浇水,在生长季节一般追 3 次肥,肥料为多元复合肥和尿素(二者配比为60%:40%),每次每 667 米² 的施肥量分别为 25~30 千克,每隔 20 天左右叶面喷施浓度为 0.2% 磷酸二氢钾及 0.2% 尿素溶液 1 次。

(2)摘心 月季苗定植 40 天左右,当顶端花蕾如豆粒大时摘心,促发基枝,以培养采花母枝。

(3)捻枝 在准备采收切花前 50～60 天,将枝条向一个方向轻轻掰弯倾倒,并用细绳顺势绑在植株基部,防止折断枝条,通过弯枝强控,培养强健基枝。

(4)抹除侧芽 当被弯的枝条上部长出侧芽时,进行抹除,以利下部基枝生长。

(5)扣棚 切花月季生长适温白天为 20℃～27℃,夜间为 15℃～22℃,气温低于 8℃,植株生长缓慢,为实现周年生产供应,必须在 10 月上旬寒流到来之前扣棚,11 月上旬夜间加盖草苫。

(6)病虫害防治 常见病害有白粉病、灰霉病、黑斑病等,可用三唑酮 800 倍液、腐霉利 1 000 倍液、多菌灵 500 倍液等分别喷雾防治;虫害主要有蚜虫、红蜘蛛、夜蛾、白粉虱等,可用 2.5％溴氰菊酯乳油 3 000～4 000 倍液,5％噻螨酮乳剂 2 000～3 000 倍液、15％吡虫啉 500 倍液等进行喷雾防治。

4. 采 收

当花朵心瓣展露时进行采切,采切长度为 60～90 厘米并进行分级,采后插入保鲜液中,出售时捆扎包装,每扎 20 枝,装箱后进行销售。

(五)催花技术

一些本应在春天开放的花卉,采取一些特殊的栽培措施,可以让其在春节开放供应市场,每盆价格在 30～50 元或 80～100 元或以上,价格不等,且供不应求,有非常好的经济效益,且具有广阔的发展前景。

1. 让盆栽牡丹花在春节开放

要想牡丹花在春节盛开,需进行促成栽培,具体做法如下。

(1)调节温度 在春节前 40~50 天,将盆栽牡丹移到室内向阳处放置,以后分 3 个阶段进行保温。具体方法是:从移到室内 10 天后开始,保持 10℃~15℃,连续 10 天后,把温度提高到 15℃~20℃,并用塑料薄膜遮盖保温保湿,再过 10 天,将温度提高到 20℃~23℃,促使花蕾迅速成长。如果白天温度超过 25℃,应掀开薄膜通风。到春节前几天,花蕾裂苞见颜色近开放时,除掉塑料薄膜,室温保持在 15℃~20℃,使花蕾能保持正常生长。

(2)掌握水肥 露地放置时要经常保持湿润,进室前浇足 1 次水,以后只需保持盆土稍湿润即可。从保温期至开花前,晴天应每天上午 10 时和下午 3 时各喷 1 次水。在枝叶花蕾速长时,要特别注意喷水,增加湿度,使叶片、花蕾保持新鲜。但不能过湿,一般盆土以抓而不滴水、触碰即散为宜。施肥,一般在芽萌动后和展叶时各施 1 次薄肥。

(3)注意光照量 阴天过多,阳光不足时,牡丹只长叶子不长花蕾,因此要使太阳光充足。如果太阳光充足温度过高时,会使花蕾徒长,叶片缓长,应打开窗户通风换气,减慢花蕾的生长。

2. 如何让梅花春节开放

梅花不畏严寒,傲雪怒放,因此梅花已成为人们在春节布置居室的装饰花卉。家庭盆栽梅花,如欲让其在春节开放,必须掌握以下催花要领。

让梅花在春节开放,须在预期观花前的 20 天左右,将盆栽的梅花移入温室内,置于阳光充足之处,室温控制在 10℃~15℃之间。每天向枝条及花盆四周喷洒清水,保持枝湿润清洁,增加空气湿度。此时浇水要适宜,以保持盆土经常湿润为宜。若浇水过多则不利于梅花生长,容易导致烂根和落蕾;缺水则花蕾干瘪,花开不整齐。适当喷水可以保持植株对水分的要求,有利于花蕾的生长。促其花开繁茂,还要注意施肥,一般 7~10 天施 1 次,宜用稀薄液肥,以磷肥为主。

要使盆栽梅花在春节开放,关键是把握好加温日期及养护管理措施。加温过早,花会提前开放,过迟会延迟开花。如果距离春节一周时花蕾尚小,则需要放置到 10℃～25℃ 的高温环境中管护。若春节未到就提前绽蕾欲放,可将植株移到低温的环境中,并少见阳光,能起到延长花期的目的,并保持花期 15 天左右。

九十五、做好夏秋季茶园管理，
促进茶叶持续高产

茶树经过春季生长和采摘，土壤和茶树体内营养物质大量消耗。搞好茶园的夏秋季管理，可使秋后茶树体内物质的积累增加，促使第二年春茶芽头的早发、旺发，延长茶树的高产时间，提高春茶产量，主要措施如下。

1. 茶园行间铺草

茶园行间铺草，具有防旱、防止水土流失、抑制杂草生长及冬季保墒防冻等作用，还有增加土壤活土层厚度、培肥地力，提高早春茶园地表温度、提早开园的作用。每年至少1次，一般于10月茶园中耕施肥后进行，每667米^{2}每次不少于1500千克。青草、稻草、麦秸等均可。

2. 调控茶树营养生长与生殖生长

6～7月份为茶树花芽分化期，茶树的生殖生长要消耗掉其同化产物的46.8%，也就是说，每年要消耗茶树吸收与制造养分总量的一半。因而，在花芽分化初期，人为控制花芽的分化，减少花芽量，是确保茶树旺盛生机的重要措施。所以应在6～7月份用茶树抑花灵165克对水50升或其他茶树生长调节剂喷施茶树叶片，叶片正、反面要喷匀。

3. 及时防治病虫害

防治病虫害是夏秋季茶园管理的重要内容。这一时期主要病虫害有茶白星病、茶炭疽病、茶霉病、茶尺蠖、茶毛虫、扁刺蛾、绿盲蝽、黑刺粉虱、小绿叶蝉等。应大力采用农业、物理及生物防治技术，严禁使用高毒、高残留农药。秋茶结束后进行清园，并用0.3～0.5波美度石硫合剂或0.6％～0.7％石灰半量式波尔多液封园，以利于消灭越冬病虫，减少翌年发生基数。

4. 因树制宜剪好茶树

为提高春茶产量和品质，青壮年茶树于春茶结束后进行全冠轻修剪，剪去3～5厘米，10月上旬打顶采剪，剪去徒长枝；衰老茶树要根据树势衰老程度，于6月下旬或7月上旬进行重修剪或改造树冠，配套进行改土施肥。

5. 重视深秋施肥

深秋施肥，除少数供应茶树根系活动外，大部分为根颈及吸收根贮藏，成为第二年春季茶树萌动、生长的物质基础，所贮藏的养分多少直接关系到第二年春茶的产量和质量。因此，深秋施肥技术对名优茶开发和提高春茶经济效益尤为重要。于10月份每667米^{2}沟施或穴施腐熟的饼肥100～150千克或茶树有机专用复合肥50～75千克，同时酌情配施磷细菌制剂及磷矿粉；pH值低于4.5的茶园，应在茶叶技术部门专业人员指导下，有针对性地施用白云石粉。

九十六、平阴县仙乐蔬菜专业合作社有机蔬菜生产

1. 平阴仙乐都市农业园初见成效,前景广阔

(1)园区基本情况 园区的实施主体为平阴县仙乐蔬菜专业合作社,合作社经济和技术实力雄厚,拥有固定资产 200 万元,高级农艺师 2 人,助理农艺师 2 人,济南市农村拔尖人才 1 人。

园区位于平阴县城北千里黄河风景线上,紧邻 220 国道,环境清新,交通便利,地下水丰富,电力充足,通信畅通。始建于 2007年,已投资 250 万元,建成了大型沼气池(50 米³)4 个、大型地上蓄水垂钓池(3 000 米²,6 000 米³)1 个,冬暖棚 4 个,春暖棚 10 个,露地有机蔬菜生产基地 9 公顷,已初步形成了集种植、养殖、供应、休闲、接待于一体的综合性生态循环庄园(见图 7)。

园区的主导产业为种植业和养殖业,其主导产品为蔬菜、水产品两大类,目前已形成生产、生活、生态三大循环体系,是山东省农业科学院科研基地。韭菜、黄瓜、番茄、茄子、芸豆、辣椒等 6 个品种已获农业部有机认证,其产品已在银座等超市销售,并成为银座专供生产基地。

(2)效益分析

①**经济效益** 按照现有的 3.3 公顷有机蔬菜,每 667 米² 产4 000千克,年产量 20 万千克,市场单价 2.5 元,年产值 100 万元;休闲生态家园 10 个桌位,年纯收入 10 万元;畜禽养殖区,占地0.3 公顷,年出栏有机猪 50 头,每头 120 千克,单价 20 元,12 万元;水产养殖占地 0.3 公顷,垂钓年利润 13 万元,扣除种子、有机

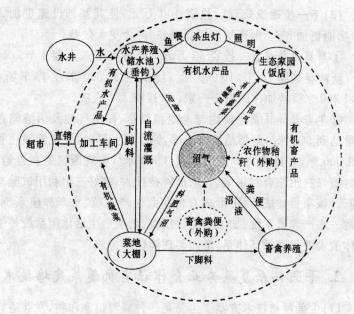

图7 仙乐生态园农业生态循环体系

肥料、劳动力、水电饲料等年投入55万元,总利润80万元。

②**环境效益** 项目采取农业生物防治措施,沼渣沼液,沼气的综合利用,动、植物废弃物的循环综合利用,大大减少了农业资源的污染,保护周围水环境,对有机蔬菜的管理,生态环境的改善,人们生活情操的提升,起到了很好示范带头作用。

③**项目的社会效益** 项目以生产有机蔬菜为宗旨,以建成休闲观光生态庄园为目标,可年产有机菜20万千克,可供近万户(3口之家)吃上放心安全、健康的农产品。可年接待观光客(按200人次/天,年8个月算)48 000人次,同时带动周边农民发展休闲观光农业、有机蔬菜生产,增加农民收入,推动农产品质量的提升,引领现代农业发展的方向。

(3)下一步建设规划 投资 100 万元,使其基础设施更加完备,功能更加齐全,展现更高更新形象,产生更大效益。

①**基础设施建设** 投资 65 万元。新建冬暖式大棚 4 个 5 000 米²;新建春暖棚 20 个,10 000 米²;防虫网 30 000 米²。停车场 1 处,1 200 米²;增加休闲设施一宗,日接待 300 人次。

②**生态循环体系** 新建与老池相结合,使沼气池及沼液储存容量达到 500 米³,新增沼液车 1 部,铡草机 1 部,埋设沼液输送管道 1 000 米,扩建畜禽养殖区达到 3 000 米²,实现园区肥料自给。同时搞好三沼综合利用培训,增加科技投入,搞好三沼利用试验与创新。该项目建成后,可形成有机蔬菜生产系统、水产养殖系统、畜禽—水产养殖系统、加工—销售系统、消费—生活休闲系统等于一体的农业生态循环体系,全面实现园区零排放。

2. 平阴仙乐蔬菜专业合作社有机蔬菜栽培技术

(1)生姜种植技术方案 生姜是一种喜温怕寒作物,发芽适宜温度为 15℃～18℃。10℃ 以下低温和湿度较大时根茎易腐烂,地上部遇霜冻即枯死,在强光下叶片易凋萎。生姜根系不发达,对土壤水分的要求极严格,生长期间土壤过于干旱或过于潮湿均不利于其生长发育。要夺取生姜高产,要抓好六条措施:

①**选好土地,注意轮作** 生姜属地下块茎作物,既怕旱,又怕涝。因此,要选择疏松、深软较肥沃、排灌方便的沙壤土田块种植。前作种过姜的田块不宜选用,一般要轮作 3 年以上,否则易发生姜瘟。下种前,田块要先犁翻暴晒,整地时先撒石灰粉 35～40 千克,然后起畦种植。

②**选择良种,提早种植** 种姜应选用肉质肥厚的大肉姜品种。大肉姜品质好,产量高,适合外销出口。姜种要选“冬至”后收获的老熟姜,老熟的姜种出苗齐壮。病田姜不宜留作种用。根据高产地区的经验,“雨水”至“惊蛰”前后种的姜,比“清明”种的姜一般增

产 20% 左右。

③ **施足基肥,合理密植** 生姜前期生长较缓慢,且植株较矮,只有适当密植,才能获得高产。一般采用扶垄种植,垄高 0.5 米,小行距 36 厘米,株距 20 厘米,每 667 米² 植 4 000～4 500 株为宜。基肥以疏松的土杂肥和腐熟人畜粪肥为主,每 667 米² 施土杂肥 1 750～2 000 千克(加过磷酸钙 30～40 千克堆沤)、草木灰 100～120 千克,打穴或开条沟施下,然后下种覆土。垄面同时用山草或稻草覆盖一层,防止杂草滋生和保温保湿。

④ **适时追肥,合理排灌** 每穴长出 4～5 条幼苗时,应抓紧进行第一次追肥培土,每 667 米² 用腐熟人畜粪尿 500～2 000 千克加尿素 3.5～4 千克淋施,每隔 16～20 天施 1 次。在"小暑"前后用旧墙土或土杂肥泥将姜芽盖好,"秋分"前后再追施一次壮尾肥。施肥时注意不要淋到姜头,以防伤根烂叶。

生姜既怕旱,又怕涝。姜田要保持湿润,以利生姜生长。雨季要开深垄沟,排除渍水;干旱天气,特别是吹干热风时,姜田垄沟要灌回 7～10 厘米水层,以利保持姜田土壤湿润。

⑤ **抓好姜瘟预防工作** 在及时排除渍水的同时,于"芒种"前后喷施 50% 代森铵,或 50% 硫菌灵 1 000 倍液,或 1∶1∶200 倍的波尔多液(每 667 米² 用 40～50 千克药液),每隔 7～10 天喷 1 次,连续喷 3～4 次,可以有效地抑制姜瘟的发生和发展。一旦发生姜瘟,应立即把病株拔除集中到田外烧毁,并在病穴周围撒上石灰粉消毒灭菌,停止施用氮肥,增施草木灰等钾质肥料。

(2)大棚韭菜种植方案

① **秋天养根** 韭菜扣棚期间的生长主要依赖于冬前贮蓄到根茎和鳞茎里的养分。因此,养好韭根非常重要,而秋天则是养根的关键时期。

停止刈割 大棚韭菜一般只割 3 刀,既提高效益,又有利于养根。

及时抽薹掐花　韭菜抽薹开花对根系养分消耗很大,如果不需要种子,应及时抽薹掐花,保留养分。

控制浇水　强制地上部缓和长势,促使营养物质向根部回流。

通风晒根　地上部长势缓和后,逐行将韭叶倒向一侧,晾晒垄沟及根部,使行间通风透光,隔数日,再晾晒另一侧。

②"立冬"扣棚　一般 11 月初扣棚,翌年元旦期间即可收割上市,这样可避开春节集中上市的高峰,避旺补淡,提高效益。但扣棚前需做好如下工作:清除地上部残茎枯叶和杂草。扒土晾根。用铁耙扒土、到露出"韭根"为止,冻晒 1 周左右至鳞茎发紫即可。施肥浇水。彻底清茬后,每 667 米^2 一次性施充分腐熟的农家肥 5 000 千克、油渣 100 千克、复合肥 20 千克,划锄后浇一次透水。

③多层覆盖　韭菜虽是耐寒作物,但在寒冷季节生长,温度仍是一个重要的限制因素、生产上常用多层覆盖法,即大棚内套设拱棚,拱棚内地面再覆盖地膜,可大大提高大棚的保温性能,保证韭菜正常生产。

④排湿防病　大棚韭菜易发生灰霉病,应适时通风排湿,创造韭菜良好的生长环境,也可用 50％腐霉利可湿性粉剂 1 000～1 500 倍液进行保护与防治,确保韭菜高产优质。

(3)西瓜高产栽培技术

①土地选择与整地　西瓜种植以肥沃的沙质壤土最为理想。黏性土壤种植要注意抽沟排水、深翻和增施有机肥。西瓜忌连作。轮作年限在 3 年以上;整地最好是年前翻耕,使泥土疏松通气,改善土壤理化性状。

②播种与育苗

播种期　大棚设施栽培的播种时间一般在 1～2 月份。用电热线或酿热温床育苗。露地地膜覆盖栽培的一般在 3 月中下旬育苗。

种子处理　播种前精选种子,然后消毒。可用天达 2116 药液浸种 1 小时,然后将种子洗净,用 55℃～60℃(两开一凉)温水浸种,随即搅拌 2～3 分钟。水温逐渐降低,继续浸 4～6 个小时,然后取出种子,用清水冲洗数次,擦去表面黏后后,准备催芽。

催芽 将种子擦干,放在洁净的棉布上包好,置于 28℃～32℃的环境下催芽。一般经 24～30 小时即有 70%左右的种子出芽,挑出出芽的播种,其余的继续催芽。有条件的可利用恒温箱催芽,也可自制简易电热发芽箱催芽;其次酿热物催芽、体温催芽均可。无论哪种方法都必须注意保湿。

播种 一般用营养钵或营养袋播种育苗,播前配制营养土。营养土配制方法:用稻田土加充分腐熟的人畜禽粪等堆积沤制 1 个月以上,然后捣碎过筛,按每 100 千克营养土掺入 98%噁霉灵 5 克充分拌匀,然后装入营养钵或营养袋中,在苗床摆放整齐,用无菌土将钵或袋之间的空隙填实,浇水后即可播种。

苗床管理 重点是前期保温保湿,出苗后控温降湿。温度管理:播种至出苗期,膜内温度尽可能保持在 30℃～35℃,大部分瓜苗出土后应降低床温,膜内温度保持在 20℃～25℃。水肥管理:播种前浇足水的情况下,严格控制浇水,出苗前不浇水,出苗后床土干白酌情浇水。第一片真叶露尖以后,注意加强苗床通风排湿,有利于减少病害发生,培育壮苗。

③施肥 施肥总的原则是以基肥为主,追肥为辅;有机肥为主,化肥为辅。基肥以豆饼、畜禽粪、人粪尿最佳。一般每 667 米² 施饼肥 50 千克、腐熟优质圈肥 3 000 千克。如上述肥料不足,可施用氮、磷、钾养分齐全的含硫复合肥 75～100 千克(每生产 1 000 千克西瓜需氮、磷、钾分别为 3.5∶1∶3.6)。

追肥重点放在西瓜生育中后期,可施一次催蔓肥和壮果肥。催蔓肥在瓜苗 5～6 片真叶、节间开始伸长时,每 667 米² 施根喜欢 5 千克＋三元复合肥 20 千克,连续晴天对水浇施,壮果肥在幼果坐稳有鸡蛋大小时重施 1 次,每 667 米² 施冲肥宝 30～40 千克。

④定　植

定植时间　设施栽培一般在3月上中旬定植,露地地膜覆盖栽培一般在4月中下旬定植。

定植密度　设施栽培一般每667米^{2}栽800~900株。

⑤整枝　整枝最好是双蔓式或三蔓式整枝。双蔓式除主蔓外选留一条侧蔓,三蔓式除主蔓外另选留两条侧蔓,其余的及时剪除。第一次整枝后应连续进行多次,至果实坐稳可停止整枝。

⑥授粉、坐瓜　为了确保西瓜坐果,人工辅助授粉是一项必不可少的措施。大棚设施栽培尤其重要。方法是在盛花期每日早晨7~9点,采当天开放的雄花在当天开放的雌花柱头上轻轻涂抹,坐瓜节位应在12节以上,以第十八节左右为最佳。

⑦病虫害防治　西瓜主要病害有猝倒病、炭疽病、枯萎病、疫病。虫害主要有蚜虫、红蜘蛛、瓜野螟。西瓜定植后可用天达2116＋噁霉灵、天达2116＋裕丰18＋有机硅、代森锰锌或甲基硫菌灵500倍液交替使用。每7~10天1次,可有效防治上述病害。用吡虫啉防治蚜虫,吡高氯、阿维菌素防治瓜蚜虫,用螨网灭防治红蜘蛛有显著效果。其他病虫害应对症下药。

(4)山药高产栽培技术方案

①选用良种　适宜本地种植的主要有象腿和秤砣山药,山药种有龙头(芽嘴子)、零余子(珠芽)、山药段子等。生产上最常用的是龙头种,选颈部粗短、芽子饱满、无病虫危害的作种。切种长度为12~15厘米,龙头切下后晒23天,促进伤口愈合,用石灰或灶灰涂抹伤口后晒种效果较好。

②选地、整地、施足基肥

选地　山药对土壤的适应性很强,块茎生长于深土层,茎端非常柔嫩,栽培时选择疏松、肥沃、土层深厚,地下水位低、易排灌,1~3年没有栽种过山药的地块。

整地　山药在前茬收获后进行深翻50厘米左右,清除田间杂物。

施基肥 在播种前,每 667 米^2 施入 5 000 千克腐熟农家肥、钙镁磷肥 50 千克作基肥。

③**适时播种** 根据平阴县的气候特点和山药的生长特性,种植时间宜为 4 月上旬(5 厘米地温稳定在 10℃)。

④**合理密植** 大行距 80 厘米、小行距 60 厘米,株距 18～20 厘米,每 667 米^2 栽 4 500～4 700 株。

⑤**田间管理**

水肥管理 山药在播种后出苗前,不进行浇水,以免降低土温,造成烂种。如果发生积水,应及时排除,并结合提沟、培土,出苗后先追 1 次清粪水(每 667 米^2 施 1 000 千克)或尿素 20～30 千克,当块茎进入膨大期(8 月下旬)追施第二次肥,每 667 米^2 施复合肥 50 千克。

间苗 第一次施肥时结合间苗,每株留 1～2 根健壮苗,其余全部摘除。

病虫害防治 病害主要有炭疽病、枯萎病等。用天达 2116 壮苗剂 500 倍液＋98%噁霉灵 4 000 倍液＋裕丰 18＋有机硅或 65%代森锰锌或 50%多菌灵 800 倍液交替防治,发病初期每 7～10 天喷 1 次,连续 2～3 次。虫害主要有蛴螬、地老虎。栽前用 48%毒死蜱(地尔)150＋200 毫升拌细土 2～2.5 千克。用 2%阿维菌素每 667 米^2 施 150～200 毫升拌细土 3 千克,撒施于沟内防线虫病。

⑥**采收** 从 10 月下旬霜降后,茎叶发黄时开始,到翌年 3 月出苗前均可收获。

(5)莲藕塘黄鳝与泥鳅混养技术方案

①**莲藕塘的准备** 面积 666.67～1 000 米^2,要求莲藕塘底土质松软、水源充足、排灌方便。在塘四周开挖围沟,沟宽 1.5 米、深 0.5 米。围沟上均匀建造 6 个集鱼坑,每个集鱼坑面积 10～15 米^2、深 0.5 米。塘中开挖纵横沟,沟宽 0.8 米、深 0.4 米,呈"井"字形,并与围沟和集鱼坑相通。在沟、坑内设有竹筒、破瓦、砖块等

作鱼巢,让黄鳝、泥鳅隐蔽栖息。进、出水口在塘的对角设立。塘四周用高1米的聚乙烯网片围住。在莲藕发芽前,用生石灰1 200千克/公顷消毒。莲藕栽培按常规进行,在4月前种植完。鳝种、鳅种放养前10天,在沟、坑内施禽畜粪3 750千克/公顷,注水深30厘米,培育生物饲料。池水的深浅可以养泥鳅为主来考虑。池水应适当深一些,可以充分发挥水域生产潜能。在混养池内种植水草,水草支持黄鳝到水面呼吸,同时莲藕可以为黄鳝和泥鳅防暑降温、净化水质,提供优良的栖息环境。

②**鳝种与鳅种放养** 饲养品种和苗种都应选择生长快的品种放养。由于目前我国黄鳝、泥鳅繁殖技术尚未完全达到批量生产水平,许多养殖者多用收购的野生苗种,这些苗种因暂养和运输操作不科学,放养后的死亡率很高,给混养造成比例失调和数量不足,影响产量。购苗种时,应认真地考察和辨认,尽量采用人工繁殖的苗种。从5月上旬开始放养鳝种、鳅种,规格要求基本一致。鳝种放养规格32~40尾/千克,放1 200千克/公顷;鳅种规格80尾/千克,放450千克/公顷。在高密度饲养时,可以减少黄鳝因缺氧造成的互相缠绕,预防"发烧病"。要求放养的鳝种、鳅种无伤无病,体质肥壮,放养前用3%的食盐水浸泡5~8分钟。鳝种、鳅种来源有野外捕捉、市场购买和人工繁育等。由于人工繁育鳝种、鳅种尚无生产性突破,目前成鳝、成鳅养殖的鳝种、鳅种主要是来源于野外捕捉、市场购买和人工繁育三者结合。

③**饲料投喂** 在黄鳝、泥鳅混养中,既要满足它们共同的饲养要素,又要依据各自的生物学特性,采取相应措施,发挥所长,做到相互配合,相互补充,协调生长。在饲喂方面,可以以养黄鳝为主来考虑。黄鳝是一种肉食性的鱼类,对植物性的饲料如麦、菜饼等,只有在严重饥饿缺饵时,才吞食一些。为了满足黄鳝生命活动的需要,应投喂动物性饲料和全价配合饲料,少喂或不喂植物性饲料。同时,黄鳝吃饲料有一定的固定性,改变饲料种类,黄鳝一时

难以适应而拒食,会影响其正常生长。因此,在混合饲养中,对饲料不应频繁更换,以免造成大量饲料浪费,增加饲养成本。在集鱼坑设置食台,傍晚投喂。投喂量以次日清晨吃完不留残饵为度。饵料主要是人工培育的蚯蚓,蚯蚓缺乏时,投喂蝌蚪、蝇蛆、螺蛳肉、小杂鱼等。泥鳅、黄鳝的排泄物在莲藕塘中可以被莲藕吸收,有益于莲藕生长,同时莲藕塘内的水质也得到净化。黄鳝的食性极为顽强,只食鲜活饵料。一般情况下,腐烂饵料、动物尸体还有水中的浮游植物黄鳝都不食,但泥鳅能吃这些饵料,有"清道夫"的作用,可减轻残饵对水体的污染。因此,泥鳅吃鳝鱼的残饵、粪便及田中的天然饵料,不另投饵。同时,泥鳅的繁殖能力较强,在莲藕塘黄鳝、泥鳅混养时,在繁殖季节成熟泥鳅繁殖的鳅苗、鳅种都可以作为黄鳝的优质饲料。

④**日常管理** 每天巡视莲藕塘,发现问题及时解决。莲藕塘的水位以满足莲藕的生长为准,下雨注意及时排水,防止漫水跑鱼;及时摘除莲藕过多的浮叶和早生叶,保证莲藕塘通风透光;夏季在田沟和集鱼坑养水葫芦等水生植物。在饲养期间,整个莲藕塘保持微流水状态;在莲藕塘放养蟾蜍 450～600 只/公顷,利用蟾蜍分泌蟾酥杀菌,防治黄鳝、泥鳅细菌性疾病,用撒生石灰和用猪血诱捕控制水蛭,防止传病。泥鳅喜欢在水中上下窜动,能将塘底有害气体(硫化氢等)带到水的表层,逸散于空气中,减少毒害作用;同时增加了上下水层的垂直流动,使下层水的氧气得以提高。泥鳅可作为水体溶氧的指示生物,水体缺氧,泥鳅会频繁地浮出水面,吞吸空气。可以根据这一现象判断水体是否缺氧。

⑤**收获** 8 月为青荷藕主要采收期。从 10 月初开始陆续起捕黄鳝和泥鳅上市,至 11 月底捕完。枯荷藕可采至翌年 4 月底,结合翻土收莲藕将黄鳝、泥鳅逐一捕光。

(6)生猪育肥技术要点 生猪育肥要达到较好的效果,首先必须把好仔猪选购关。可选择 30 千克以上的二元或三元杂交猪作为商品猪育肥对象。

　　育前准备做好免疫、驱虫、洗胃和健胃。仔猪运回场内应免疫注射1饮（常用猪瘟单苗4头份注射一次，7天后再用猪瘟-猪丹毒二联苗注射）。驱虫可以用左旋咪唑或丙硫咪唑片，按猪体重每千克25毫克研细混入饲料中饲喂，以驱除体内寄生虫。用3%～5%的敌百虫液喷洒猪的体表，以驱除体外寄生虫。健胃，按每10千克体重用大黄苏打2片，分3次拌入饲料中投喂。

　　营养得当在育肥猪饲养期间，最好按体重分两阶段饲养（育肥前期20～60千克、后期60～110千克），根据猪体营养需要，选择当地饲料资源，利用浓缩预混料，为猪只配合全价日粮。猪只生长需要各种营养物质，单一饲料往往营养不全面，不能满足猪生长发育的要求。多种饲料搭配应用可以发挥蛋白质及其他营养物质的互补作用，从而提高蛋白质等营养物质的消化率和利用率。

　　精料为主时，每天喂2～3次即可，在一天内每次的给料量大致可按早晨35%、中午25%、傍晚40%的比例分配；青粗饲料较多的猪场每天要增加1～2次。要根据猪的食欲情况和生长阶段随时调整喂量，每次饲喂掌握在八九成饱为宜，使猪在每次饲喂时都能保持旺盛的食欲。日粮调制以稠些为好，一般料水比为1：2.4。

　　分群合理在猪群管理方面，要做好合理分群，一般每圈饲养10～20头为宜，保证每头猪有适宜的栏位面积（通常育肥前期0.6～1米²/头，后期1～1.5米²/头），并保持同一圈栏内的猪只体重均匀。同时，要做好猪只"三点定位"的调教，使猪群从开始就养成固定地点排粪、采食和睡眠的生活习惯。

　　猪舍内的温度，猪本身的最适应温度18℃～23℃，在这个温度范围内猪的生长都是比较快的，但秋冬季猪舍内的温度一般都低于这个范围，容易造成冷应激，所以要对猪进行保温。有条件的可以使用暖气、红外线灯泡，没有条件的要使用覆盖塑料布、生火炉等一些措施,最终使猪舍保持适宜的环境温度。

在猪舍保温的同时,要注意加强通风,防止空气的污染。同时,要选择气温较高的时候来进行通风,上午 10 时到下午 4 时是换气通风的最佳时间。

适时出栏注意收集和掌握养猪的各项信息,根据信息来确定养猪的规模、方向、饲料种类、出栏体重等。肉猪体重从 110 千克长到 200 千克时,日增重逐渐下降。因此,肉猪养到 110 千克体重时屠宰为最佳。

九十七、药食两用植物葛根高产高效种植技术

1. 葛根全身都是宝

葛根，素有"植物黄金"之称，是经国家卫生部批准认定的药食两用植物。葛根营养、医疗、保健价值高，历史上就有"南葛北参"的美誉，又有"亚洲人参"的称谓。体肥大，味甘，辛，平，无毒，提制葛粉，切制葛片供食用，也作药用。据李时珍《本草纲目》，历版《中华人民共和国药典》等记载和中医中药研究机构鉴定，葛根富含淀粉、蛋白质、氨基酸、纤维素、微量元素及葛根素、大豆苷、木糖苷、大豆苷元、异黄酮化合物等物质。具有清热解毒，滋补营养，防暑降温，养颜护肤，清除体内垃圾，解除便秘等功效。对风火牙疼、口腔溃疡、咽喉肿痛、热咳、高烧、头痛、痢疾、痔疮、皮肤瘙痒、前列腺炎和醉酒等有显著疗效；对预防和治疗高血压、高血脂、冠心病、心绞痛、糖尿病、肥胖症、癌症、皮肤肉瘤等有特殊功效。

(1)葛花 紫红色，形如豆荚，是理想的解酒护脾之良药。

(2)葛叶 富含蛋白质，可作中药材，更是上等的畜禽饲料。猪、兔、羊等特别爱吃，且增肥快，不易生病，产出的猪肉、牛肉、羊肉、牛奶、鸡蛋品质俱佳。

(3)葛藤 既可编篮做绳、做纺织品，也可作中药材和饲料。

(4)葛粉 可进一步加工成饮料、面条、粉丝、糕点等产品。

(5)葛皮，葛渣 可作中药材和饲料。葛渣可用于舟船填缝、基建、做纸筋、纺织和造纸。就连寄生在葛藤中的葛虫也是顶级的消食健胃药品。

葛根既可作为保健食品，也是中药、食品、畜牧等产业的基础原料，又有深度开发高附加值产品的广阔前景。

2. 人工葛根满足了社会需求

葛根，开发潜力巨大，宜于综合开发利用。历年来，由于人工大量采挖，野生资源被严重破坏，难以满足人们的需要。人工种植葛根是泰安鸿基三农葛根种植有限公司，采用国内先进生物技术开发研究，在山东泰安等地区经过一定规模试验种植成功，并获得山东省高新技术成果金奖，已列为山东泰安高新技术开发区重点支持的农业高新技术项目。经大面积种植实践证明，人工培育的优良品种出粉率高达 25％以上，是野生葛的 5 倍之多。该公司在此基础上，培育了适合沙地、山地、盐碱地等不同土质的泰山一号、二号、三号等优选新品种，培育出适应黄河流域生长的速生葛品种——泰山葛，它抗性强，耐寒、耐旱、不生病虫害，出粉率高达28％～32％，特别适合沙壤土、无涝洼的山区及丘陵地区栽种。

(1)在食品工业方面 加工产品有葛粉、葛根片、葛花茶。葛粉深加工后制成十几种保健品，如葛粉丝、葛饮料（汁、茶、奶、露）、葛糕点、葛冻、葛晶等；葛片深加工可以酿制葛酒；残渣还可以制成上等糨糊等。

(2)在医药方面 葛根片有去热解毒功能，是一种纯天然药材，可以治疗高血压、冠心病、心绞痛、糖尿病、肥胖以及眼底病和早期突发性耳聋等疾病；葛花则有特殊的解酒功能；葛根素更是调节和增强人体免疫力、抗突变、抑制肿瘤的新特药物。

(3)在畜牧方面 可有计划地利用葛叶放牧和收割，还可用葛叶、葛藤，葛渣粉碎后采用生物技术（4320）配制成优质的畜牧饲料。

(4)在农业方面 葛根、葛叶可压青沤肥，以达到改良土壤，提高农作物产量，降低生产成本，为绿色农产品的开发创造有利的基础条件。

3. 发展空间巨大

山东鸿基三农生物工程技术有限公司是一个专门研究种植加工葛根的专业公司,加工总部设在泰安高新开发区。该项目上马后,至少需 13 333 公顷资源才能保障它的正常生产,而目前在泰安市还不足 200 公顷,所以发展空间相当大。

由于中央对"三农"工作越来越重视,采取了一系列措施,出台了一系列政策。种植葛根可完全符合中央的精神,符合农民的利益。目前该项目已获全国千县工程示范项目,山东省(百千万富民工程杯)高科技新技术、新成果、新产品金奖。

泰安市有利的环境适宜于葛根的种植,土壤和气候完全符合葛根的种植与生长。葛根喜沙壤土、无涝灾的山区及丘陵地生长,而泰安市 80% 的土地符合这一条件。在属于平原地区的范镇,葛根生长状况良好,其中长势不错的一株不到 2 年已经重达 17.5 千克。而在山口镇的山区内,种植时间仅一年的一株也已经有 6 千克重了。

4. 坚实的后盾保障和技术支持

承担开发任务的泰安鸿基三农葛根种植有限公司是一个授权管理全国的葛根种植专业公司,是总公司的一个职能部门,也是一个独立法人企业。公司现有人员 86 人,其中博导 2 人,教授 2 人,高工 1 人,硕士研究生 1 人,经济师 3 人,会计师 1 人,高层管理人员 9 人,下设葛粉加工厂、葛系列食品厂、育苗基地,已有葛根煎饼、粉条、粉皮、面条、茶叶等推向市场,很受欢迎。葛根种植采用市场化运作,走"公司+农户"的路子,公司直接和农民签订种植、回收合同,并对农民无偿进行培训,免费技术指导,保证葛产品的回收。

泰安鸿基三农葛根种植有限公司在总结前几年葛根种植的经验教训基础上,通过摸索,解决了两个难题。一是越冬,由于黄金葛是南葛北移植物,加上含淀粉高,怕冻,通过摸索,总结出了压土盖膜的经验,完全解决了安全越冬难题;二是解决了葛瓜膨大问题,现在一棵瓜当年能产近 10 千克,为农民增收打下了基础。

葛根种植需要技术,据泰安鸿基三农葛根种植有限公司技术人员介绍,公司在培训方面,注重课堂与实践相结合,深入浅出,简单易懂。不仅毫无保留地把种植知识传授给广大种植葛根的农民,还经常到种植基地现场指导,帮其解决各种疑难问题。山东农业大学中草药研究所是其强大而专业水平又很高的技术依托单位。

5. 种葛根能赚多少钱

该项目在泰安地区发展规模可以达到 13 333 公顷至 66 667 公顷,目前已初具规模,2005 年公司规划发展 333 公顷以上,除了在岱岳区山口、范镇、新泰天宝、泰安高新区北集坡镇为中心的基地外,还可扩展到所属 6 个县、市、区。

葛根种苗共分四个等级,分别为特一、特二、一级苗和二级苗。

以种植特二级苗为例,农民每 667 米² 地投入:种苗 400 棵,每棵 3 元,共计 1 200 元;专用肥不足 200 元,总投入不超过 1 400 元。收入:第一年产瓜 2 500 千克左右,瓜回收价:1.6 元/千克,收入 4 000 元左右;葛藤粉每 667 米² 产 150~200 千克,回收价 0.6 元/千克,可收入 90~150 元;总收入可达 4 200 元左右。减去成本,每 667 米² 纯收入 3 000 元左右。如第二年采收(葛苗一次投入,每年受益,即以后无需买苗)产瓜 4 000 千克以上,加上葛藤粉,毛收入 6 000~7 000 元,农民纯收入 5 000 元左右。

种植一级苗,农民每 667 米² 地投入:种苗 500 棵,每棵 2 元,计 1 000 元,专用肥不足 200 元,共投入 1 100 元左右。农民每 667

米² 收入：当年产瓜 1 500 千克以上，每千克回收价 1.6 元，共 2 400 元左右，加上葛藤粉能收入 3 000 元左右，减去成本，每 667 米² 纯收入在 2 000 元以上。如第二年采收，可产 2 500～4 000 千克，加上葛藤粉的毛收入在 4 000～7 000 元，减去投入每 667 米² 地纯收入在 3 000～5 000 元。

在岱岳区范镇，通过种植葛根而直接受益的农民谷绪昌和王长忠提起葛根，感慨万千。他们原为沙土里长不出粮食而犯愁，但种植葛根让他们尝到了比种粮更多的甜头。

泰安市 80% 的土地适合葛根的生长，农民种葛根的积极性相当高，现已签订 2005 年种植合同和意向种植的近 66.7 公顷，5 年内发展 13 333 公顷的规划已制定完毕，实施完成后，农民可增收 6 亿元以上，经济效益很是可观。

相信独具特色的泰山金葛不仅会给农民带来新的致富希望，更会给人们送去健康福音。

九十八、中药材栽培技术

（一）太子参新品种"抗毒1号"栽培技术

"抗毒1号"太子参是山东省临沭县农技站经过6年的定向培育,利用本地野生太子参与引进太子参杂交选育出的抗病毒高产新品种。该品种叶片肥大、叶色浓绿、块根肥大,呈纺锤形,须根少,颜色正,抗病性强,产量高,一般每667米^{2}产干参200～250千克。太子参喜温和湿润的气候,怕高温,当气温达30℃以上时,植株生长停滞,6月下旬植株地上部分枯萎,进入休眠越夏。性耐寒,具有在低温条件下发芽、发根的特性。畏强光,在烈日下易枯萎。喜肥,怕涝,积水后容易烂根。种子不宜干燥久放,宜随采随播,且必须满足一定的低温条件才能萌发。地下茎具有"茎节生根"的特性,并随着地上部的生长,膨大成纺锤状的块根。从春季出苗至夏季倒苗,生育期为4个月左右。适宜排水良好、疏松肥沃的沙壤土或壤土种植,碱性较大的土壤及低洼易积水的地方不宜种植,前作以蔬菜、豆类、薯类为好,前茬忌烟草、茄科、地瓜等作物,忌重茬。

1. 繁殖方法

繁殖方法有块根繁殖和种子繁殖两种,以块根繁殖为主。

(1)块根繁殖 起参时,选参体肥壮、芽头饱满、无病虫害的块根作种参,并置于室内阴凉处沙藏,经常保持湿润,15～20天翻动1次,直至栽种时取出并再次挑选。种参在临沭县培育一般采用保苗留种法,即5月上旬在保苗留种地上套种春大豆,当太子参地上部分枯黄时,大豆已长大,正好为太子参遮阳,以利越夏。秋季收获大豆后,挖出种参栽种,边挖边栽。

(2)种子繁殖 5～6 月当太子参果实将要成熟时,连果柄剪下,置于室内通风干燥处阴干后,脱粒净选,然后掺上湿沙放在通风阴凉处保存,沙与种子的比例为 3∶1,沙的湿度以手握成团、松开即散为宜。秋播或第二年春播均可。秋播 9 月下旬至 10 月上旬进行,春播 2 月下旬至 3 月中旬进行。在整好的苗床上,按行距 15～20 厘米横向开沟,沟深 1 厘米,将种子拌草木灰均匀撒入沟内,覆薄细土约 1 厘米厚,上盖稻草,浇 1 次透水。

在种参来源缺乏时,可进行原地育苗。方法是利用种植地上自然散落的种子,在 7 月初收获太子参块根后,进行施肥、整地,用齿耙搂松土面,耙平以不见种子为度,然后在床面上撒施腐熟的有机肥,4～5 天后,种上萝卜、青菜等夏秋蔬菜,既可充分利用土地,又能为太子参遮阳。秋作物收获后,再施 1 次人畜粪尿,经 7～10 天后将土壤整平耙细,覆盖稻草,以利保温保湿,安全越冬。翌年 4 月上旬太子参种子发芽出苗后,进行间苗、除草,加强苗床管理,当幼苗长出 2～3 对真叶时即可移栽。也可于 5 月上旬套种黄豆等加以保苗越夏,秋天栽种时收获作种参用。

2. 种植技术

(1)选择参地,施肥整地 太子参的无公害栽培要求参地周围生态环境优越,要远离工矿企业、医院、垃圾场、畜牧场、公路主干道、居民区等污染源,同时大气、土壤、水质未受污染,符合国家二级以上标准。

选择坡向向北、向东的丘陵地或地势较高的平地,土壤以排水良好、疏松肥沃、含腐殖质丰富的沙壤土或壤土为好。忌连作,前茬以豆类、蔬菜等为好。

施肥原则:以农家肥为主,增施化肥,配方施肥,重施基肥,巧施追肥。前作收获后,深翻 25～30 厘米,每 667 米^2 施腐熟圈肥 3 000～4 000 千克、碳酸氢铵 50 千克、三元复合肥 50 千克,翻入地下作基肥。耙细整平后,做宽 120 厘米、高 15～20 厘米的畦,畦沟宽 30 厘米,畦面呈龟背形,便于雨季排水防涝。也可以做成平畦,留畦沟 40～50 厘米宽,翌年 5 月份种 1 行玉米,还可用作管理走道。高畦还是平畦要根据排水和浇灌的需要正确选择,地势较低、排水不畅的地块宜采用高畦,反之则采用平畦,有利于浇水。

(2)适时栽植,保证质量 栽植时间以 10 月上旬至 10 月中旬为宜,过迟则种参因气温下降而开始萌芽,栽时易碰伤芽头,影响出苗。要求种参块根肥大、芽头完整、无伤、无病虫害,并按大小分级。一般每 667 米^2 用鲜参 40～50 千克。栽种前对种参进行消毒,采用 50% 多菌灵可湿性粉剂 500 倍液,浸泡种参 20 分钟后捞起用清水洗干净,晾干待播。

掌握适宜的栽种深度是"抗毒 1 号"太子参增产的关键,一般以栽深 7～10 厘米为宜。栽种时,先在整好的畦面上横向开 13 厘米左右深的条沟,然后将种参按株距 5～7 厘米斜栽沟内,要求芽头朝上,离畦面 6 厘米,芽头位置在同一水平上,"上齐下不齐",然后按行距(沟距)15 厘米再开第二条沟,并将后一沟的土覆在前一条已排好参的沟内,再进行排参,依此按序进行。栽完 1 畦,稍加镇压,并将畦面整成拱背形,然后覆盖 5 厘米厚的麦草或稻草等。为了防止冬天大风吹散麦草,可用玉米秸秆压住,或用尼龙网盖上。播种后若过旱,盖草后喷 1 次水,视墒情好坏,封冻前应浇 1次越冬水。

用种子繁殖育苗的,于春季 4 月上旬发芽出苗,当幼苗长出 2～3 对真叶时即可移栽。选阴天,将参苗挖起,根部带小土团移植到大田,按行株距 12 厘米×6 厘米的规格,将幼苗的茎节横放入沟内,仅留顶端叶片。栽后浇 1 次定根水,覆盖稻草遮阳,待幼苗成活后,去除稻草。

(3)加强田间管理

①**除草** 分根繁殖的,如没盖草,早春必须在没出苗前(1月下旬至2月上旬)及时划锄松土。盖草的地块,应视出苗情况适时撒去过厚的盖草,留下草的厚度要既不影响出苗,又能起到保墒、增温的作用,通常以厚2.5～3厘米为宜。齐苗后将盖草全部清除,并进行中耕松土,拔除杂草,除草、松土时人不能上畦,站在沟内操作。以后见草就拔,5月上旬后,植株早已封行,除了拔除大草外,可停止除草。采用化学除草较省工,具体做法是,栽后3～4天选晴天(注意避开中午强光高温时期)喷施芽前除草剂乙草胺(禾耐斯)1 500倍液,每667米^{2}用150毫升,可防止多种杂草滋生。化学除草后1个月,须用小钉耙松土。采用种子繁殖的,移植后可适当追施有机肥或人粪尿1～2次,并加施磷、钾肥料。施足基肥的可不再追肥,以防植株徒长。

②**排、灌水** "抗毒1号"太子参怕涝、怕旱、怕高温,雨后要及时疏沟排水,天气干旱时要注意浇水,经常保持土壤湿润。

③**追肥** 主要以基肥为主,追肥应根据其长势而定。若参田基肥施用量充足,植株生长较旺盛,可不作根部追肥或少施追肥,若植株生长瘦弱可追施少量稀淡人粪尿或硫酸铵(每667米^{2}用10千克),也可用稀释的人畜粪400千克加磷酸二铵5千克混合浇灌。施肥时间一般在2月上旬,结合中耕和人工除草进行根部追肥或根外施肥。根外追肥可施用浓度为2%尿素水溶液和0.3%磷酸二氢钾水溶液。

④**遮阳** 5月上旬,在每畦的向阳侧种1行玉米,每隔20厘米种2株,一般每667米^{2}种玉米3 500株左右。

⑤**病虫害防治** 应坚持"预防为主,综合防治"的原则,采用药剂防治时,应优先选用生物农药,其次选用化学农药。化学防治时应有限制使用高效、低毒、低残留的农药,应严格控制喷施浓度、每667米^{2}用量、施用次数,在太子参采收前1个月内严禁使用任何

农药。病毒病是太子参最主要也是最重要的病害。受害植株叶片皱缩，花叶、植株早枯，块根细而小。要建立无病毒留种田，留种田在生长季节发现花叶病株一定要随时拔除，减少传染。及时治虫防病，确保种苗不带毒。发现病毒病后，可选用病毒必克、病毒A等药剂防治。叶斑病多发生于春夏多雨季节，病株叶面常出现圆形或不规则形的褐色病斑，发病严重时可导致叶片褐色枯死，造成参根变小，产量降低。

(4)防治方法

①清除病株残叶，减少越冬菌源。

②发病初期用多氧霉素(宝丽安)1 000倍液喷雾防治。中后期可用70%代森锰锌800倍液进行防治。每次用药时适当加入叶面肥、增产菌、旱地龙等。根腐病发病时，先由须根变褐腐烂，然后全根腐烂。7～8月份高温高湿季节易发生，应特别注意雨后及时疏沟排水。防治方法：收获后彻底清理枯枝残体，集中烧毁；实行轮作，不宜重茬，发病前及发病初期可选用50%多菌灵、70%硫菌灵、75%百菌清、25%甲霜灵1 000倍液浇灌病株。蛴螬、地老虎、蝼蛄、金针虫等均可危害参苗与参根的生长与发育，应及时捕杀。

(5)防治措施

①施用腐熟的粪肥，采用高温堆肥定植时每667米^{2}撒施辛拌磷1～1.5千克。

②灯光诱杀成虫。

③喷洒48%毒死蜱1 500倍液或用地虫乐500倍液进行灌根处理。

④毒饵诱杀，用25～30克氯丹乳油拌炒香的麦麸5千克加适量水配成毒饵，于傍晚撒于田间或畦面诱杀。

3. 采收加工

7月上旬当田间有半数以上太子参植株枯黄倒苗时，除保苗留种外均应立即采挖。选晴天采挖,不要碰伤芽头保持参体完整。收获时,先去茎叶,后挖块根。

将采挖的鲜参,用清水洗净,在日光下暴晒 2～3 天,晒干后及时翻动几次。扬去须根,即成生晒参,可作药材出售。本品以身干、无须根、大小均匀、色微黄者为佳。也可置室内通风干燥处摊晾 1～2 天,使根部失水变软后,再用清水洗净,放入 100℃沸水锅中,浸烫 2～3 分钟,取出立即摊晒,晒至干脆,装入箩筐,轻轻振摇撞去参须,习称烫参。

(二)柴胡高产高效种植技术

1. 种植柴胡效益高

柴胡为伞形科多年生草本植物,以根及全草入药,对感冒发热、疟疾、头晕目眩、耳鸣、两肋作痛、月经不调等均有明显疗效。柴胡为我国传统大宗药材,主要以野生品供应市场,主产于辽宁、吉林、黑龙江、甘肃、河北、河南、安徽、山西、陕西、山东、江苏、四川、湖北、内蒙古等地。

(1)市场前景 进入 21 世纪后,由于柴胡野生品种连年大规模采挖,产量呈逐年下滑之势,而家种品种产量很少,市场缺口逐年加大,到 2006 年底,柴胡缺口达 1 800 吨以上,导致各地库存空虚,后市难以为继。预计 2007—2008 年需求量增长至 6 000～7 000 吨,市场缺口高达 2 000～2 500 吨。

近年来,我国许多大型制药集团(厂)用柴胡开发了近千种新药、特药和中成药,所需柴胡数量逐年增加。我国出口到 120 多个国家和地区的柴胡总量每年以 15％的速度递增。港澳台市场也连年向内地求货,且数量可观。我国星罗棋布的药材市场、药材公司、药店、饮片公司、中医院、中西结合医院、诊所等对柴胡的需求也在与日俱增。柴胡市场潜力巨大,前景广阔,后市产量与价格均有较大的上行空间。对全国 17 家大型中药材专业批发市场 2000—2006 年柴胡价格的调查显示,2000 年野生柴胡(黑统货,下同)市价为 8～10 元(千克价,下同),2005 年升至 30～40 元,2006 年已攀升至 33～50 元,预计 2007—2008 年市价将稳步上涨至 40～60 元。因此,发展柴胡生产已迫在眉睫。种植柴胡是农村农业种植结构调整和农民脱贫致富的一个好门路,各地应以市场为导向,因地制宜地发展柴胡种植。

(2)效益分析 柴胡生长期为 2 年,一般每 667 米^{2}产干品 150～200 千克,丰产田产量可达 250～300 千克。按市场收购价平均每千克 35 元计算,2 年每 667 米^{2}柴胡的效益为 5 250～7 000 元,平均每年毛收入为 2 625～3 500 元,扣除化肥、农药、农家肥、种子、人工、浇水等生产成本 500～600 元,每 667 米^{2}纯效益可达 2 000～3 000 元,如果采取宽垄密植并在玉米田里套种,每 667 米^{2}纯效益可超过 3 500 元。

(3)种植要求 柴胡喜温暖湿润的气候条件,适应性强,具有耐旱、怕涝的特性。因此,种植时应选择向阳平缓及平坦的农田栽培,土质以排水良好的沙质壤土及土层深厚的腐殖土为佳,土壤 pH 值 6～7 为宜,前作以禾本科植物为好,忌连作。整地、施肥,按常规药材种植方法。注意选种与种子处理,应从 2 年生以上的植株上采集饱满成熟的种子(双悬果)。因柴胡种子寿命短、发芽率低,超过 1 年的陈种子不易发芽,不可使用。采集到的新种子(或购买的新种子)在播种前应进行处理,即用浓度为 100 毫克/千克的赤霉素溶液浸种 2 小时,捞出晾干备用。播种方式因地制宜,可采取种子直播或育苗移栽的方式种植,春播或秋播均可,每 667 米^{2}用种量 2.5～3 千克。田间管理,如:松土除草、间苗、定苗、追肥、浇水、摘心除蕾、病虫害防治,以及收获与加工等均按常规方法进行。

2. 柴胡的规范化生产技术

我国中草药栽培历史悠久,在经济全球化的今天竞争优势更加明显。为了增加农民收入,中药材产业在农村结构调整中被很多地区作为发展重点。加入世界贸易组织后,面对国际市场,传统中药材生产受到冲击,部分老产区面临着药材质量上的严峻挑战。为了规范中药材生产,保证中药材质量,促进中药材标准化、现代化,进一步增强国际市场竞争能力,国家药品检验监督局于 2002 年 6 月起实施《中药材生产质量管理规范(GAP)》。规定各类中药材的生产必须按照 GAP 的要求,从土壤选择、肥料施用、水质鉴定、气候条件的调节、化学药物的利用和采收期的确定、加工等一系列的生产操作过程进行规范。为了贯彻落实 GAP 的指导原则,规范中药材的基地建设,增加农民收入,下面介绍菏泽市润康中药材研究所对中药材柴胡的规范化生产技术。

(1)品种选择 人工栽培的柴胡品种主要是北柴胡,也就是竹叶柴胡,该品种株高 50～60 厘米,分枝少,含柴胡皂苷及白芷素成分高,接近或达到规范的标准,是当前柴胡栽培的最佳品种。

(2)水土选择 按照要求宜选用非耕地或前茬是禾本科的作物,其土壤中重金属含量低,以排水良好的沙质壤土较好,盐碱或涝洼积水不能种植柴胡。水质应以无污染、pH 值在 6.5～7.5 之间,远离工业排放的污水和化工场所,以保证柴胡的质量。

(3)气候条件 根据柴胡生长特性和各地气候条件的不同,要达到 GAP 规范标准,必须人为地创造最适生长发育条件,以达到高产、优质,高温、空气干燥、阳光直射的地区,可采用遮阳方法,如搭遮阳网、间作高秆作物或用菏泽市润康中药材研究所研制的"空中瓜蒌、架下柴胡"方法,可有效地解决高温干燥问题,达到生产要求。

(4)栽培管理 柴胡的播种期可分春播、冬播和麦茬播种。根据 GAP 的要求,结合柴胡的种子特性,以冬播较好,如春播和夏播需经种子处理后才能播种。施肥总的原则是多施有机肥,前中期少追肥,后期及近采收期不施化肥。具体施肥标准为每 667 米^{2}施土杂肥 2 500 千克或腐熟圈肥 1 500 千克和柴胡专用肥 50 千克,过磷酸钙 75 千克,美国二铵 20 千克。深翻耙匀,做成宽 1.5米、两边留有宽 30 厘米排水沟的畦,畦上面画出行距 25～30 厘米、深 2 厘米的浅沟,顺沟均匀地把种子撒入沟内,覆细土、踩实,如墒情不好,应立即浇水,确保柴胡种子后熟过程的完成。

早春解冻后,地面上应加盖地膜,以提高地温,保持湿度,促进种子完成后熟后的萌发。待苗大部分出齐后揭去地膜,如没有其他遮阳设施,可在排水沟内栽种玉米、黄瓜、豆角等作物。苗高 10厘米时间苗补苗,株距 5～7 厘米,缺苗处带土移栽补齐,同时除草,施一次清淡水肥。6～7 月份是旺盛生长期,配合中耕除草,每667 米^{2}追施尿素 7 千克。雨季注意排涝。非种子田,生长期发现花蕾及时摘除。2 年生柴胡可在 7 月中旬割掉地上茎叶。

(5)病虫害防治 病害有锈病、斑枯病、根腐病,按 GAP 规定,一般用 25％三唑酮 1 000 倍液和波尔多液 1：1：120 喷施防治。小面积发病,可处理病残体,拔除病株及时烧毁。虫害可用5％辛硫磷 2 000 倍液喷雾,全生长期用 1 次,与收获日期间隔不少于 5 天;10％溴氰菊酯 2 000 倍液喷雾防治,全生育期最多可用4 次,与收获日期间隔不少于 7 天。

3. 采收加工

柴胡播种至收获一般需 1～2 年的时间,根据中药材 GAP 规范要求,1 年生质量较好,每 667 米^{2}产干品 80～1 000 千克;2 年生产量高,每 667 米^{2}产干品 150～200 千克。秋季收获,割去地上茎叶,挖出根,抖净泥土,晒干即成。用全草可在播种当年秋季和第二年收根时割茎,晒干即成。

(三)桔梗无公害种植技术

桔梗又名铃铛花、梗草,为桔梗科桔梗属植物。桔梗为常用中药,根供药用,具有宣肺、散寒、祛痰、排脓等功能。用于治疗外感风寒咳嗽、咳痰不爽、胸闷胀气、支气管炎、肺脓疡等症。桔梗无公害种植技术如下。

1. 生长习性

桔梗为多年生草本植物,性喜凉爽湿润气候。要求阳光充足、雨量充沛的环境。种植地块以土层深厚、疏松、肥沃、排水良好的沙壤土为好。怕风害,大风易使植株倒伏。忌积水,土壤过湿易烂根。

2. 选地整地

桔梗为深根作物,应选择土层深厚、疏松肥沃、排水良好、含腐殖质丰富的沙质壤土或腐殖质壤土为好。选好地后,于冬季深翻土壤 30 厘米以上,翌年春天结合整地,每 667 米^2 施入腐熟厩肥或堆肥 2 000 千克,加过磷酸钙和腐熟饼肥各 50 千克,翻入土中作基肥,于播前再浅耕 15 厘米,整平耙细后,做宽 1.3 米的高畦,畦沟宽 40 厘米,四周开好排水沟。

3. 播 种

春播于 3 月底 4 月初进行。播种前选背风向阳的沙质壤土作苗床,每 667 米^2 施入腐熟厩肥 2 000 千克,并整平耙细。先育苗,后移栽。播种时,在整好的畦面上,按行距 10 厘米、沟深 1.5 厘米开沟,将种子均匀撒入沟内,覆盖细土 1 厘米厚,稍压紧后浇水,盖草保温保湿并防雨水冲刷。出苗后及时揭去盖草,苗高 1.5 厘米时间苗;苗高 3 厘米时,按株距 3 厘米定苗。以后加强田间管理。

4. 移　栽

在育苗的当年秋天茎叶枯萎后,或翌年春天幼芽萌动前移栽。移栽前,将幼苗连根挖起,按大、中、小分级分别栽植。移栽时,选晴天的傍晚或阴天,在整好的畦面上,按行距15～18厘米、株距5～7厘米、沟深20厘米的规格定植,扶正、栽稳,浇透定根水。

5. 中耕、除草和追肥

齐苗后,结合中耕除草,每667米^{2}追施腐熟人畜粪尿1 500千克,以促进幼苗健壮生长;6月底进行第二次中耕除草,每667米^{2}追施腐熟人畜粪尿2 000千克、过磷酸钙30千克。8月进行第3次中耕除草,每667米^{2}追施腐熟人畜粪尿2 500千克、过磷酸钙50千克;入冬后,重施1次越冬肥,每667米^{2}追施腐熟厩肥1 500千克、饼肥100千克、过磷酸钙50千克,于株旁开沟施入,施肥后覆土盖肥并进行培土。

6. 灌　水

桔梗种植密度高,在高温多湿的季节,要及时清沟排水,防止积水烂根。

7. 除　花

桔梗花期长达3个月,开花消耗大量养分。当出现花蕾时及时摘除,使养分集中于根部生长,增加产量。

8. 病虫害防治

(1)枯萎病　为全株性病害。发病初期,近地面根头部分和茎基部变褐呈干腐状。病菌沿导管向上扩展,使全株枯萎。防治方法:一是实行3～5年的轮作。二是雨后及时排水,不使田间积水。

三是发病初期,用 50％多菌灵可湿性粉剂 800 倍液,或 50％甲基硫菌灵可湿性粉剂 1 000 倍液喷雾防治。

(2)紫纹羽病　危害根部。病根表皮变红,后逐渐变成红褐色至紫褐色。根皮上密布网状红褐色菌丝,后期形成绿豆大小的紫褐色菌核,最后根部腐烂只剩下空壳,地上部枯死,造成严重减产。防治方法:用 50％甲基硫菌灵可湿性粉剂 1 000 倍液喷雾防治。

9. 采收加工

在播种后培育 2 年才能收获,秋后地上部茎叶枯黄时挖取。收挖时不要伤根,以免汁液外溢。加工时,将根条除去茎叶和泥土,放在清水中洗净,用碗碎片或竹刀趁鲜刮去外皮,晒干即成商品。质量以根条肥大、色白或略带微黄、体实、味苦、具菊花纹者为佳。

(四)泰山何首乌种植技术

泰山何首乌,又叫白首乌、大根牛皮消、柏氏牛皮消、地葫芦野地瓜,为萝芦藤科鹅绒属的戟叶生皮消的干燥块根。具有补肝肾、强筋骨、益经血、滋补安神作用,用于肝肾不足、腰膝酸软、失眠健忘、体虚多梦、皮肤瘙痒等症。现代研究其含有多种营养成分和有效成分,具有明显的抗肿瘤和抗衰老作用。由于其补益强壮作用显著,与泰山参、黄精、紫草同列为泰山四大名药。泰山何首乌在山东多产于泰山、济南市的章丘、长清、历城等地。泰山上的分布,多集中于九女寨、桃花峪、扇子崖、药乡、麻塔、后石坞、铜器行等地。近年来,由于盲目滥采滥挖,致使其资源大为减少,几乎处于濒临灭绝的境地。因此,积极地保护其现有资源,迅速繁殖和扩大生产,已成为亟待解决的实际问题。现将泰山何首乌的形态特征、生物学特性和栽培管理、采收加工技术介绍如下。

1. 形态特征

泰山何首乌属多年生缠绕性草本植物,高达 1～2 米,全株有白色乳汁。块根球形成块状,常数个相连;外皮褐色或黄褐色,干时易剥离,内面白色,干燥之后坚硬的呈粉性。茎纤细,无毛,绿色或带紫色。单叶对生,有长柄,叶片戟形或三角形心状,先端渐尖,全缘,基部心形,两侧有向外开展的圆耳,表面疏被短硬毛,背面叶脉处有细毛。伞形聚伞花序腋生,花萼 5 裂,黄绿色;副冠 5 裂,披针状形;雄蕊 5 枚,花药环生雌蕊周围,雌蕊由 2 枚分离心皮组成。花期 6～7 月,果期 8～9 月。千粒重 5 克左右。

2. 生物学特性

泰山何首乌喜温暖、湿润、荫蔽、凉爽气候,耐寒耐旱,多分布于山坡石缝内及土壤肥沃湿润的林下。在强光和过于干旱的情况下,叶片变黄,生长发育不良。土壤以排灌方便、土层深厚、疏松肥活、富含腐殖质的沙质壤土为佳。种子容易萌发,在 15℃～30℃ 温度下均萌发良好。

3. 栽培管理

(1)选地和整地施肥 根据泰山何首乌的生物学特征,选择合适的土壤,也可在果园、林下、田边、山坡地。施足基肥,以充分腐熟的有机肥为主,如堆肥、圈肥,多施草木灰、磷钾肥,深翻耙细,捡净树根、石块等杂物,整平后做成宽为 50～60 厘米的高畦,周围开好排水沟。灌水渗透。

(2)种植方法 用种根繁殖,也可用种子繁殖和插条繁殖。由于种子繁殖生长年限长,育苗费工,见效慢,生产上很少采用。

①种根繁殖 当秋末地上枯萎后或早春萌芽前,结合收刨块根,选生长健壮、无病虫伤害、有芽的小块根,最好是边收边栽种,

不宜将块根久放，以免发生腐烂。在整好的高畦上，按行距 40～50 厘米、株距 20 厘米挖深约 10 厘米的穴，每穴栽种根 1 块，栽后放入人畜粪尿，最后覆土与畦面平，并稍加镇压。每 667 米² 用种根 100～150 千克。

②种子繁殖　可进行育苗移栽或直播。在秋末当果实变黄、成熟果皮未开裂前，分批采回种子，过早种子不成熟，过晚果皮开裂，种子随风飘散。抖出种子，去杂，去种毛，置于通风干燥处贮藏。翌年 4 月初育苗或直播。在整好的畦面上进行沟播或撒播，播种深度约 5～6 厘米，保持土壤湿润，约 15 天即可出苗。

(3)田间管理

①中耕除草和培土　出苗后要及时进行中耕除草，每年一般进行 3～4 次，分别在清明、立夏、小暑、立秋前后进行。中耕宜浅，不要伤根。遇雨冲或根部外露，应及时用土覆盖。

②插立支架　出苗后，在高畦两侧插立"人"字形支架，以便藤蔓攀附其上，也可间作其他高秆作物为支架。增强通风透光，提高根部产量。

③追肥　一般从第三次中耕除草时结合追肥，可重施腐熟肥料、草木灰、磷钾肥，促进根部肥大充实。追肥后要结合松土和灌溉。

④虫害防治　红脊长蝽以成虫、若虫群集于幼嫩茎叶上刺吸汁液，刺吸处呈褐色斑点，严重时导致植株枯萎死亡。

防治方法：①加强田间管理，及时中耕除草，可消灭部分若虫。②虫口密度大时可选用 2.5%溴氰菊酯 3 000 倍液，或 21%增效氰马液油 4 000～5 000 倍防治 1～2 次。

(4)采收与加工　当根达到入药年限后的当年秋末地上部分枯萎后，或翌年春天或萌芽前，细心挖出根部，大的加工入药，小的作为种根。除去处皮，晒干，或趁鲜切片晒干。以块大粉性足者为佳。

(五)板蓝根种植技术

1. 市场前景

目前,板蓝根种植面积减少,市场库存偏少,价格稳步上扬,现统货市场销售价坚挺在 7～7.5 元/千克,预计后市仍有上升空间。因此,发展板蓝根生产前景看好。板蓝根适合我国南北各地栽培,对土壤无严格要求,能耐寒,可连作,低洼积水地块不宜种植,种后6～7 个月可采挖。

2. 种植效益

以每 667 米² 地块为例,投入:种子用量 3 千克,种子款为 100元,肥料(磷肥 75 千克,复合肥 25 千克,尿素 10 千克)110 元,农药、除草剂等 30 元,合计 240 元。收入板蓝根常年产块根 300～350 千克(高产时可达 400 千克以上),大青叶 200～230 千克,目前市场收购价块根为 6.5～7 元/千克,大青叶为 2～2.5 元/千克,按最低产量和价格计算,产值为 300 千克×6.5 元/千克＋200 千克×2 元/千克＝2 350 元。纯利:2 350 元－240 元＝2 110 元。一个劳力管理 6 003～6 770 米²(9～10 亩)为宜。

3. 种植技术

(1)选育良种,适时施肥　收挖时选择根直、长而大、健壮的植株作种苗,移栽于种子田,行距 30 厘米、株距 20 厘米。移栽前施足基肥,以腐熟的农家肥为主,每 667 米² 可施入 2 000 千克厩肥和 50 千克磷肥。翌年出苗后松土除草,施 1 次人畜粪尿,每 667米² 用 1 000 千克作追肥。抽薹开花时再追施 1 次适量的磷、钾肥,以利于子粒饱满。天旱时及时浇水。

(2)合理密植,实行轮作　选择有一定坡度、土层深厚的夹沙地种植。整地前施入 2 000 千克腐熟的农家肥,再将地深耕 25 厘米以上,然后整平耙细,做 1.5 米宽的畦。种植时适当加大密度,以 1 畦种 6 行为宜。板蓝根与绿豆、杂豆轮作倒茬,可减少病害发生,提高产量。

(3)点苑条播,施播种肥 板蓝根春、夏、秋 3 季均可播种。播前将种子用 30℃～40℃的温水浸种 4～5 小时,然后捞出晾干,以不粘手为度,此时即可下种。方法是:按 20 厘米左右的行距在畦面上开 3～4 厘米深的沟,然后按 15 厘米的株距点播种子,每苑播 3～4 粒种子。结合播种施入混有土的复合颗粒肥作种肥,稍微镇压,再盖一层细土。一般每 667 米² 用三元复合肥 5 千克为宜。

(4)按时定苗,稀密均匀 播后 7～10 天就可出齐苗。植株长出 2～4 片真叶后,干旱时浇 1 次淡尿水。幼苗长到 10 厘米高时定苗,每苑留健壮苗 2～3 株,若有缺苗,应就近移栽 2～3 株苗进行补苗,每 667 米² 留苗 18 000～20 000 株。

(5)及时追肥,适量割叶 苗高 10 厘米时结合定苗除草,追施 1 次淡尿水肥,每 667 米² 用 1 000 千克,坡度较大而无法灌溉的地可多追施 2 次淡尿水肥。为使行间通风透气,一般于播后 3～4 个月植株生长旺盛时割叶,平川地收割 2 次,山地可割 1 次,割后立即追肥 1 次。

(6)对症下药,防治病虫 板蓝根的主要病害为霜霉病和白粉病,可综合防治。方法是:①播种前将种子用 50％多菌灵浸种 4～6 小时。②发病初期用 1∶500 倍的代森锌或甲基硫菌灵水溶液喷洒叶面,5 天喷 1 次,连喷 3 次。虫害主要有蚜虫、菜青虫等,可用乐果 500 倍液喷杀,3 天喷 1 次,连喷 3 次。

(7)及时采收,正确加工 播种后 6～7 个月,当地上茎叶枯萎时应及时采收。

方法是顺坡向一边挖开,尽量不要挖断根,将挖出的板蓝根一一成排摆放。对苗健壮、无病害的植株,可移栽作为翌年用种。挖后待苗稍晾干,去掉枯黄叶,从芦头处切开或剪开。根按大小分为两等,去净杂质泥土,晒至七八成干后扎成小捆,再晒至全干。

(六)食用百合栽培技术

百合为百合科多年生草本植物,由数十片肉质鳞片抱合而称百合,别名有蒜脑薯、摩罗、山丹、强瞿等。全世界原生百合有80多个品种,我国有原生百合品种47个和18个变种。百合有很深的文化内涵,有百事合意、百事合心之寓意,象征团圆、和谐、幸福纯洁、发达顺利。食用百合,顾名思义,即是能食用的百合,但食用百合也能药用、观赏和绿化。百合自古为药食观赏三用的佳品,有润肺止咳、宁心安神、通便抗癌等功效,1000多年前我国人民就开始把百合作为食用药用,并作为贡品进献朝廷。

现在世界上许多国家都从我国进口食用百合,越来越多的人喜欢吃百合、用百合,在世界范围内形成巨大的百合市场。而种植面积过小,加之品种少,造成近2年来的供不应求状况,使得价格飞涨。2010年秋普通食用百合地头价格就达到了每千克30多元,比较好一点的百合干市场价达到了每千克200多元,而且还有上涨的趋势。在这种形势下,许多朋友想种百合,搞产业结构调整,而品种和种植技术成为了关键。现介绍食用百合的8个品种。

1. 食用百合1号

白花,有香气,宽叶,株高90～120厘米,耐热,抗寒性略差,喜光,耐半阴,鳞茎直径可达8厘米以上,淀粉含量高。食用、园林绿化、观赏、保健皆可。

2. 食用百合2号

红花,株高80～120厘米,耐寒,耐热,适应性强,鳞茎直径可达8厘米以上,喜光,耐半阴。食用、园林绿化、观赏、保健皆可。

3. 食用百合 3 号

橙红花,细叶,株高 30～100 厘米,耐寒,耐旱,适应性强,味甜,口感好,鳞茎直径可达 8 厘米以上,耐半阴。食用、园林绿化、观赏、保健皆可。

4. 食用百合 4 号

黄花,味甜,株高 80～120 厘米,耐寒,耐半阴,鳞茎直径可达 8 厘米以上。食用、园林绿化、观赏、保健皆可。

5. 食用百合 5 号

红花,喜光,耐寒,味甜,株高 80～120 厘米,鳞茎直径可达 8 厘米以上。食用、园林绿化、观赏、保健皆可。

6. 食用百合 6 号

红花,味甜,喜光,株高 80～120 厘米,鳞茎直径可达 8 厘米以上。食用、园林绿化、观赏、保健皆可。

7. 食用百合 7 号

白花,有香气,耐阴,味甜,微酸性土壤最好,株高 60～120 厘米,鳞茎直径可达 8 厘米以上。食用、园林绿化、观赏、保健皆可。

8. 食用百合 8 号

白花,有香气,耐热,耐轻度盐碱,长城以南可以种植,株高 80～120 厘米,鳞茎直径可达 8 厘米。食用、园林绿化、观赏、保健皆可。

(七)拉开栝楼产业第二次变革大幕

栝楼,是应用了几千年几乎家喻户晓的重要药材(山东民间称大圆瓜）。据调查,山东的长清、肥城、宁阳和菏泽一带产栝楼已有久远的历史,且质佳量大。20世纪90年代,我们从野生的40多种栝楼中发现了可供食用的诸多栝楼品种,移栽庭院并获得了成功,其种子(栝楼子)经炒制后精制成坚果类休闲食品,像香榧、山核桃一样投放市场。由于它源于野生并具香酥奇特的口味和特有的医疗保健功能,一经投放市场,便受到了广大消费者的青睐。由此便有了食用栝楼的规模化种植,周边地区也纷纷引种。2005年发展成为农业产业化的一张特色优势名片,并列入全国农业标准化示范项目,全国范围内达2万多公顷。这便是栝楼产业的第一次变革。

食用栝楼是经人工驯化的野生植物,属农家品种或地方品种,其遗传变异发生比较频繁,而且变异大。特别是经过近几年的大规模种植,连年种子繁殖遗留下来的雌雄比例失调、遗传分离严重;病毒病的复合侵染引起的种质退化、区域性绝收;连年混变串粉失去了生命力和抗逆力,种植户植保意识差引起的连年连茬种植障碍的发生;再加上管理粗放,产量越种越低,基本上形成了引种到哪里,3～5年后就在那里毁灭。一个新兴的农业支柱产业,几年后就顷刻变成了萎缩产业,给种植户造成不可估量的损失。到目前为止,全国各种植区域沿用的均是这个自生自灭的模式。

由于栝楼产业种植管理链条的脱节,导致了栝楼子市场的供需矛盾,预计今后10年将会年年供不应求。这从另外一个角度展示了栝楼产业的广阔市场前景。

进入21世纪以来,本研究所坚持自主研发、自主创新的原则,致力于食用栝楼种质资源的保护与遗传改良:以生物技术为核心,开展栝楼产业的科技革命,应用现代生物技术与常规育种技术相结合的方法,开发食用栝楼突破性新品种,作为主栽品种,推动了现代农业生物技术产业化,拉开了食用栝楼产业的第二次变革大幕。通过这场变革,把食用栝楼产业培育成优质、高产、高效的高端产业,并形成高端产业链。

我们通过无性系选育,克服了长期以来种子繁殖遗留下来的遗传分离严重、雌雄比例失调的现象,经过了诸多年的努力,已有 2 个具特异性、一致性和稳定性的食用栝楼系列育成品种,尚有另外 2 个突破性新品种还在考种中。该品种典型性状一致且稳定,商品瓜籽千粒重突破 300 克,并通过智能化快繁克隆了坐瓜节位,使坐瓜节位由原来的 8~10 米外,降到了 2 米以下,真正做到了带瓜上架,每 667 米^2 产量由原来的不足 50 千克猛增到 200 千克以上,大大增加了种植效益。

通过微繁殖组织培养,培育出了新一代无病毒生产原种种根,弥补了长期以来种子带毒、种根带毒的缺陷,并通过接种弱病毒株系,使植株 3 年内获得免疫,不再感染由同类病毒的强毒引起的病毒病,从根本上预防了食用栝楼病毒病的发生。并根据栝楼特有的三性,制订了系统的标准化操作规程,为食用栝楼产业现代化管理、标准化生产、规范化运作奠定了基础。

九十九、食用菌高产高效栽培技术

(一)利用酒糟与土洞周年栽培鸡腿菇高效生产技术

食用菌产品依其较高的食用价值和药用保健价值深受消费者的喜爱。平阴县大规模栽培食用菌已有多年的历史,特别是近年来,发展势头更加强劲。人工开挖土洞 3 000 多条,栽培面积 200 万米^2,总产量达到 3 万吨,产值突破 1 亿元。平阴县利用土洞周年生产食用菌,已经成为全国鸡腿菇反季节生产第一大县,其产品远销国内北京、天津、上海等城市。

洞内周年温度一般在 12℃～18℃,较适宜鸡腿菇、双孢菇及金针菇等食用菌的栽培,可生产出优质商品菇,菇体粗壮肥大,色白细嫩、肉质密实,不易开伞,保鲜期较长,并可作为恒温冷库定期贮放分批出菇的菌袋(包)及鲜菇产品,利用价值很高,且不占用土地。同时针对平阴县甘薯粉渣酒糟资源较为丰富的特点,进一步摸索出了利用粉渣酒糟栽培鸡腿菇的技术。不仅能变废为宝,产生可观的经济效益,而且其出菇后的菌糠下脚料,作为一种优质有机肥,可形成农业生态良性循环。利用酒糟原料和土洞设施生产栽培鸡腿菇技术总结如下。

1. 酒糟栽培鸡腿菇高产工艺流程

鲜甘薯→淀粉渣→晒干储用→白酒糟(湿)→加 3%的石灰粉→碱化、晾晒处理→按配方加棉籽壳或玉米芯粉、麦麸等拌匀→建堆通风发酵处理 5～7 天调节 pH 值、含水量→装袋(包)接种→洞外发

菌培养→洞内覆土保湿栽培→出菇管理、采收→后潮菇管理→菌糠→有机肥

2. 人工土洞周年栽培出菇时间安排

采取洞外发菌、洞内出菇方式,一年分 3 批栽培出菇,每批出菇 2 茬,洞内出菇管理期 3 个月左右,批次间隔期约 1 个月。即从每年 3～4 月份开始装袋发菌,5 月中旬入洞覆土,6 月上旬开始出菇,直到 7 月下旬第一批栽培结束;清理土洞及换茬消毒后,于 8 月中下旬将第二批出菇菌袋入洞覆土,9 月上旬开始出菇,直到 10 月下旬第二批栽培结束;第三批出菇菌袋发好菌后,于 11 月下旬入洞覆土,12 月中旬开始出菇,直到翌年 2 月下旬至 3 月份第三批栽培结束。这样安排栽培季节,可与大棚栽培的出菇旺季基本错开,鲜菇价格较高,可产生良好的经济效益。

3. 鸡腿菇生长发育条件与栽培特点

鸡腿菇是一种适应能力极强的草腐、土生菌,其菌丝抗老化能力强,子实体形成需要覆土及土壤微生物的刺激。应选用具有良好透气性的肥沃壤土作为覆土材料,可加入一定量的腐殖土、过筛煤灰渣或草炭土,其内添加少量的草木灰、石灰粉、石膏粉为宜,不宜用沙土、黏淤土作覆土用。

野生鸡腿菇一般发生在自然气温稳定在 10℃ 以上的春末(3～5 月)和晚秋(10～11 月)。其菌丝生长的温度范围 3℃～35℃,最适生长温度 22℃～28℃。菌丝的抗寒能力很强,而 35℃ 以上时菌丝体易发生自溶现象。子实体的形成需要低温刺激,当温度降到 9℃～20℃ 时,鸡腿菇菇蕾就会破土而出。低于 8℃ 或高于 30℃,子实体均不易形成。在 12℃～18℃ 范围内,子实体发育较慢,个体大,品质优良 20℃ 以上生长快,菌柄易伸长,超过 25℃,子实体易开伞和自溶。

鸡腿菇培养料的含水量以 60%～70% 为宜。子实体发生时，空气相对湿度以 85%～90% 为宜,低于 60% 菌盖表面鳞片反卷,相对湿度在 95% 以上时,菌盖易发生斑点病。覆土层的含水量控制在 25%～45% 为佳。

鸡腿菇菌丝生长和子实体生长发育都需要新鲜的空气,尤其在出菇阶段需要大量的氧气。鸡腿菇菌丝生长不需要光线,可在黑暗条件下发菌,但菇蕾分化和子实体发育长大时需要 300～900 勒的光照强度。鸡腿菇菌丝能在 pH 值 2～10 的培养基中生长。培养基经过鸡腿蘑菌丝生长之后,一般能自动平衡到 pH 值 7 左右。培养基或覆土材料均以 pH 值为 6.8～7.6 时最适合。

4. 品种选择、栽培料配方与预处理

(1)品种选择 选用山东省农业科学院植保所选育出的适合酒糟为主料栽培的鸡腿菇优良品种平鸡 1 号和鸡东 1 号,也可选用 Cc168、鲁植鸡蘑 1 号等鸡腿菇品种。

(2)栽培料配方 鲜酒糟 300 千克(折干约 100 千克),棉籽壳 20 千克或碎玉米芯 30 千克,麦麸 6～8 千克,石灰 10 千克,尿素 0.3～1 千克,石膏粉 1 千克。

(3)原料预处理 新鲜酒糟中含有对鸡腿菇菌丝生长不利的醇、醛类物质,酸性较大,且含水量高,需经预处理。应加入 3% 石灰,拌匀后摊开晾晒 4～5 小时,勤翻料,促进水分和有害物质挥发。预处理后的酒糟,加经 2% 石灰水拌湿处理的棉籽壳,或经 3% 石灰水拌湿处理的碎玉米芯及麦麸、石膏粉等,再加入适量水充分拌匀,进行建堆通风发酵。

(4)发酵方法 选取地势较高、平坦硬化、朝阳的场地,将 1000～1500 千克栽培料(折干)建成一半球形料堆,从堆底中心的预留空间引出一根通风管,外接一台小型鼓风机,堆表面拍平后,均匀向堆心的预留空间插通气孔,建堆完毕,用消霉净 1000

倍药液和 50％氟虫腈(锐劲特)1 500 倍液将料堆表面均匀喷洒 1
遍,以消毒和防虫,最后用塑料薄膜覆盖料堆并将周边压实。当发
酵料层最高温度达到 65℃以上,用鼓风机进行间歇式鼓风,每次
半小时左右,间歇 2～3 小时,夜晚可停止鼓风,揭去塑料膜,覆盖
草苫,维持 24 小时后进行第一次翻堆。翻堆时应将堆表层料翻至
内部,上部和底层料翻至堆中间。翻堆后重新建堆,再次升温后,
按第一次发酵升温通风方式进行间歇式鼓风,以此类推,共翻堆 3
次即可。第三次翻堆时再均匀喷洒一次适量的消毒剂和杀虫剂药
液,将料堆盖严薄膜,不再通风,通过自然升温或人工通热蒸汽,当
料温全面、均匀达到 60℃时,保持 24 小时后摊堆,充分晾排余热
及废气。发酵好的栽培料呈棕褐色,无异味,用石灰水调至 pH 值
7.5～8,含水量 60％～65％。发酵总时间 5～7 天。

5. 装袋、接种、发菌

原料经堆积发酵处理后,可进行装袋与播种。一般细袋栽培:
筒膜规格为 45 厘米×26 厘米,料长约 25 厘米;圆块菌包栽培:筒
膜规格为 65 厘米×55 厘米,料厚约 12 厘米。采用三层菌种两层
料的层播方式播种,接种时菌种块要适当大一些。用种量为培养
菌丝满袋后再放置 10 天左右丝体达到生理成熟即可进行覆土出
菇。在土洞中靠两边洞壁做畦,在畦底及四周撒一层石灰粉,中间
留操作道。畦宽约 90 厘米,细袋脱膜后菌棒平放或切半竖放,间
隔 2～3 厘米,菌块脱袋或不脱袋平放,用处理过的土壤将间隙填
平,浇一遍重透水后,在整个出菇面上覆盖约 3 厘米的覆土,土粒
大小以直径 0.5～2 厘米为宜,适量均匀喷洒 1％石灰水,最后用
薄膜架空覆盖畦面保湿。

6. 优质出菇管理

菌料覆土后,7～10 天菌丝就可长透覆土层,进入菇蕾分化

期。此时需加强出菇期的条件管理,才能达到鸡腿菇优质高产的目的。具体管理要点是:

①去掉薄膜,适当加强通风,保持洞内空气新鲜。

②适度增加光照,以刺激菌丝由营养生长快速转入生殖生长。

③控制洞内温度在 12℃～20℃范围。

④提高空气湿度和保持覆土层适宜湿度,使空气相对湿度达到 85%～90%,覆土的湿度以落地即散为宜。水分管理以喷洒洞壁和浇湿走道为主,一般不宜向菇床和子实体上直接喷浇水。

在适宜的条件下,覆土后 15～20 天,鸡腿菇便会破土而出。再经 7～10 天时间,子实体基本长成,及时采收。

7. 转茬管理

头茬菇采收完毕,应及时清除床面的菇根、死菇、烂菇、老菌索等,挖除有杂菌污染的覆土,然后用湿润的覆土补覆 1～2 厘米厚,再用 pH 值为 8 的石灰水均匀全面喷洒床面,使覆土层和培养料充分吸足水分,再架空覆盖薄膜经 10 天左右即可出第二茬菇。出菇前在覆土层可适量喷施营养液,以提高产量和质量。

8. 适时采收

鸡腿菇子实体成熟快,成熟后易开伞自溶,应在菇体六七成熟时及时采收。一般当菌柄伸长至 10～13 厘米,菌盖紧包菌柄,菌环尚未松动时采收。采收时,用手轻握菇体轻轻旋动后再拔起。采下的鸡腿菇要及时用利刀削去泥根,切削时切口要平整,防止将菇柄撕裂,整理干净的成品菇按客户要求包装后,放入内壁光滑、容积适中的箱中,及时保鲜贮运鲜销。如进行盐渍加工,要及时清洗、杀青和腌制加工,以防褐变。

9. 主要病虫害的防治

鸡腿菇病害主要有绿霉、曲霉、石膏霉、叉状炭角菌及细菌等，危害鸡腿菇的虫害主要有线虫、跳虫、害螨、菇蛆等。

鸡腿菇病虫害防治应按照"预防为主，综合防治"的植保方针和坚持以栽培、物理、生态防治为主，化学防治为辅的无害化控制原则。在生产中要采取如下措施：

①选用优质、无病虫生产菌种。

②发酵堆制优质培养料。

③搞好发菌场、土洞的清洁卫生，特别是土洞换茬栽培前的全面消毒和杀虫。

④适当加大播种量和适温发菌。

⑤覆土彻底消毒处理。

⑥控制好土洞、菇床的温度、湿度和通风。

⑦及时采收和清除菇根。

⑧及早发现和治理病虫害，将病虫消灭在局部和发生初期。可用消毒剂主要有75%酒精、高锰酸钾、生石灰等；可用杀菌剂主要有40%甲醛溶液、波尔多液、施多菌灵、克霉灵等；可用杀虫剂主要有氯氰菊酯、除虫菊酯、阿维菌素等。另外，采用0.1%碘化钾溶液、1%漂白粉溶液喷洒或浸袋防治菌料线虫，用5%食盐水或氨水500倍液防治蜂蝓、蜗牛，防效均良好。在出菇期间，对螨虫的防治，应以诱杀方式为主，采用炒香的菜籽饼或浸蘸醋糖液的湿纱布，置于畦床周边，待菇螨爬满纱布，集中烫杀处理，连续诱杀几天后，可基本消除螨害。

山东省平阴县农业局　高级农艺师　周长安

联系电话:0531—87876110

邮　编:250400

（二）平菇庭院种植技术

在农村发展平菇种植有着得天独厚的条件，原料来源广泛，能充分利用自家空闲庭院和冬季空闲时间，操作简单易学，具有风险小、投资低、效益高的特点，在农村有着非常广阔的发展前景。

1. 平菇种植

原料来源广泛，棉籽壳、玉米芯、花生壳、花生秧、木屑等，都可以作为平菇种植材料使用，其中以棉籽壳比较理想，具有产量高、品质好的特点。但因近几年棉籽壳价格大涨至 2 200 元/吨，所以廉价的玉米芯便成了比较理想的替代品，这样可以大幅降低生产成本，但初学者最好采用棉籽壳为好，因其营养充足，具有发菌快、产量高、易管理特点，容易成功，为以后用玉米芯替代棉籽壳积累经验。

2. 场地的选择

在农村可充分利用自家的空闲庭院，搭建塑料棚，上盖草苫，棚内做加热火炕，以便春节时能保证正常出菇，空闲房屋也可。无论用哪种设施，均要留有适当的通风口，以免因通风不好而导致平菇生长不良。

3. 菌种的选择

种植灰美 2 号，该品种具有产量高、长势旺、抗病力强的优点，但无论选择哪个品种，均以菌丝浓密洁白、气味清香的为佳，最好从正规单位或科研院校购进，这样菌种质量比较有保障，为获得较好的经济效益打下基础。

4. 原料选择与发酵

原料应选择新鲜、无霉变的材料，平菇栽培分为生料、熟料、发酵料三种栽培方式,栽培经验认为发酵料比较好,具有污染率低、产量高、品质好的特点。料少时可以直接堆成圆锥形直接发酵,料多时可堆成宽 1 米、高 1 米、长度不限的料堆发酵。建好发酵堆后,用木棍从上而下每隔 40 厘米左右打一通气孔,等堆温升至 60℃时进行第一次翻堆,翻堆时原则上是里面的外翻,上面的下翻,以便其均匀发酵,然后每隔 24 小时翻堆 1 次,共翻 3 次为宜。发酵好的料具有发酵的香味,无霉臭味即可。

5. 装袋与接种

袋子选用高密度聚乙烯薄膜筒,宽 20～22 厘米,长 40～45 厘米,厚度为 0.02～0.025 毫米,把菌种掰成黄豆粒大小,采用三层料四层菌装袋法,接种量为干料重的 10%～15%,两头稍多些,利于产生菌种优势。装袋时要轻装轻压,用力均匀,松紧合适,一般以手按有弹性、手托挺直为佳。

6. 发菌管理

菇棚或空闲房屋用前要用生石灰粉撒地面,做简单的消毒工作,然后把装好的菌袋搬进来进行发菌,一般采用"井"字形堆放法,便于散热。发菌期间要注意温度变化,当温度高于 30℃时要及时翻堆,以免烧菌,发菌间弱光有利于菌丝的生长,保持棚内空气干燥。

7. 出菇管理

当大部分袋子出现黄水时,这是即将出菇的表现,这时要采取拉大昼夜温差,增加空气湿度,可采用向地面喷水的方法,注意不要喷在菇袋上,加强通风、增加光照的方法刺激出菇,一般在菌盖展开、中间下凹、边缘平展时及时采收,这时品质最好。

8. 效益分析

以我 2010 年为例,在自家院中建一塑料棚,装 4 000 千克玉米芯原料,菌种用量为 600 千克计算。

玉米芯成本　4 000×0.5＝2 000 元

菌种成本　600×2＝1 200 元

塑料袋及其他算 200 元,总成本为 3 400 元

所产平菇自己出售,春节价格好时可达 7 元/千克,低时 4 元,按均价 4.6 元计算,4 000 千克料扣除废品,平均出到 0.35 千克,产生的效益为:

4 000×0.8×4.6－3 400＝11 320 元

因其充分利用了农村的下脚料玉米芯、闲置庭院和农村的冬闲时间,所以在农村极具发展空间,也是脱贫致富的一条捷径。

致富体会:我叫张来义,山东省东平县人。2000 年山东省泰安农业学校毕业。毕业后到上海某工厂就业,后返乡务农。自办家庭产业,种大棚蔬菜,利用庭院种蘑菇、养鸡,几年来取得了可观的经济收入,我深深体会到,搞好农业种植、养殖,一样能发家致富。希望一些有志青年多到农村来创业。

(三)大棚休闲期夏栽草菇创高产高效

大棚蔬菜一般在 6 月份就开始拉秧。此时,棚膜基本完好,夏天棚上覆盖旧草苫后,棚内湿度稳定、光照弱,清理棚室后可在 7～8 月生产草菇等高温菇。这样既可培肥地力,改良土壤,减轻重茬危害,又增加了经济效益。

草菇是在高温季节栽培的一种食用菌,是所有食用菌中收获最快的一种,从播种到采收仅需 10～14 天,技术容易掌握,成本低,收效快,十分适合夏季大棚栽培。那夏季栽培高温菇应该注意什么呢?

1. 前期准备工作要做足

首先,做好菇棚消毒。先清理棚内的枯枝落叶,用 5% 石灰水或者漂白粉全棚喷浇消毒。对于密闭好的菇棚封严放风口,用甲醛或高锰酸钾消毒,密闭 7 天,放风排气。对于密闭不好的菇棚,用 5% 甲醛全棚地面、墙壁喷洒消毒,一周后再进棚操作。

其次,准备好基料。适合草菇生长的培养料很多,主要有棉籽壳、废棉、麦秸和稻草等。其中以废棉最好,棉籽壳次之,麦秸和稻草稍差。近年来,废棉、棉籽壳价格暴涨,大大增加了食用菌生产成本,菜农可因地制宜选择麦秸等原料;这里就以麦秸为例介绍一下原料的处理方法:要选用当年收割、未经雨淋、未变质的麦秸。将整捆麦秸散开铺在地上,用石碾或车轮滚压,使之破碎、质地变软,也可直接选用联合收割机抛出的麦秸,将压碎的麦秸用浓度 2% 石灰水浸泡一夜,浸泡时用脚踩踏促使麦秸软化和吸水,然后捞出进行堆积发酵。将浸泡好的麦秸捞出堆成垛,垛高 1.5 米,宽 1.5 米,长度不限。堆好后,覆盖塑料薄膜,保温保湿,以利发酵。当麦秸堆中心温度上升到 60℃左右,保持 24 小时,然后翻堆,将外面的麦秸翻入堆心,使麦秸发酵均匀。翻堆后中心温度又上升到 60℃时,再保持 24 小时,发酵即可终止。发酵时间一般为 5 天左右。发酵期间应控制好发酵的时间和温度,防止发酵过度,造成腐生菌大量繁殖,消耗养分。

发酵结束,检查发酵麦秸的质量。发酵麦秸的标准是:麦秸质地柔软,表面脱蜡,手握有弹性感,金黄色,有麦秸香味。有少量的白色菌丝,含水量 70% 左右,用手使劲握能挤出少量水滴,pH 值 9 左右。

2. 选择合适的栽培模式

草菇的栽培模式有很多种,常用拱棚立体栽培和沟式平面栽培。菜农可根据不同的场地选择不同的栽培方式。

(1)大棚地上畦栽

①一般建畦床 1.2～1.4 米宽,翻深 0.2 米,整成龟背形畦床,两侧修建 10 厘米宽泅水沟,铺料播种。

②播种后第三天,间隔 0.3～0.4 米插入竹拱,现蕾后将料面上的塑膜抽出搭于拱架上,露天棚应再覆 2 层草苫,荫棚下只覆一层即可。发菌期间,除掀膜通风外,应将水沟灌满水,一则降温,二则使床基土壤保持较高持水率。气温超过 35℃时每天应将草苫多次喷湿。

③接种后第四天,最迟不超过 7 天,草菇即可现蕾,此后管理应以通风、降温、保湿为重点,阴或小雨天气及夜间可将塑膜揭去,只覆草苫,既利通风又有足够的散射光,并能有效地保湿,但应注意大雨天气不可掀膜。晴好天气时,阳光直射,棚温升高很快,注意加厚覆盖物并喷水,夜间可将棚周塑膜掀开约 10 厘米左右,将泅水沟灌满水,使之加强通风的同时保湿并降温。

(2)沟式平面栽培 在大棚内整平土壤,挖深 20 厘米、宽 120 厘米沟槽,灌透水;铺料播种后使料面与地面持平,为了保证温湿度的控制,大棚上方要设好遮阳网或旧草苫。该种方式的最大优势在于地温较低、土壤湿度较大,可为基料提供适宜的温度环境和水分条件,尤其水分管理方面,较之前述栽培方式,确有得天独厚的优势,但应注意防雨排涝,否则,极易形成积水涝渍,影响或损害正常的草菇生产。

3. 草菇增产的三个措施

(1)覆土 草菇不覆土也能正常出菇,但覆土更有利于培养料保湿,供应草菇生长所需水分,能有效提高草菇质量和产量,使菇体肥大,减少死菇,增产幅度在 20%～40%。覆土材料可用菜园土(地表 8～10 厘米以下挖取),覆土厚度一般以 2 厘米为宜。

(2)再次接种 再次接种有利于草菇增产。草菇菌丝生长速度太快,极容易老化,导致生活力减弱,不能有效地利用培养料中的养分继续出菇。在第一潮菇采收后,撬松料面,用石灰水泼浇湿透,将培养料 pH 值调整在 8～9,然后在料面撒播菌种,播后覆盖一薄层发酵过的培养料。也可在第一、第二茬草菇采收后,将料块翻过来,把底层培养料翻到表层,喷洒 1%石灰水,以补水、调整酸碱度,再在表面二次接种,接种量为 2%～3%,一般可增产 30%左右。

(3)调好酸碱度 在第一茬草菇采收后,补施一些营养液并调整培养料酸碱度,使之呈偏碱性,可促进菌丝恢复,延长采菇期,提高产菇量。方法很多,但可以采用以下两种:一是向培养料喷洒 1%～3%石灰水,不但可补水,还可使培养料呈偏碱性。二是向培养料喷洒 0.1%尿素和麸皮水(100 升水加 10 千克麸皮,煮后过滤,取滤液 50 千克加清水 50 升)。尿素浓度为 0.1%～0.2%,用量不可过多,否则容易产生杂菌。也可以喷洒食用菌专用的营养剂,如菇耳高能源、菇多生、菇宝乐、菇大壮、菇力源等。

(四)农业废弃物栽培杏鲍菇、双孢菇高效配套新技术

充分利用山东省丰富的农作物废弃资源如玉米秸、麦秸、玉米芯、棉籽壳,以及畜禽粪便资源如牛粪、马粪、鸡粪等生产高蛋白菌类食品,实现农业资源的可持续、循环利用,为节约型社会和社会主义新农村建设做贡献。

1. 菌种生产技术

采用食用菌菌种常规生产技术进行母种、原种、栽培种生产。

2. 培养料选用

玉米秸、玉米芯、棉籽壳、麦秸选用没有淋雨和霉变的;牛粪、马

粪、鸡粪选用干的,使用前进行堆积发酵。杏鲍菇栽培配方:玉米芯60～40,棉籽壳 40～60,麸皮 15,饼肥 7,糖 1,磷肥 1,尿素 0.3,石膏 1,水 150,pH 值 7;玉米秸 60～40,棉籽壳 40～60,麸皮 15,饼肥 7,糖 1,磷肥 1,尿素 0.3,石膏 1,水 160,pH 值 7。双孢菇栽培配方:猪粪、牛粪 55,麦秸 40,菜籽饼 3,石膏 1,磷肥 1,水 160。

3. 培养料处理、播种

杏鲍菇采用袋栽熟料,具体方法为选用 16 厘米×28 厘米或 17 厘米×60 厘米聚丙烯折角袋,装料后在 1.5 兆帕压力下保持 2.5～3 小时或在 100℃下保持 12 小时,一头接种或打穴接种,接种后的栽培袋放置在洁净的培养室于 23℃～25℃下避光发菌。双孢菇采用二次发酵料栽培,具体方法为一次发酵 15 天左右,培养料进出菇房后再进行二次发酵 7～10 天,接种采用混播或穴播方法。

4. 科学调控生长环境

(1)栽培设施 日光温室、半地下冬暖式塑料大棚、专用菇房、简易工厂化菇房均可作为栽培设施,为提高菇棚空间利用率,棚内可搭架进行层架式栽培。

(2)出菇前管理 杏鲍菇菌袋发满菌 7～10 天后,将塑料绳揭开,将袋口轻轻上提,待出现原基后再将袋口稍稍扩展,打穴接种的将接种口处打开即可,原基形成过密要适当疏蕾。控制菇房内温度在 10℃～15℃,刺激原基形成。双孢菇菌丝生长至料厚 2/3,或基本长透时开始覆土,覆土材料选用草炭土。

(3)出菇期管理 杏鲍菇原基形成后,保持棚内或菇房内温度 15℃～18℃,控制空气相对湿度在 85%,随子实体生长发育空气相对湿度提高至 90%,采收前 1～2 天,降低空气相对湿度到 85%,出菇期间光照强度在 500～1 000 勒,二氧化碳浓度控制在

0.1%以下。随着子实体的生长发育,菇房要加大通风量。双孢菇覆土后,棚内或菇房内温度保持在16℃左右,控制空气相对湿度在85%~90%,出菇期间需要避光,菇房要经常通风,控制二氧化碳浓度在0.1%以下。

(五)草菇无公害棚栽技术

草菇,又名兰花菇、美味包脚菇,属伞菌目包脚菇真菌。草菇营养丰富、味美可口,深受人们喜爱。

草菇屑好气,喜温性腐生菌,菌丝生长的适宜温度为30℃~39℃,子实体生长的适宜温度为28℃~32℃。除适于较高的温度外,还要求较高的湿度。菜棚、菇棚等场所均可生产,大棚栽培要加覆盖物以遮阳控温,并对菇棚进行熏蒸,杀虫灭菌。

1. 培养料配方

①麦秸(或稻草)95%,麸皮5%,或5%~10%的畜禽粪,也可加入20%~30%的优质圈肥。

②平菇、金针菇、鸡腿菇等下床废料89.5%,尿素0.5%,石灰10%。以上两种配方任选一种。

2. 发 酵

在菇棚附近,挖一长6米、宽2.5米、深0.8米的土坑,挖出的土培在坑的四周以增加深度至1.5米,坑内铺上1层厚塑料薄膜。然后,铺1层草料,铺1层石灰,再铺1层草料,如此填满土坑,最上层为石灰,石灰总量约为草料总量的6%。再在草料上面加压以防止草料上浮。最后,往土坑里灌水,直至淹投草料为止,泡26小时。把泡过的草捞出后建成1.5米宽、1.5米高,长度不限的堆,一边建堆一边加入麸皮或畜禽粪发酵,当温度高达60℃以上时,保持12小时,翻堆,再发酵1次。

3. 入棚、建畦、播种

把发酵好的草料入棚,待料温降至 35℃ 以下时播种。按南北向建畦。畦宽 0.9～1 米,先铺 1 层 20 厘米厚的草,整平压实后第一次播种,按每 667 米²1.5 千克的播种量,取出 1/3 的菌种掰成拇指肚大小,再按穴距和行距均为 10 厘米左右,靠畦两边分别点播两行菌种,中间部位因料温过高而灼伤菌种故不播,然后,再铺 1 层厚为 10 厘米左右的草料,把剩余的 2/3 菌种全部点播在整个床面,最后,在床面薄薄地撒 1 层草料,用木板适当压实后呈弧形,以利覆土,最后料总厚度为 25 厘米,畦间走道留 40～50 厘米宽。

4. 覆土、盖膜

把畦床整压成凸弧形后,在料面盖 1 层 1 厘米厚的黏性土壤。覆土完毕,在畦床面盖 1 层农膜以保温保湿,废旧膜要用石灰水或高锰酸钾消毒处理。覆膜完毕,在料内插 1 个温度计,每天观测温度,料温不要超过 40℃,如超过此温度,可在畦床上面左、右两边用木棍打眼散热。

5. 发　菌

覆膜 3 天后,每天揭膜通风 2 次,每次 30 分钟,至第 7～8 天,菌丝布满床面,此时应在畦床上支拱架,拱架上盖膜,两端开通风口。因草菇对覆土及空气温度要求较严,拱膜起到保温、保湿的作用。

6. 出菇管理

播种后 10 天左右,便开始出菇,此时要注意揭膜通风,待出菇较多时,在走道内灌水保湿或降温。如见畦床过干,不可用凉水直接喷洒,应在棚边挖 1 个小池,放入凉水预热后使用。

7. 采　收

当子实体由基部较宽、顶部稍尖的宝塔形变为鸡蛋形,菇形饱满光滑,由硬变松,颜色由深变浅,包膜未破裂,触摸时中间没空室时及时采摘。一般每潮菇采 4～5 天,每天采 2～3 次,间隔 3～5 天后,第二潮菇又产生,一般可采 3～4 潮菇。

（六）早春平菇快速发菌技术要点

1. 增加石灰用量

拌料时增加石灰用量,由 3% 提高到 5%,使料的 pH 值在 8～9 之间,这样做,既可抑制杂菌生长,又可提高菌丝的生长速度。

2. 直接装袋

生料拌好后,不经发酵直接装袋。这样能使袋内的培养料产生较多的热量,从而加快发菌速度。

3. 增加接种量

装袋时适当增加用种量,变 3 层接种为 4 层接种。中间的菌块也要适当增大,菌块要紧贴塑料袋,一圈 4～5 块。袋两端的菌种块可稍小,每端 6～7 块。扎口后,用一根直径 1～1.2 厘米的钎子在袋两端的菌种处各扎 4～5 个通气孔,孔深度各为袋长的一半,使袋内菌丝生长有足够的氧气。采用此技术,可使菌袋发菌时间由过去的 30～35 天,缩短至 15～20 天,且菌丝粗壮、洁白,污染率可控制在 2% 以下。

4. 码堆发菌

早春发菌利用菇棚为好。把菌袋搬入菇棚后,将菌袋两两碰头,叠放 4～6 层,盖上草苫保温。采取这种堆码方式,可使菌袋料温提高到 23℃～28℃。菌丝在这种温度下生长,速度最快。

5. 提高棚温

北方菇棚一般上盖半无滴膜及草苫。白天只要有阳光,就要全部拉开棚顶的草苫,靠阳光就可以使棚内温度达到 10℃～23℃。一定要使发菌袋上始终盖有草苫,在暗处发菌,菌丝生长才能粗壮、洁白。

6. 定期倒垛

发菌期间注意观察袋内的料温,把温度计插入中间 1 层菌袋的料内,一旦达到 30℃,马上倒垛,通风降温,避免烧菌。即使袋内料温达不到 30℃,也要每隔 3～5 天倒 1 次垛。倒垛方法:将袋的上下层对调,袋的两端对调,使上下袋温一致,袋内水分一致,菌丝生长快而均匀,只要采取了以上措施,就可保证发菌成功。一般 20 天左右菌丝可长满菌袋,35 天左右鲜菇便可上市。此法也适合冬季应用。

(七)黑木耳代料栽培技术

黑木耳是我国人民喜爱的食用菌之一,其所含的营养物质丰富,具有重要的保健价值,同时,也是传统的出口商品。随着市场对黑木耳需求量的增加和椴木资源的减少,代料栽培黑木耳已成为各级科研部门的一项重要研究课题。1997 年以来,我们先后开发出多种代料栽培黑木耳的配方及配套的栽培技术,取得了显著的经济效益,为国家节省了大量的木材。

1. 栽培季节和场地的选择

适合黑木耳生长的温度在 10℃～36℃、空气相对湿度 90％以上。胶东地区在 3 月中旬即可陆续装袋发菌,4 月中旬,当气温达到 10℃时移到室外进行出菇管理,至 11 月上旬露天出菇结束。大棚可一年四季种植。

黑木耳的栽培场地要求温暖,潮湿,背风向阳,上方有稀疏的阔叶树遮阳,地面平坦,通风条件良好,靠近水源。如果上述条件不具备,也可人为创造条件,如搭凉棚遮阳,勤喷水保湿,采用粮耳间作等。

2. 培养料的选择及配方

代料栽培黑木耳的突出特点就是用培养料栽培来取代椴木栽培。常用的培养料有木屑、豆秸、玉米芯、花生蔓、麦秸、稻草、棉籽壳等。

配方:①碎木屑 88%,麸皮 9%,石膏 1%,石灰 1%,白糖 1%,含水量 60%~62%,pH 值 6~6.5。②棉籽壳 40%,木屑(或秸秆颗粒)40%,麸皮 17%,红糖 1%,石膏 1%,石灰 1%,含水量 62%,pH 值 6~6.5,福尔马林 0.1%。③玉米芯(颗粒)48%,秸秆颗粒(或木屑)30%,麸皮 18%,红糖 1.2%,磷酸二氢钾 0.3%,硫酸镁 0.2%,有机液肥(营养宝)0.1%,福尔马林 0.1%,石膏 1.2%,石灰 1.2%,含水量 58%~62%,pH 值 6~6.5。

按配料多少称好水倒入缸内,再加入配方中的少量物质,拌匀后倒入培养料中充分混合,装入规格为 17 厘米×13 厘米的聚乙烯袋中,两头用绳子扎紧,呈井字形排列在常压锅内。

3. 灭菌接种

常压锅装满后,立即盖严锅盖,生火灭菌。当锅内温度达到 100℃时保持 10 小时,之后缓慢降温到加 430℃,灭菌即可完成。把灭好菌的料袋移入接种室,用克霉灵或保菇灵烟雾剂消毒 1 小时,然后,接种人员进入接种室接种。接种时,解开料袋两头的线绳,将菌种接种在培养料两头,料袋周围用打孔方式播种3～4行,每行4～6个孔穴。最后再套1层塑料袋,两头用线绳扎紧。接种好的料袋要轻拿轻放,接种期间每隔1小时要喷1次克霉灵,要保证在无菌状态下接种。

4. 培养菌丝

将接种好的料袋及时搬入黑暗的培养室,按井字形整齐地排好,培养室内的温度控制在16℃～28℃,每天通风1～2次。如果菌袋间温度超过33℃,应立即翻堆,并减少堆放的层数,打开通气孔道,使用电扇等加速空气对流。在适宜的温度下,20～30天菌丝即可长满料袋。

5. 出耳期管理

当菌丝发满料袋后,要及时移入提前准备好的场地进行光照刺激,当耳芽形成后,便转入出耳期管理。

(1)墙式栽培法 脱去料袋的外袋,用浓度为0.1%克霉灵溶液清洗菌棒,待药液晾干后平铺在地上,菌棒间距1～2厘米。铺1层菌棒涂1层1～2厘米厚的稀泥(稀泥中提前拌入1.5%的石灰粉),这样一层一层往上垒,顶部砌成1个小水槽,便于以后补充水分和养分。采用这种方式占地少,保水性能好,出耳期管理方便,第二、第三潮菇产量高,质量好。当耳芽形成后,打开菌棒两端,促进生长。幼耳长成大耳一般需要15～20天,此间温度宜控制在15℃～28℃,空气相对湿度保持在85%～90%,有少量直射光照。每潮耳出完后要及早清理料面,停水5～6天,保持料面干燥,之后再喷水催耳,干湿交替,7～10天又形成新的耳芽,管理方法和出第一潮菇相同。

(2)露地平摆法 将发满菌丝的料袋摆放到高秆作物田间,5～7天即可形成耳芽。此时,用浓度为5%的石灰水进行料袋表面消毒,然后,用消过毒的刀片在菌袋四周呈品字形开口,诱导幼耳出袋。覆盖薄草苫保湿,15～20 天即可采摘 1 批。这种方式不占场地,粮耳双丰收,缺点是用工较多。

6. 采收加工

当耳片展开,边缘内卷,耳根缩小,耳片有弹性时为采收适期。采收时,将手插入耳根基部摘下,每采 1 批要清理料面 1 次,以防残留的耳根腐烂孳生杂菌。采收的黑木耳可鲜售也可晒干贮藏。晾晒时,要先把成朵木耳撕成片让背面向上摊放在纱网上,耳片未干时不要翻动,以防破碎,影响产品质量。干品可贮存于密封的容器内待售。

(八)猴头菇高产栽培技术

1. 栽培季节

猴头菇是一种中低温型真菌,菌丝体生长的温度为 10℃～32℃,最适 25℃左右。子实体发生温度在 5℃～25℃,以 15℃～20℃为宜,低于 12℃,子实体往往呈橘红色,苦味浓,在适宜温度下,子实体色白、个大、肉实、不分枝,菌刺长短适中,商品性好。栽培 1 次可收 3 茬,栽培周期约 100 天,其中菌丝生长期 25～30 天。栽培季节应根据上述特点和当地气候条件合理安排,我国大部分地区可春、秋两季栽培。

2. 栽培场所

室内、简易棚、防空洞、温室大棚等都可栽培。

3. 品种选择

商品猴头菇,子实体头状,不分枝,乳白色(干子实体微黄色),

肉质、内实、无柄、表面密布菌刺,刺长 1～1.5 厘米,圆柱形。

4. 原料及配方选用

栽培猴头菇的原料很广泛,如棉籽壳、木屑、玉米芯、豆秸等,适量加入玉米面、麦麸等辅助原料及少量的磷、钾、镁等矿物盐类,猴头菇都能良好生长。配方:①棉籽壳 79%,麦麸 20%,石膏粉1%。②木屑 70%,玉米粉 20%,麦麸 10%,硫酸镁 0.1%,磷酸二氢钾 0.1%。③玉米芯 78%,玉米粉 20%,石膏粉 1%,过磷酸钙1%。④豆秸 68%,木屑 20%,麦麸 2%,石膏粉 1%,蔗糖 1%。含水量掌握在 68%～70%,pH 值在 4.5～5.8。

5. 装袋、灭菌、接种及发菌

猴头菇生产一般采用熟料栽培。常用袋栽;选用 15 厘米×30～50 厘米的低压聚乙烯或聚丙烯袋。拌料、装袋方法同常规,最好使用塑料颈圈,以利菇体生长灭菌,可用常压或高压,指标同常规。接种时,短袋从袋口接入,长袋从一侧打穴(5 穴、穴深 1.5厘米)接种、封口、套袋。培养室要求空气干燥,相对湿度 70%以下,通风良好,温度 22℃～25℃,黑暗或有较弱的散射光。

6. 出菇管理

当菌丝体长出袋口时,就陆续发生子实体(猴头菇的特点),进入出菇期管理。①开袋口。短袋拔去棉塞,长袋卧放,撕去胶布,穴口向上,袋上用塑料膜覆盖,膜与穴间应有空隙,2～3 天掀动1 次,促使菌苗形成。当菌蕾直径达 2～3 厘米时,揭去薄膜。②水分。生长前期,空气相对湿度保持在 95%左右,当菌刺长到 1厘米时,应降至 90%。相对湿度低于 75%,子实体会干萎、发黄、生长缓慢。喷水视菇房空气情况掌握,避免向子实体直接喷。③通风。通风良好、空气新鲜的场所,猴头菇子实体个大、质紧、色白,菌刺长短适中,产量高,商品性好。否则子实体松软,菌刺少而粗,生长缓慢,产量低,甚至会出现畸形。④光照。散射光利于猴头菇子实体的发育。虽然子实体在黑暗条件下也能形成,但常发育不良易畸形,猴头菇子实体要在七八成熟时采收。采收后清理料面,并停水 5～7 天。适宜条件下,15～20 天后会发生第二批菇。

(九)银耳室内高产栽培技术

1. 培养基制作

棉籽皮 100(千克,下同),麸皮 15,石膏粉 3,尿素 0.4。按配方称量、干拌后加水,尿素溶于水后加入,打散结团,拌匀,含水量以用手紧握一把料指缝有水迹为度。

2. 装袋、灭菌

拌好后尽快装袋,最好在 6 小时内结束,以防酸败。用装袋机每小时可装 400～600 袋,装紧、扎实,并用金属尖器在袋正面打 5 个接种穴,穴径 1.2～1.5 厘米,擦净后用 3.2 厘米×3.2 厘米见方的胶布贴紧。灭菌采用常压,胶布一面朝上,每灶灭 2 000～3 000 袋为宜。灭菌把握三点:①装灶后,须旺火猛攻,防漏气,最好在 5 小时内达 100℃。②其后保持 18～26 小时。③达到灭菌时间,要趁热卸灶,以防胶布受湿。

3. 接　种

银耳属中温型,宜春、秋两季栽培(春季 3～5 月,秋季 8～11月)。如菇房升温、保温好,可冬季栽培。夏季可在山林栽培。接种时,料温需降至 28℃以下。接种室用来苏儿水,或克霉王烟雾剂等法消毒。所用菌种要严格选择。接种时,在酒精灯火焰的保护下,用接种器提取菌种,快速打开穴口胶布,接入袋内、贴好胶布,整个过程越快越好。

4. 发 菌

接种后把菌袋移入培养室或栽培室床架上。前4天保持温度28℃,不要超过30℃。5天后保持25℃为宜。6～7天时,菌丝基本封口,此时进行倒袋:一是检查发菌情况;二是剔除被污染的菌袋;三是单摆于床架,为出耳做准备。温度不足可用炉火增温。发菌后期要加强通风。对污染轻的菌袋要及时用药物处理,重的要隔离、低温发菌。

5. 揭布增氧

10天后,菌丝向四周蔓延呈圆状,当菌落直径达10厘米、穴与穴菌落连接时,进行培养室消毒,后把胶布拱起成黄豆粒大小孔隙,以加大供氧量,加快菌丝生长;再4天后,穴中渐出现白色突起呈绒毛状的菌丝团,俗称"白毛团",此时室温控制在20℃～23℃,相对湿度80%～85%为宜。随着菌丝生理成熟,"白毛团"上出现浅黄色水珠,此时把袋子倾斜,排出黄水。一般接种后15～16天,穴内便逐渐出现白色碎末状幼耳,此时把胶布全部去掉,并在菌袋上覆盖消毒后的报纸,喷水,保湿。

6. 出耳管理

一般接种后18天,耳就出齐了。此后管理的办法是:用刀片沿出耳穴口边缘割去薄膜1厘米左右,使穴口达4厘米。出耳期,每天向报纸上喷水1～2次,保持报纸湿润。当子实体长到3厘米大时要避免烂耳,取下报纸置阳光下暴晒1天,再收回使用,每隔3～5天进行1次,同时达到换气之目的。幼耳阶段喷水量、通风量加大,但要视空气湿度及天气情况灵活掌握。接种后第24～29

天时是生长旺盛阶段,袋温较高,要注意控温,甚至要整天打开门窗,长时间通风,并配合喷水管理,防止通风后耳片干燥。到第 30 天左右时,子实体长到 12 厘米左右,应停止向报纸喷水,防止耳片过湿霉烂,停水 5～8 天,耳片均厚,即可采收。银耳从接种到采收,一般 35～45 天。

(十)秸秆高产栽培鸡腿菇

1. 品种介绍

鸡腿菇,又名鸡腿蘑、毛头鬼伞,是我国北方地区春末、夏秋雨后发生的一种野生食用菌,也是一种具有商业潜力、可被人工栽培的食用菌。

传统的鸡腿菇栽培以棉籽壳或废棉为主要原料,而最近实验成功的利用玉米秸秆栽培技术,降低了生产成本,增加了农民收益,提高了农业经济效益,为大量有效利用玉米秸秆找到了新出路。秸秆栽培鸡腿菇的废料是很好的有机肥,可用于肥田,从而使物质能量逐级得到利用,促进生态系统的良性循环,有效解决焚烧秸秆污染环境的问题,实现经济、社会、生态效益的高效有机统一,具有很好的发展前景。

2. 技术要点

(1)栽培场所　根据鸡腿菇的品种特性,栽培场所可选择地沟棚、大拱棚、塑料大棚、林地等。

(2)季节安排　根据山东的气候及鸡腿菇生活习性,山东可分 3 月和 9 月 2 次栽培。

(3)秸秆原料准备　鸡腿菇是腐生性真菌,其菌丝体利用营养的能力特别强,纤维素、葡萄糖、木糖、果糖等均可利用。因此,一般作物秸秆、野生草木等均可用来生产鸡腿菇,鸡腿菇菌丝还有较强的固氮能力,因此,即使培养料的碳氮比较高,鸡腿菇也能生长繁殖。但在生产中为使其生长正常和加快生长速度,提高产量和商品质量,还是应适当添加一些氮素营养,如麦麸、尿素、豆饼粉等,一般培养料的碳氮比在 20～40∶1 较为适宜。

(4)高产配方 ①稻草、玉米秸秆各 40%,牛粪、马粪 15%,尿素 0.5%,磷肥 1.5%,石灰 3%。②玉米秸秆 88%,麸皮 8%,尿素 0.5%,石灰 3.5%。③玉米秸、麦秸各 40%,麸皮 15%,过磷酸钙 1%,尿素 0.5%,石灰 3.5%。以上秸秆粉碎成粗糠,粪打碎晒干,将配料掺匀,再加水 150%～160%拌匀。以上配方中均须加入 0.1%多菌灵或甲基硫菌灵(或适量加入其他杀菌剂)。

(5)秸秆处理方式 ①秸秆生料栽培鸡腿菇。拌料时应先将粉碎后的玉米秸等主料平摊于地,然后再将麸皮、石灰、石膏等辅料拌匀后均匀撒于主料上,经 2～3 次翻堆使主料与辅料充分混合均匀,然后再加水。若气温高,拌料时应加入适量的石灰粉,以免酸料。料与水的比例一般在 1∶1.2～1.4,培养料含水量高低是决定出菇迟早及产量高低的重要因素之一,含水量过低,出菇迟,产量低;含水量过高,则菌丝生长缓慢,且易感染杂菌。一般每100 千克的干料需加水 120～140 升,以手握培养料紧捏时手指缝间有水渗出,但不下落为好,拌好的培养料 pH 值应在 9～10。拌料完毕后不再经任何处理而直接接种栽培。②秸秆发酵料栽培鸡腿菇。采用发酵料栽培鸡腿菇时,原料最好选用新鲜、无霉变的。将拌好的料堆成底宽 1 米、上宽 0.7～0.8 米、高 0.8 米的梯形堆,长度不限,表面稍压平。待温度自然上升至 65℃后,保持 24 小时,然后进行第一次翻堆,翻堆时要把表层及边缘料翻到中间,中间料翻到表面,稍压平,插入温度计,盖膜,再升温到 65℃。如此进行 3 次翻堆后接种栽培。

(6)秸秆畦式直播栽培鸡腿菇 ①挖畦。根据栽培棚的大小在棚内挖畦。2 米宽的拱式棚,可沿棚两侧挖畦,畦宽 80 厘米,畦深 20 厘米,中间留 40 厘米宽的人行道。②铺料、播种。挖好畦后,在畦底撒薄层石灰,将拌好的生料或发酵料铺入畦中,铺料约 7 厘米厚时,稍压实,撒一层菌种(菌种掰成小枣大),约占总播种量的 1/2,畦边播量较多。然后铺第二层料,至料厚约 13 厘米时,稍压实,再播第二层菌种,占总播种量的 1/2,再撒一层料,约 2 厘米厚,将菌种盖严,稍压实后,覆盖塑料薄膜,将畦面盖严、发菌。③发菌期管理。播种覆膜后,保持畦内料温在 20℃左右,勿使料面干燥或过湿。当料面出现菌丝时,每天掀动薄膜 1~2 次,进行通风换气,使畦面空气清新。正常情况下 15~20 天料面即发满菌丝。④覆土。鸡腿菇菌丝生长发育成熟后,不接触土壤就不能形成子实体,因此料面发满菌丝后应及时覆土,覆土层约 3 厘米厚,清水喷至覆土最大持水量,覆土层上可覆盖塑料薄膜进行发菌。⑤出菇期管理。当菌丝长出覆土层时,就要适当降温,尽量创造温差,减少通风,加强对湿度的管理。适当增加散射光强度进行催蕾,避免直射光照射,以使菇体生长白嫩。注意将薄膜两端揭开通小风,刺激菌丝体扭结现蕾。实践证明,适当缺氧能使子实体生长快而鲜嫩,菇形好。大田栽培的,4~5 月应加盖双层遮阳网,若在树林或果树下,可加一层遮阳网,避免直射光的照射。菇蕾形成后,经精心管理,过 7~10 天,子实体达到八成熟,菌环稍有松动时,即可采收。一般播种后 45~50 天开始出菇,以后每间隔 15~20 天采收 1 批,可采 5 批,4~5 个月为 1 个生产周期。

3. 效益分析

(1)投入 ①栽培棚投入。100 米² 栽培棚用 60 根竹子,约 125 千克,每千克约 0.5 元,共约 60 元,大棚膜专用厚膜 25 米约 130 元;黑色遮阳网需 60 米约 150 元;下雨时必须盖上大棚膜,防雨水侵入,否则有害于菇。这样可建成周年栽培的种菇大棚,总投资约 360 元。②原料投入。需用玉米秸秆 1250 千克,每千克 0.1

元,计 125 元(也可用麦草);麦麸或米糠 250 千克约 300 元(也可用牛、鸡等畜禽干粪代替);复合肥 63 千克计 100 元;石灰 75 千克计 50 元;地膜约 4 千克计 32 元;栽培种 120 千克计 360 元。原材料费共计 967 元。

(2)效益　按每 667 米² 最低产鸡腿菇 15 千克,零售价每千克 10 元计算,80 米² 毛收入 1.2 万元－总投资(360 元＋967 元)＝10 673 元纯利润;若按批发价 6 元/千克计算,纯收入 5 800 余元。按高收入 1 万元与低收入 5 800 元折合计算,即可得纯收入 7 900 余元。

(十一)灵芝高产栽培技术

灵芝是一种名贵中药材,它神奇的药用保健价值正逐渐被人们发现和认识。近年来,科技人员培育出了片形芝、鹿茸芝等各种形态的灵芝,使灵芝从单纯的野生采集转向人工栽培,其中,利用半地下大棚菌墙式培育灵芝就是一种简便实用的高产栽培模式。

这种栽培模式要求栽培场所选择在通风向阳、环境清洁无污染的地方,建造半地下式大棚,地面下挖 1 米左右,棚宽 4 米,北墙高 1.5 米,南墙高 0.6 米,棚的长度不限,东西两端的墙体起脊,一端留门,南北墙留出通风口,棚顶覆盖薄膜和草苫,保持较强的散射光、棚内用土或砖砌成宽 30 厘米、高 10 厘米的菌墙基,并留出走道。

灵芝属高温好氧型真菌,北方地区应在夏季栽培,可以选用泰芝 1 号、韩国 02 等优质高产品种。和其他食用菌一样,灵芝菌种也是经过多次扩繁,逐级制作出栽培种,其制种程序是:母种—原种—栽培种。

栽培灵芝的培养料由以下原料组成:新鲜无霉变的棉籽壳 40%,过磷酸钙 1%,阔叶木屑 40%,玉米粉 3%,石膏粉 1%,麦麸 15%。将以上原料按比例混合后,加入 0.5% 石灰粉拌匀,对水

1.4 倍,堆积发酵、次日摊堆翻料,排出废气后装入菌袋,压实。菌袋可以选用直径 17 厘米、长 33 厘米的聚丙烯塑料袋。

装袋后应及时放入高压或者常压锅中灭菌。高压需在每平方厘米 1.5 千克的压力下维持 2 小时。常压需加热到 100℃维持 10 小时以上。等灭菌后冷却到 35℃以下,进行接种。在接种的各个环节,注意消毒处理,减少绿霉菌、曲霉菌等杂菌的污染,提高发菌的成功率。

接种后的菌袋及时移入消毒处理过的培养室或大棚,在菌墙基上堆放成 8 层高的菌墙。

灵芝的生长过程通常分为 3 个阶段:即发菌阶段、出芝阶段、成熟阶段。发菌阶段的温度控制在 27℃左右,并保持黑暗,每天通风 2～3 次,每次 30 分钟左右。

发菌约 30 天后,菌袋内会长满白色的菌丝,再经过 10 天左右,你会发现,袋口出现了一层菌皮,这时用刀片轻轻割掉袋口,让分化出来的芝蕾慢慢爬出,并逐渐发育成幼小的灵芝。温度、湿度、光照、通风是栽培成功与否的关键。据山东省农业科学院副研究员万鲁长介绍,这个时候的芝蕾比较娇嫩,要特别注意温差、湿差不要达大,光照不要过于强烈。同时要加强通风,才能使菇蕾分化正常,不产生畸形的菇蕾。特别是对于片芝,一定使它的顶盖分化比较充分。在幼芝生长阶段,温度要逐渐增高,比分化出蕾阶段和发菌阶段温度要高些,但是也要控制在中午棚内温度不要过高,因为此时正好是高温夏季,如果超过 35℃,虽然生长比较快,但内部营养输送不足,造成灵芝比较柔软,将来晒干以后容易变形。再一个是湿度,湿度要加大到空气相对湿度的 90%～95%,保证它的水分需要。光照一定要用散射光,不要用强烈的光线,但也不能黑暗。另外,在出芝阶段,由于高温高湿会造成灵芝表面污染一些病菌,这样会使灵芝变黑、腐烂,停止生长,在这个环节上,一定要注意棚体内外环境的消毒处理,包括防虫,喷一些低毒性的杀菌剂和杀虫剂,但有一些杀虫剂,如敌敌畏不能乱用。

当灵芝的菌盖已经成形时,周边生长点继续向外延伸,生长速度加快,进入成熟期。这一时期,灵芝的呼吸强度增加,要加大通风量。每天通风 3～4 次,每次 30～60 分钟。温度可以提高到 30℃～33℃,相对湿度达到 90％以上,但后期应逐渐减少喷水,降低空气湿度。

灵芝有明显的向光性,在灵芝生长的各个阶段,应使棚内光照分布均匀,减少畸形芝,同时,为了使灵芝发育一致,从发菌阶段到幼芝生长阶段,要每隔 5 天左右进行 1 次倒袋。

从芝蕾形成到成熟采收一般需要 40 到 50 天左右的时间,当菌盖周围的白色生长圈消失,色泽变深,散发出大量棕褐色的孢子时,表明灵芝已经成熟,这时要停止喷水、自然风干 12 天后,就可以采收了,采收之前,可以先收集孢子粉,孢子粉也是一种名贵药材。

采收完这一茬后,不要扔掉菌袋,还可以进行二次出芝,二次出芝通常采用两种方法即覆土栽培法和阳畦栽培法。

所谓覆土栽培法,就是在棚内垒建菌墙,菌墙高 20 厘米、宽 70 厘米。菌墙的墙土要用大田的肥土,也就是不受污染的营养土,土中适量添加食用菌专用肥,并使土壤能够保湿、透气、渗水。把菌袋的出芝端进行半脱袋处理,然后把菌袋反方向摆放整齐,菌袋之间留出一定的空隙。摆好第一次后,在上面覆盖一层 10 厘米厚的营养土,再按照同样的方法摆放第二层,最高可以摆放六层到七层。出芝过程的管理和一茬芝基本相同。

所谓阳畦栽培法,就是在棚内挖出宽 80 厘米、深 20 厘米的阳畦,然后把经过半脱袋处理的菌袋,竖直地栽入阳畦中,菌袋之间留出一定的空隙,中间填满营养土。出芝过程的管理和覆土栽培法基本相同。

以上介绍的主要是传统的商品灵芝即片形灵芝栽培技术,还有一种酷似鹿角的灵芝,是最近培育出来的灵芝新品种,被称为鹿茸芝。鹿茸芝的管理技术和片形灵芝有所不同,栽培鹿茸芝的大棚可以设计大一点,并留出少量的通气孔,减少棚内的通气,增加鹿茸芝的分枝。同时,鹿茸芝喜温、喜湿、喜光,要适当增加棚内的温度、湿度和光照,可以说,控制通气是成功培育鹿茸芝的关键。

(十二)小蘑菇大产业,靠政策拓富路

孔村镇位于平阴县城南 15 千米处,全镇共有 46 个行政村,4.1 万人口,辖区面积 126 万千米^2,105 国道把该镇分成截然不同的两个区域,国道以东是平原地带,国道以西是纯山区,西部山区水资源十分匮乏,90%的土地为望天地,由于受自然条件的限制,传统的农业种植农民收入很低,由于又不能发展工业企业,广大农民始终摆脱不了贫困的局面。针对这种情况,孔村镇党委、政府立足西部山区实际,多方调研,仔细研究,围绕上级产业扶贫政策,带领群众发展食用菌特色产业,抓出了特色,抓出了亮点,依靠政策走上了致富路。

1. 主要成效

近年来,围绕上级产业扶贫政策,孔村镇带领群众发展食用菌特色产业,截至目前,全镇食用菌产业总面积达 200 万米^2,其中土洞 3 000 多条、大棚 500 多个,解决了 7 668 名贫困人口的脱贫问题,转移劳动力 3 000 多人,从业人员年人均增收 5 140 元,西部山区农民走上了依靠食用菌产业致富路。孔村食用菌产业实现了"五个第一":一是生产规模济南市第一。总面积达 200 万米^2,其中土洞 3 000 多条、大棚 500 多个。二是反季节鸡腿菇市场的占有率第一,6~9 月份占北京新发地市场供货量 90%以上。三是效益第一。全镇鸡腿菇生产每平方米土洞收入达 200 元,一条 100米深的鸡腿菇生产土洞年平均收入在 2.5 万~3.5 万元之间,在农业特色产业发展中效益突出，创造了一条"黄金洞"胜过1.33公顷粮食田收入的奇迹。四是打造了"周年生产、四级采摘"的新型农业观光、旅游示范基地，成为广大市民休闲的后花园。五是食用菌有机食品认证第一，目前鸡腿菇已经获得了国家农业部有机食品的认证，这在全国食用菌行业中排名第一，产品基本上形成了以鸡腿菇为主，平菇、双孢菇、草菇、白灵菇、杏鲍菇、白平菇等品种栽培为补充，菌棚和菌洞多种生产方式相结合的生产模式。利用土洞反季节生产鸡腿菇的数量已在全国数第一，产品销往国内北京、上海等大中城市。

2. 主要做法

(1)确立产业扶贫目标，明晰产业扶贫思路 产业扶贫是扶贫开发的主线，而要做好产业扶贫，必须准确定位，认清自身优势和劣势，突出产业特色。我们在充分调查研究产业发展方向和本地实际的基础上，多方考察论证，认为随着人民生活水平的提高，人们的生活质量也必然相应提高，吃绿色吃健康必将成为时尚，食用菌产业必将成为21世纪的朝阳产业，而且食用菌产业属于"资源节约型，生态友好型"的产业，决定把节地、节水、投资少、效益高的食用菌产业作为产业扶贫的主要产业来抓，力争用5~10年的时间打造"食用菌生产专业特色乡镇"，为此制定了食用菌产业发展的具体工作目标，并细化工作任务，逐项进行落实。

(2)制定切实可行的食用菌产业扶持政策 一是出台了发展食用菌生产的奖励补助规定，规定每发展一个食用菌生产大棚并进行生产，给予2 000元现金补助；对于连片建棚的村，还奖励村每个大棚100元的补助，由专业队对食用菌生产土洞洞口和洞内统一进行了安全加固，近年来已加固近2 000条土洞，解除了生产中的安全隐患；二是抓好示范带动，充分发挥示范户的带动作用，先后在北毛峪、李沟、胡坡、大荆山、安子山、孔庄15个村扶持建设了食用菌示范生产基地,带动产业发展;三是解决好发展中存在的问题,保证水、电、路三通;四是积极邀请大专院校和食用菌科研部门的专家教授前来给菇农讲课,搞好技术服务;五是在进行资金扶持的同时,还积极帮助协调贷款资金,保证正常生产。

(3)走政府引导、群众自愿、市场调节的路子,发展食用菌产业
每一个产业的发展,都离不开政府的引导和发动,否则很难成功,孔村镇食用菌产业的发展充分证明了这一点。但是发展不能靠行政命令,孔村镇在发展食用菌产业的过程中始终坚持"以市场为导向,以政府服务为主导,以产业扶持资金为保障",引导群众自愿从事这一产业,使其走向一个良性循环,产业才逐渐健康的发展起来。我们每年都以政府文件的形式传达发展食用菌产业的意见,组织有积极性的农户到河南、河北进行食用菌参观学习,通过亲身感受自觉投入到食用菌产业中来。市场是一个最好的催化剂,只要有效益,老百姓才会去参与,由于我们确立了食用菌这一符合当地实际的产业,菇农挣了钱,产业就发展起来。在工作中,坚持把北毛峪村作为扶贫生产示范基地加以扶持,对基地的洞口进行了加固,又新修水泥路5 000米,有效地发挥了核心区示范带动作用。

(4)强化服务意识,搞好三个结合 食用菌扶贫产业确立后,我们始终强化服务意识,为菇农解决好产前、产中、产后服务的问题。首先,解决好产前服务的问题,政府建立了食用菌生产物资专卖店,为广大菇农提供生产中所需物资;其次,产中服务就是为菇农解决生产中的技术难题;再次,产后服务就是解决产品销售的问题。孔村镇成立了食用菌生产协会和食用菌生产合作社等中介组织,还引进并建成了济南远东农业发展有限公司,为菇农的菌种供应提供保证。此外,还建立了自己的销售网站,通过网站及时发布供求信息,吸引外地客商前来购货洽谈业务,保证了产品的销售。由合作社统一进行产品回收销售,目前已形成了"合作社+基地+

农户"的生产模式。

(十三)利用作物秸秆在果园套栽凤尾菇

近年来,江苏省滨海市东坎镇在果园空间以农作物秸秆为原料栽培凤尾菇等食用菌,使果园经济效益得到提高,使稻草等农作物秸秆得到了高效利用。凤尾菇营养丰富、美味可口,比蘑菇、草菇、木耳等食用菌适应性更强,栽培方法简单易行,生长周期短,成本低,产量高,收效快,于每年 3~11 月份在果园空间用稻草等农作物秸秆为原料进行栽培,一般 1 千克干料可产新菇 1.2 千克左右,经济效益显著。

1. 选 地

应选择果树生长期荫蔽较大的空间,畦床宽 1 米、深 30~35 厘米、长 8~10 米。用土在畦的北沿筑 50 厘米高的墙,南沿筑 10 厘米左右高的土埂,南北墙上每隔 40 厘米左右架 1 根竹竿,以便覆盖塑料薄膜及草苫。畦两侧挖北高南低的排水沟,两畦之间留人行道,宽 60~80 厘米。

2. 配 料

(1)稻草 50 千克,过磷酸钙 1 千克,石膏 1 千克,尿素 100 克。

(2)粉碎的玉米芯 50 千克,过磷酸钙 1 千克,石膏 1 千克,尿素 100 克,多菌灵 100 克,水 70 升。

(3)粉碎的花生壳与秸秆 50 千克,麦麸 10 千克,糖 1 千克,石膏粉 1 千克,多菌灵 100 克,水 48 升。

3. 播 种

播种前用浓度为 3％生石灰液将阳畦地面浇透,坑内不要放地膜。在坑内铺上 5 厘米厚的培养料,均匀地播 1 层菌种,再铺

5～6厘米厚的培养料,再播1层菌种,最上层的菌种用量占总菌种量的50%,然后将料面拍平压实,盖上经灭菌处理过的旧报纸。一般每50千克干培养料播种5～7千克栽培种,即每667米² 栽培料可播500毫升罐头瓶装的栽培种。播后盖上塑料薄膜和草苫。

4. 管 理

凤尾菇菌丝体生长的温度范围10℃～35℃,最佳生长温度23℃～28℃。子实体(即食用部分)生长温度范围较广,在10℃～32℃条件下均能出菇,但以25℃为最适宜。因此播种后要注意防止畦床内温度过高,特别是8～9月份播种,培养料很容易"发烧"。当阳畦温度超过35℃时,要揭膜通风透气并盖草遮阳。

播种后2～3天菌丝开始定植、生长,播种后15～20天,菌丝长透培养料。此时要注意通风透气,加大空气湿度,适当用散射光照射。再经7～8天,即有小菇蕾出现,此时要加大通风量,每天用成雾率高的喷雾器喷水雾2～3次,要勤喷细喷,以免菇和床面上积水。

5. 采 收

小菇蕾长出后5～7天,尚未大量放射孢子时为采收期。采完1批菇后,要把菇床上残留的菇脚、死菇清理干净,并用小耙子轻耙料面,以刺激新菌丝生长。然后喷少量水,用手或木板把料面轻轻压平,盖上塑料薄膜使菌丝恢复生长,几天后待小菇蕾再次出现时再揭去塑料薄膜,10～15天又可采收第二潮菇,每茬菇可采收4～5潮,整个周期约为90天。

(十四)提高草菇产量的有效方法

草菇生长季节为6～9月,是一种生长快、产期短、见效快的品种。草菇栽培的关键技术在于对菌丝生长阶段和出菇阶段的管理。

在草菇生长过程中,适当采取一些措施,可取得优质增产的效果。

1. 出菇期分次接种

草菇菌丝生长速度太快,极容易老化,导致生活力减弱,不能有效地利用培养料中的养分继续出菇。栽培上可在第一潮菇采收后,撬松料面,用石灰水泼浇湿透,将培养料 pH 值调整在 8～9,然后在料面二次撒播菌种。播后覆盖一薄层发酵过的培养料,有利于草菇增产。也可在第一、第二潮菇采收后,将料块翻过来,把底层培养料翻到表层,喷洒 1％石灰水,以补水、调整酸碱度,再在表面二次接种,接种量为 2％～3％,一般可增产 30％左右。

用稻草栽培草菇时,可在堆草播种 4 天后,在草层空隙间塞入菌种,进行二次接种,接种量为第一次用量的 20％左右。这样当采完第一潮菇后,第二次播入的菌种可从草堆中分解,积累养分,继续出菇。

2. 补施肥水,降酸调碱

在草菇生长过程中,会消耗培养料大量的养分,产生代谢产物,其中有机酸能使培养料酸度增加,影响草菇菌丝正常恢复和继续出菇。在每一潮菇采收后,补施一些营养液并调整培养料呈偏碱性,可促进菌丝恢复,延长采菇期,提高产菇量。

①向培养料喷洒 3％石灰水,不但可补水,还可使培养料呈偏碱性。②取 100 升水加 10 千克麸皮,煮后过滤,取滤液 50 千克加清水 50 升,做成麦麸水。向培养料喷洒 0.1％尿素和麸皮水。尿素浓度要严格控制,否则容易产生杂菌。③补施干牛粪或鸡粪、鸭粪。将干牛粪打碎,加水混匀,使用前堆制 1 天,每采完一潮菇后施于料面上。

3. 覆土保湿

草菇是典型的高温食用菌,南菇北移产量低而不稳。覆土栽培提高培养料保湿性能和对湿度变化的适应能力,使菇体肥大,减少死菇,增产幅度在20%～40%。草菇覆土材料可用蔬菜大棚耕作层土或菜园土。将牛粪、鸡粪、尿素、过磷酸钙、石膏粉、生物发酵剂及水拌匀发酵腐熟后,晒干、破碎的菜园土拌匀,喷药消毒后,建堆覆膜,使用前2小时摊开稍晾。覆土厚度一般以2厘米为宜。

4. 菌床早覆膜

覆盖薄膜在接种后立即进行,宜早不宜迟。草菇接种后,在菌床四周用薄膜覆盖,可增高和稳定料温,保持湿度,增加料面四周小气候中二氧化碳浓度,促使有关微生物繁殖,促进草菇菌丝生长。

覆膜前在料面撒一些经石灰水浸泡过的稻草或麦秸,增加空隙,防止薄膜紧贴料面影响菌种正常呼吸。覆盖薄膜后要注意检查料温,若料温超过40℃,就要及时揭膜降温。覆盖薄膜4天后,应定期揭膜通风或将薄膜用竹片架起,防止表面菌丝徒长,影响菌丝向料内延伸。当出现菇蕾后,应及时将覆盖的薄膜揭开,或将薄膜支起,以防菇蕾缺氧闷死。

5. 出菇阶段尽量降低棚温

出菇阶段的棚温最好能保持在30℃左右,维持相对湿度90%即可,不可过高,坚持晚间通风。子实体长至小鸡蛋状、包被仍坚时及时采收。

(十五)金针菇常见问题及预防

栽培金针菇的原料丰富,成本较低,深受农村种植户的喜爱。

随着金针菇生产面积逐渐扩大,生产问题也逐渐显现,为了使金针菇生产向规模化发展,现将生产中易出现的问题及预防措施介绍如下。

1. 接 种

接种后菌种块不萌发或菌种萌发慢,菌丝生长缓慢、长势差。

(1)主要原因 ①菌种退化、菌龄长。②播种量过少,菌种分散,或播种时菌袋内温度过高。③培养料配方不适宜,含水量过高或过低,pH 值不适等。

(2)预防措施 ①严把菌种质量关。从菌种质量信得过的地方购种,购种后及时播种。②灭菌后菌袋冷却至 28℃ 以下方可播种。适当加大播种量,至干料重的 3%~4%。接种时不宜过度分散。③适宜的培养料配方是金针菇高产的重要条件之一,在用稻草、豆秸秆、木屑等原料作主要培养料时,注意加大麦麸、玉米粉等辅料的用量,以保证菌丝生长的前期营养。培养料装袋前含水量控制在 65% 左右。培养料的适宜 pH 值 6.5~7.5。

2. 不现蕾

(1)主要原因 ①菌袋含水量偏低,保湿发菌阶段空气湿度不足,培养料表面出现白色棉状物,影响菇蕾形成。②催蕾室内通风不足,二氧化碳浓度偏高,延长了营养生长向生殖生长转化的时间。

(2)预防措施 ①料面干燥时喷 18℃~20℃ 温水,量不宜过多,喷后以不见水滴为宜。②通风降温,喷水增湿,使温度保持在 10℃ 左右,空气相对湿度提高到 85%~90%。防止气生菌丝生长过旺,形成菌膜。③增加散射光照,诱导形成菇蕾。

3. 菇蕾发生不整齐

(1)主要原因 ①未搔菌,老菌种上先形成菇蕾。②搔菌后未及时增湿,空气湿度低,料面干燥,影响菌丝恢复生长。③袋筒撑开过早,引起料面水分散发。

(2)预防措施 ①通过搔菌,将老菌种块刮掉,同时轻轻划破料面菌膜,减少表面菌丝伤害,有利于菌丝恢复。②催蕾阶段做好温、湿、气、光四要素的调节,促使料面菇蕾同步形成。③待料面有原基出现后再撑开袋筒,防止料面失水。

4. 菇蕾变色枯死

(1)主要原因 在诱导出菇阶段分泌的小水珠未及时风干,使菇蕾原基被水珠浸没,缺氧窒息。

(2)预防措施 菇蕾原基现出时,若料表面出现细小水珠,要注意增加室内通风,使小水珠风干。小水珠呈淡黄色、清亮时为正常;若呈茶褐色、浑浊时为杂菌侵染。

5. 原基密密麻麻,有效菇却稀稀拉拉

(1)主要原因 主要是金针菇发育不同步所致,因为抑制开伞,片面提高二氧化碳浓度,过早地将菌袋翻折下的塑料薄膜拉起,或过早进行套袋,使大部分菇蕾因得不到足够的氧气供应而窒息。

(2)预防措施 应根据不同季节,不同栽培环境,采取不同通风量的办法来解决。在抑制阶段要加大室内通风,让长得高的菇蕾发白。春、夏、秋、冬,雨天要加大室内空气循环量,相对湿度保持80%～85%,宜采用竖直往复式升降扇,确保栽培架每一层空气均能充分流动。

6. 出现菌盖相连、菇柄扁平的"连体菇"

(1)主要原因 菇房内换气不充分,以及菌丝未达到生理成熟;培养基过干、菌种老化等原因均会导致"连体菇"的产生。

(2)预防措施 按不同生长阶段二氧化碳浓度需用量,以简易二氧化碳测定仪监测菇房内子实体不同发育阶段二氧化碳的含量,需通风时及时通风;子实体发育过程中光照强度应低于200勒,每日受光2小时,分数次进行。

7. 菇蕾粗细不一

(1)主要原因 幼蕾抑制失败。

(2)预防措施 在催蕾过程中要经常疏蕾,及早把特别粗壮的菇蕾拔弃。

8. 产生"水菇"

(1)主要原因 菇房内空气湿度较高。

(2)预防措施 尽可能地降低菇房内的空气湿度。用竖直往复式升降风扇或180°转头电风扇吹,强制对流。调整好进排气量的比例,补进的新鲜空气应预冷排湿。采收前2天要加大空气对流量。

9. 菇蕾发育过程中易开伞

(1)主要原因 ①菌袋质量差,发菌质量低。若菌丝稀拉,发育不良,装料不实,营养缺乏,即使出菇也易开伞。②栽培管理过程中温度、湿度、氧气、光照不协调。

(2)预防措施 菌袋培养过程中要加强空气循环,防止发菌阶段产生的热量无法散发而烧菌;同时检查培养料含水量不应低于50%和不应高于70%,检查菌袋灭菌是否彻底,栽培种是否受到隐性污染。

10. 细菌性斑点病

(1)主要原因 温度高时,向菇体上喷水,造成幼菇机械损伤,细菌侵入,菇体颜色变深,严重的菇体烂掉。

(2)预防措施 喷水时应注意不要把水直接喷到菇体上,确实需要向菇体喷水时,应离菇体要远,雾要细,避免菇体受伤。

(十六)如何检测液体菌种的质量

液体菌种与固体菌种是相对而言的,是指用液体培养基通过深层培养技术得到的食用菌菌种。与固体菌种相比较,液体菌种具有菌种制作周期短、菌种菌龄整齐一致、菌种纯度高、活力强、接种方便、降低生产成本、提高生产效率等显著优势。将推动食用菌栽培由目前的手工栽培,走向半机械化、机械化栽培。液体菌种生产出来后,经验少的人不知道菌种质量好坏,如果直接就接下去,可能造成大规模污染,损失是巨大的。因此,液体菌种的质量检测是应用液体菌种生产的关键技术。

1. 看菌液澄清度及颜色的变化

一般培养液前期菌液稍显浑浊,随着培养时间的延长,营养物质逐渐被利用,菌液就变得越来越澄清,菌液中除菌球外无其他固形物,溶液颜色也越来越淡,绝大多数呈淡黄色或橙黄色,但有些品种比较特殊,如:黑木耳呈青褐色、蜜环菌呈浅棕色。而被细菌、放线菌、酵母菌污染的菌液则很浑浊。

2. 闻菌液气味的变化

菌种培养前期,因菌液中含有大量单糖、多糖类营养物质,因而糖香味很浓,随着营养的被利用,菌液的糖香味越来越淡,取而代之的是或有或无的菌丝特有的芳香气味。而染菌的培养液则散发出酸、甜、霉臭、酒精等各种异味。

3. 查看菌丝体(菌球)的浓度状态

菌种接入到菌液中 24 小时后,会发现接入的菌种颗粒周边萌发长出白色菌丝,当菌丝长到一定时期会断落到菌液中成为新的萌发点而产生新的菌球,一般培养 40～60 小时,菌液中产生大量的菌球;培养至 60～80 小时,菌种长好后会看到大小均匀、活力旺盛、毛刺明显的大量的菌球,一般蘑菇品种菌球达到最大的浓度(80％～100％),取样后静置菌液基本不分层,料液的黏度高,菌球悬浮力好。若菌球很少或大小不一,菌种菌液颜色变深,菌球轮廓不清,甚至自溶成为一体黏糊的粥状物,则是质量有问题。

4. 试管斜面培养基进行检查

液体菌种检验可分 2 次进行,第一次在培养 24～36 小时取样,第二次在培养 36～48 小时取样。将取样在无菌条件下接入试管培养基中,塞上棉塞,放入培养室或恒温培养箱内进行培养,温度为 26℃～30℃,培养时间为 24～36 小时。如菌球萌发变洁白,接种面无红、黄、绿、黑色杂菌,证明液体菌种生长正常,液体菌种生长成熟后即可使用接种;如菌球萌发不洁白,接种面出现红、黄、绿、黑色杂菌菌落,说明液体菌种已污染杂菌。

(十七)夏季麦秸栽培草菇技术

棚室是蔬菜作物栽培的主要场所,因常年连续栽培蔬菜,土壤养分比例失衡,重茬病发生严重,使蔬菜生产效益下降。夏季高温多雨,病虫害发生重,不利于蔬菜生长,蔬菜难以实现优质高效。草菇属高温型菇类,肉质肥嫩,味道鲜美,营养丰富。夏季利用麦秸在棚室内栽培一茬草菇,可以达到菌菜轮作换茬的目的,提高棚室生产效益。经过草菇生产后,麦秸变成优质有机肥,有利于提高蔬菜品质和产量,使秸秆资源得以多元、重复、增值利用。

1. 栽培适期

小麦收获后立即进行草菇生产。烟台地区小麦收获一般在 6

月中下旬,麦收后及时备料,建堆发酵,接种管理,至 8 月中下旬可收菇完毕。

2. 菌种选择

选用适应性强、优质、稳产的 CC-04、CC-944、V35 等品种。

3. 棚室消毒

种菇前将棚室薄膜揭开,晒棚 5~7 天,再盖薄膜覆草帘,然后进行棚室消毒处理。每立方米菇房用 5 克高锰酸钾加 10 毫升甲醛溶液,密闭棚室 12 小时,进行熏蒸消毒。

4. 培养料配方

麦秸 90%,麦麸 5%,干牛粪 3%,过磷酸钙 1%,石膏 1%。石灰水调节 pH 值达 11,发酵后使用。麦秸应充分干燥无霉变,并在生产前暴晒 2~3 天。

5. 培养料发酵

将麦秸压扁,切成 10~20 厘米长的段,用浓度为 3% 石灰水浸泡 24 小时,然后加入牛粪、石膏、磷肥等辅料,拌匀,做成宽 1.5 米、高 1 米的料堆。堆底设通风道,堆顶覆盖薄膜发酵,待堆中部温度达 60℃后,维持 12 小时翻堆,将外面的麦秸翻入堆心,里面的麦秸翻到外面,以使麦秸发酵均匀。翻堆后中心温度又上升到 60℃时,再保持 24 小时。如此重复 2~3 次,即可终止发酵,将料摊开降温。

6. 栽培方式

采用波浪形畦垄栽培,菇畦宽 1~1.2 米,畦距 30 厘米。将处理好的培养料在畦床铺成波浪形料垄,垄中间料厚 15~20 厘米,平均每 667 米² 投干料 12.5 千克。采用层播、穴播、撒播均可,菌种量为培养料总量的 10% 左右。播种后料垄表面覆盖一层 1 厘米厚的疏松肥沃的壤土,再覆盖塑料薄膜或报纸。

7. 发菌管理

播种后每天早晚通风 15 分钟,控制室温在 32℃～35℃,料温在 33℃～38℃,空气相对湿度保持 85%～90%。播种后 5～6 天,当菌丝体长满料面时,掀去薄膜或报纸。为保持料面有适宜的湿度,可在室内四周、畦沟内喷雾水。6～7 天后,适当增加光照刺激,诱导原基的形成。

8. 出菇管理

一般播种后 10 天左右,菇床上就可出现白色米粒状的小菇蕾。草菇的菇蕾形成很多,出菇管理要保证菇蕾正常发育,防止菇蕾萎缩,减少死菇。

(1)调节温湿度 一般料温维持 30℃～35℃,气温 28℃～32℃,培养料含水量保持 65%～70%,空气相对湿度保持 90% 左右为宜。当温度过高或培养料过干时,应及时喷水,但不宜向培养料或菇蕾喷重水,以防菇体积水烂菇。喷水时,喷头向上、轻喷、勤喷,喷水的温度应与气温相近,与料温相差不超过 4℃。

(2)通风换气 通过揭盖草帘或薄膜进行通风换气。通风前先向地面、空间喷雾,然后通风 20 分钟,气温低时,通风在中午前后进行,气温高时应在早晚进行,如因菇房湿度过大,产生气生菌丝时,应在中午室内外气温接近时大通风 1～2 小时。

(3)提供光照 出菇期要提供一定散射光,以促使菇体发育强壮结实。光照强度以 50～100 勒为宜。通常在揭膜和揭去报纸后,就需要提供光照,一直到采菇结束。

(4)调节 pH 值 结合喷水和采菇后,用 pH 值为 9 的石灰水喷洒。

9. 及时采收

待草菇长成鸡蛋形而又未破膜时及时采收。因草菇生长速度较快,每天应采菇 1~3 次,一般可采收 3~4 潮菇。

(十八)液体菌种白灵菇高产栽培技术

白灵菇是一种食用和药用价值都很高的珍稀食用菌,菇体色泽洁白,肉质细腻,味道鲜美,深受消费者喜爱。采用液体菌种生产白灵菇,可以大大节省生产成本,缩短养菌时间。由于液体菌种中菌丝片断多,萌发点多,分散度大,可使头潮菇形成很高的产量。

1. 发酵罐液体菌种的制备

(1)熬汁 先将洗好的 200 克马铃薯去皮去芽切片,菇根适量,麦麸 50 克,一并放入不锈钢锅,用大火烧沸,转为小火熬煮,煮熟后,捞出马铃薯片,过筛取汁。

(2)配料 熬汁过筛完毕,加葡萄糖 20 克,磷酸二氢钾 3 克,硫酸镁 1.5 克,维生素 B 14 毫克,溶入熬汁中,稍加搅动,以利于混匀。

(3)装罐 配好辅料的培养基混匀后,舀入或注入发酵罐内。然后装好上盖,密闭罐体,检查仪表,加热至 121℃,并保持 40 分钟,进行培养基灭菌。灭菌时,应开通管线和阀门,对所有气体和液体经过的部位,进行全方位的完全灭菌,以防止制种后期杂菌感染。

(4)接种培养 灭菌结束后,用冷水冷却或自然降温至培养温度,然后按无菌操作规程,用火焰消毒进行接种。接种完毕,26℃~28℃条件下培养 48~72 小时,待培养至培养液颜色由深变浅,菌液中菌球既不下沉,也不上浮,与液体混为一体时,即可用于接种。

2. 菌袋的制作与培养

(1)栽培料配制　棉籽壳 100 千克,玉米粉 5 千克,麸皮 5 千克,石灰 3 千克,石膏 2 千克。

(2)堆制发酵　堆制发酵的用料最好在 300 千克左右,堆高 1.2～1.4 米,宽 1.1～1.5 米,长度不限。堆太小不易升温,发酵不透;堆太大中间缺氧,而且不便翻堆。发酵料拌水湿度 60%～65%,并加石灰 2%,使 pH 值为 8～8.5。建好堆后打孔通气,孔距为 30 厘米,堆上方打 1 排,侧面打 2～3 排。当料堆温达 55℃ 左右并保持 48 小时后,进行第一次翻堆。当料堆温达 60℃～70℃时,每隔 1 天翻堆 1 次,并充分换位。约 1 周后待料为均匀棕褐色、质地均匀、富有弹性、料味纯正、料表面有较多的放线菌时,说明料发酵成功,散堆降温。

(3)装袋灭菌　发酵好的料,测试 pH 值 7.5～8.5,含水量 60%可装袋。将装好的料在高压下灭菌 2～3 小时,或在常压下灭菌 14～16 小时,注意灭菌要彻底。

(4)接种培养　灭好菌的菌袋冷却到 30℃时,移入接种室内接种,在无菌条件下接种,接种量 40 毫升/袋,以能覆盖菌袋表面为宜。液体菌种接种速度快,一般每人 8 小时接 900～1 000 袋,4 人配组接种最佳,要做到快打口盖,快接种,快封口盖。

接种后先控制环境温度在 26℃～28℃,少通风或不通风,尽量不搬动菌袋。目的是使菌丝尽快度过其迟缓期,早萌发,早定植。1 周后翻垛检查有无杂菌污染,将有杂菌的清理出去。约培养 18～20 天菌丝满袋,较固体菌种缩短 8～10 天。

待菌丝发满后,将菌袋移至低温处或对出菇棚进行反向操作,白天盖草苫,晚上揭草苫,并加大通风,进行低温刺激,结合喷水促进菇蕾形成。

3. 出菇管理

优质白灵菇的市场标准是无柄或短柄,手掌状。如果日光温室内通风不良,白灵菇子实体可长成倒马蹄形,柄粗长而菌盖小。在白灵菇的生产中应协调好温度、湿度和通风。

白灵菇对温度较敏感,进入出菇管理阶段温度应保持在8℃～16℃。温度过低子实体发育缓慢,温度过高子实体生长虽快,但菌盖薄商品价值较低。如果袋温超过 25℃后,原基有可能死亡。

白灵菇出菇阶段相对湿度保持在 80％～90％,不要在菇体上喷水。同时防止菌袋或塑料布上的水珠滴在菇体上,以免形成污斑。

通风可降低温室内二氧化碳的浓度,促进菌盖的正常发育。生产上要求后墙通风口的位置尽量低些,同时将大棚前边的塑料布掀起 10～30 厘米,使温室大棚前后形成空气对流。若遇到大风天气,可及时关闭通风口及放下大棚前边已掀开的塑料布。

当原基长至玉米粒大小时要及时疏蕾。疏蕾需要大量人工,要提前做好准备,以免错过最佳疏蕾时间。疏蕾原则如下:①每个菌袋只留一个幼菇。②留大菌蕾,去掉小菌蕾。③留健壮蕾,去掉生长势较弱的菌蕾。④留菌盖大的菌蕾,去掉柄长的菌蕾。⑤留无斑点、无伤痕的菌蕾。⑥留直接在料面上长出的菌蕾,去掉在菌种块上形成的菌蕾。

一〇〇、泰山苗木花卉走天下

作为江北苗木花卉发展核心示范区的泰山区,目前拥有生产基地 3 333 公顷,各大展销市场占地近 6 万米^2,产值 2.5 亿元,逐步形成了以上高街道和省庄镇为中心,向全市辐射的花卉苗木繁育体系,花卉苗木年销售收入达到 1,4 亿元,2 万多名农民通过从事苗木花卉种植走上了致富路。

1. "有形之手"推动

泰山区按照市场规律和产业化要求,合理调整种植结构,以发展城市园林绿化高档苗木为主攻方向,以工业化思维谋划、出台一系列优惠政策,引导工商资本注入苗木业。通过院企、院处、院村合作,重点发展适销对路的品种,建成苗木花卉新技术、新品种的试验基地;加上与周边昌邑、青州等地区的交流与合作,抓好名优特产品的培育、推广、种植、销售,花卉苗木产业呈现出快速、高效发展的态势。为了解决销售问题,泰山区先后多方筹集效益资金建成了花卉苗木交易长廊、花卉苗木市场和花卉苗木科技示范园。其中,建筑面积 4 万米^2 的泰山苗木花卉展销中心,进驻经营户 200 多家,是当前省内最大的专业花卉市场,成为带动全市苗木花卉产业发展的龙头。销售渠道从国内市场开拓到韩国、日本、美国等 10 多个国家、总面积增长到 6 667 公顷、品种发展到 400 多个,成为江北规模大、档次高、辐射能力较强的苗木花卉产销集散地和南北中转站。随着产业规模的越做越大,该区着手建设泰山花园中心,规划为苗木花卉交易区、综合服务区、盆景园、茶园、名药园、名花园、名果园、苗木精品创新园和兰花园等"两区"、"七园",将建成亚洲最大的蝴蝶兰研发、组培、种苗繁育生产基地。

2015 年，泰山区进一步提升发展目标，实施"124"工程，即打响每年一届国际苗木花卉交易会，发挥泰山苗木花卉展销中心和苗木花卉科技示范园两个"龙头"作用，建成 4 个 666.7 公顷（万亩）以上的苗木花卉种植基地。

2."科技元素"拉动

主干已参天。泰山区依靠创新精神又使苗木"大树"郁郁葱葱、生机盎然。

泰山区认识到，只有依靠科技创新才能更好地适应市场，获得持续快速发展。为此，泰山区与中国科学院植物研究所、山东农业大学等科研院所建立长期合作关系，46 家科研院所、216 个生产大户相继进入园区建基地，同时建立自己的研发机构，着力培养乡土技术人才，形成了一支高素质的科技队伍，保证了泰山苗木花卉质量好、竞争力强。

2014 年，泰山区按照泰山苗木花卉科技示范园总体规划与实施方案的要求，完成了以种质资源区、工厂化育苗区、苗木培育示范区、展销示范区和中国泰山苗木花卉展销中心为重点的"四区一中心"建设框架，形成了以泰山松、泰山五角枫、樱花、紫薇、大花蕙兰、国兰、仙客来等为主导的现代苗木花卉产业基地。也正是看中了泰山苗木花卉的"科技元素"，主营兰花种苗的台湾三益集团与泰山区签约合作，投资 2 亿元在泰山花园中心建设一处与国际接轨、具有国际先进水平的现代高科技设施农业示范园区。

3. 发挥苗木大户作用

泰山区注重引导种养大户向公司化方向发展，做大生意，揽大买卖，让这些公司围绕特色农业，承担了龙头企业的职能，逐步向流通、加工等经营领域发展，带领农户规范生产，创建品牌促营销，自身发展的产业已成为当地的支柱产业,同时给农民提供了更多的就业机会,达到了公司与农民双赢的目的。

为了实现从分散经营到集约经营,增强共同抵御市场风险能力,泰山区成立了泰山苗木花卉协会、苗木花卉农村专业合作社,增强市场竞争能力。截至目前,全区已建立协会、合作社等各类经济合作组织 50 多个,成员 6 000 多户,创办经济实体 60 多个。

如今,从一花独放到万木竞秀,从单纯种植到多元发展,泰山区正在打造"江北第一苗木花卉市场。"

4. 一个充满朝气的产业

"芷兰生幽谷,不以无人而不芳,君子修道立德,不为穷困而改节"。面对兰花,孔子赞叹不已。

"幽兰香风远,蕙草流芳根"。面对兰花,诗仙李白诗兴大发……

在中国,兰花是"花中君子"、"王者之香",象征了一个民族的内敛风华,有着根深蒂固的民族感情与文化认同。

泰山名满天下,而泰山兰花多年来却名不见经传。今天,随着泰山区泰山花样年华景区的快速建设与发展,泰山兰花的馨香将在岱下尽情流淌。

鉴往知今。让我们一起梳理一下兰花产业发展的历程吧!

兰花是世界著名的珍贵花卉之一,具有较强的绿化美化作用和较高的审美价值,从古至今深受各国人民喜爱,并形成了博大精深的兰文化。如今,兰花产业在世界各地已成为一个充满朝气与活力的绿色产业。

有资料显示,当前世界花卉贸易额中兰花的比例已占了 1/10。

①泰国有大小兰花公司和种植园 2 000 多个,面积达 5 300 多公顷,年产兰花 80 亿枝,每年创汇折合 2 亿美元,成为泰国农业的主要创汇产品。

②日本兰花年产值1亿美元以上,每年还要进口5 000万美元的兰花切片和盆花。

③中国台湾兰花产业虽然才发展20多年,但却越来越受国际市场的高度关注。目前,台湾出口的兰花总值在全球市场占有率已经跃居第一位,平均每两株兰花就有一株是来自台湾,中国国内兰花产业也显示了巨大发展潜力,逐渐发展为一项新兴产业。目前,全国兰花爱好者达数千万,一定规模种植者达500万左右,有16个省、自治区及直辖市成立了兰花组织,地、县级的兰花组织不计其数。兰花产业已成为我国花卉业中的一大支柱,在一些地方,当地政府已把兰花产业当作当地的一大品牌和支柱产业之一。

而五岳独尊的泰山,却没有相应的名花相伴。作为市中心的泰山区,审时度势,紧紧围绕"农业增效,农民增收"两大目标,把苗木花卉业作为推进农村结构调整、促进农民增收的亮点工程,并把高起点、高档次、高标准发展兰花产业作为重中之重的工作,加快推进发展进程。

5. 五大优势助推兰花产业

橘生淮南则为橘,生于淮北则为枳。泰山松以其奇绝被赋予高风亮节的象征意义而名扬海内外。泰山脚下的这一方水土是否能让娇贵的兰花尽情开放呢?

经过深入调研,科学论证,泰山区找到了自己的优势。作为山东省苗木花卉发展核心区的泰山区,在苗木花卉产业发展上有五大优势:

①**自然优势** 泰山区土壤肥沃、水源充足、气候环境特别适宜南北多种苗木花卉的生长,可作为"南花北移"和"北树南栽"的过渡的应有尽有性生长区。

②**区位优势** 泰山区地处泰安市中区,人流、物流、信息十分丰富;区内公路、铁路四通八达,交通便利。

③**传统优势** 泰山周边群众历来有种植苗木花卉的传统,栽培历史悠久,泰山板栗、核桃、大红石榴、山楂苗木全国知名,泰山桂花、泰山松柏盆景更是驰名中外。

④**技术优势** 泰山苗木花卉科技示范园于 2003 年被省科技厅命名为"省级农业科技示范园区",山东农业大学、山东省果树研究所、泰山林业科学院等多家科研单位在示范园中建有科研基地和实验基地。

⑤**市场优势** 苗木花卉业作为一项新兴的朝阳产业,社会需求量大,市场前景广阔。

立足这些优势,通过制定优惠政策、培植市场龙头、强化科技支撑、搞好配套服务等各项措施,推进了全区苗木花卉产业的快速发展,巩固了苗木花卉产业的主导地位。

谋定而后动,为给全区花卉苗木的发展构建全新载体,泰山区与具有世界一流蝴蝶兰研发、组培技术的台湾著名蝴蝶兰生产企业——三益集团联姻,共同研发泰安兰花产业市场。投资 2 亿元,规划建设 5 000 米^2 蝴蝶兰组培楼、5 万米^2 的智能温室以及无土栽培蔬菜大棚和蝴蝶兰风情馆等。目前,泰山区筹划建设的集娱乐、观光、采摘、餐饮、展销于一体的大型农业旅游文化项目——泰山花样年华景区初露芳容。

泰山花样年华景区将成为一个集"旅游、生产、科研"于一体的 4A 级特色农业旅游景区。这已被市委、市政府列为泰安市农业三大亮点工程和创建国际旅游名城重点项目。

6. 娇美兰花绽放美好未来

泰山区兰花产业的未来如何,将产生怎样的社会效益呢?

"以兰花产业为龙头的花卉苗木业,在泰山区科学发展的历程中将产生巨大而深远的影响,也必将极大地促进全区社会主义新农村建设。"泰山区委副书记、区长宋洪银对记者说道。

　　近年来,泰山区立足实际,发挥自身优势,按照"抓市场带基地,抓交易会促产业化"的工作思路,连片发展建基地,发展龙头提档次,沿泰新路、华益路、燕邱路三线建设了 4 个 666.7 公顷(万亩)以上的苗木花卉基地,连续举办了五届泰山苗木花卉交易会,打造泰山苗木花卉品牌。目前,全区苗木花卉面积 5 200 公顷,苗木花卉种植大户 2 000 余户,年出圃花卉 2.5 亿株,年产值 2.8 亿元,先后培育了像李卫东、孙树清、李炳国等这样的苗木花卉面积 6.67 公顷以上的种植大户 150 余户,培育像南上高、安家庄、黄家庄等苗木花卉专业村 15 个,推动了全区苗木花卉基地迅速扩大。

　　而泰山花样年华景区项目的建设则将泰山区现代农业的发展推向一个新的高度。泰山区按照生产、科研、旅游"三位一体"和产业调整、旅游观光、文化研究和科研创新"四个结合"的原则,高起点规划、高标准建设泰山花样年华景区。据了解,项目建成后将成为亚洲最大的蝴蝶兰研发、组培生产基地,预计年可实现产值 4 亿元,安排就业 2 000 人,可带动周边近万名群众从事高档苗木花卉生产和销售,全面提升泰山区苗木花卉产业的档次和水平。同时,这也将成为江北著名的农业游、休闲游景点,建设成为全国有影响的 4A 级特色旅游景区,经济、社会效益明显。